中原工学院学术专著出版基金资助

频域重复控制理论及逆变器应用

赵强松　著

中国纺织出版社有限公司

内 容 提 要

本书系统阐述了频域重复控制理论，提出了比例积分多谐振重复控制、分数阶重复控制、鲁棒重复控制、比例前馈重复控制等改进重复控制的方法理论，改善并网逆变器系统的动态性、稳定性和鲁棒性，进一步提高并网逆变器入网电流质量。

本书可为从事频域重复控制理论研究及逆变器系统控制的研究者提供参考和借鉴。

图书在版编目（CIP）数据

频域重复控制理论及逆变器应用／赵强松著．--北京：中国纺织出版社有限公司，2023.9

ISBN 978-7-5229-1094-9

Ⅰ.①频… Ⅱ.①赵… Ⅲ.①逆变器—控制系统 Ⅳ.①TM464

中国国家版本馆 CIP 数据核字（2023）第 184340 号

责任编辑：亢莹莹　　责任校对：高　涵　　责任印制：王艳丽

中国纺织出版社有限公司出版发行

地址：北京市朝阳区百子湾东里 A407 号楼　邮政编码：100124

销售电话：010—67004422　传真：010—87155801

http://www.c-textilep.com

中国纺织出版社天猫旗舰店

官方微博 http://weibo.com/2119887771

三河市宏盛印务有限公司印刷　各地新华书店经销

2023 年 9 月第 1 版第 1 次印刷

开本：787×1092　1/16　印张：15.5

字数：342 千字　定价：69.80 元

前　言

要想实现全球“双碳”目标，需要大力发展风电和光伏发电。“构建现代能源体系”“大力提升风电、光伏发电规模，加快发展东中部分布式能源”是我国“十四五”规划重点内容之一。在基于风电、光伏发电的新能源电力系统中，电能高效、高质转换与变换的理论和技术也是国家自然科学基金委员会重点资助的研究领域。逆变器等电力电子器件的广泛应用使基于分布式新能源发电的微电网系统变得柔性、灵活、高效，但相对于传统“强电网”呈弱电网特性，且随之而来的谐振和谐波问题对新型电力电子化微电网系统的稳定性和电能质量提出了新的挑战。并网逆变器是实现电能高效、高质转换与变换的核心电力电子器件之一，其控制性能直接影响发电系统的清洁高效和安全可靠运行。开关器件死区产生的低频谐波和实际电网中由于非线性负载导致的低频背景谐波，严重影响并网逆变器输出入网电流的质量。因此，研究并网逆变器入网电流谐波抑制方法具有重要意义。

基于内模原理的重复控制（Repetitive Control，RC）能够实现周期给定信号无静差跟踪和谐波扰动消除，抑制低频周期谐波，广泛应用于并网逆变器入网电流谐波控制。并网逆变器控制系统的参考信号和谐波信号均为正弦信号，涉及幅值、频率和相位。频域分析可以更方便地描述控制系统在不同频率的正弦信号作用时稳态输出和输入信号之间的数学模型，进而反映正弦信号作用下系统响应的性能。尽管频域分析不如时域分析直观，但是无须求解时域微分方程的解，采用频域分析的图解法即可间接揭示系统性能并指明改进性能的方向。频域重复控制理论主要采用频域分析中的对数频率特性曲线（伯德图）、奈奎斯特稳定判据、对数频率稳定判据等工具，对系统稳定性、谐波抑制特性等指标进行分析。

近年来，我们针对频域重复控制理论及其在逆变器系统控制中的应用展开研究，并取得了一些进展，相关论文也已经发表在如 *IEEE Transactions on Power Electronics*、*IEEE Transactions on Industrial Electronics*、《电工技术学报》等国际和国内重要期刊上。基于已经发表的成果，我们对前一段时间的研究工作进行系统梳理，对近年来的研究工作做一个阶段性总结，给从事频域重复控制理论研究及逆变器系统控制的同行提供一点参考和借鉴，也期望将研究成果能够在实际并网逆变器中进行推广应用，为实现“双碳”目标尽微薄之力。

重复控制通过将外部扰动的模型嵌入控制回路，从而实现对该周期信号的扰动消除。重复控制具有稳态精度高、跟踪能力强、谐波抑制能力好等优点，但内模中固有的延迟环节，使其存在动态响应慢、稳定性差等问题，因而动态和稳态性能仍需进一步提高。微电网系统中由于发电有功功率与负载所需功率不平衡，电网基波频率可能存在波动，传统重复控制的信号跟踪和谐波抑制性能降低。此外，采样频率降低时，采用整数阶相位超前补偿的重复控制性能也会降低。为此，本书提出了比例积分多谐振重复控制、分数阶重复控制、鲁棒重复控制、比例前馈重复控制等方法改进重复控制，改善并网逆变器系统的动态性、稳定性和鲁棒性，进一步提高并网逆变器入网电流质量。

本书系统阐述频域重复控制理论，共计十三章。第一章介绍了分布式能源系统的发展现状、并网逆变器建模和重复控制策略研究现状。第二章分析了单相LCL型并网逆变器建模，包括LCL型滤波器参数设计、谐振阻尼控制策略。第三章介绍了传统重复控制的基本原理，并分析了改进重复控制的稳定性、谐波抑制特性、误差收敛特性。第四章提出比例积分多谐振重复控制，并给出系统稳定性分析和参数设计方法。第五章考虑到电压频率存在波动，传统重复控制系统信号跟踪和谐波抑制性能显著下降，提出基于FIR滤波器的分数延迟和基于IIR滤波器的分数延迟，并将其应用于比例积分多谐振型复合重复控制中。第六章考虑到采样频率降低时，传统重复控制整数阶相位超前补偿不能满足系统稳定性的需要，提出分数相位超前补偿的概念，将传统相位超前补偿拍数由整数扩展至分数，提出分数阶相位超前补偿重复控制。第七章针对LCL型并网逆变器输出滤波器谐振峰问题，提出一种基于陷波器的有源阻尼策略，并分析了基于FIR滤波器的分数阶零相位陷波器及设计方法，并将其应用于重复控制的逆变器系统中。第八章在对重复—比例复合控制器内模分析的基础上，提出了基于比例重复控制的部分次谐波抑制策略——奇次比例多谐振重复控制。针对电网频率波动以及弱电网的情况，第九章提出鲁棒控制与重复控制构成的复合控制策略，既保留了鲁棒控制的鲁棒性，又保留了重复控制的谐波抑制能力。传统重复控制存在固有的延时环节，其暂态调节较慢，为了改善重复控制的动态性能，第十章提出一种比例控制与常规重复控制并联结构的比例—重复复合控制，并以此复合控制器结构为基础，提出比例—前馈重复控制，这种方法具有更大的开环增益、更宽的带宽。第十一章在奇次重复控制的基础上提出比例—前馈奇次重复控制，进一步提升了重复控制系统的稳态和动态性能。第十二章采用与 PI 控制器相结合的方法来解决重复控制内模延迟特性的弊端，选择插入式结构，提出具有良好的稳态与暂态性能的插入式复合重复控制，并进行了稳定性分析和参数设计。在此基础上，针对电网频率波动，第十三章提出了一种基于 IIR 滤波器的分数阶复合重复控制方案，提高系统的动态性能和谐波抑制性能。

本专著是基于我们研究团队的研究成果整理而成的，包括我博士研究生期间的一些成果，以及工作后指导的硕士研究生的成果。感谢南京航空航天大学叶永强教授在我博士研究生期间以及博士毕业后的指导与支持，使我能够一直专注于逆变器重复控制研究；感谢武汉理工大学周克亮教授、美国南卡罗来纳大学张斌教授在重复控制领域的引导；感谢师弟竺明哲博士在我博士研究生期间的科研支持；感谢中原工学院电子信息学院领导对我科研工作的支持；感谢先进控制与智能系统团队的支持。此外，感谢陈赛男硕士、陈莎莎硕士、孙逸斐硕士、张功硕士、刘凯悦硕士对本专著内容做出的重要贡献，感谢周国辉硕士为本专著成稿所做的大量细节性工作。

本专著的研究工作得到了中原工学院学术专著出版基金、国家自然科学基金面上项目（61973157，62073297）、河南省自然科学基金（232102221035）、中原工学院青年硕导培育计划（SD202213）等项目的资助，在此表示衷心的感谢！

由于作者水平有限，专著中难免存在错误或不妥之处，恳请广大读者批评指正。

赵强松

2023年6月

目　　录

第一章　绪论

第一节　课题背景及研究意义

国家发展改革委等9部门联合印发的《“十四五”可再生能源发展规划》指出：“十四五”及今后一段时期是世界能源转型的关键期，全球能源将加速向低碳、零碳方向演进，可再生能源将逐步成长为支撑经济社会发展的主力能源[1]。基于太阳能和风能等可再生能源的分布式发电系统由于具有安全、清洁、高效和低碳等优点受到了国内外的广泛关注[2]。然而，随着可再生能源的快速发展，大量常规发电机组被替代。高比例的新能源并网将带来电网调节能力不足、抗扰动能力降低等电力系统安全问题，实现可再生能源的大规模开发和高效利用，是当今世界各国需要面对的一个重大而紧迫的研究课题。

图1-1为直流母线方式分布式发电系统典型结构示意图[3]，不同发电单元经过AC/DC或者DC/DC变换后，接入直流母线。直流母线通过逆变器将直流转换为交流，经过变压器隔离后输送至公用电网或者供给交流负载。在整个过程中，并网逆变器作为连接分布式发电系统与电网的核心设备，其控制性能优劣对入网电能质量具有重要影响，其入网电流质量直接关系到发电系统的高效清洁和安全可靠运行。因此，研究高性能的电流控制策略、提高并网逆变器控制性能，对可再生能源的大规模开发和高效利用具有重要意义。

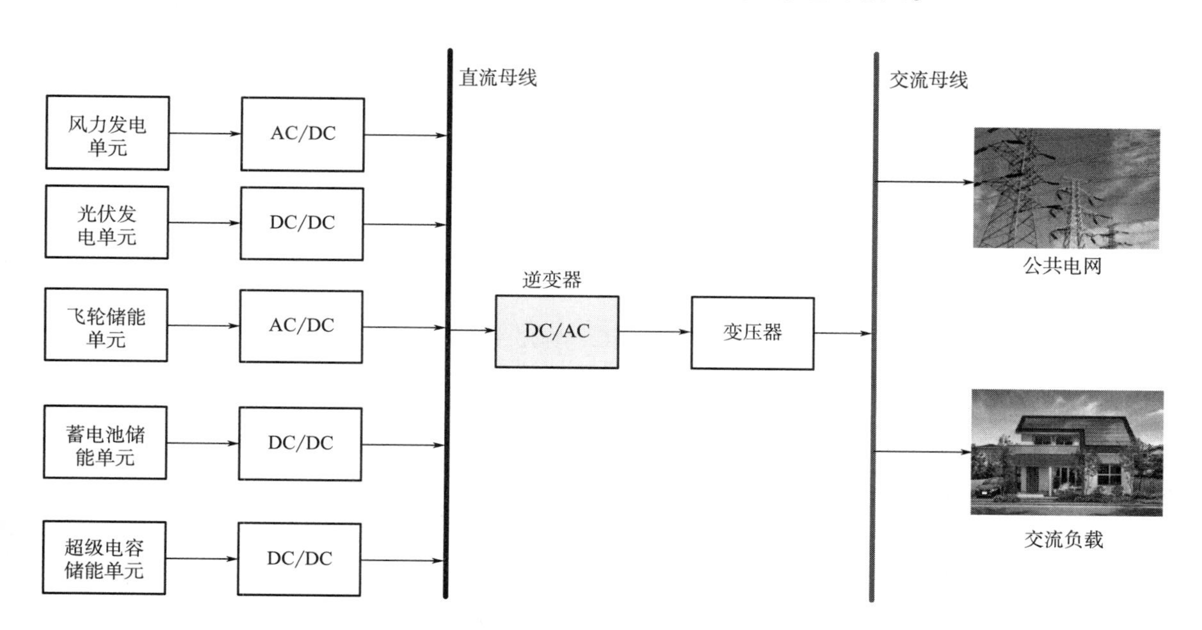

图1-1　直流母线方式分布式发电系统典型结构示意图

由于并网逆变器通常采用脉冲宽度调制（Pulse-Width Modulation，PWM）方法[4]，其输出电压中存在大量高频开关谐波，因而需要选取合适的低通滤波器滤除由开关谐波导致的入网电流谐波，其中，由两个电感和一个电容构成的 LCL 型滤波器因具有滤波效果好、体积小、成本低等优点而被广泛采用[3]。

重复控制（Repetitive Control，RC）包含基波频率及其整数倍频的正弦信号的模型，根据内模原理，理论上可以无静差跟踪周期性基波信号并消除其谐波干扰，在逆变器中拥有广泛的应用前景。然而，传统 RC 存在一个基本周期的延时环节，其主要缺陷是动态响应速度缓慢。同时，由于其具有较窄的谐振带宽，当电网频率变化时，重复控制器在系统实际的基波和谐波频率处的增益将显著降低，失去高精度控制性能，因此 RC 极易受到电网频率变化的影响。

本书主要针对传统 RC 动态性能较差和应对电网频率波动能力弱的问题进行研究，提出了几种改进的频域 RC 控制理论，用于提高并网逆变器的谐波抑制特性和电网频率适应性。

第二节 并网逆变器控制技术

一、并网逆变器系统建模

在采用 PWM 的并网逆变器系统中，逆变桥开关管的通断会产生大量的高频谐波，严重影响入网电流的质量，需要选用相应的输出滤波器滤除这些高频谐波[5,6]。

逆变器输出滤波器常用的有 L 型和 LCL 型，图 1-2 为两种滤波器结构。只有一个电感 L 的滤波器结构简单，利用电感的阻抗随着频率的增加而增大的特点来削减高频谐波。两个电感 L_1、L_2 和电容 C 构成 LCL 型滤波器，利用电容对高频信号的低阻抗特点，为高频谐波提供了旁路通道，减少了流入电网的高频谐波。在实现相同的滤波效果下，LCL 所需的电感量较小，其成本更低[7,8]。

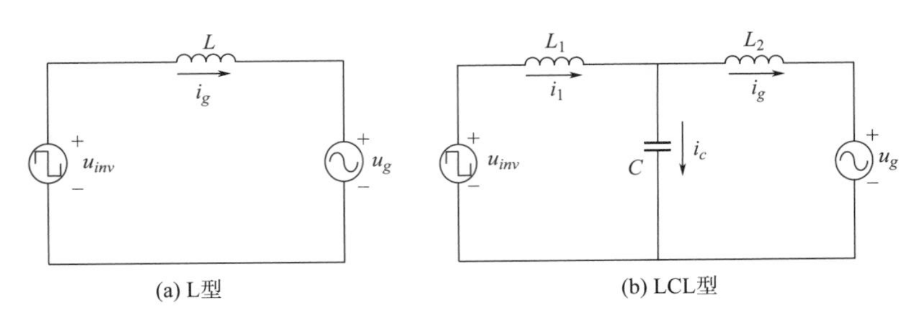

图 1-2　L 型和 LCL 型输出滤波器

LCL 型滤波器为三阶系统，引入了一对谐振极点，如图 1-3 所示，LCL 型滤波器的幅频响应曲线在谐振频率处存在谐振尖峰，同时其相频曲线在谐振频率处由-90°跳变到 90°。而 L 型滤波器的幅值响应平稳衰减，不存在谐振问题。为了保证输出电流的质量和系统稳定性，需要采取相应的谐振阻尼策略抑制谐振峰。此外，L 型与 LCL 型滤波器在低频段的增益基本一致，但是在高频段 LCL 型滤波器的衰减能力明显优于单 L 型滤波器，因此 LCL 型滤波器能够更好地滤除高频谐波，在高比例新能源和高比例电力电子装备特点的现代化电力系统中，LCL 型的并网逆变器应用价值更高。

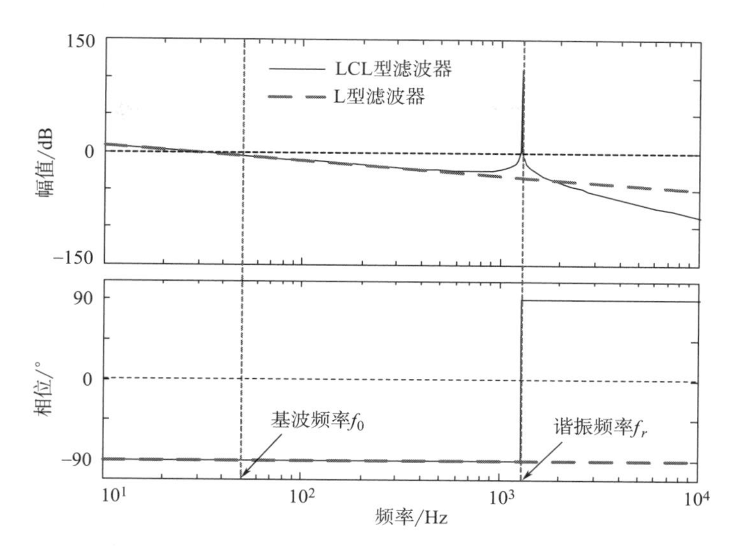

图 1-3 L 型和 LCL 型滤波器的伯德图

图 1-4 是一种 LCL 型单相并网逆变器系统，主要包括 PWM 逆变器，LCL 型滤波器、电流控制器和锁相环（Phase Locked Loop，PLL）等部分。其中，E_d 为直流母线电压，u_{inv} 是逆变器输出电压，L_1 和 L_2 为滤波电感，R_1 和 R_2 分别为其等效电阻，C 为滤波电容，L_g 为电网电感，u_g 为电网电压，i_g 为入网电流，i_{ref} 为参考电流。PCC（Point of Common Coupling，PCC）为电网公共耦合点，PLL 采集电网电压的相位和频率信息，与参考电流的幅值 I_{ref} 构成参考电流 i_{ref}。由基尔霍夫定律可得以下表达式：

$$
\begin{cases}
u_{inv} - u_c = L_1 \dfrac{di_1}{dt} + R_1 i_1 \\
i_1 - i_g = C \dfrac{du_c}{dt} \\
u_c - u_g = L_2 \dfrac{di_g}{dt} + R_2 i_g
\end{cases}
\tag{1-1}
$$

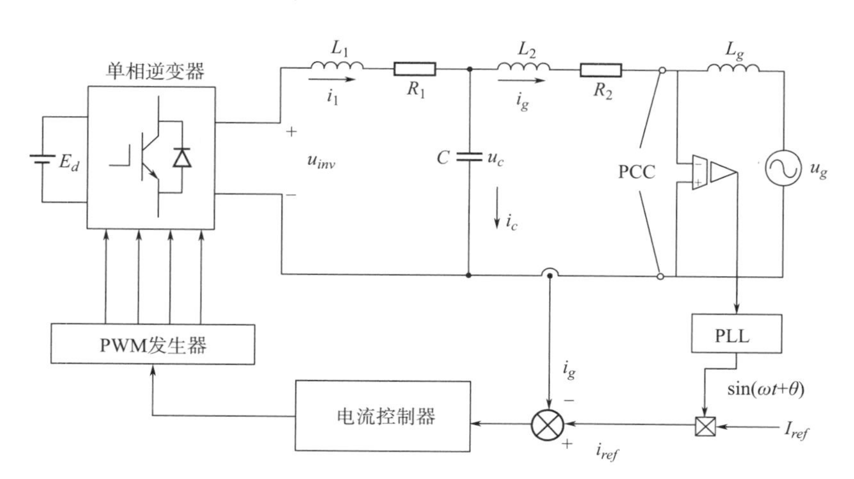

图 1-4 LCL 型单相并网逆变器系统

根据式（1-1）可知其状态反馈模型为：

$$\begin{bmatrix} \frac{di_1}{dt} \\ \frac{du_c}{dt} \\ \frac{di_g}{dt} \end{bmatrix} = \begin{bmatrix} -\frac{R_1}{L_1} & -\frac{1}{L_1} & 0 \\ \frac{1}{C} & 0 & -\frac{1}{C} \\ 0 & \frac{1}{L_2} & -\frac{R_2}{L_2} \end{bmatrix} \begin{bmatrix} i_1 \\ u_c \\ i_g \end{bmatrix} + \begin{bmatrix} \frac{1}{L_1} & 0 \\ 0 & 0 \\ 0 & -\frac{1}{L_2} \end{bmatrix} \begin{bmatrix} u_{inv} \\ u_g \end{bmatrix} \tag{1-2}$$

由图 1-4 和式（1-1）、式（1-2）可得到如图 1-5 所示的 LCL 型并网逆变器控制框图，其中，$G_i(s)$ 表示电流控制器，逆变桥输入信号到输出电压 u_{inv} 的传递函数 $K_{PWM}=1$。从输出电压 u_{inv} 到入网电流 i_g 的传递函数为：

$$G_{LCL}(s) = \frac{1}{L_1L_2Cs^3 + (L_1R_2 + L_2R_1)Cs^2 + (L_1 + L_2)s + (R_1 + R_2)} \tag{1-3}$$

电感上的寄生电阻 R_1 和 R_2 的值很小，为了简化分析，可以忽略，则式（1-3）简化为：

$$G_{LCL}(s) = \frac{1}{L_1L_2Cs^3 + (L_1 + L_2)s} \tag{1-4}$$

LCL 型滤波器的谐振频率 f_r 为：

$$f_r = \frac{1}{2\pi}\sqrt{\frac{L_1 + L_2}{L_1L_2C}} \tag{1-5}$$

抑制 LCL 型滤波器谐振峰的阻尼方法可以分为无源阻尼[9]和有源阻尼[10]，无源阻尼采用在电感或电容上串联或并联电阻的方法来增加系统阻尼，衰减谐振峰，保证输出电能质量和系统稳定性，其中电容串联电阻的无源阻尼策略较为常用。无源阻尼方法简单可靠，但是其功率损耗大。有源阻尼不存在阻尼损耗问题，其阻尼思路是通过引入的零点或共轭零点与谐振极点对消，或将 LCL 型滤波器极点偏移至稳定区域内，并使系统具有一定的稳定裕度[11]。有源阻尼方法可以分为两类，一种是基于状态变量反馈的有源阻尼[12]，另一种是采用陷波器的有源阻尼[13,14]。

图 1-5 增加电容电流反馈有源阻尼后的并网逆变器控制系统框图如图 1-6 所示，其中，H_c 为电容电流反馈系数，用来抑制 LCL 型滤波器的谐振峰。省略 R_1 和 R_2，图 1-6 中从输出电压 u_{inv} 到并网电流 i_g 的传递函数作为被控对象 $P(s)$，表示如下：

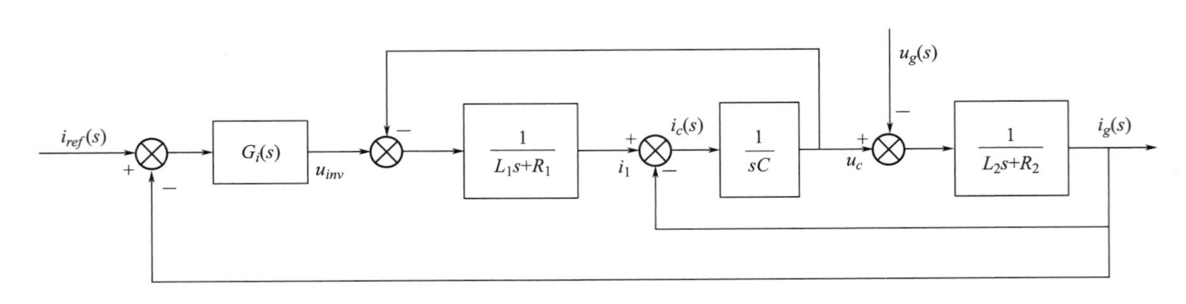

图 1-5 单相 LCL 型并网逆变器控制框图

$$P(s)=\frac{i_g}{u_{inv}}=\frac{1}{s^3L_1L_2C+s^2L_2CH_c+s(L_1+L_2)} \tag{1-6}$$

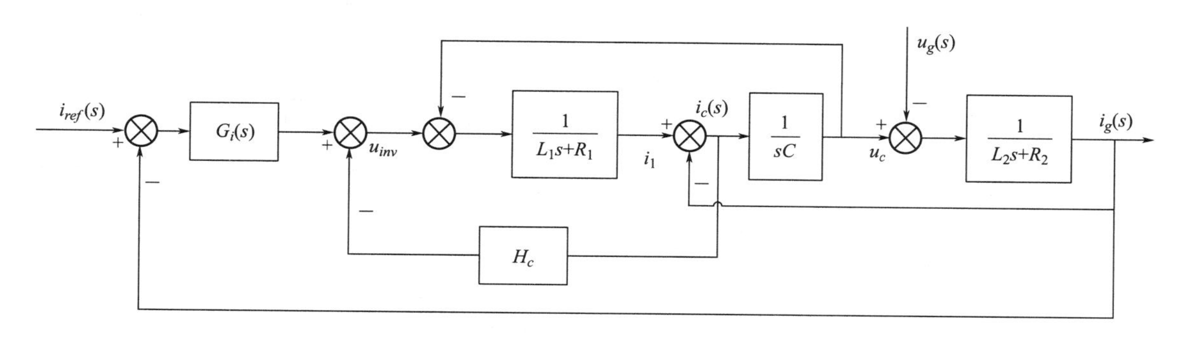

图 1-6　采用电容电流反馈的并网逆变器控制系统框图

二、国内外电流控制策略研究

并网逆变器系统中 LCL 型滤波器可以滤除高频谐波，但对低频谐波没有效果，因此并入电网的电流中含有大量的低频谐波。在电力系统中，谐波含量是衡量电能质量的主要标准，一般情况下，电压电流波形是基波和谐波的叠加，基波是有效信号，谐波是干扰信号。在并网逆变系统中，谐波污染会造成入网电流波形的畸变，影响电网的稳定运行。评判输出波形优劣的标准有很多，目前应用最多的是总谐波畸变（Total Harmonic Distortion，THD）。THD 数学计算公式为：

$$\mathrm{THD}=\sqrt{\sum_{n=2}^{h}\left(\frac{M_n}{M_1}\right)^2} \tag{1-7}$$

其中，h 为某一特定最大谐波阶次，M_n 为所有谐波分量有效值，M_1 为基波分量有效值，THD 越小说明输出波形越接近理想的正弦波，其波形质量越高，根据 IEEE Std. 1547—2018[15] 和 GB/T 14549—1993[16] 规定的标准，并网逆变器入网电流的 THD 应小于 5%。

并网电流中低频次谐波可通过优化控制策略来解决，为了尽可能减小入网电流的 THD，并有效应对电网频率波动下 RC 控制系统稳态性能下降的问题，需要研究一种简单高效的控制方法，开发出高性能的电流控制器。为此，国内外学者展开了大量研究，以下是对其综述和分析。

图 1-7 说明了并网逆变系统的谐波来源及控制系统常用的谐波抑制策略，总结认为：并网逆变器输出电流谐波主要分为开关频率及其倍频附近频率的高频谐波和基波整数倍的低频谐波，高频谐波通过并网逆变器输出 L 型或 LCL 型等低通滤波器滤除，而对于由数字控制方法 PWM 死区及电网背景谐波导致的入网电流低频谐波，则需要采用适当的控制方法解决。为实现较好的控制效果（包括基波电流跟踪及谐波电流抑制），国内外学者尝试将比例积分（PI）控制[17]、比例谐振（Proportional Resonant，PR）控制[18]、重复控制[19,20]、无差拍控制[21]、鲁棒控制[22] 等策略应用于并网逆变系统。

PI 控制结构简单，易于实现，但其难以实现无静差电流跟踪。为解决 PI 控制系统的跟

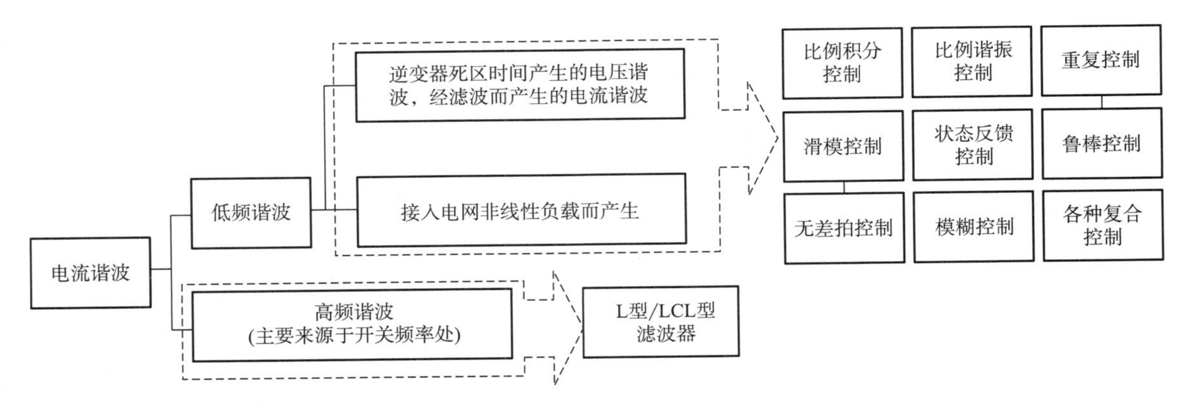

图 1-7　电流谐波来源及抑制策略

踪精度问题，PR 控制和 RC 得到了大量研究。PR 控制可以对某一频率正弦交流信号进行静态无差跟踪，PR 控制器的数学表达式为：

$$G_{PR}(s) = K_p + \frac{K_{r'}s}{s^2 + \omega_0^2} \tag{1-8}$$

其中，$K_{r'}$ 为谐振项系数，K_p 为比例增益，ω_0 为谐振角频率。为了提高 PR 控制对电网频率变化的适应性，常采用具有较大谐振带宽的准比例谐振控制器[23,24]（Quasi Proportional Resonant，QPR），使控制器在一定的基波频率波动范围内都具有良好的控制精度。PQR 控制器的传递函数为：

$$G_{PQR}(s) = K_p + \frac{2K_{r'}\omega_c s}{s^2 + 2\omega_c s + \omega_0^2} \tag{1-9}$$

其中，ω_c 为截止角频率。当要抑制多个频率的谐波信号时，需要多个准谐振控制器并联，这种多个准谐振控制器并联的结构造成的相位滞后可能导致系统不稳定，文献［25］提出的对谐振控制器进行相位补偿设计的方案提高了控制系统的稳定性和精度，但当并联的谐振项数目较多时，相位补偿难以设计。无差拍控制是一种广泛采用的预测控制方法，理论上具有极高的带宽，其瞬态响应快，开关频率较低时控制精度仍然较高，但是实际响应无法达到一拍跟踪的效果，且系统参数变化时稳态性能变差，鲁棒性较差；文献［26］针对存在不平衡和畸变的电网情况进行了鲁棒控制设计，实现了高质量和瞬态响应平稳的电流控制，但是其设计过程复杂、求解困难。

第三节　重复控制策略及其研究现状

RC 和 PR 均基于内模原理，且都以无静差跟踪或抑制周期性信号为目标。RC 可以等效为多个谐振控制器并联，在基波及各次谐波频率处都具有高增益，能够实现对基波信号的无静差跟踪及各次谐波信号的扰动消除，因其结构简单且具备良好的周期性信号跟踪或抑制能力成为研究的热点。

RC 的主要缺点是动态响应慢，为加快重复控制的动态响应速度，在应用中，RC 通常与 PI 控制器共同使用[27,28]。PI 控制能够在 RC 的延时过程中维持系统的稳定运行，而 RC 具有无静差跟踪输入信号的特性，能够很好地抑制谐波。RC 和 PI 控制结合，提高了控制系统的稳态和动态性能，RC 和 PI 控制的复合控制结构有串联和并联两种，文献［29］研究表明串联结构的稳定性更好，而并联结构的谐波抑制能力更强。同时，一种具有较少设计参数的重复控制并联比例控制的复合控制方案也应用在并网逆变器控制中，该方案引入了并联比例增益，使重复控制器能够容纳更大的 RC 增益[30,31]。RC 除了与 PI 控制或比例控制复合外，还有 RC 与状态空间反馈控制[32,33]、RC 与鲁棒控制[34] 等复合控制策略，这些复合方式都是为了解决 RC 响应速度慢、稳定性差等问题，利用不同控制方式的优点综合改善控制系统的性能。

在实际应用中，需要跟踪或抑制部分特定频率的谐波[35]，例如，三相逆变器的主要谐波为 $6k\pm1$ 次；单相逆变器系统以奇次谐波为主，但重复控制在所有次谐波频率处都具有高增益，对于逆变控制系统是一种浪费。针对此特点，通过改变 RC 内模结构，出现了多种延迟小于一个基波周期的快速重复控制，如奇次谐波重复控制[36-39]，dq 旋转坐标系下的 $6k\pm1$ 次谐波 RC[40]、双模 RC[41]、多内模并联结构 RC[42] 等。这些控制策略均提升了控制系统的动态响应速度，同时减少了重复控制器数字实现所需的存储单元。

从频域角度分析，RC 具有高而窄的谐振峰，逆变器利用 RC 的高增益特性来抑制谐波。然而，对 RC 内模进行改造或当电网频率变化时，RC 延迟拍数可能会是分数，在数字控制系统中，只能实现整数延时，若用最接近分数的整数延迟去代替实际的分数延时，RC 的高增益将偏离系统实际基波和谐波频率处，系统在实际基波和谐波信号频率处的开环增益将大大降低，失去高增益特性的重复控制的谐波抑制能力会显著降低，因此，重复控制系统对频率的变化非常敏感。有研究者提出改变采样频率[43] 的策略，保证 RC 延时为整数，但是，改变采样频率会增加数字控制系统的实现复杂性。此外，有学者提出设计数字滤波器去近似分数延时的方法，可以保持采样频率不变，其中常用的滤波器有基于拉格朗日插值的有限冲激响应[44-46]（finite impulse response，FIR）和基于 Thiran 公式的全通无限冲激响应[47-49]（infinite impulse response，IIR）两种。当电网频率波动时，只需在线调整 FIR 和 IIR 滤波器的系数，即可保证重复控制器的谐振频率与电网实际谐波频率相等，使 RC 系统不受到电网频率波动的影响，但是该策略需要在线更新滤波器系数，增加了控制器的运算量和数字实现复杂度。

以上对重复控制的研究均以提高 RC 的动态性能和谐波抑制能力为目标，尽管这些方法都能取得优秀的谐波抑制效果，但是由于 RC 固有的延时环节，其动态和稳态性能仍需进一步提高。当系统采样频率降低时，整数阶相位超前补偿精度下降，导致 RC 控制性能降低。本书针对以上问题，提出提升 RC 快速性的改进 RC 策略，提高电网频率波动适应性的改进 RC 策略和分数阶相位超前补偿 RC 策略。

本章小结

本章首先介绍了可再生能源的发展态势及分布式发电系统的典型结构，指出并网逆变器作为连接分布式发电系统与电网的核心设备，其控制性能优劣对入网电能质量具有重要影响。其次，针对逆变器采用 PWM 脉宽调制法产生的高频谐波，介绍了 LCL 型滤波器以及抑制 LCL 型滤波器谐振峰的方法，并给出单相并网逆变器系统的建模。最后，介绍了入网电能质量要求及常见电流控制策略，基于内模原理的重复控制具备无静差跟踪或抑制周期性信号的能力，能够抑制非线性负载以及电网背景谐波产生的低频周期谐波，但具备动态响应慢、稳定性差等问题，其动态和稳态性能仍需进一步提高。后续章节将重点介绍 RC 控制方法在单相逆变器中的应用，以及提升快速性、提高电网频率波动适应性的改进 RC 策略和分数阶相位超前补偿 RC 策略。

参考文献

[1] 邱燕超．重点解决调峰问题实现可再生能源消纳目标［N］．中国电力报，2022-06-14（1）．

[2] ZHONG Q. Virtual Synchronous Machines：A unified interface for grid integration［J］．IEEE Power Electronics Magazine，2016，3（4）：18-27.

[3] 阮新波，王学华，潘东华，等．LCL 型并网逆变器的控制技术［M］．北京：科学出版社，2015.

[4] MARIETHOZ S，MORARI M. Explicit model-predictive control of a PWM inverter with an LCL filter［J］．IEEE Transactions on Industrial Electronics，2009，56（2）：389-399.

[5] 许德志，汪飞，阮毅．LCL、LLCL 和 LLCCL 滤波器无源阻尼分析［J］．中国电机工程学报，2015，35（18）：4725-4735.

[6] 庄超，叶永强，赵强松，等．基于分裂电容法的 LCL 并网逆变器控制策略分析与改进［J］．电工技术学报，2015，30（16）：85-93.

[7] 吴恒，阮新波，杨东升．弱电网条件下锁相环 LCL 型并网逆变器稳定性的影响研究及锁相环参数设计［J］．中国电机工程学报，2014，34（30）：5259-5268.

[8] JALILI K，BERNET S Design of LCL filters of active-front-end two-level voltage-source converters［J］．IEEE Transactions on Industrial Electronics，2009，56（5）：1674-1689.

[9] PEÑA-ALZOLA R，LISERRE M，BLAABJERG F，et al. Analysis of the passive damping losses in LCL-filter-based grid converters［J］．IEEE Transactions on Power Electronics，2013，28（6）：2642-2646.

[10] PAN D，RUAN X，BAO C，et al. Capacitor-current-feedback active damping with reduced computation delay for improving robustness of LCL-type grid-connected inverter［J］．IEEE Transactions on Power Electronics，2014，29（7）：3414-3427.

[11] MALINOWSKI M，BERNET S. A simple voltage sensorless active damping scheme for three-phase PWM converters with an LCL filter［J］．IEEE Transactions on Industrial Electronics，2008，55（4）：1876-1880.

[12] 伍小杰，孙蔚，戴鹏，等．一种虚拟电阻并联电容有源阻尼法［J］．电工技术学报，2010，25（10）：122-128.

[13] 许津铭，谢少军，肖华锋．LCL 型滤波器有源阻尼控制机制研究［J］．中国电机工程学报，2012，32（9）：27-33.

[14] WANG B，ZHAO Q，ZHANG G，et al. Novel active damping design based on a biquad filter for an LLCL grid-tied inverter［J］．Energies，2023，16（3）：1093.

[15] IEEE standard for interconnection and interoperability of distributed energy resources with associated electric power systems interfaces［S］．IEEE Standard 1547-2018.

[16] 国家技术监督局发布．中华人民共和国国家标准 GB/T 14549—1993 [S]．北京：中国标准出版社，1993.

[17] DANNEHL J，FUCHS F W，THØGERSEN P B. PI state space current control of grid-connected PWM converters with LCL filters [J]．IEEE Transactions on Power Electronics，2010，25 (9)：2320-2330.

[18] GOLESTAN S，EBRAHIMZADEH E，GUERRERO J M，et al. An adaptive resonant regulator for single-phase grid-tied VSCs [J]．IEEE Transactions on Power Electronics，2018，33 (3)：1867-1873.

[19] 江法洋，郑丽君，宋建成，等．LCL 型并网逆变器重复双闭环控制方法 [J]．中国电机工程学报，2017，37 (10)：2944-2954.

[20] ZHAO Q，YE Y. A PIMR-type repetitive control for a grid-tied inverter：structure，analysis，and design [J]．IEEE Transactions on Power Electronics，2018，33 (3)：2730-2739.

[21] MORENO J C，ESPI HUERTA J M，GIL R G，et al. A robust predictive current control for three-phase grid-connected inverters [J]．IEEE Transactions on Industrial Electronics，2009，56 (6)：1993-2004.

[22] 何顺华．LCL 并网逆变器鲁棒重复控制研究 [D]．南京：南京航空航天大学，2019.

[23] HASANZADEH A，ONAR C，MOKHTARI H，et al. A proportional-resonant controller-based wireless control strategy with a reduced number of sensors for parallel-operated UPSs [J]．IEEE Transactions on Power Electronics. 2010，25 (1)：468-478.

[24] 张志坚，荆龙，赵宇明，等．低开关频率对并网逆变器控制环节的影响及补偿方法 [J]．电力系统自动化，2020，44 (17)：111-119.

[25] 杨云虎，周克亮，程明，等．单相 PWM 变换器相位补偿谐振控制方案 [J]．电工技术学报，2013，28 (4)：65-71.

[26] LAI N，KIM K. Robust control scheme for three-phase grid-connected inverters withLCL-filter under unbalanced and distorted grid conditions [J]．IEEE Transactions on Energy Conversion，2018，33 (2)：506-515.

[27] 竺明哲，叶永强，赵强松，等．抗电网频率波动的重复控制参数设计方法 [J]．中国电机工程学报，2016，36 (14)：3857-3868.

[28] HE L，ZHANG K，XIONG J，et al. A repetitive control scheme for harmonic suppression of circulating current in modular multilevel converters [J]．IEEE Transactions on Power Electronics，2015，30 (1)：471-481.

[29] 王斯然，吕征宇．LCL 型并网逆变器中重复控制方法研究 [J]．中国电机工程学报，2010，30 (27)：69-75.

[30] 赵强松．新型比例积分多谐振控制及其并网逆变器应用研究 [D]．南京：南京航空航天大学，2016.

[31] 赵强松，陈莎莎，周晓宇，等．用于并网逆变器谐波抑制的重复-比例复合控制器分析与设计 [J]．电工技术学报，2019，(12)：5189-5197.

[32] ZHANG K，PENG L，KANG Y，et al. State-feedback-with-integral control plus repetitive control for UPS inverters [C]．Applied Power Electronics Conference and Exposition，2005，1：553-559.

[33] 刘俊，胡国珍．基于状态积分反馈的大功率逆变器复合重复控制策略 [J]．电测与仪表，2019，56 (2)：110-115，133.

[34] YANG Y，ZHOU K，LU W. Robust repetitive control scheme for three-phase constant-voltage-constant-frequency pulse-width modulated inverters [J]．IET Power Electronics，2012，5 (6)：669-677.

[35] 卢闻州，周克亮，杨云虎．恒压恒频 PWM 变换器 nk±m 次谐波重复控制策略 [J]．电工技术学报，2011，26 (5)：95-100.

[36] CUI P，ZHANG G. Modified repetitive control for odd harmonic current suppression in magnetically suspended rotor systems [J]．IEEE Transactions on Industrial Electronics，2019，66 (10)：8008-8018.

[37] LU W, WANG W, ZHOU K, et al. General high-order selective harmonic repetitive control for PWM converters [J]. IEEE Journal of Emerging and Selected Topics in Power Electronics, 2022, 10 (1): 1178-1191.

[38] HAN B, JO S W, KIM M, et al. Improved odd-harmonic repetitive control scheme for Ćuk-derived inverter [J]. IEEE Transactions on Power Electronics, 2022, 37 (2): 1496-1508.

[39] 李冬辉，孔祥洁，刘玲玲．单相双 Buck 逆变器的无差拍快速重复控制 [J]. 电网技术，2019，43 (10): 3671-3677.

[40] 潘国兵，郑智超，王坚锋，等. LCL 有源电力滤波器分数阶快速型重复控制策略 [J]. 电机与控制学报，2020，24 (8): 92-100.

[41] 王吉彪，陈启宏，张立炎，等．基于内模原理的并网逆变器双模 PI 控制 [J]. 电工技术学报，2018，33 (23): 5484-5495.

[42] 卢闻州，周克亮，程明，等. PWM 并网变换器多内模并联结构重复控制策略 [J]. 电力系统保护与控制，2016，44 (15): 39-47.

[43] KURNIAWAN E, CAO Z, MAN Z. Design of robust repetitive control with time-varying sampling periods [J]. IEEE Transactions on Industrial Electronics, 2014, 61 (6): 2834-2841.

[44] YANG Y, ZHOU K, WANG H, et al. Frequency adaptive selective harmonic control for grid-connected inverters [J]. IEEE Transactions on Power Electronics, 2015, 30 (7): 3912-3924.

[45] YANG Y, ZHOU K, BLAABJERG F, et al. Enhancing the frequency adaptability of periodic current controllers with a fixed sampling rate for grid-connected power converters [J]. IEEE Transactions on Power Electronics, 2016, 31 (10): 7273-7285.

[46] 李伟锋，陆小辉，陈赛男，等．新型频率自适应复合重复控制及并网逆变器应用 [J]. 电力系统保护与控制，2020，48 (6): 10-17.

[47] 郑远辉，杨苹，王月武，等．基于重复控制的有源电力滤波器 6k±1 次谐波补偿 [J]. 电力系统自动化，2016，40 (16): 125-131.

[48] YE J, LIU L, XU J, et al. Frequency adaptive proportional-repetitive control for grid-connected inverters [J]. IEEE Transactions on Industrial Electronics, 2021, 68 (9): 7965-7974.

[49] ZHAO Q, ZHANG H, GAO Y, et al. Novel fractional order repetitive controller based on Thiran IIR filter for grid-connected inverters [J]. IEEE Access, 2022, 10: 82015-82024.

第二章　单相 LCL 型并网逆变器建模

并网逆变器本质上是一个 DC/AC 转换器，作为分布式新能源发电系统与大型电网的连接单元，并网逆变器对分布式发电系统的电能质量影响重大。逆变器存在多种不同的拓扑结构类型，其中半桥式、全桥式和推挽式逆变器是最为常见的。这些逆变器类型的选择与所需的电路特性和性能要求有关。本书选用全桥逆变电路来实现逆变功能。

本章以单相 LCL 型并网逆变器为研究对象，首先对单极性倍频调制方式下正弦脉冲宽度调制技术的工作原理进行分析，其次按照相关约束条件设计 LCL 型滤波器的参数，最后根据 LCL 型滤波器的特性给出相关谐振阻尼方案。

第一节　单极性倍频调制技术

单相并网逆变器的全桥式拓扑结构主电路如图 2-1 所示。图中 V_{in} 是直流母线电压，电感 L_1、L_2 和电容 C 组成了三阶 LCL 型滤波器。$Q_1 \sim Q_4$ 为功率开关器件，其中，Q_1 和 Q_2 组成了一个桥臂，Q_3 和 Q_4 组成了一个桥臂。

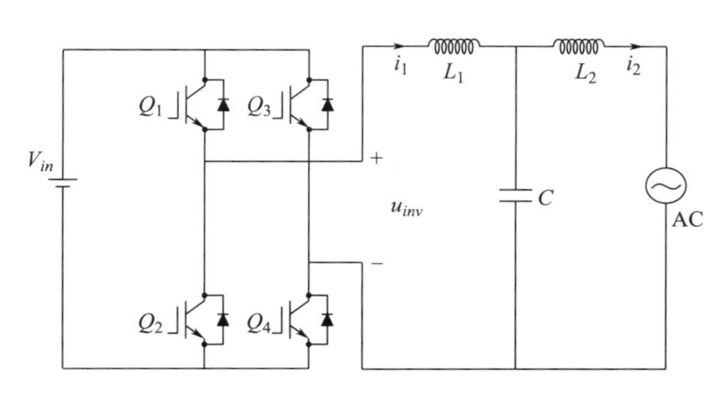

图 2-1　单相全桥式拓扑结构图

正弦脉冲宽度调制（Sinusoidal Pulse Width Modulation，SPWM）技术常用于单相全桥逆变器驱动功率开关器件的闭合和关断。在载波与调制波交接处比较其瞬时值，以控制开关管切换，输出目标波形。

根据极性差异，SPWM 技术可以分为单极性 SPWM 调制和双极性 SPWM 调制。单极性 SPWM 调制中所有脉冲极性相同，而双极性 SPWM 调制中正半周和负半周脉冲的极性不同。除此之外，根据单极性调制频率的不同，还可扩展为单极性倍频型 SPWM。双极性 SPWM 调制相对来说较为简单，SPWM 输出脉冲信号仅存在正、负电压两种状态，因此具有一些缺点。功率开关管在开关时，电压的变化率较大，会导致开关过程中产生的电磁噪声和辐射干扰增加。此外，由于脉冲信号的幅度和宽度不一致，导致开关器件的开关损耗较大，降低了整个系统的效率。相较于双极性 SPWM，单极性 SPWM 的输出脉冲信号具有正、负、零三种状态。在半个调制波周期内，仅存在正电压和零电压，或者负电压和零电压两种情况。由于单极性 SPWM 调制方式的输出脉冲信号具有更多的零电平，因此开关管在开关时，电压的变化率较小，可以降低电磁噪声和辐射干扰的产生。此外，单极性 SPWM 调制所需器件的开关损耗较小，可以提高整个系统的效率。单极性倍频 SPWM 调制方式通过将调制频率翻倍来实现，可以有效地降低输出电压的谐波含量，并且保持了单极性 SPWM 调制的简单性。在单极性倍频 SPWM 调制方式中，全桥逆变器输出电压的频率可以达到普通单极性 SPWM 调制方式的两倍，一个调制波周期内的输出电压脉冲数也翻了一倍，有助于进一步降低输出电压的谐波含量，并提高电路的性能。综合考虑，本书选择采用单极性倍频 SPWM 调制方式。

单极性倍频 SPWM 调制的调制原理如图 2-2 所示[1]。以坐标中心为原点，u_m 和$-u_m$ 为极性相反的两个正弦调制波，相位差为 180°，u_{tri} 为三角载波。

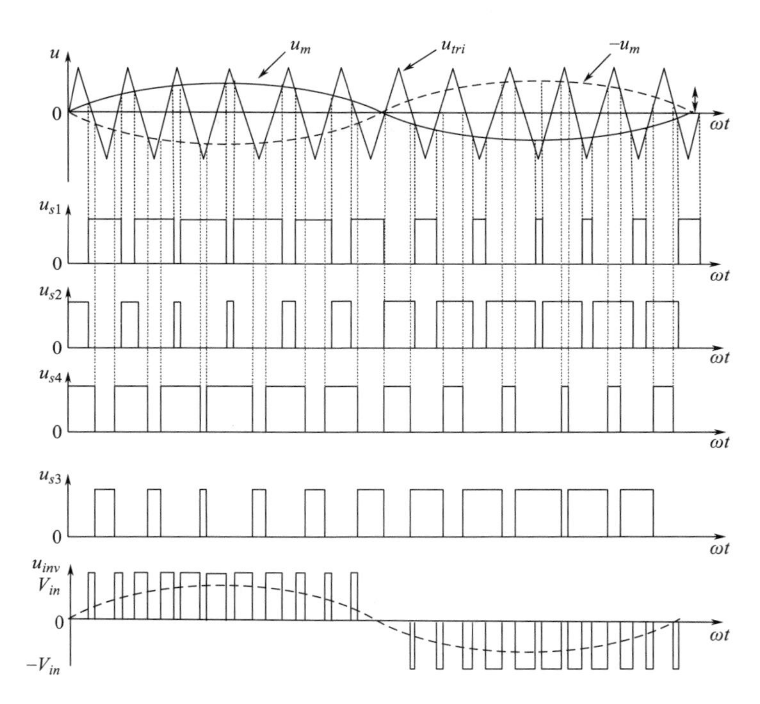

图 2-2　单极性倍频 SPWM 调制原理图

当 u_m 和 u_{tri} 的波形在时间轴上相交时，在交点处形成了 Q_1 和 Q_2 的开关信号；同理，在$-u_m$ 和 u_{tri} 的波形相交处形成了 Q_3 和 Q_4 的开关信号。当正弦调制波的幅值大于载波幅值，即 $u_m>u_{tri}$ 和$-u_m>u_{tri}$ 时，开关管 Q_1 和 Q_3 导通，Q_2 和 Q_4 关断。反之，开关管 Q_2 和 Q_4 导通，Q_1 和 Q_3 关断。从输出电压 u_{inv} 的脉冲序列可以看出，逆变桥输出电压 V_{in} 的状态在每个调制周期改变两次，即从 V_{in} 到 0 再到 V_{in}，但桥中功率开关器件只开关一次。所以这种调制模式下输出电压载波频率为开关频率的两倍。

单极性倍频 SPWM 调制方式的控制波形也是在正、负半周期内分别只产生正、负脉冲电压。由于其正弦波形的对称性，单极性倍频 SPWM 输出电压中的脉冲波数约为普通单极性调制的两倍，因此可以有效地减少输出电压中的谐波成分，增强电路的稳定性和可靠性。尤其是在大功率逆变器中，开关管损耗较高，采用单极性倍频 SPWM 调制方式可以更有效地降低逆变器的损耗，并提高其工作效率。

第二节　单相 LCL 型并网逆变器设计

一、单相 LCL 型并网逆变器建模

单相 LCL 型并网逆变器的模型如图 2-3 所示。图 2-3 中，V_{in} 是直流母线电压；Q_1 ~ Q_4 为功率开关器件；u_{inv} 为逆变器输出电压；L_1 和 L_2 为滤波器电感；C 为滤波电容；i_g 为电网电流；u_g 为电网电压；i_{ref} 为参考电流；$G_i(z)$ 为电流控制器；PLL 为锁相环，为电流控制器提供相角和采样数。

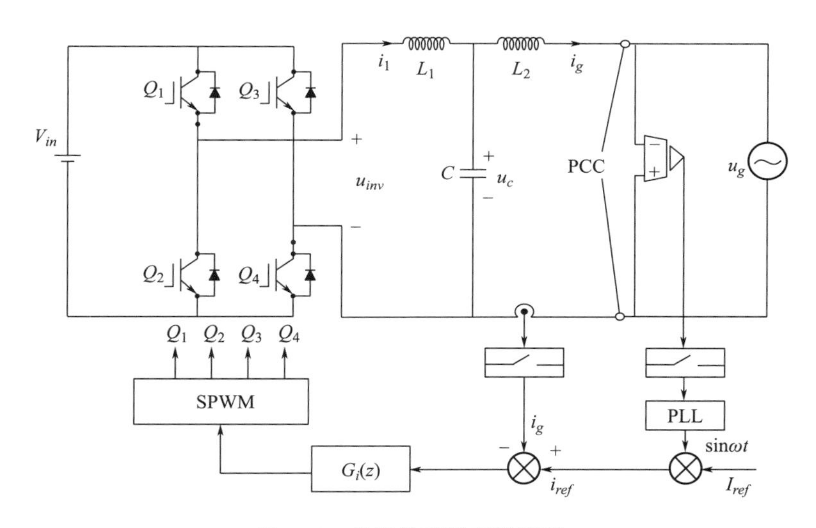

图 2-3　单相并网逆变器模型

LCL 型滤波器内部有 3 个储能元件，包括电感 L_1、L_2 和电容 C。将电感上的电流和电容上的电压作为状态变量 $x=[i_1 \quad i_g \quad u_c]^T$，系统输出为 $y=i_g$，系统输入为 $u=[u_{inv} \quad u_g]^T$，则 LCL 型滤波器的方程可表示为：

$$
\begin{cases}
u_{inv} - u_c = L_1 \dfrac{\mathrm{d}i_1}{\mathrm{d}t} \\
u_c - u_g = L_2 \dfrac{\mathrm{d}i_g}{\mathrm{d}t} \\
i_1 - i_g = C \dfrac{\mathrm{d}u_c}{\mathrm{d}t}
\end{cases}
\tag{2-1}
$$

对式（2-1）进行拉普拉斯变换，转换到 s 域可得：

$$\begin{cases} I_1 = \dfrac{U_{inv} - U_c}{sL_1} \\ I_g = \dfrac{U_c - U_g}{sL_2} \\ U_c = \dfrac{I_1 - I_g}{sC} \end{cases} \tag{2-2}$$

由此绘制网侧电流闭环反馈控制框图如图 2-4 所示，记被控对象从输入 u_{inv} 到输出 i_g 的传递函数为 P，则有：

$$P(s) = \frac{1}{L_1L_2Cs^3 + (L_1 + L_2)s} \tag{2-3}$$

其中：

$$\omega_r = \sqrt{\frac{L_1 + L_2}{L_1L_2C}} \tag{2-4}$$

式中：ω_r 为 LCL 型滤波器的谐振角频率。

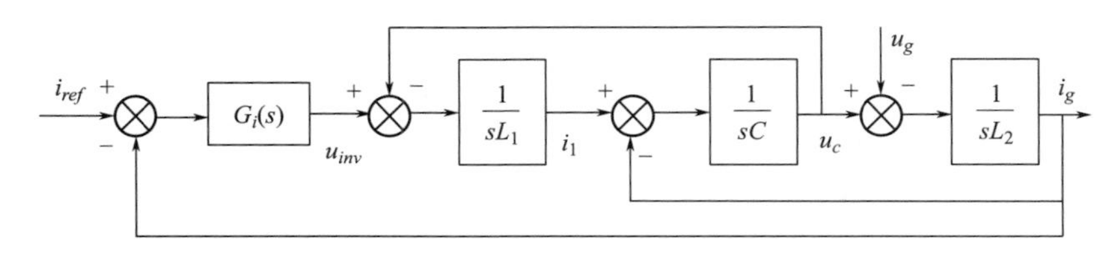

图 2-4　网侧电流闭环反馈控制框图

二、LCL 型滤波器参数设计

由前文对滤波器的介绍可知，LCL 型滤波器在保持相同体积的情况下，能够提供更佳的滤波效果和更低的成本。目前尚无明确的设计方案来确定 LCL 型滤波器的参数，但通常都遵循以下几点原则[2]：①由于电容的无功损耗会影响逆变器系统的功率因数，导致能源浪费和系统不稳定，因此电容无功容性吸收不应超过系统额定有功功率的 10%。②为了有效降低电感损耗，提高滤波器的效率和性能，可将低频段的 LCL 型滤波器等效为 L 型滤波器，总电感量相当于两个电感 L_1、L_2 的和，其压降应该小于额定电压的 10%。③为了保证 LCL 型滤波器的性能和稳定性，应该使谐振频率位于电网基波频率的 10 倍和开关频率的 1/2 之间，即：

$$10f_0 < \frac{\omega_r}{2\pi} < \frac{1}{2}f_{sw} \tag{2-5}$$

本书中，调制波的瞬时值大小为 $u = u_m \sin\omega t$，载波峰值为 u_{tri}，载波周期为 $T_{sw} = 1/10000$，调制度为 $M_r = u_m/u_{tri}$。直流母线 $V_{in} = 380$V，输出电流 i_g 的峰值为 10A，输出有功功率 $P = 2.2$kW。

1. 电感 L_1 的计算

在一个载波周期内，单极性倍频 SPWM 调制下开关管的导通时间 T_{on} 表达式为：

$$T_{on} = M_r \frac{T_{sw}}{2} \tag{2-6}$$

$$u_{tri} = u_{inv} M_r \tag{2-7}$$

波纹系数 α 决定了电感 L_1 的最小值，此处选择 α 为 0. 6。

$$\Delta i_1 \leqslant \alpha \times 10 \tag{2-8}$$

当 M_r 取 0. 5 时，可计算电感 L_1 的最小取值范围为：

$$L_{1\min} = \frac{u_{inv} T_{sw}}{80\alpha} = 0.8(\text{mH}) \tag{2-9}$$

取基波压降为 6%的电网电压，可确定 L_1 的最大值为：

$$L_{1\max} = \frac{220 \times 6\%}{\omega \times \text{rms}(i_g)} = 4.2(\text{mH}) \tag{2-10}$$

综上，选取 L_1 = 3. 8mH。

2. 电容 C 的计算

电容 C 可以阻抗低次谐波，消除高次谐波并作为无功补偿装置。然而，过大的电容值会增加损耗，提高系统成本，而过小的电容值则需要增加电感值来满足谐波标准，进一步增加系统成本。因此，根据设计原则，取电容无功容性吸收为额定有功功率的5%，以在保持系统成本不增加的前提下，确保滤波器的性能和稳定性，同时达到滤波器谐波标准要求。

$$\frac{1}{\omega C}\left(\frac{P}{u_g}\right)^2 = 5\% \times P \tag{2-11}$$

$$C_{\max} = \frac{P}{\omega u_g^2} \times 5\% \approx 50 \times 10^{-6}\text{F} \tag{2-12}$$

此处取 $C = 10 \times 10^{-6}\text{F} = 10$（μF）。

3. 电感 L_2 的计算

可以根据并网标准限制的单次谐波在并网电流中的要求来确定网侧电感的最小值。根据设计原则，取谐振频率为 500~5000。由公式（2-4）可得：

$$L_2 = \frac{L_1}{(2\pi f_r)^2 L_1 C - 1} \tag{2-13}$$

取 L_2 = 2. 2mH。

第三节　谐振阻尼控制策略

由图 1-3 可知，谐振尖峰和 180°相位滞后等问题可能导致 LCL 型滤波器引起系统不稳定。可以在分母的谐振部分引入 s 的一次项增加阻尼，使 LCL 型滤波器的极点位置向左移动，此时 LCL 型滤波器传递函数变为：

$$G_{LCL} = \frac{1}{L_1 L_2 C} \frac{1}{s^2 + 2\xi\omega_r s + \omega_r^2} \tag{2-14}$$

其中，ω_r 为谐振角频率，ξ 为阻尼比，能够有效阻尼谐振尖峰，使 LCL 型滤波器在低频时具有高增益，在高频时具有抑制作用。谐振阻尼控制策略通常有两种实现形式，分别为有源阻尼和无源阻尼。

一、有源阻尼策略

有源阻尼法就是用控制算法对 LCL 型滤波器谐振频率特性进行直接修正[3]。它的实现途径通常可以分为两类：基于状态变量的反馈法与陷波器法。

图 2-5 展示了四种常用的状态变量反馈有源阻尼法的闭环控制框图，其中，u_m 为调制波，K_{PWM} 为值为 1 的逆变器等效增益。

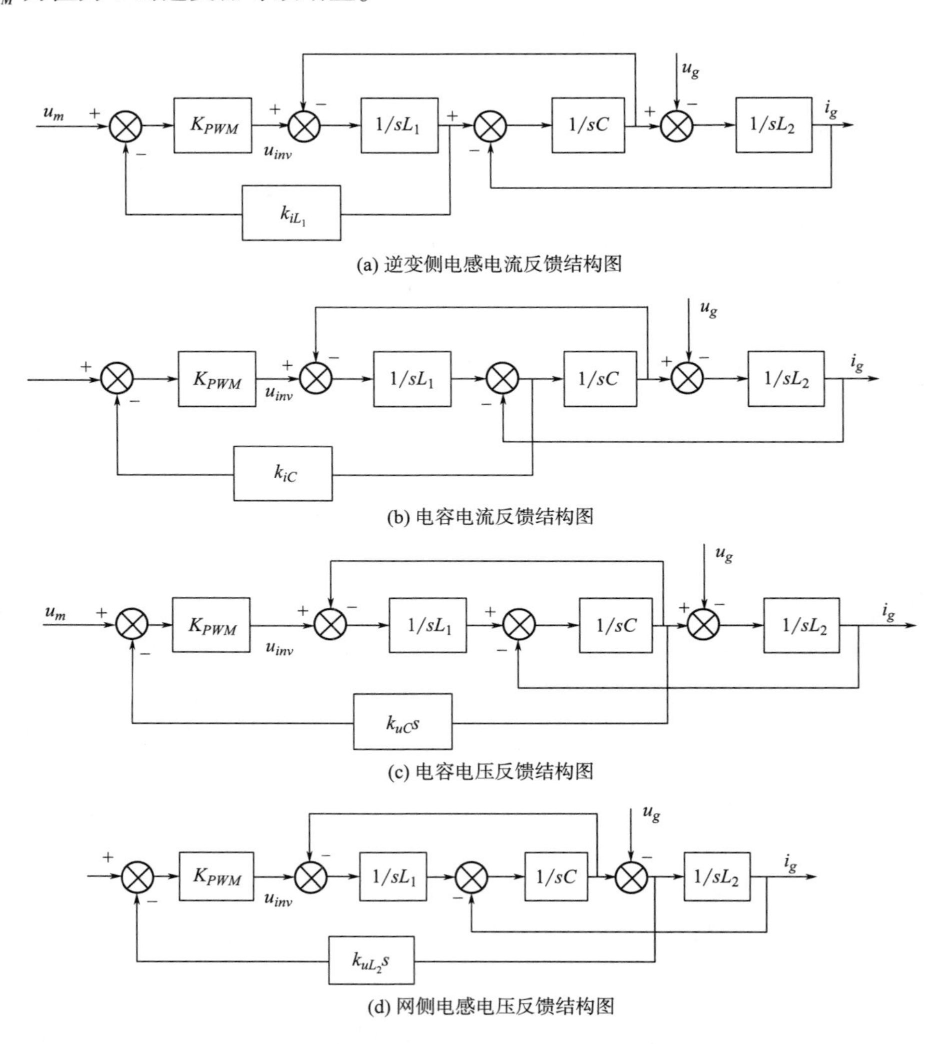

图 2-5　四种状态变量反馈有源阻尼方法下的闭环控制框图

图 2-5（a）~（d）对应的入网电流 i_g 与逆变器输出电压 u_{inv} 之间的传递函数分别为：

$$G_a(s)=\frac{i_g(s)}{u_{inv}(s)}=\frac{1}{L_1L_2Cs^3+L_2Ck_{iL_1}s^2+(L_1+L_2)s+k_{iL_1}}$$

$$
\begin{aligned}
G_b(s) &= \frac{i_g(s)}{u_{inv}(s)} = \frac{1}{L_1L_2Cs^3 + L_2Ck_{ic}s^2 + (L_1 + L_2)s} \\
G_c(s) &= \frac{i_g(s)}{u_{inv}(s)} = \frac{1}{L_1L_2Cs^3 + L_2k_{uc}s^2 + (L_1 + L_2)s} \\
G_d(s) &= \frac{i_g(s)}{u_{inv}(s)} = \frac{1}{L_1L_2Cs^3 + L_2k_{uL_2}s^2 + (L_1 + L_2)s}
\end{aligned}
\tag{2-15}
$$

根据公式（2-15），绘制出反馈系数分别取 0、5 和 10 时的伯德图，如图 2-6 所示。图 2-6（a）中，当反馈系数 k_{iL_1} 为正数时，随着 k_{iL_1} 取值的增大，对谐振峰的抑制能力更强，对高频段的谐波抑制能力不变，但会逐渐降低低频段的增益。图 2-6（b）中，增大反馈系数 k_{iC}，谐振峰的抑制能力逐渐增强，并且不影响系统的高频、低频特性。但相位裕度将逐渐减小，可能会影响系统的稳定性。图 2-6（c）中，反馈项为 $k_{uC}s$，采用微分反馈可以为系统引入 90°相位提前的补偿，从而增强系统的稳定裕度。但整个频段内控制增益降低，谐波抑制能力下降。图 2-6（d）中，反馈系数为 k_{uL_2}，由于这种反馈法开关频率上谐波较多，实际使用时可能出现采样不准的情况。

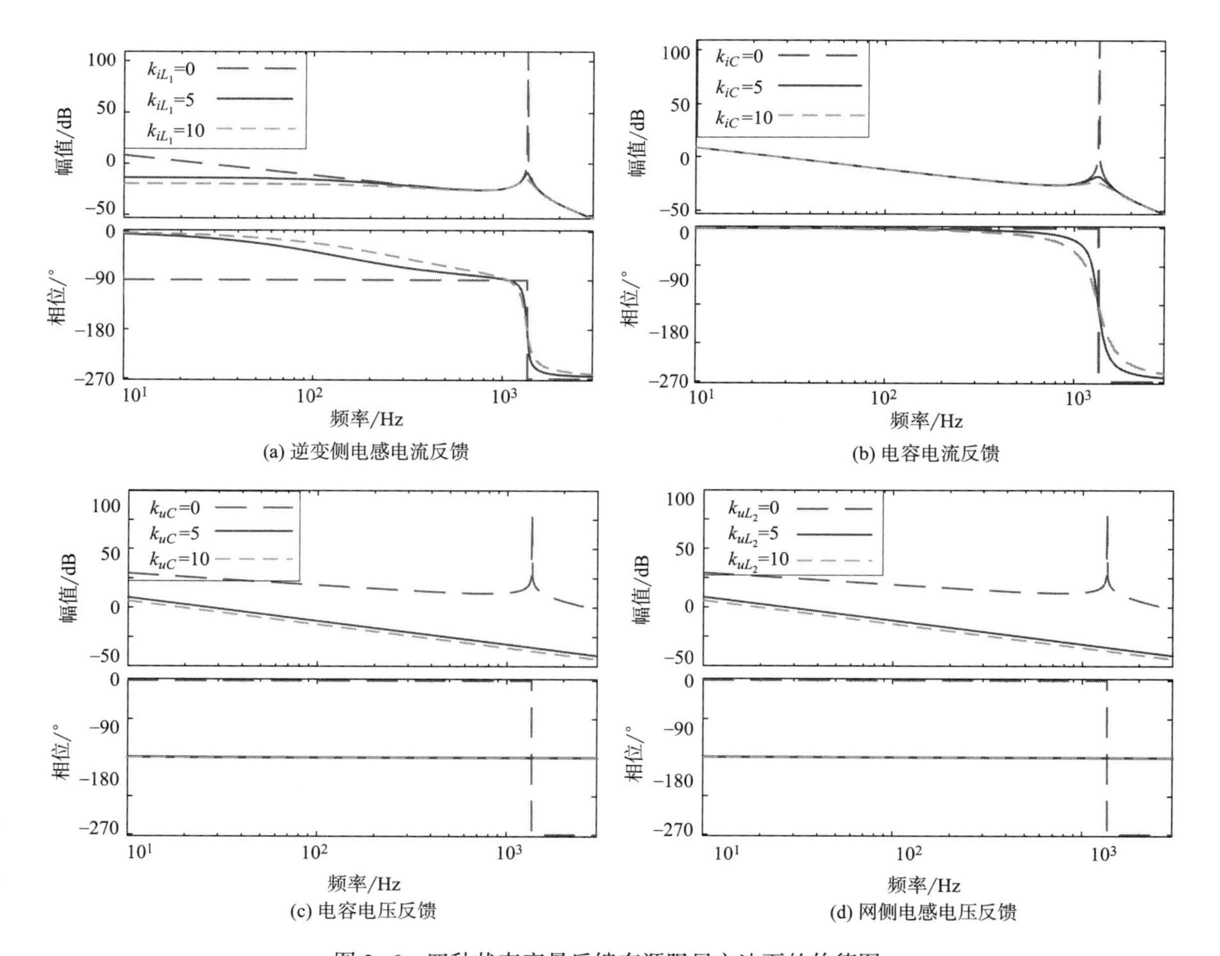

(a) 逆变侧电感电流反馈　　(b) 电容电流反馈

(c) 电容电压反馈　　(d) 网侧电感电压反馈

图 2-6　四种状态变量反馈有源阻尼方法下的伯德图

采用陷波器的有源阻尼法是将陷波器与控制回路级联，在 LCL 型滤波器产生的谐振峰处实现抑制。图 2-7 展示了基于陷波器的有源阻尼闭环控制框图。

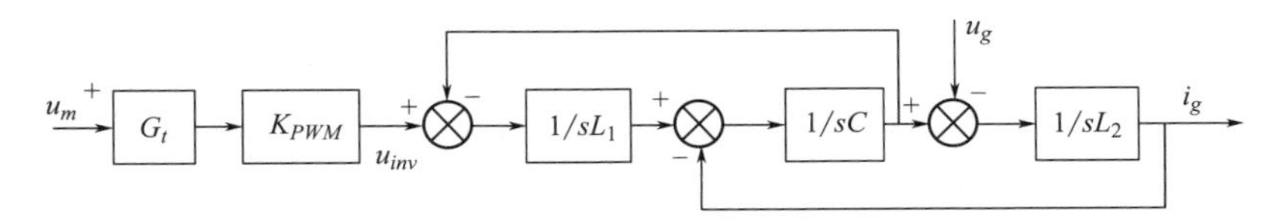

图 2-7　带有陷波器的有源阻尼法

其中，G_t 为陷波器，其传递函数为：

$$G_t(s)=\frac{s^2+\omega_r^2}{s^2+2\zeta\omega_r s+\omega_r^2} \tag{2-16}$$

陷波器、不添加阻尼与加入陷波器后的 LCL 型滤波器的伯德图如图 2-8 所示。可见，通过将 G_t 中的 ω_r 设置为 LCL 型滤波器的谐振频率，陷波器就能够产生一个向下凹陷的波形抵消掉谐振峰。但这仅是在理想的理论基础上有着优越的性能，在实际应用中参数整定困难。

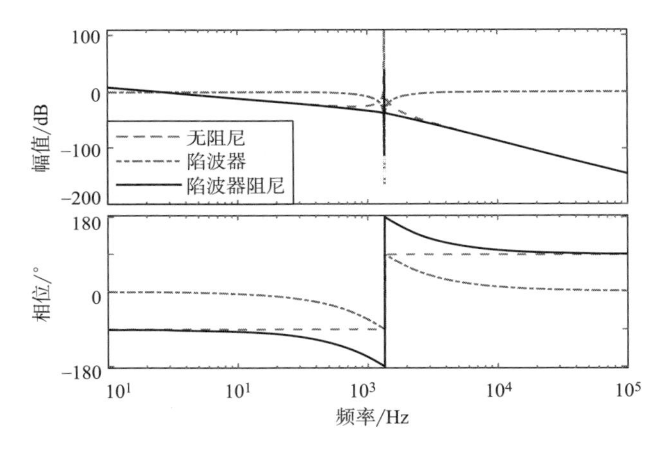

图 2-8　基于陷波器的有源阻尼幅频特性曲线

在 LCL 型滤波器的控制中，微分环节属于超前环节，虽然具有一定的控制效果，但在实际运用中难以实现，并且微分反馈法的频率特性会线性放大高频噪声，使谐振尖峰难以抑制。另外，由于 LCL 型滤波器的谐振频率会随着电网电压和电流的变化而变化，通常需要设计一个在线自适应的陷波器。该陷波器需要实时测量 LCL 型滤波器的谐振频率，并根据测量结果调整其参数，以确保陷波器能够及时地补偿谐振频率变化，从而保持良好的滤波效果，因实现相对复杂，需要软硬件协同设计。仅需反馈一个比例系数的状态变量反馈有源阻尼法，能实现良好的阻尼效果，结构原理简单[4]，但需采用附加的电流传感器，导致系统成本增加。

二、无源阻尼策略

无源阻尼法就是将电阻与滤波元件直接串联或者并联，改变器件阻抗，提高阻尼，以抑制谐振尖峰。按阻尼电阻的放置位置，无源阻尼可划分为六种形式，如图 2-9 所示。

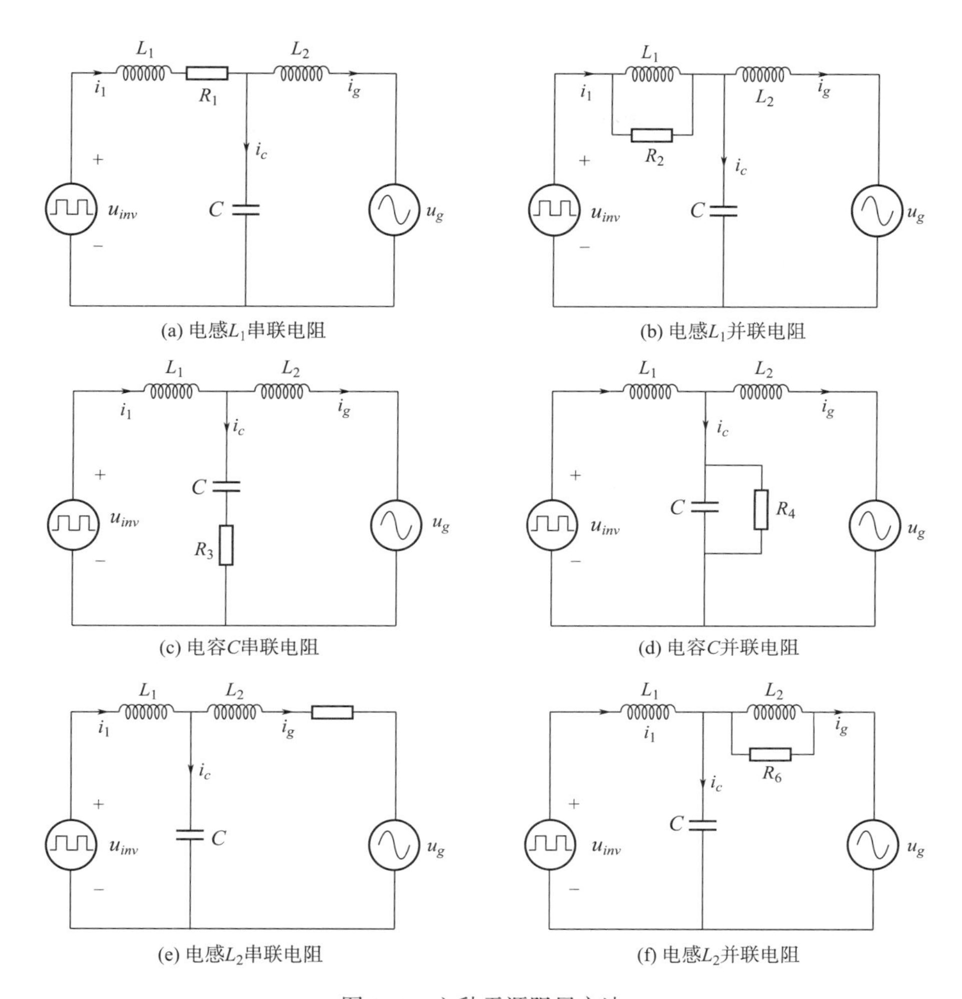

图 2-9　六种无源阻尼方法

由图 2-9 可推出入网电流 i_g 与逆变器输出电压 u_{inv} 之间的传递函数为：

$$
\begin{aligned}
G_a(s)&=\frac{i_g(s)}{u_{inv}(s)}=\frac{1}{L_1L_2Cs^3+L_2R_1Cs^2+(L_1+L_2)s+R_1}\\
G_b(s)&=\frac{i_g(s)}{u_{inv}(s)}=\frac{L_1s+R_2}{L_1L_2CR_2s^3+L_1L_2s^2+(L_1+L_2)R_2s}\\
G_c(s)&=\frac{i_g(s)}{u_{inv}(s)}=\frac{R_3Cs+1}{L_1L_2Cs^3+(L_1+L_2)R_3Cs^2+(L_1+L_2)s}\\
G_d(s)&=\frac{i_g(s)}{u_{inv}(s)}=\frac{R_4}{L_1L_2CR_4s^3+L_1L_2s^2+(L_1+L_2)R_4s}\\
G_e(s)&=\frac{i_g(s)}{u_{inv}(s)}=\frac{1}{L_1L_2Cs^3+L_1R_5Cs^2+(L_1+L_2)s+R_5}\\
G_f(s)&=\frac{i_g(s)}{u_{inv}(s)}=\frac{L_2s+R_6}{L_1L_2CR_6s^3+L_1L_2s^2+(L_1+L_2)R_6s}
\end{aligned}
\tag{2-17}
$$

根据公式（2-17），可以绘制出六种无源阻尼方法在不同电阻值下的伯德图，如图 2-10 所示。由图 2-10（a）、（e）可知，在电感侧串联电阻会使 LCL 型滤波器的低频段增益下降，但去除高频谐波干扰的能力基本没有变化。由图 2-10（b）、（f）可知，与电感串联电阻不同，并联电阻不影响低频段的增益，但随着电阻值的增大，高频谐波抑制能力增强。由图 2-10（c）可知，电容串联电阻使 LCL 型滤波器高频谐波衰减能力变差，低频增益不变。图 2-10（d）中，电容并联电阻在低频段和高频段都不影响 LCL 型滤波器的频率特性[5]。

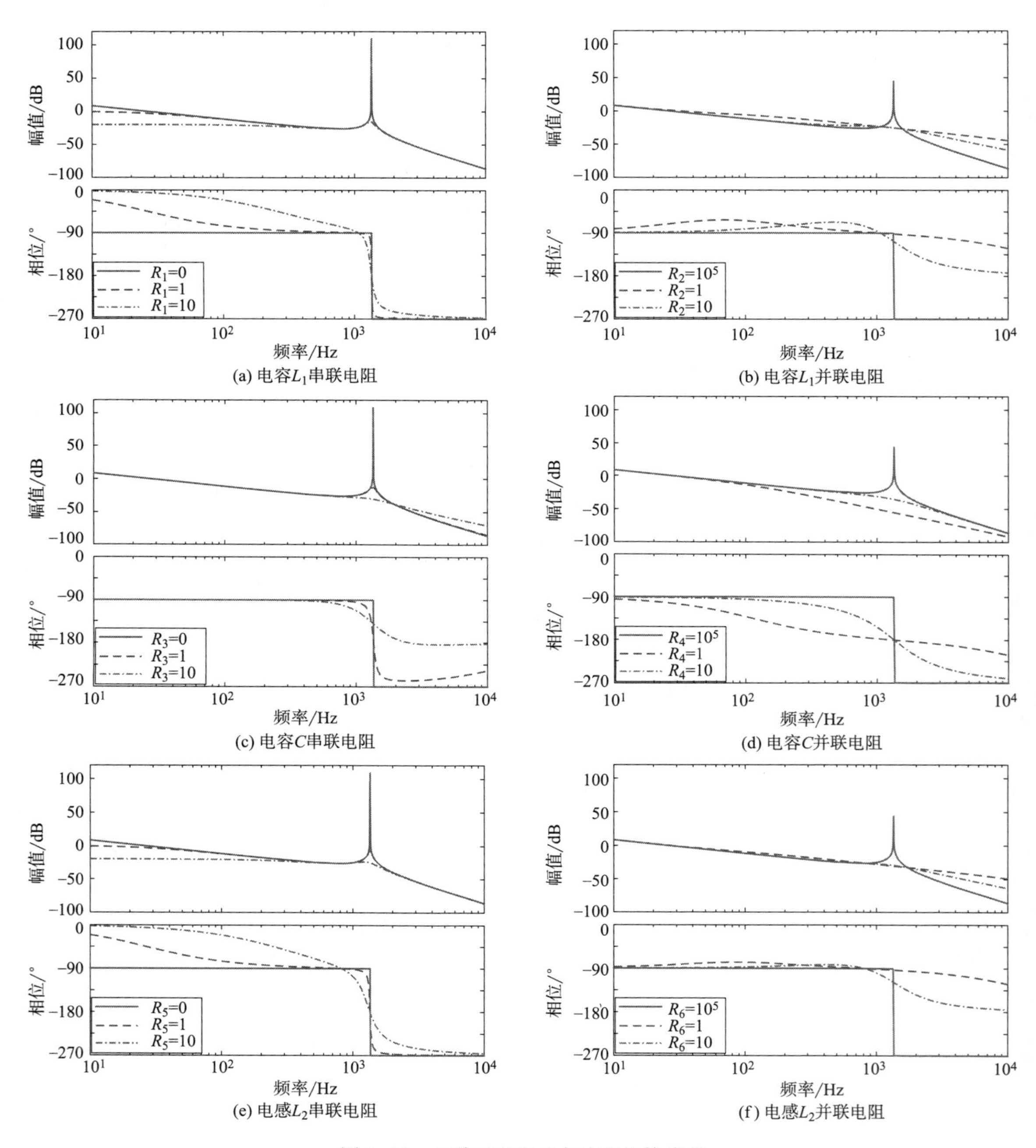

图 2-10　六种无源阻尼方法下的伯德图

综上所述，六种无源阻尼法中，只有电容并联电阻法只改善滤波器谐振频率处的幅值，不影响高低频段的幅值增益，其余方法中，高频增益或低频增益都会随着串联、并联的阻值大小而受到影响，因而，电容并联电阻法的阻尼效果最好。但此种方法会使阻尼电阻损耗过大，因此，实践中常用电容串联电阻法对 LCL 型滤波器产生的谐振峰进行抑制。本书也是采取了电容串联电阻的方式，以有效地抑制谐振尖峰。

本章小结

本章首先分析了单极性倍频 SPWM 技术驱动开关管的原理；其次，搭建了单相 LCL 型并网逆变器的模型，并设计了 LCL 型滤波器的参数；最后，介绍了 5 种有源阻尼方法和 6 种无源阻尼方法，以解决 LCL 型滤波器产生的谐振峰问题。对不同方法对应的传递函数和频率特性进行了讨论，综合考虑后选择了电容串联电阻无源阻尼法。

参考文献

[1] 桂凯瑞．单级式升压逆变器研究［D］．南京：南京航空航天大学，2020.

[2] 苏建徽，施永．并网逆变系统滤波电路拓扑及其谐振抑制方法研究［J］．太阳能学报，2013，34（9）：1619-1625.

[3] ZHAO T，LI J，GAO N. Capacitor-current-feedback with improved delay compensation for LCL-type grid-connected inverter to achieve high robustness in weak grid［J］．IEEE Access，2022，10：127956-127968.

[4] LI S，LIN H. A Capacitor-current-feedback positive active damping control strategy for LCL-type grid-connected inverter to achieve high robustness［J］．IEEE Transactions on Power Electronics，2022，37（6）：6462-6474.

[5] 陈伟，张岩，屠一鸣，等．LCL 型并网逆变器临界无源阻尼参数设计［J］．电力建设，2022，43（1）：70-77.

第三章　重复控制的分析与改进

本章将介绍 RC 基本理论，RC 的核心思想是内模原理，由于理想的 RC 内模存在稳定性问题，所以通常对理想的 RC 内模加以改进。改进需要从 RC 内模和被控对象两方面考虑，针对 RC 内模一般选择在其内部加入内模系数 $Q(z)$，针对被控对象，通常采用补偿器对其进行改良。下面将对 RC 内模的基本作用原理及 RC 系统的改进方法进行详细的分析与论述。

第一节　基于内模原理的重复控制技术

重复控制基于内模原理，本质上也是变增益控制的一种。内模原理的基本思想是把外部参考信号的数学模型置于控制器中，误差信号经过控制器的作用后，使对应谐振频率的开环增益达到无穷大，因此，重复控制对周期性信号有极高的控制精度，能够有效抑制谐波扰动。例如，根据内模原理，PI 控制器包含了直流信号的内模 $1/s$，从而能够无静差跟踪直流信号。

在逆变器控制系统中，参考输入信号和扰动信号为基频和基频整数倍的正弦信号，为了实现对参考输入信号的无静差跟踪和谐波扰动的抑制，控制器中应包含基波及各次谐波的数学模型：

$$G(s)=\sum_{i=1}^{\infty}k_i\frac{s}{s^2+\omega_i^2} \tag{3-1}$$

若将公式（3-1）的正弦波形都置于控制器中，那么控制器的设计会异常困难，且实现复杂度很大。然而单个重复控制器就能够包含基波及各次谐波的数学模型，因此，重复控制是一种简单有效的谐波抑制策略。RC 的作用原理是将上一周期的误差信号 e 以一定的比例 k 作用于当前周期的同一时刻的控制器的输出[1]。其作用可以表示为：

$$u_{j+1}(k)=u_j(k)+k\mathrm{e}_j(k) \tag{3-2}$$

其中，$j+1$ 为当前周期，j 为上个周期，u 为系统的控制器输出，e 为系统的误差。

两个采样时间间隔的延迟可以表示为 e^{-sT_s}，T_s 是采样周期，则公式（3-2）转变为：

$$u_{j+1}(k)=u_{j+1}(k)\mathrm{e}^{-sT_s}+k\mathrm{e}_{j+1}(k)\mathrm{e}^{-sT_s} \tag{3-3}$$

不考虑比例系数，对公式（3-3）进行化简，可得重复控制内模的对应的结构框图如图 3-1（a）所示。

$$G(s)=\frac{\mathrm{e}^{-sT_0}}{1-\mathrm{e}^{-sT_0}} \tag{3-4}$$

根据自然指数 e 的性质，公式（3-4）可以展开为：

$$G(s) = -\frac{1}{2} + \frac{1}{T_0}\frac{1}{s} + \frac{2}{T_0}\sum_{k=1}^{\infty}\frac{s}{s^2 + (k\omega_0)^2} \tag{3-5}$$

式中：$\omega_0 = 2\pi/T_0$，ω_0 为基波角频率。

由公式（3-5）可知，重复控制包含无穷多个谐振项，且谐振项都分布在 ω_0 的整数倍频率处，谐振项在其对应频率处具有无穷大的增益，因此 RC 在基波及其谐波频率处的开环增益无穷大，理论上 RC 的稳态误差为零。

由于 e^{-sT_0} 在数字系统中无法实现，重复控制一般采用离散域表达式，图 3-1（b）为离散化后的重复控制内模，其传递函数为：

$$G(z) = \frac{z^{-N}}{1 - z^{-N}} \tag{3-6}$$

其中，$N = f_s/f_0 = T_0/T_s$，f_s 为采样频率，f_0 为基波频率，T_0 为基波周期，T_s 为采样周期。

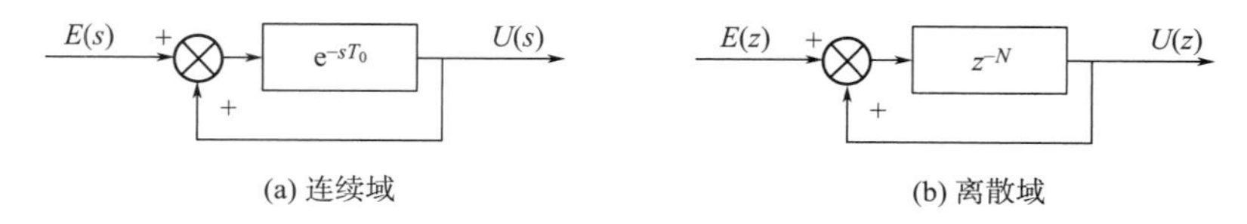

图 3-1　重复控制的内模

当 $f_0 = 50\text{Hz}$，$f_s = 10\text{kHz}$ 时，重复控制内模表达式（3-6）的伯德图如图 3-2 所示，可以看出，在基频及基频整数倍频率（50Hz，100Hz，150Hz，…）处，RC 内模具有极高的增益，这与上述理论分析一致。但是理想的 RC 内模自身稳定性差，需要对 RC 内模及控制系统进行改进，以增强其稳定性和谐波抑制能力。

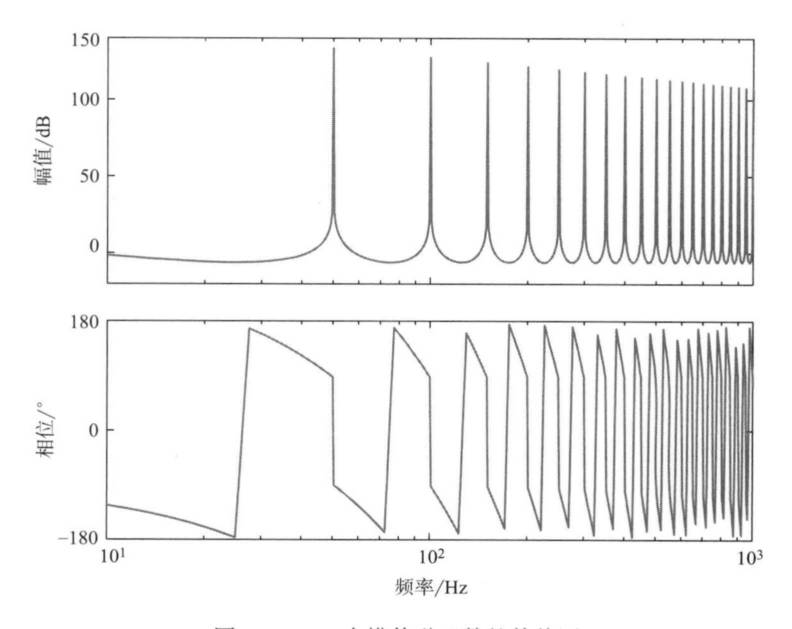

图 3-2　RC 内模传递函数的伯德图

第二节　重复控制器的结构及改进

图 3-3 为理想 RC 系统的结构框图，其中 $R(z)$ 为参考输入，$P(z)$ 为控制系统的被控对象，$D(z)$ 为扰动信号，$Y(z)$ 为系统输出。误差信号 $E(z)$ 表示为：

$$E(z)=\frac{1-z^{-N}}{1-z^{-N}[1-P(z)]}[R(z)-D(z)] \tag{3-7}$$

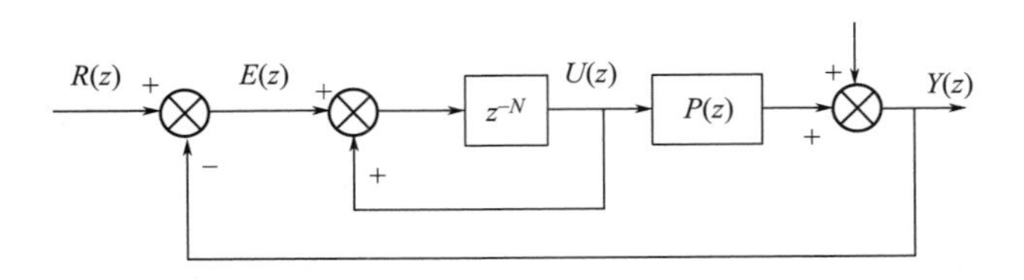

图 3-3　理想 RC 系统的结构框图

根据公式（3-7）可知，控制系统的特征方程为 $1-z^{-N}[1-P(z)]$，系统稳定的条件是特征方程的根均在单位圆内。由小增益原理可知，系统稳定的充分条件是：

$$|1-P(z)|<1\quad \forall z=e^{j\omega T_s},\ 0<\omega<\pi/T_s \tag{3-8}$$

式中：π/T_s 为奈奎斯特频率。

因为 $z=e^{j\omega T_s}$，公式（3-8）在频域可以表示为：

$$|1-P(e^{j\omega T_s})|<1 \tag{3-9}$$

设 $H_0(e^{j\omega T_s})=1-P(e^{j\omega T_s})$，图 3-4 为公式（3-9）的矢量图。在实际应用中，公式（3-9）在高频段很难成立，需要对 RC 内模进行改进。根据公式（3-7）和图 3-4 可知，系统的稳定性和误差收敛主要由 $H_0(e^{j\omega T_s})$ 决定，一般来讲，被控对象 $P(z)$ 的幅值、相角越小越好。为了保证系统在整个频段内的稳定性，同时，考虑到 $P(z)$ 的形式多变，需要从内模和被控对象两方面对 RC 控制系统进行改进。下面将对内模和被控对象的改进方法作详细介绍。

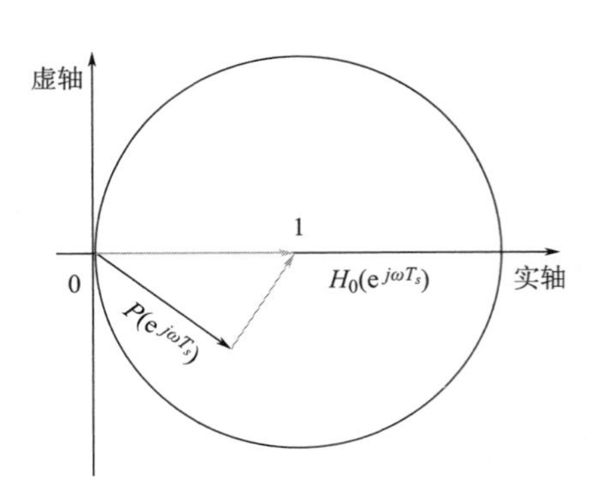

图 3-4　$H_0(e^{j\omega T_s})$ 的矢量描述

一、内模系数 $Q(z)$ 的改进

在如图 3-1（b）所示的 RC 内模结构图中引入系数 $Q(z)$，改进后的控制系统框图见图 3-5，此时系统误差 $E(z)$ 表示为：

$$E(z)=\frac{1-Q(z)z^{-N}}{1-Q(z)z^{-N}[1-P(z)]}[R(z)-D(z)] \tag{3-10}$$

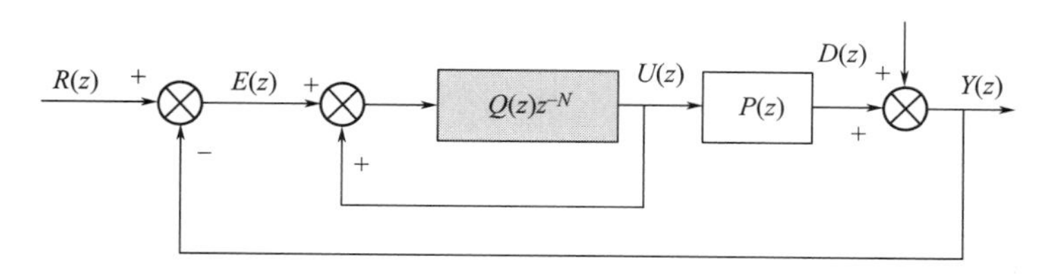

图 3-5　加入内模 $Q(z)$ 后的 RC 系统结构框图

系统的稳定条件变为：

$$|Q(z)[1-P(z)]|<1 \tag{3-11}$$

如果 $Q(z)[1-P(z)]$ 在单位圆内，则系统稳定。$Q(z)$ 通常有两种设计方法：

1. $Q(z)$ 直接取小于 1 的常数 Q

公式（3-11）可化为：

$$|1-P(z)|<1/Q \tag{3-12}$$

图 3-6 为公式（3-12）所对应的稳定性条件矢量图。当 $Q=1$ 时，为理想重复控制内模，对应的稳定性条件为公式（3-8），从图 3-6 可以看出，矢量 $1-P(z)$ 在以（1，0）为圆心的特征单位圆内，系统是稳定的。当 Q 小于 1 时，图 3-4 中的特征圆半径为 $1/Q$，其中，$1/Q>1$，特征圆半径扩大，此时，公式（3-12）更容易被满足，系统稳定性和鲁棒性得到了提升，但是系统稳态误差也随之增大。

2. $Q(z)$ 为零相位低通滤波器

零相位低通滤波器在低频段的增益为 1，能够很好地跟踪低频信号，在高频段其增益衰减，在提高系统稳定性方面会优于 $Q(z)$ 取常数。图 3-7 为 $Q=0.94$ 和 $Q(z)$ 为零相位低通滤波器 $[Q(z)=(z+8+z^{-1})/10]$ 时的伯德图。从图 3-7 可以看出，当 $Q=0.94$ 时，其幅值为恒定的 0.94，此时，在每个周期内，内模将输入信号按 0.94 倍衰减后进行累加，这会破坏理想内模的无差特性。而当 $Q(z)=(z+8+z^{-1})/10$ 时，其在低频段的幅值为 1，还原了输入信号的低频成分，但是其高频段快速衰减的幅值，对输入信号的高频信号进行了衰减，同样，此

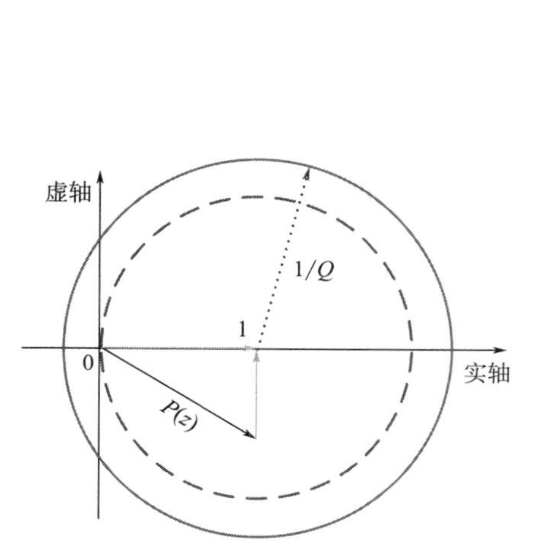

图 3-6　改进内模后系统稳定性矢量描述

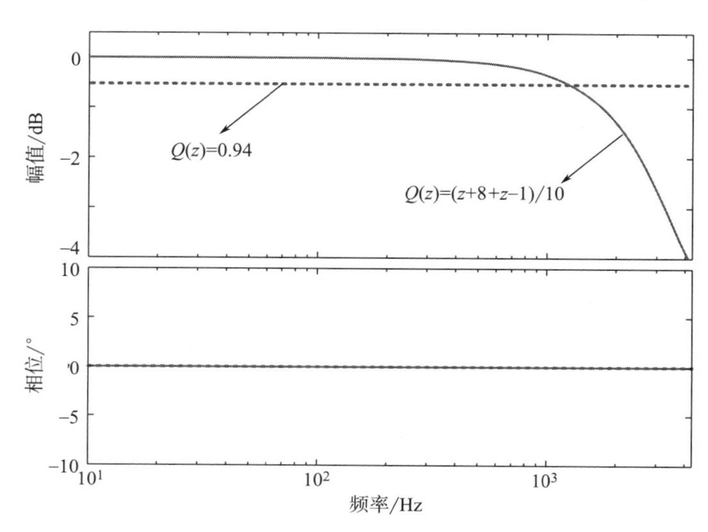

图 3-7　$Q(z)$ 为 0.94 和低通滤波器时的伯德图

时理想内模也不再保持无差特性。根据以上分析，只要 $Q(z)\neq 1$，系统就会有稳态误差。通常情况下，$Q(z)$ 为低通滤波器时，系统的稳定性要优于常数。在实际应用中，采用哪种形式的 $Q(z)$ 还要针对被控对象的特点具体考虑。

二、被控对象的补偿

从图 3-6 可以看出，被控对象与实轴之间的夹角不能太大，否则 $H_0(z)$ 可能会超过特征圆。一种临界的情形是，当 $P(z)$ 的相角为±90°时，只要被控对象的幅值不是零，系统就不稳定。通常状况下，$P(z)$ 在±90°时的幅值不为零，那么此时的 $P(z)$ 对应的 $H_0(z)$ 就会超出单位圆，此时，控制系统误差就不会收敛。由此可知，系统的稳定性条件受被控对象的影响较大，若 $P(z)$ 的参数变化或对其建模不精确，那么就很难确定正确的控制器参数，从而使误差不能正常收敛，系统失稳。因此，在重复控制系统中需要引入补偿环节 $S(z)$ 和 z^m，其中 $S(z)$ 为低通滤波器，用于衰减高频段信号以提高系统的抗干扰能力，z^m 为相位超前补偿环节，用来补偿由 $P(z)$ 和低通滤波器带来的相位滞后造成的系统不稳定，图 3-8 为加入补偿环节和改进 RC 内模后的系统框图。

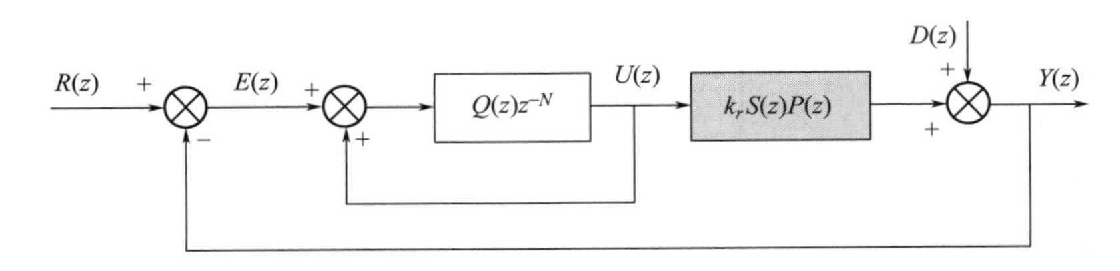

图 3-8　补偿后的 RC 系统框图

其中，k_r 为 RC 增益，加入补偿环节后的系统误差 $E(z)$ 表示为：

$$E(z)=\frac{1-Q(z)z^{-N}}{1-Q(z)z^{-N}[1-k_r z^m S(z)P(z)]}[R(z)-D(z)] \tag{3-13}$$

系统稳定的充分条件是：

$$|Q(z)[1-k_r z^m S(z)P(z)]|<1 \tag{3-14}$$

若 $Q(z)=1$，$k_r=1$，此时，使系统具有零增益、零相位的理想特性的条件是 $z^m S(z)P(z)=1$。但在实际应用中，系统数学建模存在误差，很难找到满足 $z^m S(z)=P^{-1}(z)$ 条件的补偿器。一般来讲，在进行补偿器设计时，需要先讨论 $P(z)$ 的幅频和相频特性。根据其频率特性设计出合适的补偿环节，使 $z^m S(z)P(z)$ 的频率特性在中低频段具有接近零增益和零相位的特点，同时其幅值在高频段能够迅速衰减。

考虑到 LCL 型滤波器逆变器存在谐振尖峰，补偿环节又可以表示为：

$$z^m S(z)=z^m S_0(z)S_1(z) \tag{3-15}$$

其中，$S_0(z)$ 为陷波器，用于谐振尖峰的抑制，$S_1(z)$ 为低通滤波器，用于衰减高频信号，低通滤波器带来的相位滞后可通过 z^m 来补偿。

当 $Q(z)$ 为常数时，包含 RC 增益 k_r、补偿环节 z^m 的稳定条件公式（3-14）对应的矢量描述如图 3-9 所示，可以用来指导重复控制系统的参数优化设计及稳定性分析，最大程度地优化系统的性能。

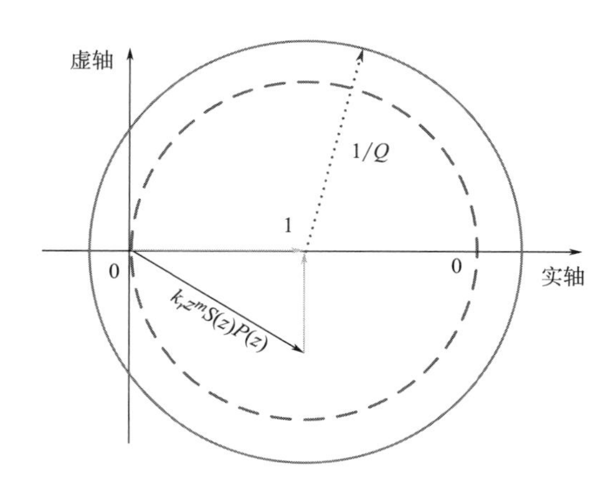

图 3-9　补偿后的 RC 系统的稳定条件矢量图

第三节　重复控制系统性能分析

一、稳定性分析

根据上一节的分析，由公式（3-13）和图 3-9 可知，$|Q(z)[1-k_rz^mS(z)P(z)]|$ 的值越小越好。即 $Q(z)$ 越小或者 $k_rz^mS(z)P(z)$ 越接近 1，此时，系统更容易稳定。

在实际应用中，考虑到被控对象的数学建模并不精确，在对控制器参数进行设计时通常需要给出一定的裕度。也就是尽可能使 $k_rz^mS(z)P(z)$ 幅值和相角更小。根据上一节的分析，其最理想的情形是 $k_rz^mS(z)P(z)=1$，综合以上分析，将 RC 各个参数的作用及其取值对系统稳定性的影响概括如下。

1. 内模系数 $Q(z)$

$Q(z)$ 的选取一般有两种：小于 1 的常数；零相位低通滤波器。当 $Q(z)$ 为小于 1 的常数 Q 时，相当于增大了特征圆的半径，系统的稳定性增强。但是常数 Q 衰减了全频带内的信号，这会使系统误差增大，同时其对高频信号的衰减较弱，会影响系统的稳定性。当 $Q(z)$ 为低通滤波器时，可以完整还原低频信号，且对高频信号衰减迅速，提高了系统的稳定性，但同样也存在稳态误差。

2. 重复控制增益 k_r

RC 增益反映重复控制作用的大小，k_r 的取值会对输出信号的幅值造成影响。k_r 的取值越小，系统越容易稳定，但是会削弱 RC 在整个系统中的控制作用。

3. 被控对象 $P(z)$

系统的稳定性在很大程度上取决于被控对象，如果 $P(z)$ 为三阶模型，如 LCL 型并网逆变器，其本身就存在谐振峰的威胁，需要对谐振峰这种不稳定因素单独解决，可以采用串并联电阻、有源阻尼反馈或加入陷波器等方式来消除谐振峰对系统稳定性的影响。

4. 补偿环节 $z^m S(z)$

$z^m S(z)$ 主要为了解决 $P(z)$ 参数变化或系统建模不精确导致的系统不稳定问题。其中，$S(z)$ 为低通滤波器，可以进一步对高频信号进行衰减，z^m 为线性相位超前补偿环节，用来补偿由 $P(z)$ 和低通滤波器导致的相位滞后。同时，$z^m S(z)$ 可以改善被控对象 $P(z)$ 的频率特性，使系统尽可能满足 $k_r z^m S(z) P(z) = 1$ 的理想条件，进而使系统具备最优的稳定裕度和控制精度。

二、谐波抑制特性分析

由公式（3-13）可得稳态误差 $E(z)$ 与扰动 $D(z)$ 之间的传递函数表达式为：

$$\frac{E(z)}{D(z)} = \frac{1 - Q(z) z^{-N}}{1 - Q(z) z^{-N}[1 - k_r z^m S(z) P(z)]} \tag{3-16}$$

扰动 $D(z)$ 的角频率 ω 趋近于 $\omega_x = 2\pi x f_0$，其中 $x = 0, 1, 2, \cdots, X$[$X = N/2$，N 为偶数；$X = (N-1)/2$，N 为奇数] 时，则 $|z^N| = 1$[2]。将 $z = e^{j\omega T_s}$ 代入公式（3-16），可得：

$$\frac{E(e^{j\omega T_s})}{D(e^{j\omega T_s})} = \frac{1 - Q(e^{j\omega T_s})}{1 - H(e^{j\omega T_s})} \tag{3-17}$$

根据公式（3-17），由扰动 $D(e^{j\omega T_s})$ 导致的误差被衰减到初始值的 $|1 - Q(e^{j\omega T_s})| / |1 - H(e^{j\omega T_s})|$ 倍，即 $|1 - Q(e^{j\omega T_s})| / |1 - H(e^{j\omega T_s})|$ 反映了重复控制系统的谐波抑制能力，若 $Q(e^{j\omega T_s})$ 越接近于 1 或者 $H(e^{j\omega T_s})$ 越小，那么 RC 系统的谐波抑制效果越好。

当内模系数 $Q = 1$ 时，可得：

$$\left|\frac{E(e^{j\omega T_s})}{D(e^{j\omega T_s})}\right| = \left|\frac{1 - Q(e^{j\omega T_s})}{1 - H(e^{j\omega T_s})}\right| \approx 0 \tag{3-18}$$

此时，RC 能够消除参考信号频率整数倍的任意次谐波，实现无静差跟踪。但是，根据上一节的分析，$Q(z)$ 通常不能取常数 1。

三、误差收敛分析

在保证系统稳定性的前提下，本节对系统的误差收敛进行分析，系统误差主要由参考输入 $Y^*(z)$ 和扰动 $D(z)$ 引起，与谐波抑制特性分析类似，先写出如下的系统误差传递函数表达式：

$$|E(z)| \leqslant \left|\frac{1 - Q(z) z^{-N}}{1 - Q(z) z^{-N}[1 - k_r z^m S(z) P(z)]}\right| |R(z)| + \left|\frac{1 - Q(z) z^{-N}}{1 - Q(z) z^{-N}[1 - k_r z^m S(z) P(z)]}\right| |D(z)| \tag{3-19}$$

当 $Q(z) = 1$ 时，误差信号快速收敛，且最终稳态误差为零。当 $Q(z) \neq 1$ 时，其误差收敛速度由 $|1 - Q(e^{j\omega T_s})| / |1 - H(e^{j\omega T_s})|$ 决定，且常数 Q 的模值越小，或者低通滤波器 $Q(z)$ 的截止频率越低，稳态误差越大。接下来分析 RC 增益 k_r，如果 k_r 取一个较大的值，那么对应的 $|1 - Q(e^{j\omega T_s})| / |1 - H(e^{j\omega T_s})|$ 的值越小，误差收敛快。由图 3-9 可知，重复控制增益越大对系统的稳定性越不利。此外，若要同时兼顾系统的误差收敛速

度和稳定性两个方面的性能，那么补偿器 $S(z)$ 的设计也需要非常合理。综上分析，无论是提高系统的动态性能，还是降低系统的稳态误差，在进行参数选取的时候，都需要折中考虑。

本章小结

本章首先介绍了重复控制的基本作用原理，并指出了理想重复控制内模稳定差的原因。其次从理想重复控制内模的改进和被控对象的补偿两个方面展开研究，在理想 RC 系统中加入了内模系数 $Q(z)$、补偿环节 $S(z)$、z^m 和控制参数 k_r，并给出了改进后的 RC 系统的稳定性、谐波抑制特性、误差收敛特性的分析方法。

参考文献

[1] 叶永强，赵强松，竺明哲，等．单相逆变器的重复控制技术［M］．北京：科学出版社，2022.

[2] ZHAO Q，YE Y. A PIMR-type repetitive control for a grid-tied inverter：Structure，analysis，and design［J］. IEEE Transactions on Power Electronics，2018，33（3）：2730-2739.

第四章　比例积分多谐振重复控制

并网逆变器的输出滤波器和电流控制策略影响入网电流的质量，因此采用适当的滤波器和电流控制策略可以提供并网逆变器入网电流质量。在单相并网逆变器中，无误差跟踪入网电流、抑制开关器件死区和电网电压背景谐波造成的电流畸变是电流控制器要解决的主要问题。常见的电流控制方法 PI 控制、PR 控制、重复控制（RC）都基于内模原理。PI 控制器含有直流信号的内模，PR 控制器含有单一频率正弦信号的内模，而 RC 含有一个直流信号和多个正弦信号的内模。PI 控制器只能在三相逆变器旋转同步坐标系中无误差跟踪正弦参考信号，而在单相并网逆变器中，由于其在基波频率处不能提供足够高的开环增益，因而不是理想的电流控制器。PR 控制可以在选定频率处提供无穷大的开环增益，因而可以无误差跟踪正弦参考信号，但并不能跟踪其他频率处的信号。

单相逆变器入网电流畸变主要是由奇数次谐波造成的，因此要处理多个频率的奇谐波信号，需要多个 PR 控制器并联使用，构成比例多谐振（Proportional Muti-Resonant，PMR）控制。但是，一般 PMR 控制只含有有限个低阶谐振控制器，否则当谐振频率超过系统截止频率时导致系统不稳定，同时多个谐振控制器需要设计多个参数，增加了控制器的设计难度和微处理器的计算量，而少数几个谐振控制器导致控制精度难以进一步提高。RC 控制器同时包含多个正弦信号的内模，可以同时跟踪或抑制多频率的正弦信号，但传统的 RC 控制器动态调节速度较慢。为此，基于谐振控制与重复控制的内在关系，本章提出一种新型比例积分多谐振（Proportional-Integral Multi-Resonant，PIMR）控制器，既可以同时跟踪或抑制多个频率处的正弦信号，又具有良好的动态性能。

第一节　谐振控制与重复控制的关系描述

传统的 PIMR 控制器 $G_c(s)$ 的频域表达式为：

$$G_c(s)=K_p+\frac{K_i}{s}+\sum_{n=1}^{k}\frac{2K_r s}{s^2+(n\omega_0)^2} \tag{4-1}$$

其中，K_p 和 K_i 分别为比例系数和积分系数，ω_0 为谐振频率，K_r 为 n 阶谐振控制器的增益，k 为谐振控制器的最高阶。传统的 PIMR 控制器能在 ω_0 的整数倍频率处产生无穷大开环增益，因而可以对多个正弦信号无误差跟踪。其控制系统框图如图 4-1 所示。

重复控制器可以同时无误差跟踪多频率正弦信号，频域表达式为：

$$G_{rc}(s)=\frac{k_r e^{-sT_0}}{1-e^{-sT_0}} \tag{4-2}$$

其中，k_r 为重复控制器增益，T_0 为参考信号的基频周期。利用指数性质[1]，将公式（4-2）

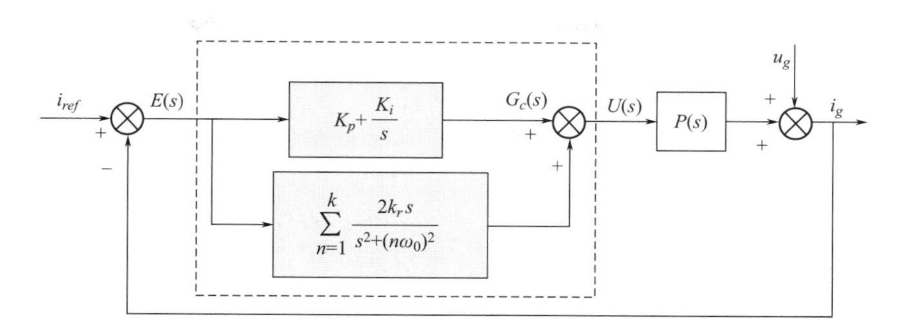

图 4-1　传统 PIMR 控制器系统框图

展开为：

$$G_{rc}(s)=-\frac{k_r}{2}+\frac{k_r}{T_0}\frac{1}{s}+\frac{2k_r}{T_0}\sum_{n=1}^{k}\frac{s}{s^2+(n\omega_0)^2} \tag{4-3}$$

由公式（4-3）可知，由于重复控制器增益 k_r 为正值，因此，重复控制器可以分解为负比例项、积分项和多个并联的谐振项。进而可以认为，重复控制器含有直流信号和多个正弦信号的内模。值得注意的是，重复控制分解式中包含负比例项，系统可以被看作非最小相位系统，负比例项在负反馈中变成正反馈，对误差信号产生负调节，不仅对系统的动态性产生坏的影响，而且影响系统的稳定性。因此有必要对负比例项进行修正。在公式（4-3）等号两边同时加上大于 $k_r/2$ 的正增益 k_p，可以变为：

$$G_{rc}(s)+k_p=\left(k_p-\frac{k_r}{2}\right)+\frac{k_r}{T_0}\frac{1}{s}+\frac{2k_r}{T_0}\sum_{n=1}^{k}\frac{s}{s^2+(n\omega_0)^2} \tag{4-4}$$

显然，公式右边可以看作正比例项（$k_p-k_r/2$），积分项（$k_r/T_0 s$）和多谐振项。因此，一个重复控制器加上一个比例增益可以等效为一个比例积分多谐振控制器，即为提出的新型 PIMR 控制器。

第二节　PIMR 控制器结构及稳定性分析

一、控制器结构描述

本章提出的新型 PIMR 控制器可以由重复控制器并联比例控制器（比例增益）构成，其控制结构框图如图 4-2 所示。

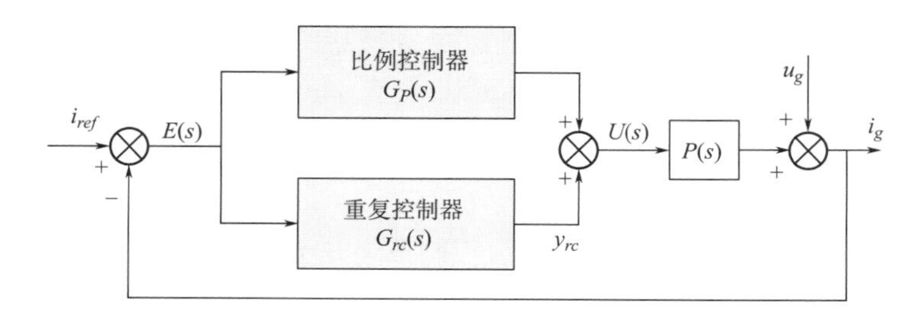

图 4-2　新型 PIMR 控制系统结构框图

图 4-2 中，比例控制器用来改善被控对象的稳定性和提高整个系统的动态响应速度，RC 控制器用来提高跟踪参考电流和抑制谐波电流。

实际上，重复控制器和已有的快速控制器（如 PI 控制器）并联构成新的控制策略已经在文献［2-5］中报道。这种并联结构主要考虑增加整个系统的动态性能。在此种结构中，重复控制器的被控对象可以看作由动态性能好的控制器和被控对象共同构成的新的被控对象。图 4-2 中，从 y_{rc} 至 i_g 是由比例控制（P）或比例积分控制（PI）的电流环，可以看作 RC 控制器的新的被控对象，其传递函数可以表示为：

$$P_0(s)=\frac{P(s)}{1+G_P(s)P(s)} \tag{4-5}$$

$$P_0^*(s)=\frac{P(s)}{1+G_{PI}(s)P(s)} \tag{4-6}$$

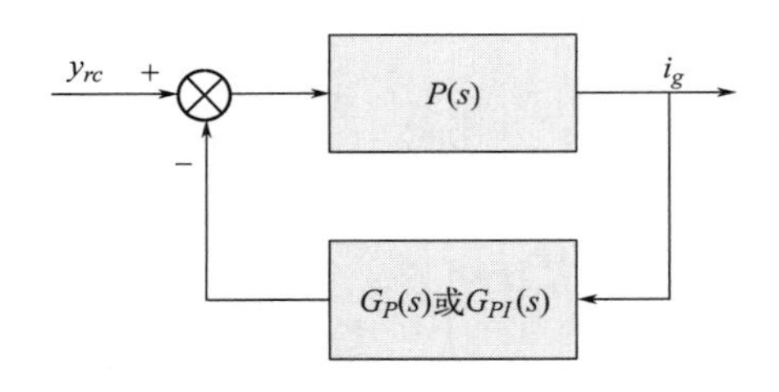

图 4-3　$P_0(s)$ 等效结构框图

$P_0(s)$ 为 RC 控制并联 P 控制器结构下的新被控对象，$P_0^*(s)$ 为 RC 控制并联 PI 控制器结构下的新被控对象，它们的等效结构框图如图 4-3 所示。

当被控对象 $P(s)$ 相同，比例系数相同时，RC 新的被控对象的开环伯德图如图 4-4 所示。

图 4-4 中，f_t 为 PI 控制的转折频率，由 PI 控制器参数决定。由图 4-4 可知，$P_0(s)$ 的幅频特性曲线在低频保持常数，这为重复控制器设计带来方便；而 $P_0^*(s)$ 的幅频特性曲线为类似梯形，而且保持常数的频率范围很小，这为重复控制器的稳定带来潜在威胁，同时，要保证系统具有无差跟踪特性，转折频率应设置在小于基波频率处，这也限制了 PI 控制器参数优化。

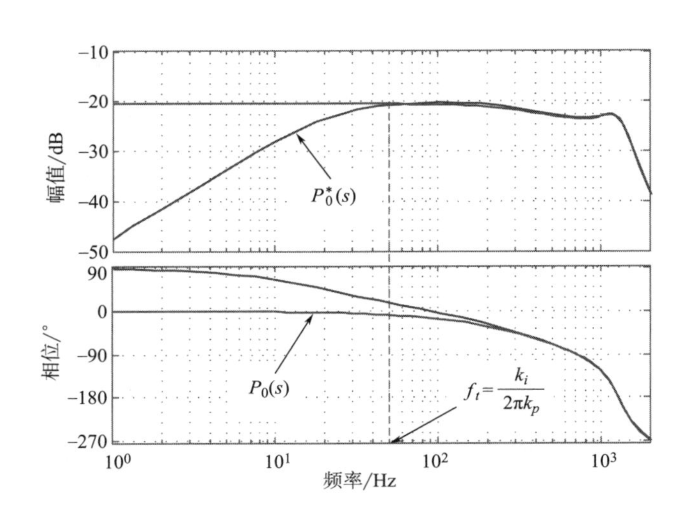

图 4-4　RC 控制器的新被控对象的开环伯德图

因此，重复控制器与 PI 控制器并联的复合控制策略并不是一种优秀的控制方案，而重复控制器与 P 控制并联的复合控制策略保留前者优点的同时，避免了 PI 控制器参数设计带来的问题。

由 RC 控制器和 P 控制器并联构成的 PIMR 控制器的开环伯德图如图 4-5 所示。

由图 4-5 可知，PIMR 控制器能够在基波频率和截止频率（这里设计的为 1kHz）以内的整数倍基频频率处提供足够高的增益，因此，设计的控制器具有优秀的参考电流信号跟踪能力和谐波抑制能力，从而保证并网逆变器入网电流的质量。

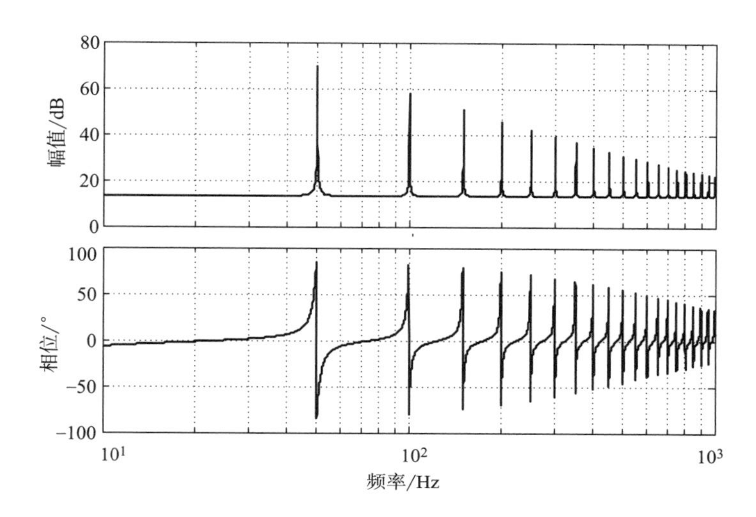

图 4-5　PIMR 控制器的开环伯德图

二、PIMR 控制器稳定分析

由于控制器要在数字信号处理器中运行，为了保证系统设计准确，本章设计 PIMR 控制器直接在离散域中进行。设计的 PIMR 控制器系统如图 4-6 所示。

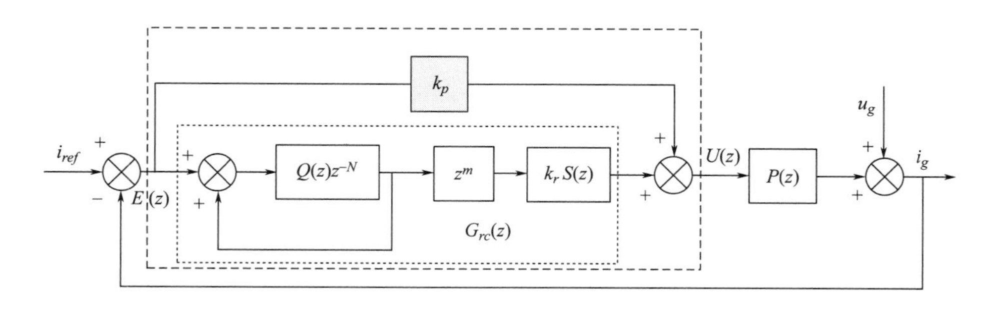

图 4-6　PIMR 控制器系统

图 4-6 中，离散重复控制器的表达式为：

$$G_{rc}(z) = \frac{Q(z)z^{-N}}{1 - Q(z)z^{-N}} \times z^m k_r S(z) \tag{4-7}$$

其中，$Q(z)$ 为内模滤波器，用于改善系统的稳定性和鲁棒性；$N=f_s/f_{ref}$ 为每个周期内的采样点数，也是 RC 控制延迟拍数，f_s 和 f_{ref} 分别为采样频率和参考信号频率；z^m 为相位超前补偿器，用于补偿被控对象和补偿函数造成的相位滞后，其可以改善系统的误差收敛速度和跟踪精度；k_r 为 RC 控制器增益；$S(z)$ 为补偿器，一般选为低通滤波器，用于进一步衰减高频信号，提高系统稳定性。

图 4-2 中，PIMR 控制系统的跟踪误差可以表示为：

$$E(z)=\frac{1}{1+[G_{rc}(z)+k_p]\cdot P(z)}[i_{ref}(z)-u_g(z)] \tag{4-8}$$

由公式（4-8）可知，系统的特征多项式为：

$$\begin{aligned}1+[G_{rc}(z)+k_p]P(z)&=1+G_{rc}(z)P(z)+k_pP(z)\\&=[1+k_pP(z)]\left[1+\frac{G_{rc}(z)P(z)}{1+k_pP(z)}\right]\\&=[1+k_pP(z)][1+G_{rc}(z)P(z)]\end{aligned} \tag{4-9}$$

式中：$P_0(z)=\dfrac{P(z)}{1+k_p\cdot P(z)}$。

由此，系统满足以下两个条件，系统稳定：

①$1+k_pP(z)=0$ 的根在单位圆内；

②$|1+G_{rc}(z)P_0(z)|\neq 0$。

条件①可以通过选择合适的 k_p 值满足。将公式（4-9）代入条件②，可得：

$$|1-Q(z)z^{-N}+Q(z)z^{-N+m}k_rS(z)P_0(z)|\neq 0 \tag{4-10}$$

要满足公式（4-10），只需要满足公式（4-11）：

$$|Q(z)z^{-N}(1-z^mk_rS(z)P_0(z))|<1,\ \forall z=e^{j\omega},\ 0<\omega<\frac{\pi}{T} \tag{4-11}$$

如果参考信号和扰动信号的频率为基波频率的整数倍，即 $\omega=n\omega_0$，$\omega_0=2\pi/T_0$ 为基波信号角频率，且 $n=1, 2, 3, \cdots$，那么 $|z^N|=1$。对公式（4-11）进一步推导，可得：

$$|Q(z)[1-k_rz^mS(z)P_0(z)]|<1 \tag{4-12}$$

假设，$P_0(z)$ 具有频率特性 $P_0(j\omega)=N_P(\omega)\exp[j\theta_P(\omega)]$，这里，$N_P(\omega)$ 和 $\theta_P(\omega)$ 分别为幅频特性和相频特性。补偿器 $S(z)$ 具有频率特性 $S(j\omega)=N_S(\omega)\exp[j\theta_S(\omega)]$，$N_S(\omega)$ 和 $\theta_S(\omega)$ 分别为其幅频特性和相频特性。将 $P_0(z)$ 和 $S(z)$ 的频率特性代入公式（4-12），可得：

$$|1-k_rN_S(\omega)N_P(\omega)e^{j[\theta_S(\omega)+\theta_P(\omega)]+jm\omega T_s}|<1 \tag{4-13}$$

根据欧拉公式，将指数函数 e 展开，由于 $k_r>0$，$N_S(\omega)>0$，$N_P(\omega)>0$，因此，公式（4-13）可变为：

$$k_rN_S(\omega)N_P(\omega)<2\cos[\theta_S(\omega)+\theta_P(\omega)+m\omega T_s] \tag{4-14}$$

由于 $N_S(\omega)>0$，$N_P(\omega)>0$，公式（4-14）成立的条件为：

$$|\theta_S(\omega)+\theta_P(\omega)+m\omega T_s|<90^\circ \tag{4-15}$$

$$0<k_r<\min_{\omega}\frac{2\cos[\theta_S(\omega)+\theta_P(\omega)+m\omega T_s]}{N_S(\omega)N_P(\omega)} \tag{4-16}$$

重复控制器参数 k_r 和 m 只要满足公式（4-15）和公式（4-16），系统一定稳定。这两个公式也为选择 RC 控制器参数提供了依据。公式（4-15）只包含一个参数 m，因而可以先确定 m 值，然后由公式（4-16）确定 k_r 的值。

第三节　PIMR 控制器参数设计

本章所提出的 PIMR 控制器由 RC 控制器并联比例控制器构成，因而，可以通过设计重复控制器参数和比例系数代替传统 PIMR 多个复杂参数的设计。PIMR 有五个参数要设计，分别是比例增益 k_p，内模滤波器 $Q(z)$，相位超前补偿器 z^m，RC 控制器增益 k_r 补偿器 $S(z)$。下面分别给出五个参数的设计过程。

一、比例增益 k_p 的设计

由公式（4-5）和公式（4-9）可知，比例增益 k_p 对稳定性影响很大。一个适当的 k_p 值可以使 $P(z)$ 幅频响应曲线在低频段保持常数，这是 RC 控制器最希望的被控对象的频率特性[6]。根据上一节分析，要想使 PIMR 控制系统稳定，系统要满足 $1+k_pP(z)=0$ 的根在单位圆内，实际上也就是 $P(z)$ 的极点在单位圆内。

图 4-7 和图 4-8 分别给出了不同 k_p 值情况下的 $P(z)$ 的极点分布图和伯德图。由图 4-7 可以看出 k_p 值在 10~22 变化时，极点都在单位圆内，因此这些值都满足 PIMR 控制系统稳定条件①。图 4-8 可知，k_p 值在 13~19 变化时，$P(z)$ 的幅频特性曲线在低频段（1kHz 以内）几乎能保持常数，但是由它们的相频特性可知：k_p 值越大，相频特性在 1kHz 以内的滞后越小，越有利于系统相位补偿。综上分析，本章中 k_p 值选为 19。

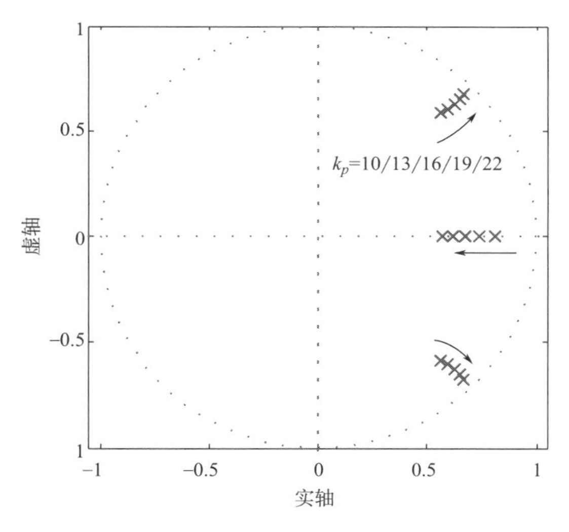

图 4-7　不同 k_p 值情况下的 $P_0(z)$ 的极点分布图

二、内模滤波器 $Q(z)$ 的设计

$Q(z)$ 使理想 RC 控制器的极点由单位圆上向单位圆内移动，用来提高系统的稳定性，但同时也破坏了重复控制器的无误差跟踪特性。$Q(z)$ 常有两种形式：选为小于 1 的常数或低

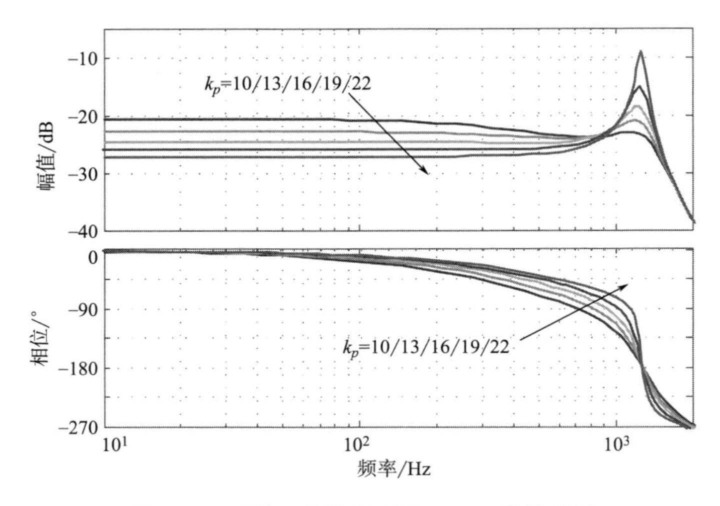

图 4-8　不同 k_p 值情况下的 $P_0(z)$ 的伯德图

通滤波器。选择小于 1 的常数是为了扩大系统的稳定范围，且控制系统执行简单方便，是目前对系统性能要求不高的场合的常见选择，一般可选 0.95 或 0.98。零相位低通滤波器也是 $Q(z)$ 的一种常见选择。这种情况下，截止频率以内 $Q(z)=1$，而截止频率以外频段 $Q(z)$ 幅频特性曲线快速下降，因此可以认为，这种情况下，RC 可以对截止频率以内信号实现无误差跟踪。

当 $Q(z)$ 为 0.95 和零相位低通滤波器 $Q(z)=(z+2+z^{-1})/4$ 时，PIMR 控制器的开环伯德图如图 4-9 所示。

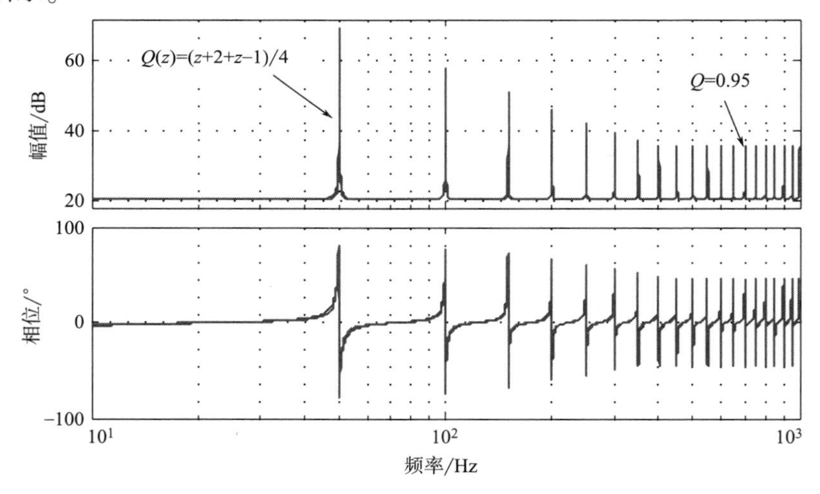

图 4-9　$Q(z)$ 为常数和零相位低通滤波器时 PIMR 控制器的开环伯德图

由图 4-9 可知，$Q=0.95$ 时，PIMR 控制器在基波频率及其整数倍频率处的增益保持为恒定值，而 $Q(z)=(z+2+z^{-1})/4$ 时，PIMR 控制器在基波频率处的增益可达 70dB，以后随频率增加而逐渐衰减。尽管 $Q=0.95$ 时，PIMR 控制器在高频处可提供高增益，提高控制器抑制谐波能力，但是高频处的高增益影响控制器稳定，而 $Q(z)$ 在低频处提供高增益而高频处增益衰减，不仅使控制器可以无误差跟踪参考信号，而且能够抑制低频谐波，高频衰减可以提高系统稳定性。综上分析，本章中选择 $Q(z)=(z+2+z^{-1})/4$ 作为 RC 内模滤波器。

三、补偿器 $S(z)$ 设计

由图 4-9 可以看出，$Q(z)$ 选为零相位低通滤波器时 PIMR 控制器的频率特性好于 $Q(z)$ 选为常数 0.95 的频率特性，但是其在大于 1kHz 频率段的开环特性仍然高于 0dB，这对系统的稳定性不利。因此，需要设计补偿器进一步衰减高频开环增益，并使 $S(z)$ $P_0(z)$ 在截止频率以内的幅频特性曲线保持 0dB。通常补偿器 $S(z)$ 选为二阶低通滤波器或低阶巴特沃斯低通滤波器。综合考虑低通滤波器对高频信号的高衰减特性及计算的复杂度，本章选择四阶巴特沃斯（4-th Butterworth filter）低通滤波器作为补偿器。截止频率为 1kHz 的四阶低通滤波器为：

$$S(z)=G_f(z)=\frac{0.004824z^4+0.0193z^3+0.02895z^2+0.0193z+0.004824}{z^4-2.37z^3+2.314z^2-1.055z+0.1874} \tag{4-17}$$

四、相位超前补偿器 z^m 设计

相位超前补偿器可以补偿由被控对象 $P_0(z)$ 和补偿器 $S(z)$ 造成的相位滞后，特别是高频区域的相位滞后。相位超前补偿器 z^m 可以提供一个角度为 $\theta=m(\omega/\omega_N)$ 180°的超前角度。由于 RC 控制器存在一个周期的相位滞后，因此，相位超前补偿是可以实现的。相位超前补偿不仅可以提高系统的稳定性，而且具有较大的控制增益 k_r，进而使系统具有更快的卷积速度。通过设计合适的 m 值，使角度 $\theta_S(\omega)+\theta_P(\omega)+m\omega T_s$ 接近于 0°，从而使公式（4-15）在更宽的频率带内成立，进而消除更多的谐波。m 取不同值时 $\theta_S(\omega)+\theta_P(\omega)+m\omega T_s$ 的曲线如图 4-10 所示。

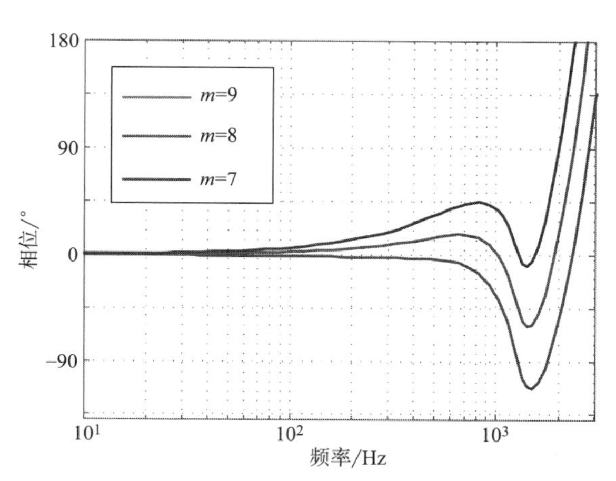

图 4-10　m 取不同值时 $\theta_S(\omega)+\theta_P(\omega)+m\omega$ 的曲线

显然，$m=8$ 时，$\theta_S(\omega)+\theta_P(\omega)+m\omega T_s$ 在 2kHz 内的相位偏差最小，特别在 1kHz 以内更接近于 0°，并且在 2.35kHz 以内都满足公式（4-18）的要求。

五、重复控制增益 k_r

由公式（4-16）可知，k_r 的最大值可以选为：

$$k_r=\min_{0\leq\omega\leq\omega_N}\frac{2\cos[\theta_S(\omega)+\theta_P(\omega)+m\omega T_s]}{N_S(\omega)N_P(\omega)}=\frac{2\min[\cos(\theta_S(\omega)+\theta_P(\omega)+m\omega T_s)]}{\max[N_S(\omega)N_P(\omega)]} \tag{4-18}$$

式中：ω_N 是奈奎斯特角频率。

图 4-10 中，$\theta_S(\omega)+\theta_P(\omega)+m\omega T_s$ 的角度在 1~1kHz 频率范围内从 0°~17.6°变化。所以，$\min[\cos(\theta_S(\omega)+\theta_P(\omega)+m\omega T_s)]=0.953$。$S(z)$ 为低通滤波器，其最大增益为 0dB，因此，$\max[N_S(\omega)N_P(\omega)]$ 的值由 $N_P(\omega)$ 的增益决定。

由图 4-11 可知，1kHz 频率范围内，$S(z)P_0(z)$ 的增益从-24dB（0.063）到-25dB（0.056），因此，$\max[N_S(\omega)N_P(\omega)]=0.063$。由公式（4-18）可以算出 k_r 的最大值为 30.25。

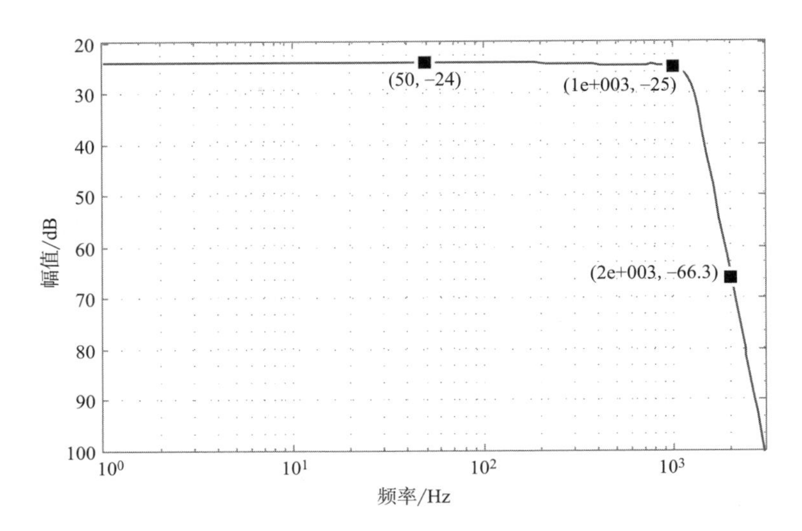

图 4-11　$S(z)P_0(z)z^m$ 的幅频响应曲线

考虑到 $P_0(z)$ 建模的误差和参数的不确定性，重复控制增益 k_r 的范围应该比公式（4-16）确定的范围更保守一点。假设系统具有 20%的系统建模误差，k_r 的最大值可以调整为 25.21。

由以上分析可以发现，一个合适的 m 值不仅可以使系统具有更大的稳定带宽，而且可以使 k_r 取得更大的范围，进而系统具有更快的误差卷积速度和更小的稳态误差，但是稳定裕度变小。

六、参数优化与比较分析

由公式（4-12），定义 $H(z)=Q(z)[1-k_rz^mS(z)P_0(z)]$，其中 $z=e^{j\omega t}$。公式（4-12）表示如果 $H(e^{j\omega t})$ 的轨迹不超出单位圆，那么系统稳定，且曲线距离圆心越近，系统具有的稳定裕度越大，误差卷积速度越快以及谐波抑制能力越强[6,7]。

为了进一步验证 k_r 的取值范围，图 4-12 给出了 k_r 取不同值时，$\omega\in[0,\ \pi/T_s]$ 的 $H(e^{j\omega t})$ 的轨迹。由图可知，k_r 在 14~20 范围内变化时，$H(e^{j\omega t})$ 的轨迹都在单位圆内。进一步可以发现，$k_r=16$ 时，$H(e^{j\omega t})$ 的低频区域更接近于单位圆圆心，因此，控制器在低频区域内具有更好的低频信号跟踪能力。

在参数相同的情况下，$Q(z)$ 为常数或低通滤波器时的 $H(e^{j\omega t})$ 轨迹如图 4-13 所示。由图可知，两种情况下的 $H(e^{j\omega t})$ 轨迹都在单位圆内，且具有相同的起点，但由于 $S(z)P_0(z)$ 的增益远小于 0dB，因此 $Q(z)$ 为 0.95 时 $H(e^{j\omega t})$ 轨迹的终点为（0.95，0），靠近单位圆的边界；而 $Q(z)$ 为零相位低通滤波器时 $H(e^{j\omega t})$ 轨迹的终点靠近圆心（0，0）。因此，系统中 $Q(z)$ 选择零相位低通滤波器要比常数具有更好的稳定性。

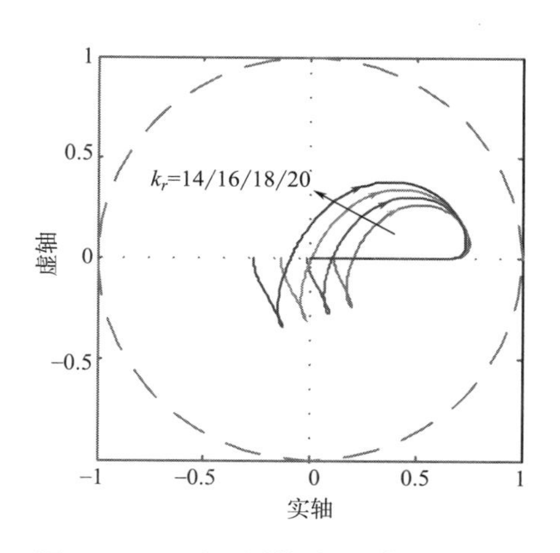

图 4-12　k_r 取不同值时 $H(e^{j\omega t})$ 的轨迹

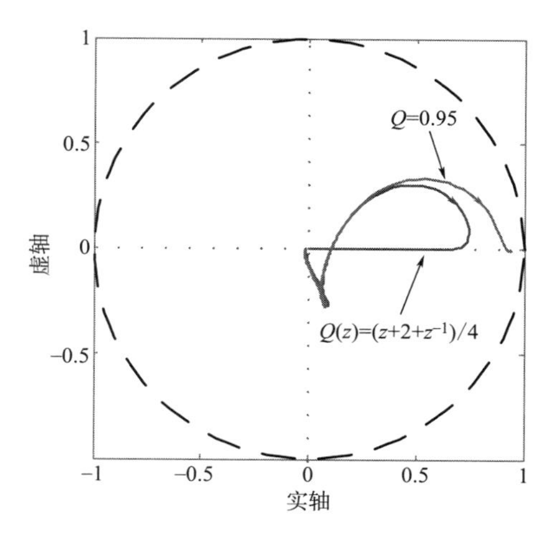

图 4-13　$Q(z)$ 为常数或低通滤波器时的 $H(e^{j\omega t})$ 轨迹

为了比较本章设计的 PIMR 控制策略和文献［4］所提出的 RC 并联 PI 控制器策略，图 4-14 给出了二者的 $H(e^{j\omega t})$ 轨迹。由图可以发现，图 4-14（a）中 $H(e^{j\omega t})$ 轨迹的起点位于单位圆边界上，此时系统属于临界稳定状态，并且轨迹的 50Hz 和 100Hz 处距离单位圆圆点较远；图 4-14（b）中 $H(e^{j\omega t})$ 轨迹的起点接近单位圆圆点，而且轨迹的 50Hz 和 100Hz 处靠近圆点，整个曲线距离单位圆边界都有一定的距离，说明 PIMR 控制策略具有很好的基频信号跟踪能力、低频谐波抑制能力和良好的系统稳定性。

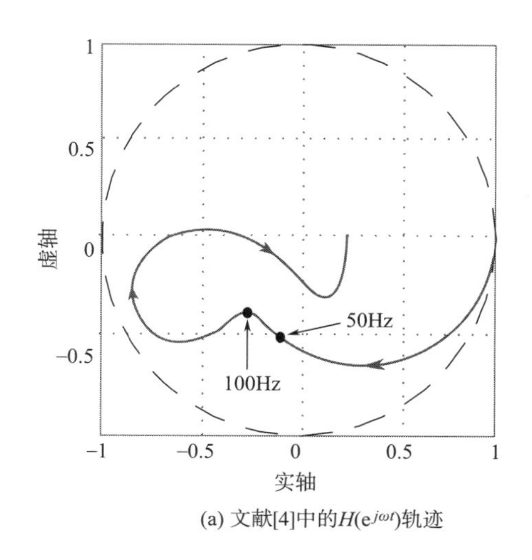

(a) 文献[4]中的$H(e^{j\omega t})$轨迹

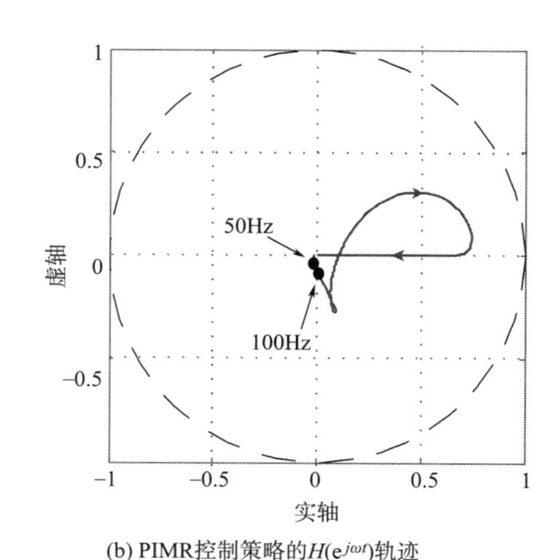

(b) PIMR控制策略的$H(e^{j\omega t})$轨迹

图 4-14　$H(e^{j\omega t})$ 轨迹比较

造成以上结果是因为文献［4］中 RC 并联 PI 控制器的 $P_0(z)$ 的幅频增益曲线为梯形，且低频（小于 50Hz）增益远小于 0dB，此时，$H(e^{j\omega t})=Q(e^{j\omega t})=Q$，如果 Q 选择小于 1 但接近 1 的常数，这就使 $H(e^{j\omega t})$ 的轨迹靠近单位圆。而本章提出的 PIMR 控制策略中 $P_0(z)$ 的幅频增益曲线在截止频率内几乎为一常数，即使常数低于 0dB，可以通过 RC 控制器增益系数

k_r 补偿到0dB（幅值为1），此时，在截止频率以内，$H(e^{j\omega t})$ 的幅值接近于0，因此在低频区域，$H(e^{j\omega t})$ 轨迹更靠近圆点。

设计好的PIMR控制系统的开环增益如图4-15所示，可以看出，PIMR控制器在基波频率及低频谐波处提供足够高的增益，因此，可以实现基波信号无误差跟踪和低频谐波抑制。

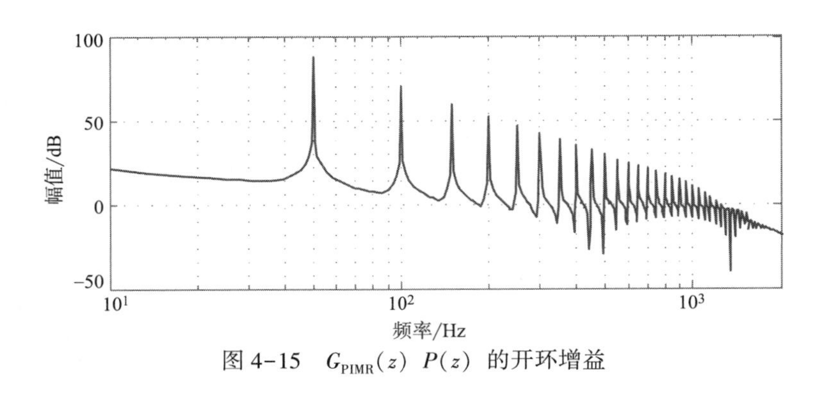

图4-15 $G_{PIMR}(z)$ $P(z)$ 的开环增益

第四节 仿真验证

为了验证所设计的PIMR控制器的效果，建立了基于MATLAB/Simulink的单相并网逆变器模型，系统参数如表4-1所示。

表4-1 单相逆变器仿真参数

参数	值
逆变器侧电感 L_1	3mH
L_1 等效电阻 R_1	0.48Ω
并网侧电感 L_2	2.6mH
L_2 等效电阻 R_2	0.32Ω
滤波器电容 C	11.2μF
直流母线电压 E_{dc}	380V
电网额定频率 f_g	50Hz
采样频率 f_s	10kHz
开关频率 f_{sw}	10kHz
开关管死区时间	3μs

一、稳态性能

图4-16~图4-18给出了 k_r 分别为10、16、20时的入网电流的跟踪波形及频谱分析。其中，图（a）为参考电流波形 i_{ref} 和入网电流波形 i_g，图（b）为对应入网电流的频谱。由这些图可

以看出，当 $k_r=16$ 时，系统输出电流具有最好的跟踪能力，且电流的 THD 最小，为 1.26%。

在 PIMR 控制策略中，k_r 参数对系统的稳定性能影响较大，在控制系统其余参数不变的情况下，改变 k_r 的参数，考虑其对系统稳态性能的影响。

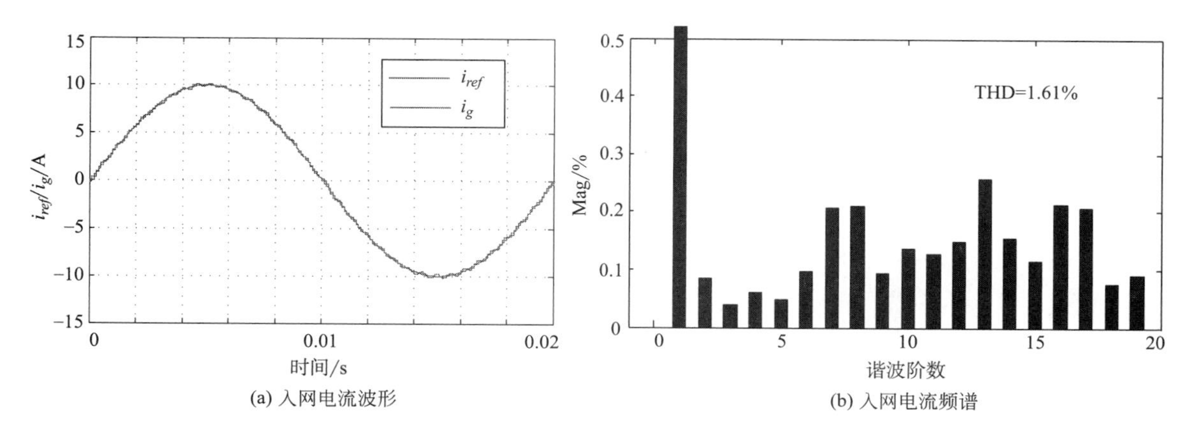

(a) 入网电流波形　(b) 入网电流频谱

图 4-16　$k_r=10$ 时入网电流波形及频谱分析

注：Mag/%为特定谐波的幅度与基波幅度的比例。

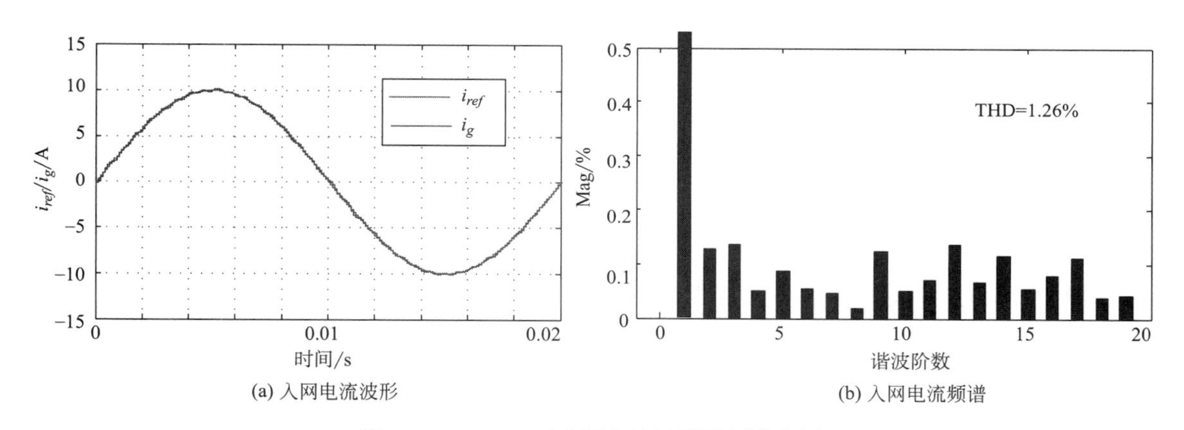

(a) 入网电流波形　(b) 入网电流频谱

图 4-17　$k_r=16$ 时入网电流波形及频谱分析

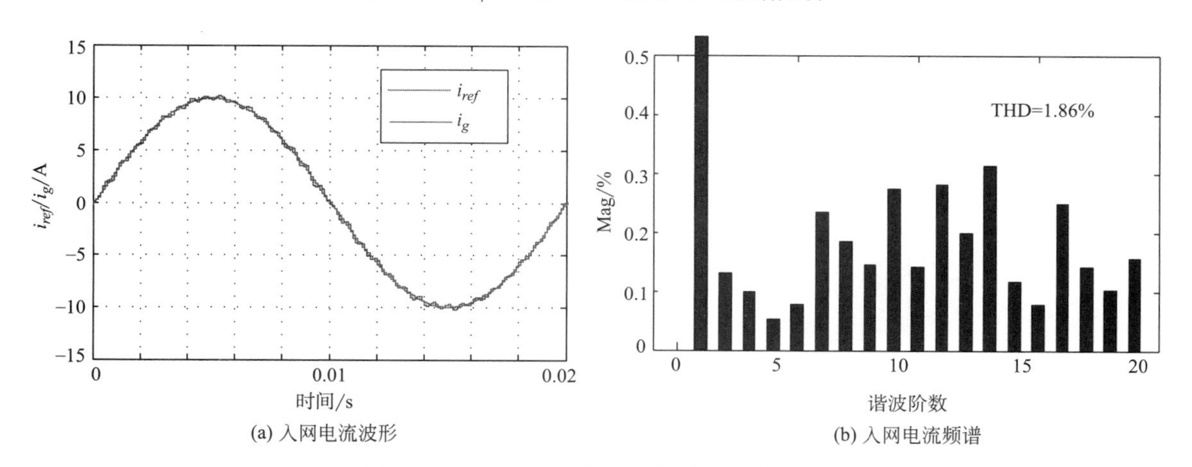

(a) 入网电流波形　(b) 入网电流频谱

图 4-18　$k_r=20$ 时入网电流波形及频谱分析

二、动态性能

此部分讨论 PIMR 控制策略的动态性能。当 k_r 取不同值时，系统输出电流的误差收敛过程如图 4-19 所示。

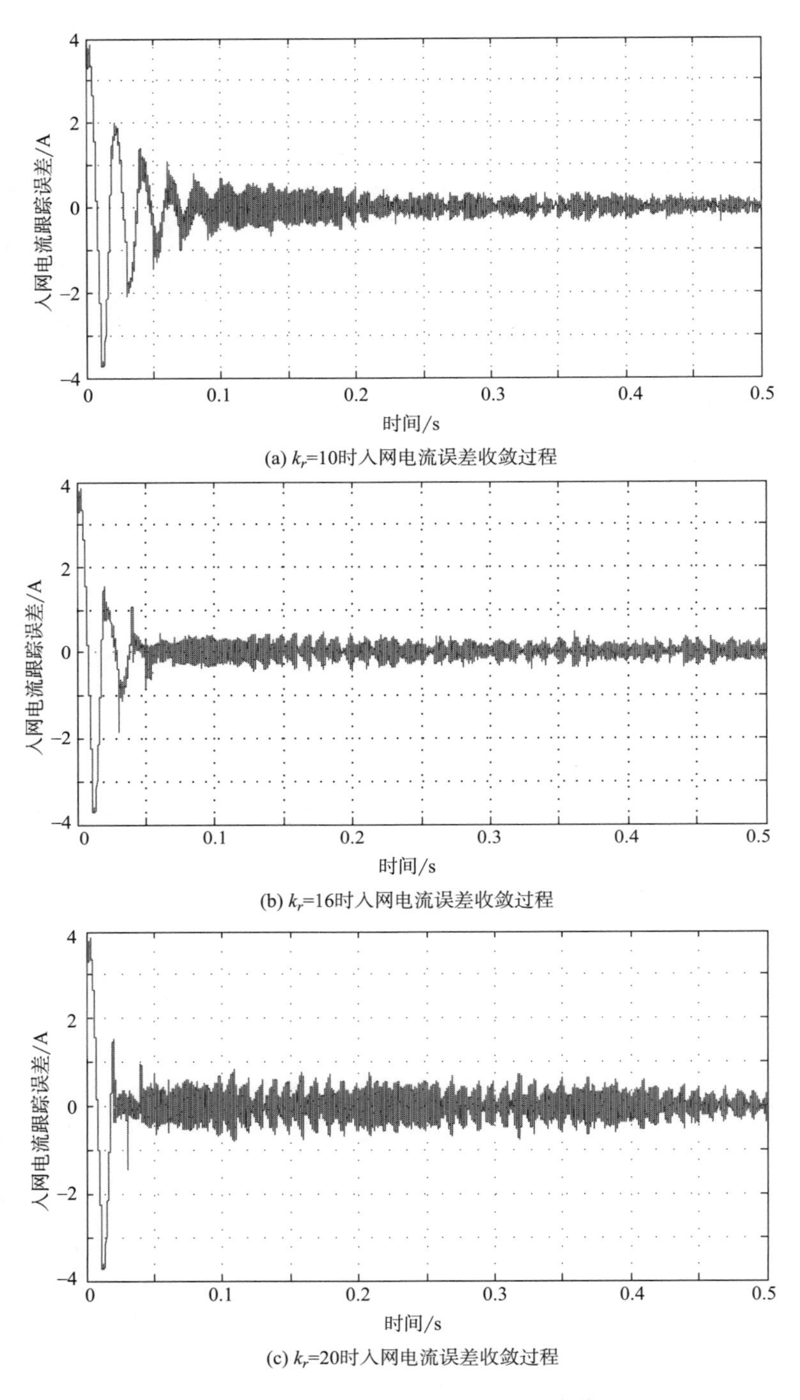

(a) k_r=10时入网电流误差收敛过程

(b) k_r=16时入网电流误差收敛过程

(c) k_r=20时入网电流误差收敛过程

图 4-19　k_r 取不同值时入网电流误差收敛过程

由图 4-19 可知，入网电流误差卷积速度与 k_r 值成正比，但是在 k_r 大到一定程度时，稳态误差变大，对系统的稳定性产生一定的威胁。当 $k_r=16$ 时，系统具有较快的误差收敛速度和较小的稳态误差。

当参考电流峰值在 0.411s 由 10A 突降至 6A 时，入网电流的动态响应如图 4-20 所示。

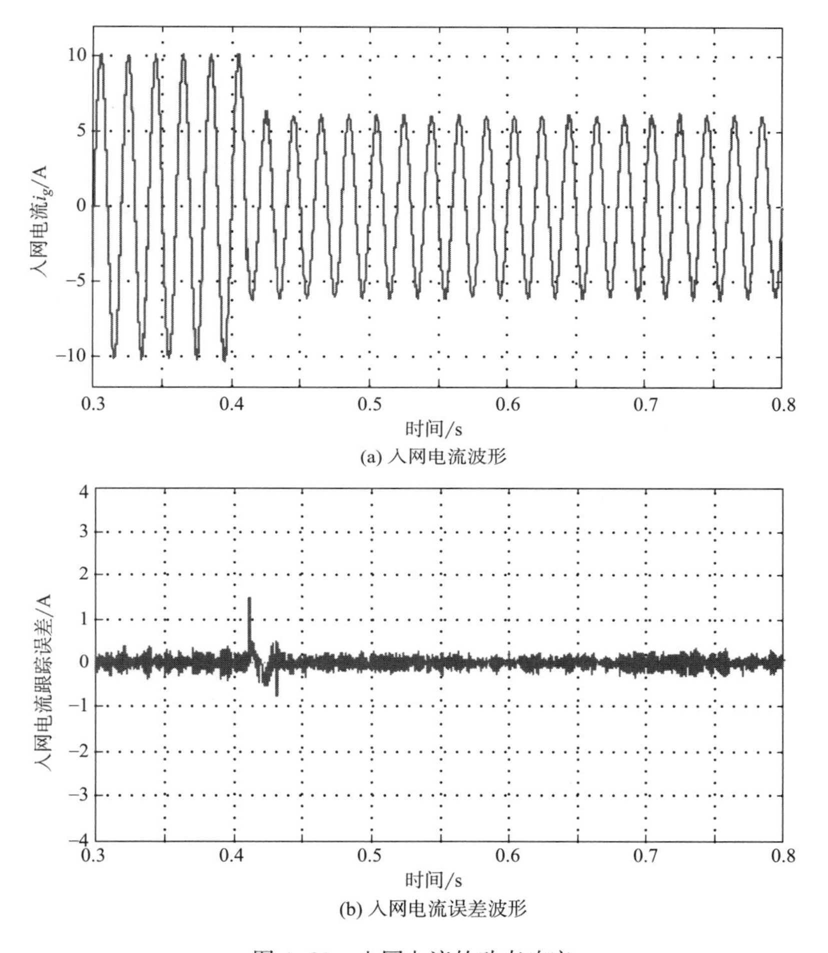

(a) 入网电流波形

(b) 入网电流误差波形

图 4-20　入网电流的动态响应

由图 4-20 可知，PIMR 控制策略具有较好的动态响应过程，当参考电流幅值突变时，入网电流能够在约一个周期时间调整到稳定状态，并保持较小的稳态误差。

第五节　实验验证

为了进一步验证理论分析和仿真的正确性，搭建了物理实验平台。实验参数与仿真参数相同，实验装置如图 4-21 所示。

实验装置主要由可编程直流电源（Chroma 62100H-1000）、单相并网逆变器、LCL 型滤波器、电压电流传感器、数据采集卡（DAQ Quanser QPIDe）、装有基于 MATLAB/Simulink 环境的 QuaRC 软件的电脑等组成。

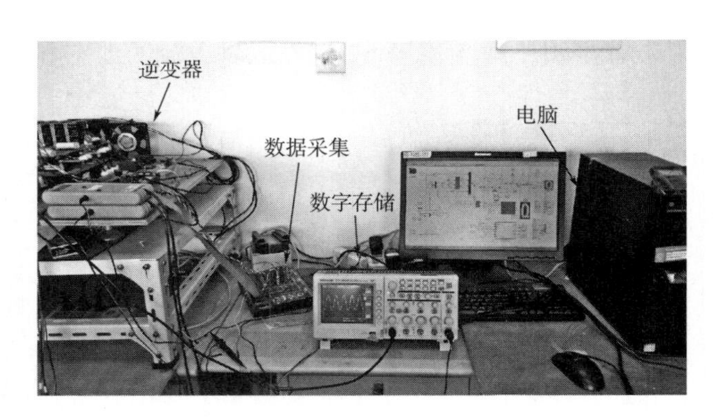

图 4-21　实验装置

图 4-22 给出了当 $k_r=11$ 时 PIMR 控制的并网逆变器输出电流波形及其频谱图。由图 4-22 可以看出，逆变器输出稳态电流的 THD 为 1.71%，远小于国际标准 IEEE 1547 规定的上限 5%，且单次谐波都在 0.5%以下。说明采用 PIMR 控制的并网逆变器系统能够较好地跟踪基波正弦信号，且具有较好的低频谐波抑制能力。需要注意的是，仿真是在理想情况下完成的，而在实际实验系统中，PIMR 中 RC 的增益最大值小于仿真系统所能取得的最大值，这是由于实际系统电路存在元件参数波动、寄生电路等干扰因素，因而实验电流的 THD 也比仿真波形稍高。

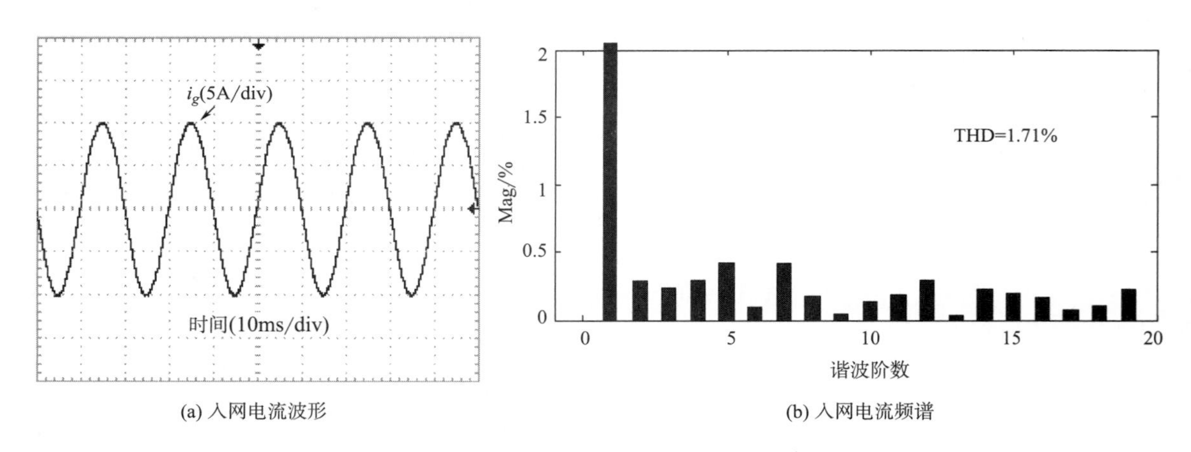

(a) 入网电流波形　　(b) 入网电流频谱

图 4-22　PIMR 控制时入网电流波形及频谱分析

为了说明本章提出的 PIMR 控制系统的优点，与传统的 PI 控制、PMR 控制、复合重复控制进行比较。在各种控制策略下，逆变器输出稳态电流的波形及其频谱如图 4-23～图 4-25 所示。在 10kHz 的采样频率下，三种控制器参数如下。离散 PI 控制器参数为：比例系数为 15，积分系数为 14000；比例多谐振参数是：比例系数为 15，基波和 3、5、7、9 次谐波对应的积分系数分别为 400、300、300、300、200；复合重复控制中 RC 的增益为 0.5，比例积分系数分别为 15、14000。

由图 4-23 可知，在单独 PI 控制下，并网逆变器输出电流的 THD 为 4.33%，19 次及以内的单次谐波含量都在 0.5%以上，特别是 11 次谐波达到 1.8%，尽管都满足 IEEE 1547 标准，但仍不够理想。

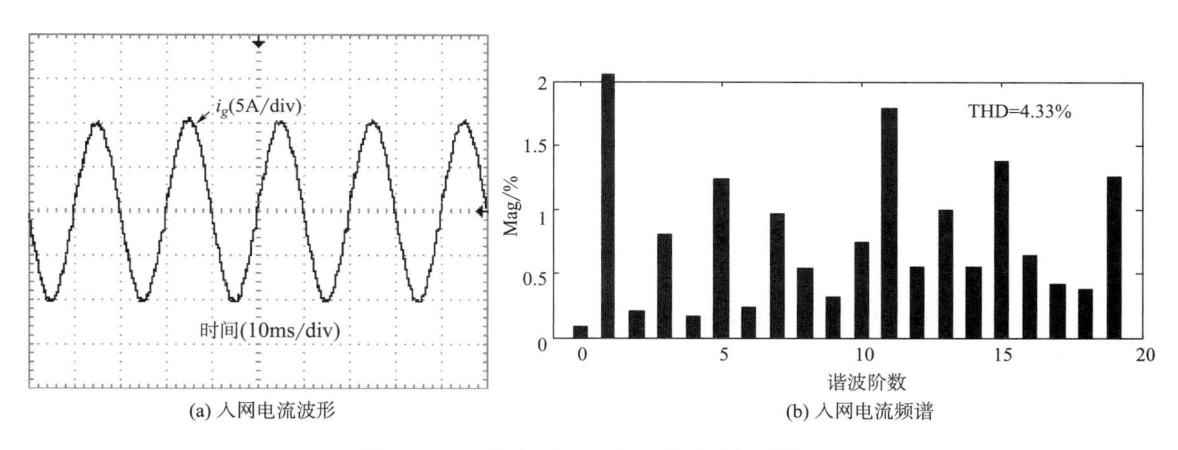

(a) 入网电流波形　(b) 入网电流频谱

图 4-23　PI 控制时入网电流波形及频谱分析

图 4-24 给出了传统方法设计的 PMR 控制下并网逆变器输出电流的波形及其频谱，其中谐振项主要考虑 3、5、7、9 次，可见，9 次及以内的奇数次谐波含量都在 0.5%以内，但是 11 次及以上的奇数次谐波含量仍然很高，这说明采用比例多谐振控制的系统时要想取得良好的谐波抑制效果，需要增加谐振项的个数，但是这会造成系统设计复杂和计算量大的问题。同时，谐振项达到一定个数时，相位滞后会导致系统不稳定，尽管谐振项的相位补偿可以使得系统并联更多的谐振项，但是繁重的计算负担会影响系统抑制谐波的效果。

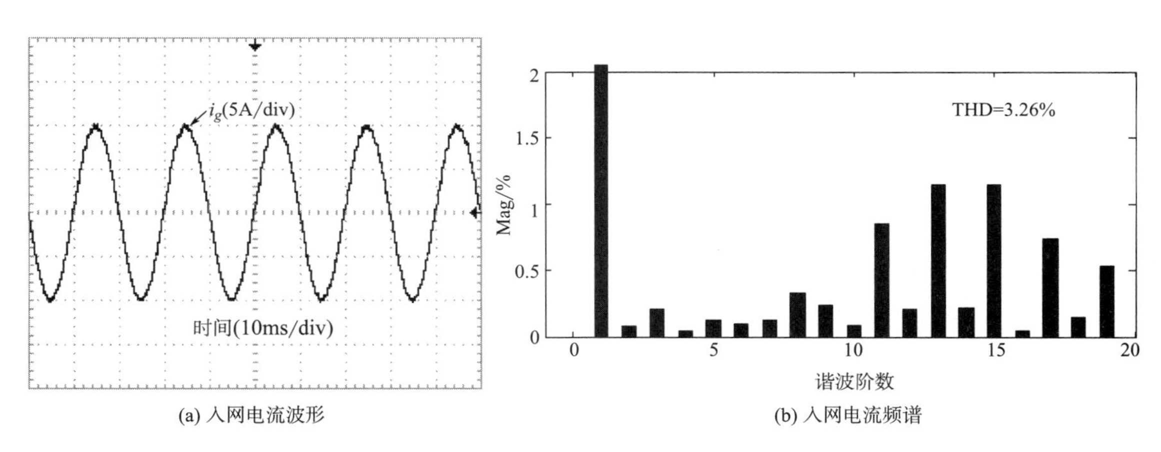

(a) 入网电流波形　(b) 入网电流频谱

图 4-24　传统 PMR 控制时入网电流波形及频谱分析

图 4-25 给出了复合重复控制下的输出电流波形及其频谱。可以看出电流的 THD 为 1.98%，单次谐波含量除 7 次外都在 0.5%以下，这说明复合控制策略也具有良好的谐波抑制能力。

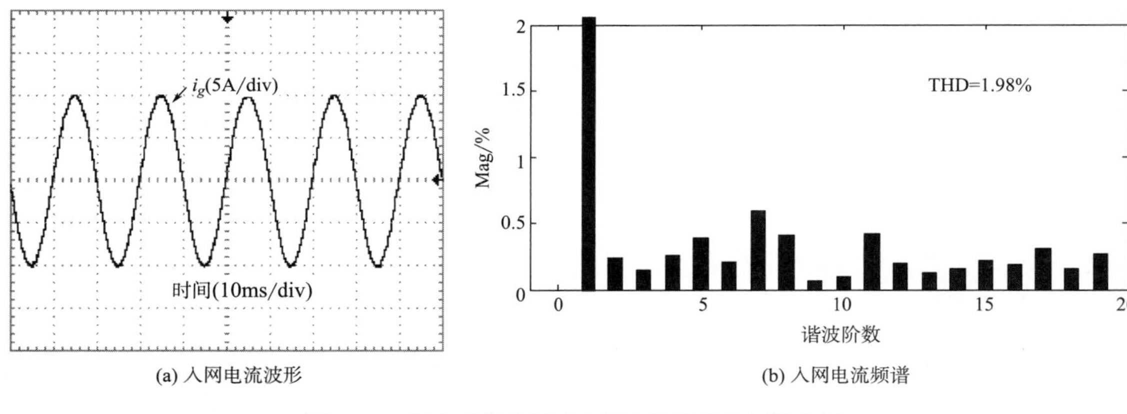

(a) 入网电流波形　　(b) 入网电流频谱

图 4-25　复合重复控制时入网电流波形及频谱分析

为了进一步验证设计控制系统的动态性能，图 4-26 给出了当参考电流的幅值由 10A 降为 6A 时的电流波形及误差波形。由图 4-26 可知，跟踪误差可以在两个基波周期左右收敛至稳定。

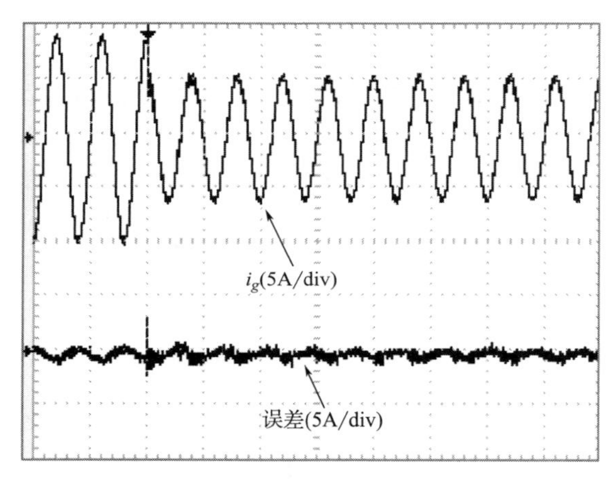

图 4-26　参考电流幅值由 10A 降为 6A 时入网电流

综上分析，本章设计的 PIMR 控制器具有较好的稳态跟踪精度和优秀的动态跟踪能力。实验结果和仿真结果一致，说明提出的控制策略是可行的。

本章小结

本章提出了 PIMR 控制器及其设计方法，并将其应用在单相并网逆变器中。采用 RC 控制器和比例控制器并联构成新的 PIMR 控制器，仿真和实验验证了方法的正确性和可行性。所设计的 PIMR 控制器具有以下优点：

（1）与传统 PMR 控制器相比，减少了多个谐振控制器并联计算的负担和设计复杂度。其直接离散域设计也避免了传统 PMR 控制器频域设计然后再离散化造成的误差及系统参数变化对控制效果的影响；

（2）与 PI 控制器相比，PIMR 控制器可以处理正弦信号，因此可以直接应用于单相系统和三相系统的静止坐标系中跟踪正弦参考信号和抑制低频谐波。

（3）与复合重复控制器相比，PIMR 控制器具有同样优秀的谐波抑制能力和动态响应速度，但需要设计的参数更少、设计方法更简单。

参考文献

[1] GRADSHTEYN L S，RYZHIK L M. Table of integrals，series and products [M]. San Diego，CA：Academic Press，2007.

[2] WU X H，PANDA S K，XU J X. Design of a plug-in repetitive control scheme for eliminating supply-side current harmonics of three-phase PWM boost rectifiers under generalized supply voltage conditions [J]. IEEE Transactions Power Electronics，2010，25（7）：1800-1810.

[3] CHO Y，LAI J. Digital plug-in repetitive controller for single-phase bridgeless PFC converters [J]. IEEE Transactions Power Electronics，2013，28（1）：165-175.

[4] ZHANG M，HUANG L，YAO W，et al. Circulating harmonic current elimination of a CPS-PWM-Based modular multilevel converter with a plug-in repetitive controller [J]. IEEE Transactions Power Electronics，2014，29（4）：2083-2097.

[5] TRINH Q，LEE H. An enhanced grid current compensator for grid-connected distributed generation under nonlinear loads and grid voltage distortions [J]. IEEE Transactions on Industrial Electronics，2014，61（12）：6528-6537.

[6] ZHANG K，KANG Y，XIONG J，et al. Direct repetitive control of SPWM inverter for UPS purpose [J]. IEEE Transactions on Power Electronics，2003，18（3）：784-792.

[7] HE L，ZHANG K，XIONG J，et al. A repetitive control scheme for harmonic suppression of circulating current in modular multilevel converters [J]. IEEE Transactions on Power Electronics，2015，30（1）：471-481.

第五章　分数阶延迟重复控制

第一节　分数延迟重复控制分析（Fractional-delay RC，FDRC）

一、应用背景

传统的理想重复控制的离散表达式为 $G(z)=z^{-N}/(1-z^{-N})$，其中，N 为一个周期内的采样次数，也称为 RC 的阶数，其值等于采样频率与周期信号基波频率的比值，显然 N 一般必须为正整数。但在实际情况中经常出现 N 不是整数的情况，比如，在可编程交流电源中，采样频率为 10kHz，而电源频率在一定范围内可调，当电源频率为 60Hz 时，$N=166.7$，在传统 RC 中，N 只能取整数 166；在微网中，采样频率固定时，电网频率存在一定范围的波动，也会造成 N 不为整数的情况。显然，在以上两种情况中，重复控制器提供高增益的频率与电源或电网基频及其整数倍频率（谐波频率处）不再吻合，即重复控制器不再能在电网基频和谐波频率处提供无穷大增益，系统的无误差跟踪性和谐波抑制性能大大降低。因此，有必要研究当 N 为非整数（分数）时的重复控制器特性，从而保证重复控制器性能不被明显降低。

文献［1，2］采用变采样频率自适应的方法使采样频率与参考信号频率的比值为整数，然而，这种方法将大大增加控制系统的复杂度和计算量；文献［3-5］采用固定采样频率下基于 FIR 滤波器的自适应分数延迟重复控制算法保证重复控制器性能不被降低，且该算法设计简单，系数在线调整容易，因而不仅具有良好的稳态性能，而且具有较快的动态响应速度。但是，在新的 PIMR 框架下，分数延迟重复控制的设计与应用仍是新问题。

二、分数延迟 RC

当采样频率固定，而参考信号或扰动信号的频率变化时，RC 的阶数 N 变为分数，如果采用最近的整数值近似分数，那么 RC 跟踪信号和抑制扰动的能力会显著降低。分数阶 RC 可采用由整数阶延迟构成的分数延迟滤波器（fractional delay filter，FD filter）实现。对于正实数 D，可以分离为整数部分和分数部分，表述如下：

$$D=\text{int}(D)+d \tag{5-1}$$

其中，$\text{int}(D)$ 表示 D 的整数部分，d 表示 D 的小数部分。

三、分数延迟的实现方法

分数延迟的实现方法主要有两种，一种是采用有限冲激响应（finite impulse response，FIR）滤波器近似；另一种是采用无限冲激响应（infinite impulse response，IIR）滤波器近似。二者设计方法及特性各有优劣，下面分别阐述。

（一）基于 FIR 滤波器的分数延迟

理想的分数延迟 z^{-d} 可以由 M 阶 FIR 滤波器近似，其离散传递函数可表示为[6]：

$$z^{-d} \approx H(z) = \sum_{n=0}^{M} h(n) z^{-n} \tag{5-2}$$

其中，$n=0$，1，2，…，M，$h(n)$ 为多项式系数。

M 阶 FIR 滤波器的直接实现方法如图 5-1 所示。

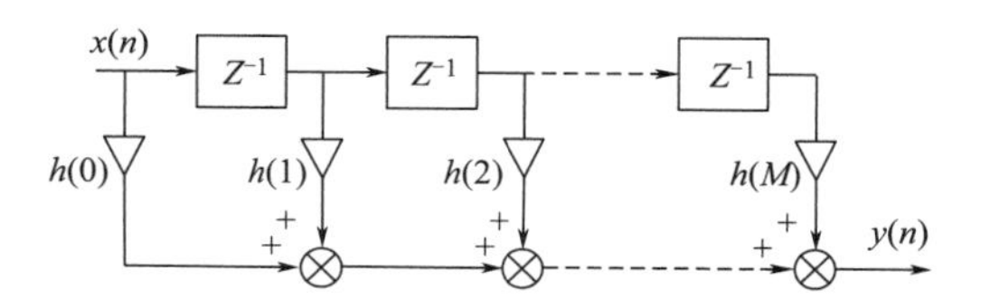

图 5-1　M 阶 FIR 滤波器的直接实现方法

公式（5-2）中 $H(z)$ 的频域误差表达式为：

$$E(e^{j\omega}) = H(e^{j\omega}) - H_{id}(e^{j\omega}) \tag{5-3}$$

式中：$H_{id}(e^{j\omega})$ 为 $H(e^{j\omega})$ 的理想值，并且 $H_{id}(e^{j\omega})$ 具有如下频率特性：

$$|H_{id}(e^{j\omega})| \equiv 1,\ \forall\ \omega \tag{5-4}$$

$$\arg\{H_{id}(e^{j\omega})\} = \theta_{id}(\omega) = -d\omega \tag{5-5}$$

确定系数 $h(n)$ 使得误差 $E(e^{j\omega})$ 最小是设计的目标。在理想情况下，误差 $E(e^{j\omega})=0$。在实际应用中，设计方法主要有两种：一种是基于最小方差的分数延迟 FIR 滤波器设计（Least Squared Error Solution for FIR Filters），另一种是基于最平坦型的分数延迟 FIR 滤波器设计（Maximally Flat Fractional Delay Filter Design）。基于最小方差的分数延迟 FIR 滤波器设计以方差最小为设计目标，设计符合要求的系数 $h(n)$。这类方法尽管概念直接，但计算不方便。基于最平坦型的分数延迟 FIR 滤波器设计采用拉格朗日插值方法（Lagrange Interpolation Polynomial）实现，这种方法设计简单，容易实现，系数在线调整容易，因而实际应用广泛。因此，下面详细介绍采用拉格朗日插值方法实现最平坦型 FIR FD 滤波器的设计过程。

在理想情况下，误差 $E(e^{j\omega})=0$，此时分数延迟环节 $H(e^{j\omega})$ 近似理想分数延迟环节 $H_{id}(e^{j\omega})$。如果公式（5-3）中频域误差函数 $E(e^{j\omega})$ 满足：

$$\left.\frac{d^n E(e^{j\omega})}{d\omega^n}\right|_{\omega=\omega_0} = 0,\ n=0,1,2,\cdots,M \tag{5-6}$$

那么，$E(e^{j\omega}) \approx 0$。此时，$E(e^{j\omega})$ 的幅频响应为近似平行于频率轴的平行线。

当 $\omega=0$ 时，滤波器的长度为 $L=M+1$，公式（5-6）可以用以下冲击响应等式表示：

$$\sum_{k=0}^{M} k^n h(k) = d^n,\ n=0,1,2,\cdots,M \tag{5-7}$$

或者，用矩阵的形式表示为：

$$Vh = v \tag{5-8}$$

其中，$h=[h(0),\ h(1),\ \cdots,\ h(n)]^T$ 为系数向量，$v=[1,\ d,\ d^2,\ \cdots,\ d^M]^T$，$v$ 为 $L\times L$ 的范德蒙矩阵（Vandermonde matrix）[7]，如式（5-9）所示。

根据文献［7］，等式（5-8）的解等价于经典拉格朗日插值方程式，且方程的解为式（5-10）。特别地，$M=1$ 相当于在两个采样点之间插值，此时，分数延迟 FIR 滤波器的系数

为 $h(0)=1-d$，$h(1)=d$，$z^{-d}\approx(1-d)+dz^{-1}$。

$$V=\begin{bmatrix}1 & 1 & 1 & \cdots & 1\\0 & 1 & 2 & \cdots & M\\0 & 1 & 2^2 & \cdots & M^2\\\vdots & \vdots & \vdots & \ddots & \vdots\\0 & 1 & 2^M & \cdots & M^M\end{bmatrix} \tag{5-9}$$

$$h(n)=\prod_{k=0,k\neq n}^{M}\frac{d-k}{n-k},\ n=0,1,2,\cdots,M \tag{5-10}$$

拉格朗日插值方法是设计 FIR 滤波器近似给定分数延迟的最简单方法。拉格朗日 FD 滤波器的阶数为 M。当 $M=1$，2，3（等效滤波器的长度 $L=2$，3，4）时，拉格朗日 FD 滤波器的系数如表 5-1 所示。

表 5-1　$M=1$，2，3 时，拉格朗日 FD 滤波器的系数

	$M=1$	$M=2$	$M=3$
$h(0)$	$1-d$	$(d-1)(d-2)/2$	$-(d-1)(d-2)(d-3)/6$
$h(1)$	d	$-d(d-2)$	$d(d-2)(d-3)/2$
$h(2)$	—	$d(d-1)/2$	$-d(d-1)(d-3)/2$
$h(3)$	—	—	$d(d-1)(d-2)/6$

分数延迟的理想 FD FIR 滤波器含有无限多项，而有限项的 FIR 滤波器只能近似理想的分数延迟。M 值越大，近似分数延迟越精确，但计算量也越大。表 5-2 给出了 M 为 1~5 时分数延迟环节 $z^{-0.5}$ 对应的拉格朗日 FD FIR 滤波器近似。

表 5-2　$M=1$~5 时的 $z^{-0.5}$

M	L	$z^{-0.5}$
1	2	$0.5z^{-1}+0.5$
2	3	$0.375z^{-1}+0.75-0.125z$
3	4	$-0.0625z^{-2}+0.5625z^{-1}+0.5625-0.0625z^{1}$
4	5	$0.039z^{-2}+0.4688z^{-1}+0.7031-0.1563z+0.0234z^{2}$
5	6	$0.1172z^{-2}-0.09766z^{-1}+0.5859+0.5859z^{1}-0.09766z^{2}+0.01172z^{3}$

根据表 5-2 中的数据，绘制不同 M 的 $z^{-0.5}$ 的频率响应曲线，如图 5-2 所示。图中横坐标为归一化频率。分数延迟 $z^{-0.5}$ 的理想幅频响应为 1，相频响应为严格线性。由图 5-2 可知，M 为偶数的滤波器具有较好的幅频响应，而 M 为奇数的滤波器具有较好的相频响应。M 为不同值时，低阶滤波器在低频段具有较好的频率响应。$M=1$ 时的 FD FIR 滤波器带宽为 50%奈奎斯特频率；$M=3$ 时的 FD FIR 滤波器的带宽为 65%奈氏频率。而随着阶数 M 的增加，滤波器的带宽增加逐渐变缓慢。在带宽频率范围内，滤波器的幅频响应接近于 1，但相频响应却

不同。综上，$M=3$ 时的 FD FIR 滤波器具有较理想的频率响应。

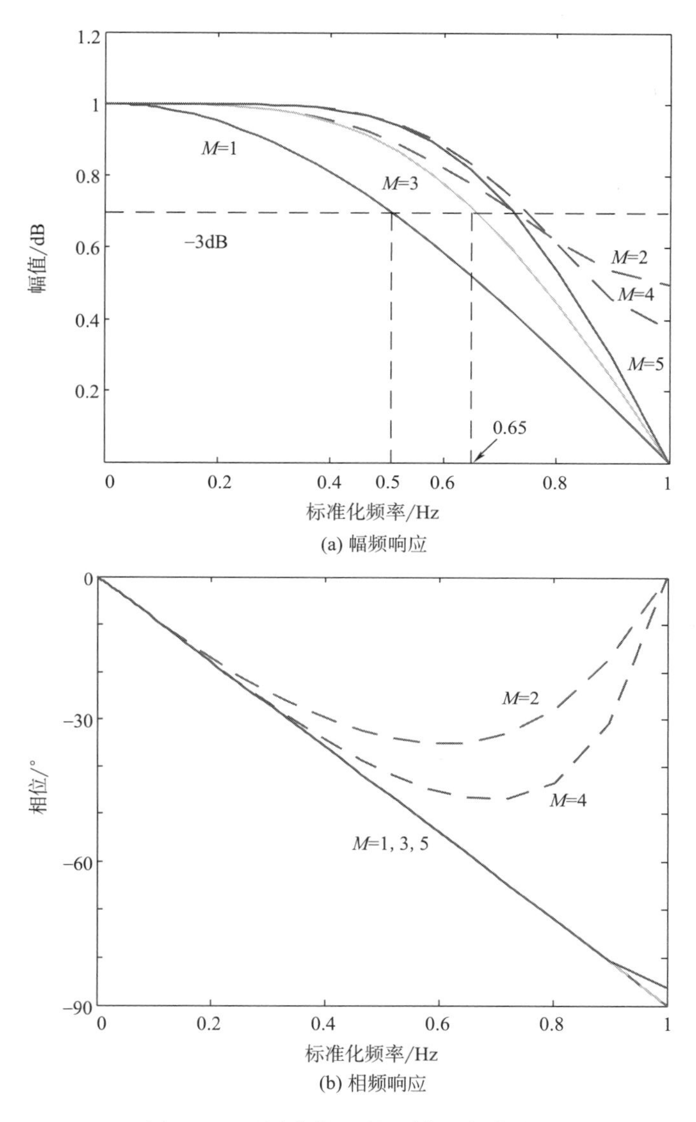

(a) 幅频响应

(b) 相频响应

图 5-2　不同阶数 M 的 $z^{-0.5}$ 的频率响应

文献［6］指出，当 $d\to M/2$ 时，即插值点 d 靠近 FIR 滤波器阶数的一半时，插值效果最理想。因此，当 $M=3$ 时，插值长度 L 为 4，即采集 4 个数据近似插值，此时，d 选择靠近 $M/2=1.5$ 最佳。如 $z^{-200.3}=z^{-199}z^{-1.3}$，只需要计算出 $z^{-d}=z^{-1.3}$ 即可。根据表 5-1，可以计算出分数延迟 $z^{-1.3}$ 为：

$$z^{-1.3}\approx h(0)z^{0}+h(1)z^{-1}+h(2)z^{-2}+h(3)z^{-3}=-0.0595+0.7735z^{-1}+0.3315z^{-2}-0.0455z^{-3} \tag{5-11}$$

因此，$z^{-200.3}=z^{-199}z^{-1.3}=z^{-199}(-0.0595+0.7735z^{-1}+0.3315z^{-2}-0.0455z^{-3})$，由此，分数延迟可以由整数延迟实现。

在本章中，M 取 3，因此，插值点选择在 1~2，表 5-3 给出了 $z^{-1.1}\sim z^{-1.9}$ 的表达式。

表 5-3　$z^{-1.1}\sim z^{-1.9}$ 的表达式

分数延迟	表达式
$z^{-1.1}$	$-0.0285+0.9405z^{-1}+0.1045z^{-2}-0.0165z^{-3}$
$z^{-1.2}$	$-0.0480+0.8640z^{-1}+0.2160z^{-2}-0.0320z^{-3}$
$z^{-1.3}$	$-0.0595+0.7735z^{-1}+0.3315z^{-2}-0.0455z^{-3}$
$z^{-1.4}$	$-0.0640+0.6720z^{-1}+0.4480z^{-2}-0.0560z^{-3}$
$z^{-1.5}$	$-0.0625+0.5625z^{-1}+0.5625z^{-2}-0.0625z^{-3}$
$z^{-1.6}$	$-0.0560+0.4480z^{-1}+0.6720z^{-2}-0.0640z^{-3}$
$z^{-1.7}$	$-0.0455+0.3315z^{-1}+0.7735z^{-2}-0.0595z^{-3}$
$z^{-1.8}$	$-0.0320+0.2160z^{-1}+0.8640z^{-2}-0.0480z^{-3}$
$z^{-1.9}$	$-0.0165+0.1045z^{-1}+0.9405z^{-2}-0.0285z^{-3}$

（二）基于 IIR 滤波器的分数延迟

在一般情况下，递归数字滤波器可以利用更少的乘积项实现和 FIR 相同的频域特性。但是，要达到相同的频域特性，IIR 滤波器的设计比对应的 FIR 滤波器要复杂一些。IIR 滤波器的另一个缺点是滤波器可能存在不稳定的情况，因此，一般情况下设计好的滤波器需要检验其所有极点是否在单位圆内，这一程序让 IIR 滤波器实际应用时系统系数实时调整困难。因此，如果有设计方法使 IIR 滤波器始终保持稳定，那么 IIR 滤波器的系数则可以实时升级调整，在实际应用中将有很大优势。

由于全通滤波器在整个频段内，其幅频特性都为 1，因此，只需要考虑滤波器的相频响应，减少了滤波器设计的难度。

一个 M 阶全通滤波器的离散域传递函数如下：

$$A(z)=\frac{z^{-N}D(z^{-1})}{D(z)}=\frac{a_n+a_{n-1}z^{-1}+\cdots+a_1z^{-(M-1)}+z^{-M}}{1+a_1z^{-1}+\cdots+a_{n-1}z^{-(M-1)}+a_nz^{-M}} \tag{5-12}$$

式中：a_n 为全通滤波器的系数，设计系数使全通滤波器 $A(z)$ 近似分数延迟。

在所有 IIR 滤波器设计方法中，“Thiran 近似”方法被认为是最简单的近似分数延迟的方法。1971 年，Thiran 提出了一种在零频率处基于最大平坦群延时响应的低通滤波器的解析解[8]。近似分数延迟 $D=N+d$ 的滤波器系数为：

$$a_k=(-1)^k\binom{M}{k}\prod_{n=0}^{M}\frac{D-M+n}{D-M+k+n},\ k=0,1,2,\cdots,M \tag{5-13}$$

式中：$\binom{M}{k}=\dfrac{M!}{k!\ (M-k)!}$ 为二项式系数，M 为全通滤波器的阶数。低阶全通滤波器（$M=1$，2，3）的分母系数可以按表 5-4 给出的公式计算。

表 5-4　阶数为 $M=1$，2，3 的 Thiran FD 全通滤波器系数

	$M=1$	$M=2$	$M=3$
a_1	$(1-D)(1+D)$	$-2(D-2)/(D+1)$	$-3(D-3)/(D+1)$
a_2	—	$(D-1)(D-2)/(D+1)(D+2)$	$3(D-2)(D-3)/(D+1)(D+2)$
a_3	—	—	$-(D-1)(D-2)(D-3)/(D+1)(D+2)(D+3)$

在 MATLAB 中可以采用以下语句建立 Thiran 函数，自动求出全通滤波器的系数。

```
function [A, B] =Thiran (D, M)
% [A, B] =Thiran (D, M) returns the order M Thiran allpass interpolation filter for delay D (samples) .
A=zeros (1, M+1);
for k=0 : M
  Ak=1;
  for n=0 : M
    Ak=Ak * (D-M+n) / (D-M+k+n);
  end
  A (k+1) = (-1) ^k × nchoosek (M, k) × Ak;
end
B=A (M+1 : -1 : 1);
```

其中，A 和 B 分别为全通滤波器的分子和分母。

（三）两种分数延迟实现方法比较

基于拉格朗日插值法设计的 FD FIR 滤波器具有系数表示简单、低频近似精度高、系数可实时在线升级等优点，因此，在高开关频率的变换器应用中，多选用此方法近似分数延迟。在一般情况下，IIR 型全通滤波器可以用更少的乘积项实现与 FIR 滤波器更近似的频域特性。但是 IIR 滤波器的设计比对应的 FIR 滤波器更加复杂。设计好的滤波器因需要验证其稳定性而一般不宜在线实时调整滤波器系数。但是，Thiran 在 1971 年提出的“Thiran 近似”解决了 IIR 滤波器设计的难题。基于“Thiran 近似”的全通 FD 滤波器在整个频段的幅频响应始终为 1，因此只需考虑相频响应；且系统不存在不稳定问题，因而也可以在线升级调整。采用适当的设计方法，IIR 滤波器也可以用在 RC 分数延迟处理上。

第二节　基于 IIR 滤波器的 FD-PIMR 控制器设计

一、频率自适应重复控制设计

（一）分数延迟 IIR 滤波器的设计

N 是采样频率与电网频率的比值，当 N 不是整数时，可以分为整数 $\text{int}(N)$ 和分数 D，如下所示：

$$N = \text{int}(N) + D \tag{5-14}$$

分数延迟 z^{-D} 可以通过拉格朗日线性插值方法实现[9]。分数延迟 IIR 滤波器的传递函数为：

$$z^{-D} \approx H(z) = \frac{a_n + a_{n-1}z^{-1} + \cdots a_1 z^{-(M-1)} + z^{-M}}{1 + a_1 z^{-1} + \cdots a_{n-1}z^{-(M-1)} + a_n z^{-M}} \tag{5-15}$$

其系数由 Thiran 公式确定：

$$a_n = (-1)^n \binom{M}{n} = \prod_{m=0}^{M} \frac{D - M + m}{D - M + n + m}, n = 0,1,2,\cdots,M \tag{5-16}$$

式中：M 为滤波器系数，$\binom{M}{n} = \frac{M!}{n!\ (M-n)!}$ 为一个二次项系数，$D=M+d$，$d=N-[N]$，$[N]$ 为取整。

$M=1$，2 时基于拉格朗日的 IIR 滤波器系数如表 5-5 所示。

表 5-5　IIR 滤波器的系数 $M=1$，2 和 3

	a_1	a_2	a_3
$M=1$	$(1-D)(1+D)$	—	—
$M=2$	$(1-D)(1+D)$	$(D-1)(D-2)(D+1)(D+2)$	—
$M=3$	$-3(D-3)/(D+1)$	$3(D-2)(D-3)/[(D+1)(D+2)]$	$-(D-1)(D-2)(D-3)/[(D+1)(D+2)(D+3)]$

当延迟 $N=200.4$ 时，根据表 5-5，$z^{-200.4}$ 可以表示为 $z^{-199}z^{-1.4}$，

$$z^{-1.4} \approx \frac{a_1 + a_0 z^{-1}}{a_0 + a_1 z^{-1}} = \frac{-0.1667 + z^{-1}}{1 - 0.1667z^{-1}} \tag{5-17}$$

$$z^{-200.4} = z^{-199}z^{-1.4} \approx z^{-199}\left(\frac{-0.1667 + z^{-1}}{1 - 0.1667z^{-1}}\right) \tag{5-18}$$

IIR、FIR 滤波器的频率响应如图 5-3 所示。由图 5-3（a）可知，当幅度降至-3dB 时，一阶 FIR 的带宽为奈奎斯特频率的 47%，三阶 FIR 为 63%，而 IIR 滤波器的幅频响应整体为 1。由图 5-3（b）可知，FIR 滤波器的相位响应为线性关系，而 IIR 滤波器的相位响应是非线性的。幅频响应对系统的稳定性有很大的影响，因此选择 IIR 滤波器。Thiran 提出了最大平坦群延迟响应理论应用于 IIR 滤波器的参数设计[10]。

（二）FA-PIMR 的设计

理想的传统重复控制器的数字表达式如式（3-6），其中，N 为 RC 的阶数，等于采样频率与电网频率之比。如果采样频率固定，当电网频率波动时，N 可能为分数。如果 N 取近似的整数，它和分数之间将存在一定的误差，因此，传统重复控制跟踪参考信号和谐波抑制能力将大大降低[11]。

因此，提出了一种基于 IIR 滤波器的分数阶频率自适应重复控制（Frequency Adaptive-PIMR，FA-PIMR），以提高并网逆变器的稳态性能。当电网频率变化，在线调整 IIR 滤波器的系数，使重复控制的谐振频率近似于实际电网频率，因此，系统的稳态性能得到改善。FA-PIMR 控制系统框图如图 5-4 所示。

图中，i_{ref} 是参考电流；$E(z)$ 是跟踪误差；k_r 是 RC 的增益；k_p 是比例控制器的增益；

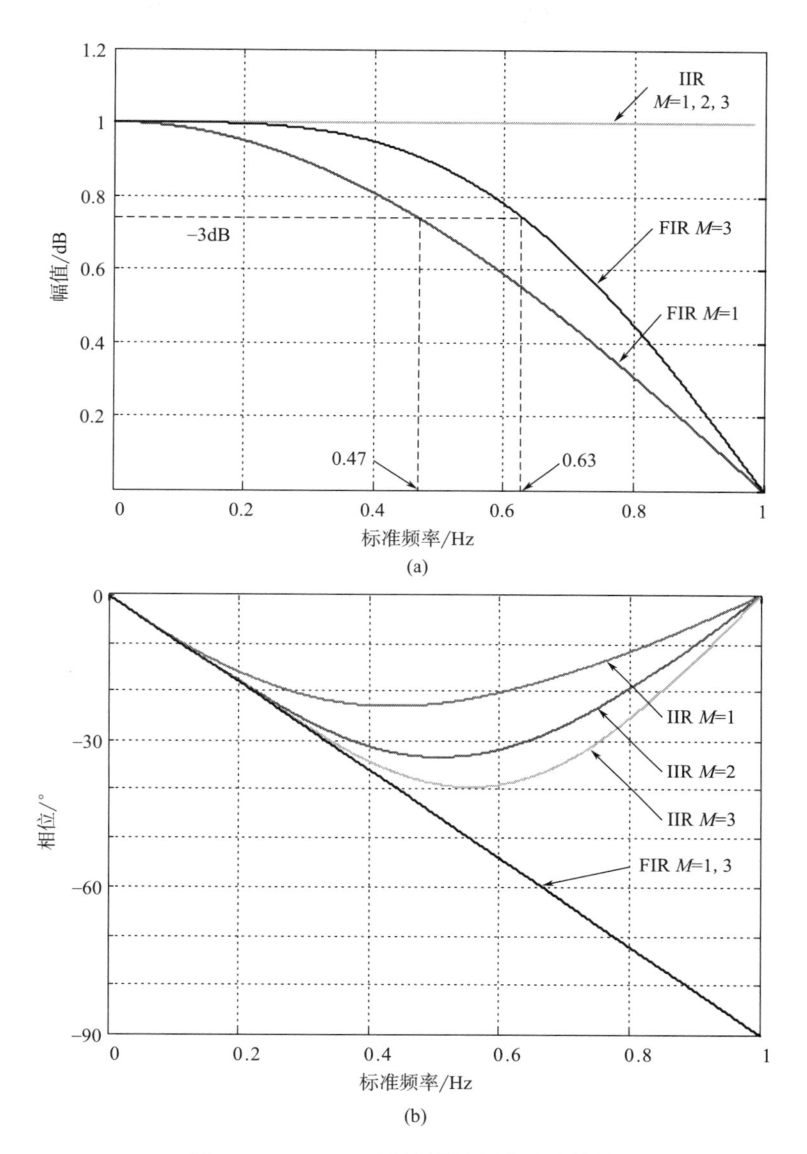

图 5-3　IIR、FIR 滤波器的频率响应特性

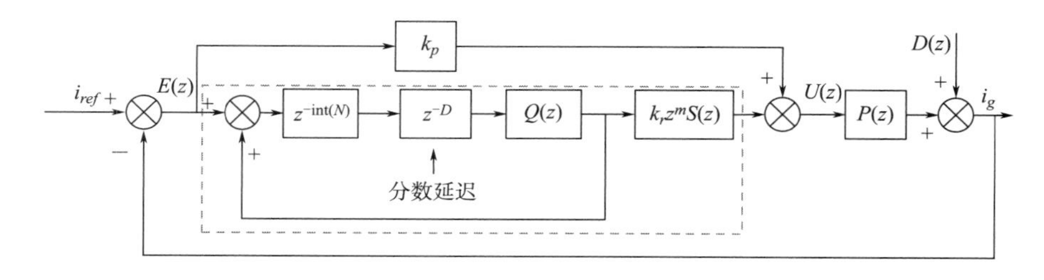

图 5-4　FA-PIMR 控制系统框图

$z^{-\mathrm{int}(N)}$ 是整数延迟；z^{-D} 是分数延迟；$Q(z)$ 是一个内部滤波器或小于 1 的常数，以提高系统鲁棒性；z^m 是用于补偿的相位超前补偿器由低通滤波器和设备引起的系统相位滞后；$S(z)$ 是一个四阶巴特沃斯低通滤波器，它可以抑制高频谐波；$U(z)$ 是重复控制器的输出；$P(z)$ 是被控对象；$D(z)$ 是电网的扰动；i_g 是电网电流。

（三）稳定性分析

PIMR 控制系统的跟踪误差可以表示为：

$$E(z)=\frac{1}{1+[G_{rc}(z)+k_p]P(z)}[I_{ref}(z)-D(z)] \tag{5-19}$$

系统的特征多项式为：

$$\begin{aligned}1+[G_{rc}(z)+k_p]P(z)&=1+G_{rc}(z)P(z)+k_pP(z)\\&=[1+k_pP(z)]\left[1+\frac{G_{rc}(z)P(z)}{1+k_pP(z)}\right]\\&=[1+k_pP(z)][1+G_{rc}(z)P_0(z)]\end{aligned} \tag{5-20}$$

其中，$P_0(z)=P(z)/[1+k_pP(z)]$。

因此，PIMR 控制系统有两个稳定条件[12]：多项式 $1+k_pP(z)=0$ 的根在单位内；$|1+G_{rc}(z)P_0(z)|\neq 0$。

传统重复控制（CRC）的传递函数为：

$$G_{rc}(z)=\frac{Q(z)z^{-N}}{1-Q(z)z^{-N}}z^mk_rS(z) \tag{5-21}$$

FA-PIMR 控制系统的传递函数为：

$$G_{RC}(z)=\frac{Q(z)z^{-\mathrm{int}(N)}z^{-D}}{1-Q(z)z^{-\mathrm{int}(N)}z^{-D}}z^mk_rS(z) \tag{5-22}$$

显然，第一个稳定条件与 FA-PIMR 控制系统相同。将公式（5-21）代入第二个条件：

$$|1-Q(z)z^{-N}+Q(z)z^{-N+m}k_rS(z)P_0(z)|\neq 0 \tag{5-23}$$

公式（5-23）可以改写为：

$$\begin{aligned}&|Q(z)z^{-N}[1-z^mk_rS(z)P_0(z)]|<1,\\&\forall z=e^{j\omega T},0<\omega<\frac{\pi}{T}\end{aligned} \tag{5-24}$$

分数延迟应用于 PIMR 控制系统，同理可整理为：

$$\begin{aligned}&|Q(z)z^{-\mathrm{int}(N)}z^{-D}[1-z^mk_rS(z)P_0(z)]|<1,\\&\forall z=e^{j\omega T},0<\omega<\frac{\pi}{T}\end{aligned} \tag{5-25}$$

公式（5-25）可以改写为：

$$|Q(z)[1-z^mk_rS(z)P_0(z)]|<|z^{-\mathrm{int}(N)}z^{-D}|^{-1} \tag{5-26}$$

由图 5-3 可知，分数阶 IIR 滤波器带宽 $|z^{-\mathrm{int}(N)}z^{-D}|^{-1}=1$。FA-PIMR 系统的稳定条件与 PIMR 系统相同，这表明系统的稳定性独立于 IIR 滤波器，因此简化系统的设计。在线调节 IIR 滤波器系数以适应电网频率变化时，无须再检查系统的稳定性。选择 FIR 滤波器时，$|z^{-\mathrm{int}(N)}z^{-D}|^{-1}\neq 1$，说明系统的稳定性与 FIR 滤波器的设计有关，控制系统的设计比较复杂。

（四）谐波抑制分析

从 $E(z)$ 到 $D(z)$ 的传递函数为：

$$\frac{E(z)}{D(z)}=\frac{-1+Q(z)z^{-\mathrm{int}(N)}z^{-D}}{1-\{Q(z)z^{-\mathrm{int}(N)}z^{-D}[1-k_r z^m S(z)P(z)]-P_*(z)\}} \tag{5-27}$$

其中，$P_*(z)=k_p P(z)[1-Q(z)z^{-\mathrm{int}(N)}z^{-D}]$。

若 $H(z)=Q(z)z^{-\mathrm{int}(N)}z^{-D}[1-k_r z^m S(z)P(z)]-P_*(z)$，$|z^{-\mathrm{int}(N)}z^{-D}|=1$，$z=e^{j\omega T}$ 公式（5-27）可以整理为：

$$|E(e^{j\omega T})|=\left|\frac{1-Q(e^{j\omega T})}{1-H(e^{j\omega T})}\right||D(e^{j\omega T})| \tag{5-28}$$

当 $Q(e^{j\omega T})=1$ 时，$E(e^{j\omega T})=0$，这表明基于 IIR 滤波器的 FA-PIMR 控制系统可以消除任意次谐波并且无误差地跟踪参考信号。而选择 FIR 滤波器时，$|z^{-\mathrm{int}(N)}z^{-D}|^{-1}\neq 1$，$Q(e^{j\omega T})=1$，$E(e^{j\omega T})$ 不为零，说明基于 FIR 滤波器的 FA-PIMR 控制系统不能无误差地跟踪参考信号。

当采样频率固定且参考信号频率发生变化时，RC 中的延迟 N 将发生变化，可能为分数。当采样频率为 10kHz，电网频率在 49.5~50.5Hz 变化时，N 的值如表 5-6 所示。

表 5-6　当电网频率发生变化时相应的 RC 延迟拍数 N

频率/Hz	49.5	49.6	49.7	49.8	49.9	50	50.1	50.2	50.3	50.4	50.5
N	202	201.6	201.2	200.8	200.4	200	199.6	199.2	198.8	198.4	198

PIMR 控制系统（$N=200$）和 FA-PIMR 控制系统的频率特性（$N=198.4$ 和 $N=201.6$）如图 5-5 所示。传统重复控制在 50Hz、100Hz、150Hz……处具有较高的峰值，但当电网频率变化时，PIMR 控制系统谐振频率将偏离实际的电网频率。这会降低 PIMR 控制系统的稳态性能，甚至会增加系统的跟踪误差和 THD。PIMR 控制系统和 FA-PIMR 控制系统在 7 次谐波频率附近的频率特性如图 5-6 所示。显然，当电网频率由 50Hz 变到 49.6Hz 或 50.4Hz 时，PIMR 控制系统的增益从 38dB 降到 10dB，这将增加系统的跟踪误差进而影响 PIMR 控制系统

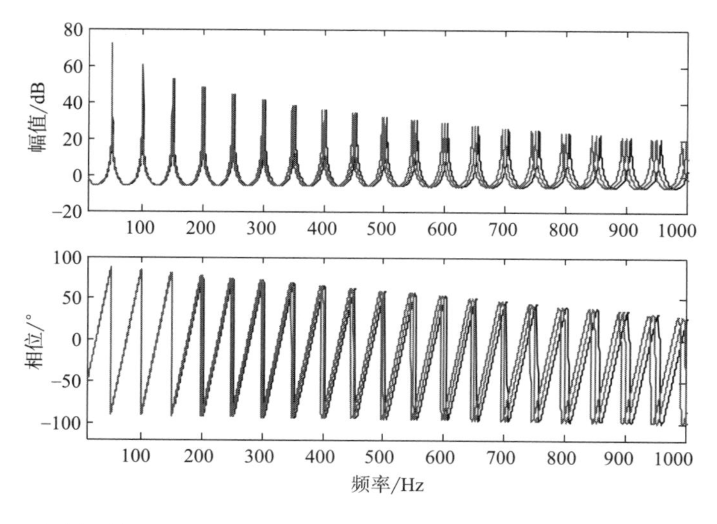

图 5-5　PIMR 控制系统（$N=200$）和 FA-PIMR 控制系统（$N=198.4$ 和 201.6）的伯德图

的稳定性。而 FA-PIMR 控制系统在谐振频率处仍然保持高增益，不受电网频率波动的影响。因此，FA-PIMR 控制系统比 PIMR 控制系统具有更好的谐波抑制能力。

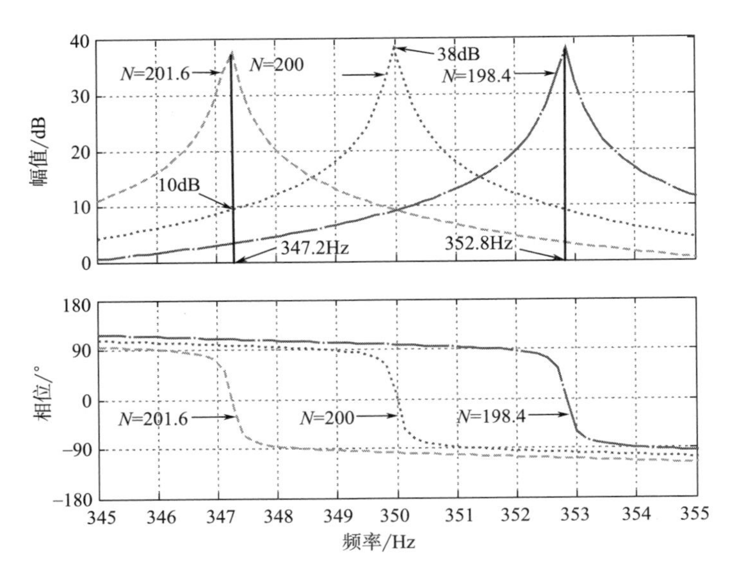

图 5-6 PIMR 系统（$N=200$）和 FA-PIMR 系统（$N=198.4$ 和 201.6）7 次谐波频率特性

二、参数设计

频率自适应重复控制器可设计的参数：比例控制增益 k_p，重复控制增益 k_r，零相位低通滤波器 $Q(z)$ 或 Q，以及补偿器 $S(z)$。下面根据这些参数的作用分别讨论参数的设计考虑。

（一）比例增益设计

根据上节分析可知，满足 $1+k_pP(z)=0$ 的根在单位圆内的条件，FA-PIMR 控制系统是稳定的。由图 5-7 可知，极点都在单位圆内，当 k_p 值在 10~19 变化时，k_p 取这些值时 FA-PIMR 控制系统是稳定的[10]。综合考虑，选取 k_p 值为 19。

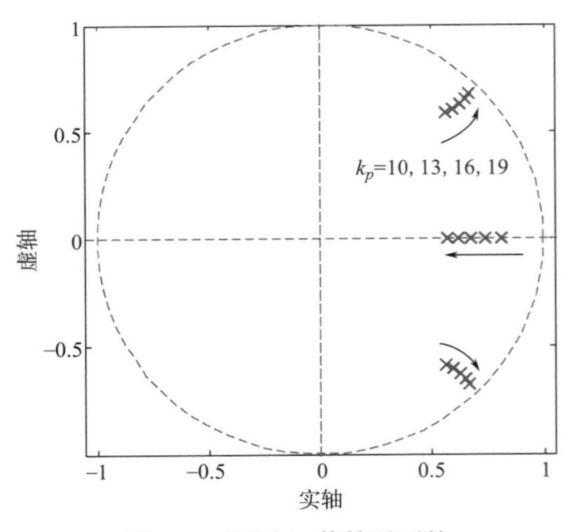

图 5-7 不同 k_p 值情况下的 $P_0(z)$ 的极点分布图

（二）零相位低通滤波器设计

为了增加系统的鲁棒性，常选取内模的 $Q(z)$ 为低通滤波器或者小于 1 的常数。当 $Q(z)$ 选为小于 1 的常数时，理想内模所具有的无静差特性受到影响[13]。当 $Q(z)$ 为零相位低通滤波器时，低频段保持高增益，高频段增益迅速地衰减，可以很好地抑制高频扰动，提高系统的稳定性[14]。

图 5-8 展示了 $Q(z)$ 为 0.95 或零相位低通滤波器 $Q(z)=(z+8+z^{-1})/10$ 时，PIMR 控制器的开环伯德图。当 $Q=0.95$ 时，PIMR 控制器的

在基波频率及其整数倍频率处增益较低，影响了控制器的稳定性。而当 $Q(z)=(z+8+z^{-1})/10$ 时，PIMR 控制器在低频处增益较高，可达 80dB，高频处增益不断衰减，因此控制器不仅可以无误差地跟踪参考信号，而且能够抑制低频谐波，提高系统的稳定性[10]。综合考虑，本文选取内模为 $Q(z)=(z+8+z^{-1})/10$。

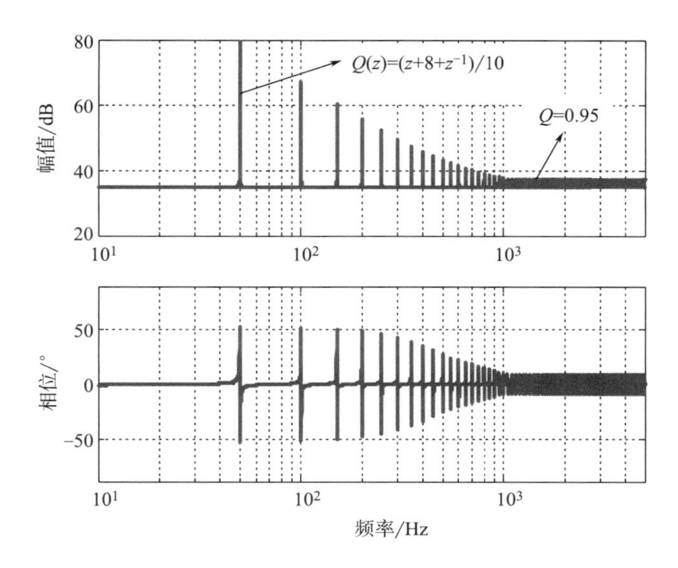

图 5-8　PIMR 控制器的开环伯德图

（三）补偿器 $S(z)$ 设计

设计补偿器时主要考虑两方面：高频幅值衰减和相位补偿。为了补偿被控对象引起的相位滞后和低通滤波器自身的相位滞后，经常引入相位超前环节 z^m，使得校正后的总相移接近于零[14]。为了衰减高频处的开环增益，补偿器 $S(z)$ 通常选取二阶低通滤波器或低阶巴特沃斯低通滤波器。

如图 5-9 所示，高频处被控对象的幅频特性迅速衰减，在引入补偿器后，中低频段的增益近似为零，此时系统的稳定性最好，稳态误差最小。在实际应用中，由于系统数学模型建模时存在误差，设计补偿器 $S(z)=P_0^{-1}(z)$ 比较困难。因此，根据被控对象的幅频特性和相频特性，设计相应的补偿环节的目标是：在中低频段使 $S(z)P_0(z)$ 接近零增益和零相位，在高频段幅频快速衰减[10]。

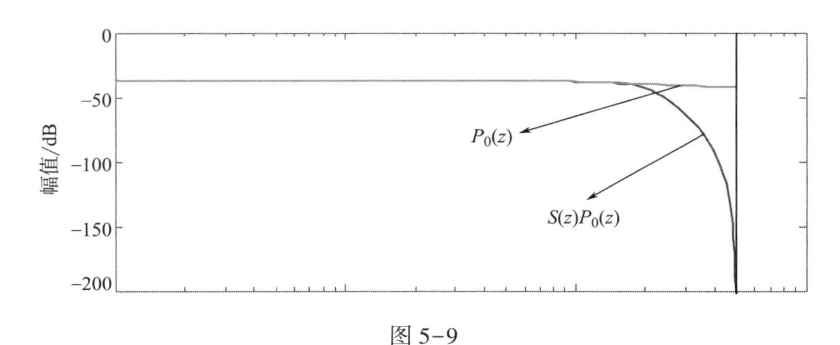

图 5-9

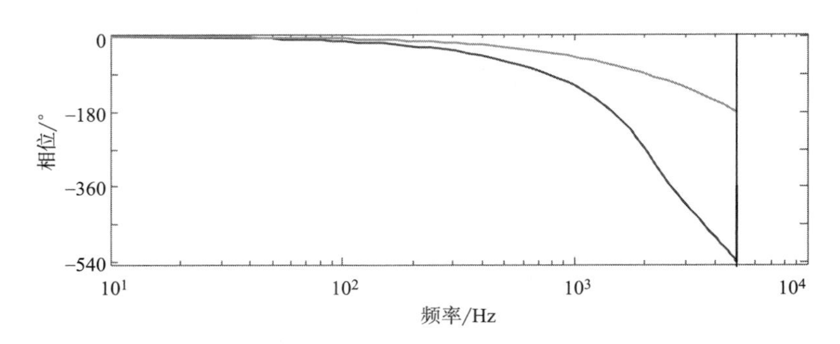

图 5-9　加入补偿器 $S(z)$ 后的 $P_0(z)$ 与 $S(z)P_0(z)$ 的幅频特性

本文选用截止频率为 2kHz 的四阶巴特沃斯低通滤波器：

$$S(z)=\frac{0.0466z^4+0.1863z^3+0.2795z^2+0.1863z+0.0466}{z^4-0.7821z^3+0.68z^2-0.1827z+0.0301} \tag{5-29}$$

（四）相位补偿器的设计

相位超前补偿器用来补偿由被控对象 $P_0(z)$ 和补偿器 $S(z)$ 造成的相位滞后，尤其是在高频区域的相位滞后，提供一个角度为 $\theta=m(\omega/\omega_N)180°$ 的超前角度。

通过设计合适的 m 值，使角度$[\theta_S(\omega)+\theta_P(\omega)+m\omega]$趋近于 0°。当 m 取不同值时，$[\theta_S(\omega)+\theta_P(\omega)+m\omega]$的曲线如图 5-10 所示。

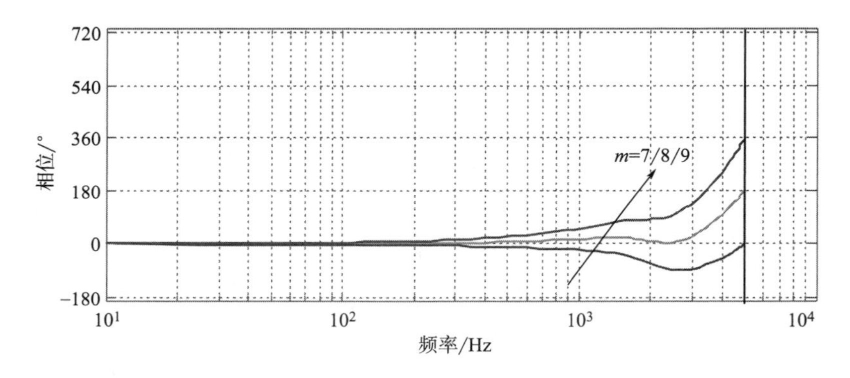

图 5-10　m 取不同值时$[\theta_S(\omega)+\theta_P(\omega)+m\omega]$的曲线

当 $m=8$ 时，相位偏差较小，且较接近 0°，此时补偿效果最佳。

（五）重复控制增益设计

定义 $H(z)=Q(z)[1-k_r z^m S(z)P_0(z)]$，其中，$z=e^{j\omega t}$。如果 $H(e^{j\omega t})$ 的轨迹在单位圆内，系统是稳定的，且曲线距离圆心越近，系统的稳定裕度越大，系统的谐波抑制能力越好。

图 5-11 展示了 k_r 取不同值时，$H(e^{j\omega t})$ 的轨迹。当 k_r 在 14~20 范围内变化时，$H(e^{j\omega t})$ 的轨迹都在单位圆内。当 $k_r=16$ 时，$H(e^{j\omega t})$ 的轨迹曲线更接近单位圆圆心。因此，当 k_r 值为 16 时，控制器在低频区域内的低频信号跟踪能力更好。

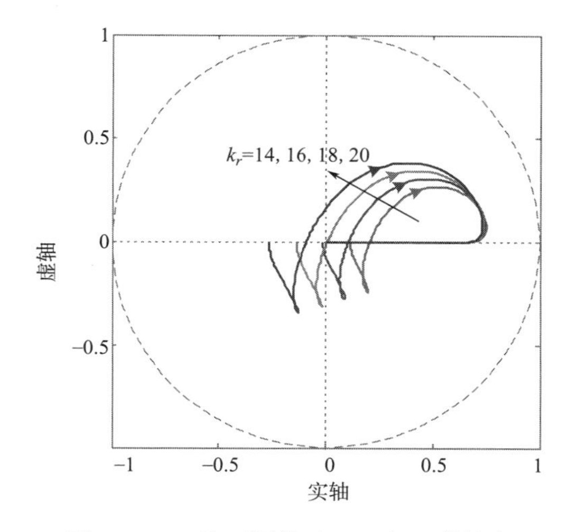

图 5-11　k_r 取不同值时 H（$e^{j\omega t}$）的轨迹

三、仿真分析

为验证所提 FA-PIMR 控制方案的有效性和可行性，搭建了基于 MATLAB/Simulink 环境的单相 LCL 型并网逆变器仿真模型，如图 5-12 所示。FA-PIMR 控制系统的参数见表 5-7。电网频率为 49.6Hz 或 50.4Hz 时，采样频率和开关频率均为 10kHz，比例增益 $k_p=19$，重复控制增益$k_r=16$，相位超前补偿 $m=8$。

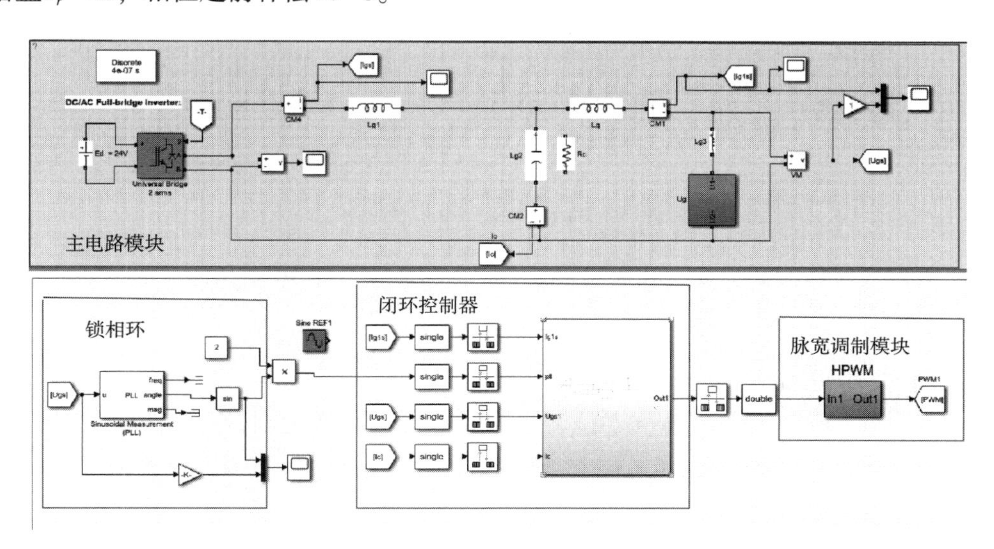

图 5-12　MATLAB/Simulink 仿真模型整体框图

表 5-7　并网逆变器系统参数

参数	值
逆变器侧电感：L_1	3mH
L_1 等效电阻：R_1	0.48Ω

续表

参数	值
并网侧电感：L_2	2. 6mH
L_2 等效电阻：R_2	0. 32Ω
滤波电容：C	10μF
直流电压：E_d	380V
电网频率：f_g	50Hz
采样频率：f_s	10kHz
开关频率：f_{sw}	10kHz
死区时间	3μs

主电路模块由 powergui 模块、直流电源、LCL 型滤波电路以及交流源模块组成。锁相环 PLL 仿真模型如图 5-13 所示，主要由三部分组成。鉴相器（Phase Detector）用于检测两个输入信号的相位差。环路滤波器（Loop Filter）将鉴相器输出含有纹波的直流信号平均化[16]。压控震荡器（VCO）用输入的直流信号控制震荡频率，是一种可变频振荡器。

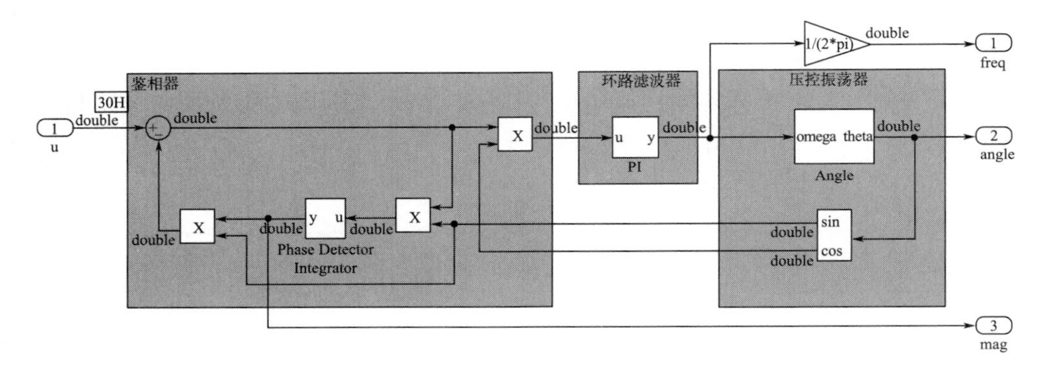

图 5-13　锁相环 PLL 仿真模型

PWM 采用双极性调制方式，死区时间设为 3. 2μs，其仿真模型如图 5-14 所示。由控制器得到的调制波与三角波比较输出脉宽调制信号驱动 IGBT。

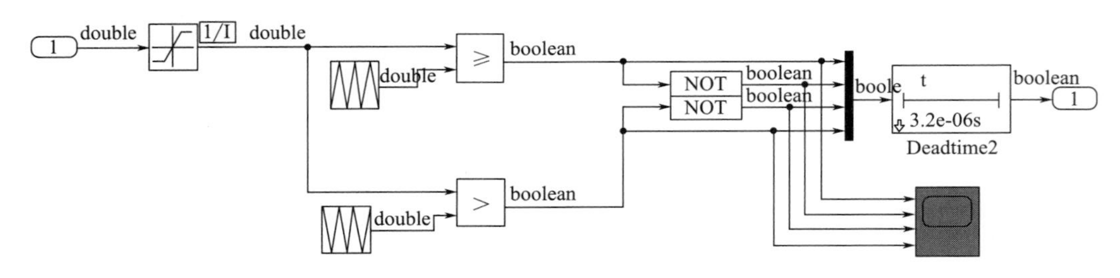

图 5-14　PWM 仿真模型框图

（一）电网频率为 49. 6Hz 时

令并网电流参考给定为 10A，电网电压有效值为 220V 的理想正弦电压，电网频率为 49. 6Hz。参考电流输出电流波形如图 5-15 所示，电流的误差收敛如图 5-16 所示，输出电流的频谱分析如图 5-17 所示。结果表明，自适应重复控制在发生频率偏移的情况下，依然能够保持很好的谐波抑制性能。

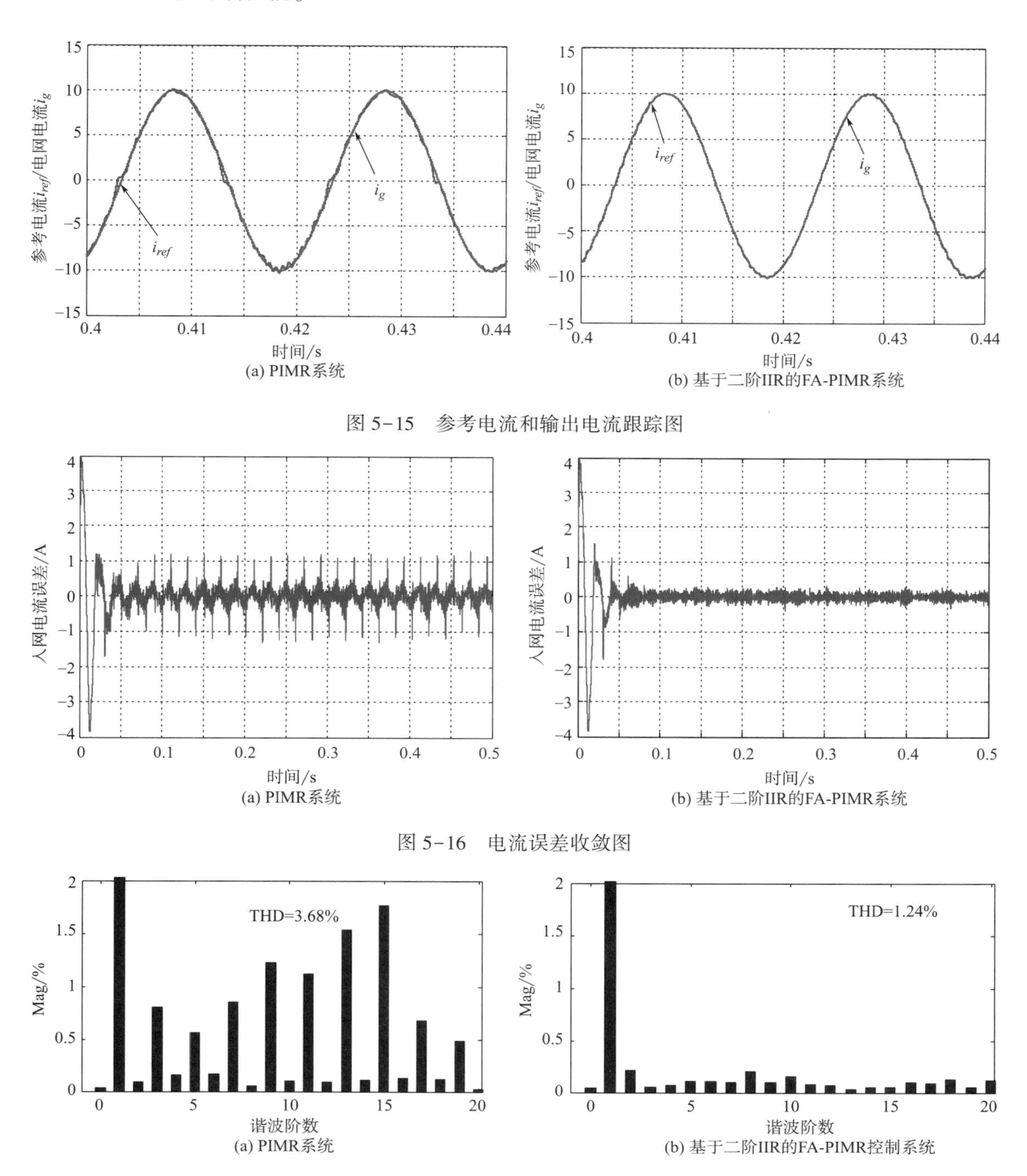

图 5-15　参考电流和输出电流跟踪图

图 5-16　电流误差收敛图

图 5-17　输出电流的频谱分析

（二）电网频率为 50.4Hz 时

此时，$N=198.4$。参考电流输出电流波形如图 5-18 所示。FA-PIMR 控制系统的电网电流可以跟踪参考电流，但是 PIMR 控制系统不能。电流的误差收敛如图 5-19 所示。显然，PIMR 控制系统电流的跟踪误差大于 FA-PIMR 控制系统。因此，FA-PIMR 控制系统的稳态性能更好。输出电流的频谱分析如图 5-20 所示。PIMR 控制系统的 THD 为 4.56%，FA-PIMR 控制系统的 THD 为 1.48%，比 PIMR 控制系统的 THD 低很多。可见，自适应重复控制在发生频率偏移的情况下，依然能够保持很好的谐波抑制性能，各次谐波均被抑制在基波含量的 0.5%以下，不受电网频率波动的影响。

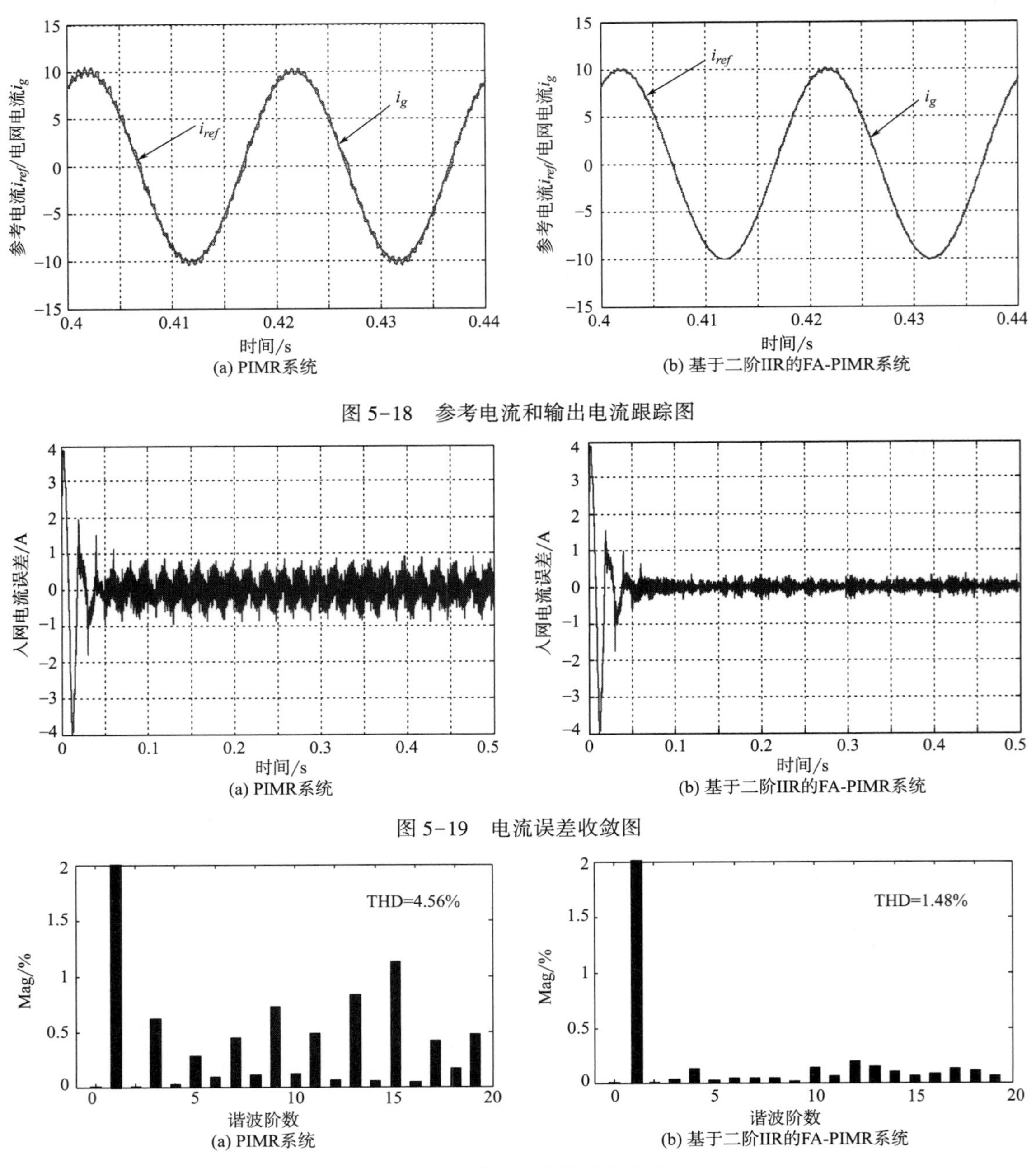

图 5-18　参考电流和输出电流跟踪图

图 5-19　电流误差收敛图

图 5-20　输出电流的频谱分析

第三节　基于 FIR 滤波器的 FD-PIMR 控制器设计

PIMR 控制器由 RC 和比例增益 k_p 构成。因此，当 PIMR 由 FDRC 和比例增益 k_p 构成时，PIMR 自然也能在分数延迟时具有优秀的信号跟踪和谐波抑制能力。本文中，由 FDRC 和比例增益 k_p 并联构成的 PIMR 控制器称为分数延迟 PIMR 控制（fractional delay PIMR），简称 FD-PIMR 控制。下面主要对比 PIMR 和 FD-PIMR 两种控制策略的性能。

一、FD-PIMR 控制器的稳定性分析

传统重复控制（conventional repetitive control，CRC）的传递函数可表示为：

$$G_{rc}(z)=\frac{Q(z)z^{-N}}{1-Q(z)z^{-N}}\cdot z^{m}k_{r}S(z) \tag{5-30}$$

将公式（5-2）和式（5-10）代入公式（5-27），可得分数延迟 RC 的传递函数 $G_{FDrc}(z)$ 为：

$$G_{FDrc}(z)=\frac{U_r(z)}{E(z)}=\frac{Q(z)z^{-D}\sum_{n=0}^{M}h(n)z^{-n}}{1-Q(z)z^{-D}\sum_{n=0}^{M}h(n)z^{-n}}\cdot z^{m}k_{r}S(z) \tag{5-31}$$

当 $d=0$ 时，FDRC 变成 CRC。FDRC 提供一种可以消除任意基波频率的周期参考信号或谐波解决方法，其对应的控制框图如图 5-21 所示。

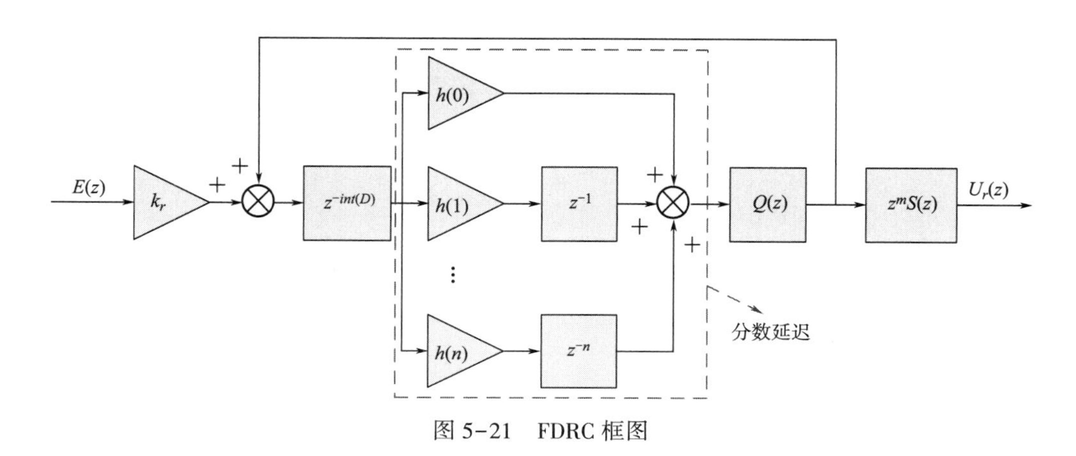

图 5-21　FDRC 框图

其中，蓝色虚线框内的部分为要设计的 RC 分数延迟部分。

由第四章可知，PIMR 控制系统的稳定条件有两个：$1+k_pP(z)=0$ 的根在单位圆内；$|1+G_{rc}(z)P_0(z)|\neq 0$。显然，第一个稳定条件与 FD-PIMR 没有关系；第二个稳定条件可变为公式（4-11），进一步地，FDRC 应用于 PIMR 后，公式（4-11）变为：

$$\left|Q(z)z^{-D}\sum_{n=0}^{M}h(n)z^{-n}(1-k_{rc}z^{m}k_{r}S(z)P_0(z))\right|<1,\forall z=e^{j\omega},0<\omega<\pi/T \tag{5-32}$$

公式（5-32）化简后，得：

$$|(1 - k_{rc}z^{m}k_{r}S(z)P_{0}(z))| < |Q(z)|^{-1}\left|z^{-D}\sum_{n=0}^{M}h(n)z^{-n}\right|^{-1} \tag{5-33}$$

由公式（5-2）可知，在 FD 滤波器带宽内，$\left|z^{-D}\sum_{n=0}^{M}h(n)z^{-n}\right|^{-1}\to 1$，此时，FD-PIMR 系统的稳定条件（5-33）与采用 CRC 的 PIMR 系统的稳定条件相同。

当采样频率固定，而参考信号的频率变化时，RC 中延时拍数 N 将随之发生变化，并可能为分数。国际标准 IEEE Std1547—2003[15] 中规定，额定频率为 60Hz，分布式电源容量小于 30kW 时，入网电流频率范围为 59.3~60.5Hz，超过此范围时应在 0.16s 内切除并网。我国也制定了分布式发电系统并网标准 Q/GDW 480—2010，其中关于入网电流的频率规定为：对于通过 380V 电压等级并网的分布式电源，当并网点频率超过 49.5~50.2Hz 运行范围时，应在 0.2s 内停止向电网送电。因此，对于分布式发电系统来说，并网逆变器有必要能够适应电网频率在±0.5Hz 以内的波动。

表 5-8 给出了采样频率为 10kHz 而电网频率在 49.5~50.2Hz 变化时，延时拍数 N 的值。由表 5-8 可知，当电网频率变化时，N 在 198~202 波动，且除了 49.5Hz、50Hz、50.5Hz 三个频率外，其余频率都对应为分数延迟。如果仅采用分数附近的整数近似，显然将人为地增加误差。因此，有必要采用分数延迟技术进一步减小误差，以保证 RC 的效果。

表 5-8　电网频率变化时对应的 RC 延迟拍数 N

频率/Hz	49.5	49.6	49.7	49.8	49.9	50	50.1	50.2	50.3	50.4	50.5
N	202	201.6	201.2	200.8	200.4	200	199.6	199.2	198.8	198.4	198

当采样频率固定为 10kHz，电网频率在（50±0.4）Hz 范围内波动时，N 在（200±1.6）范围内变化，显然，N 可能为分数。CRC 的频率响应（N=200）和具有分数延迟（N=198.4 和 N=201.6）的分数阶 RC 的频率响应如图 5-22 和图 5-23 所示。

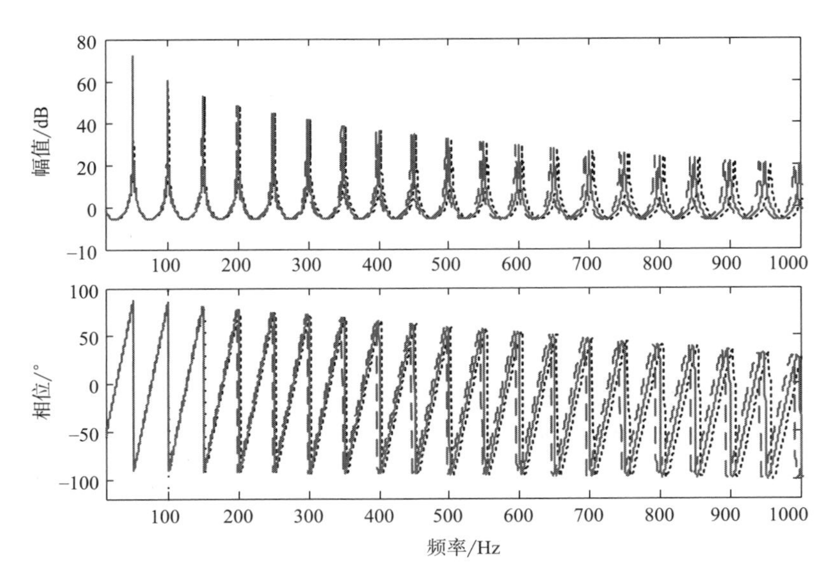

图 5-22　CRC 和 FDRC 的伯德图

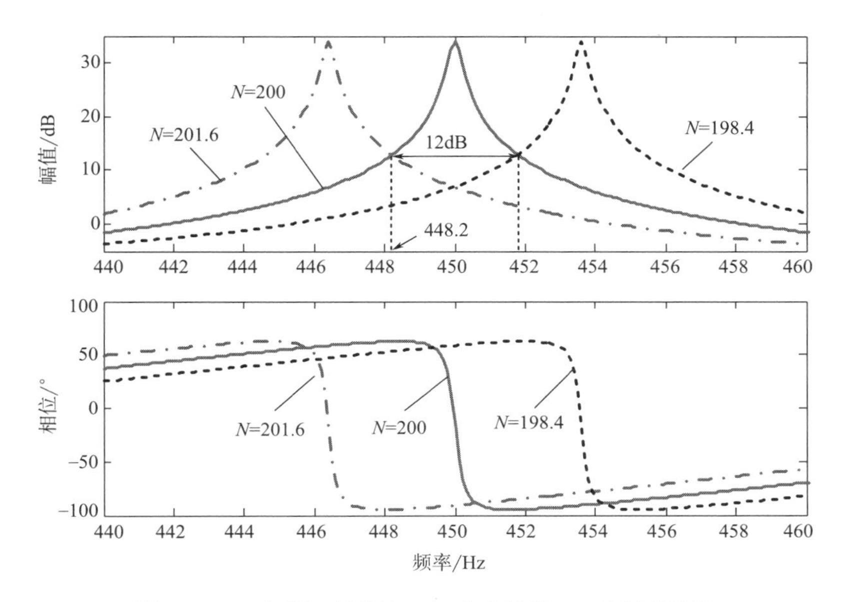

图 5-23　9 次谐波频率处 CRC 和分数阶 RC 的频率特性

由图 5-22 可知，CRC 和 FDRC 能够在它们的谐波频率处提供高增益，如 $50n$ 或（50±0.4）n Hz（n=1，2，…）频率处。图 5-23 显示，当基础频率从 50Hz 变化到（50±0.4）Hz 时，CRC 不能在（50±0.4）n Hz（n=1，2，…）处提供高增益，进而不能抑制这些频率处的谐波。对于 CRC 而言，当电网频率波动到 49.8Hz 或 50.2Hz 时，9 次谐波频率（448.2Hz 或 451.8Hz）处的增益将由原来的 35dB 降为 12dB，显然，增益的降低将会降低谐波的抑制效果。而分数阶 RC 在频率波动时能够保持在高增益峰处，因此，其谐波抑制能力不会降低。

二、仿真验证

为了验证 PIMR 和 FD-PIMR 控制器在电网频率漂移时的性能，首先在 MATLAB/Simulink 环境下对两种控制方法进行仿真对比。PIMR 控制器系统模型如第四章中图 4-6 所示。逆变器参数如表 4-1 所示。控制器参数为：并联比例增益 $k_p=19$，RC 增益 $k_r=16$，内模 $Q(z)=(z+2+z^{-1})/4$，相位超前补偿拍数 $m=9$，补偿器 $S(z)$ 为四阶巴特沃斯低通滤波器（截止频率 1kHz），采样频率 $f_s=10$kHz，电网额定频率 $f_g=50$Hz，此时 $N=200$。当电网频率变化时，N 可能变为分数，参考电流的幅值为 10A。显然，由于 PIMR 为整数延迟，PIMR 为 FD-PIMR 的特例，因此在电网频率为 50Hz 时，PIMR 控制器系统和 FD-PIMR 控制器系统的输出电流波形相同。

（一）电网频率为 49.6Hz 时

此时，RC 延迟拍数 $N=201.6$。当 PIMR 控制时，系统的参考电流与入网电流波形如图 5-24 所示，可见入网电流能在 0.1s 内跟踪上参考电流。截取 0.4~0.44s 两个周期的参考电流与入网电流波形如图 5-25 所示，可见入网电流并非严格的正弦波，还存在谐波扰动。入网电流的频谱分析如图 5-26 所示，尽管 THD 为 3.68%，满足 IEEE Std 1547 中 5%以内的标准，但是低频基波含量很高，说明在电网电压漂移到 49.6Hz 时，PIMR 控制不能在基波及其整数次谐波频率处提供高增益，进而谐波抑制性能下降，导致低频谐波含量并未降低（图 5-27）。

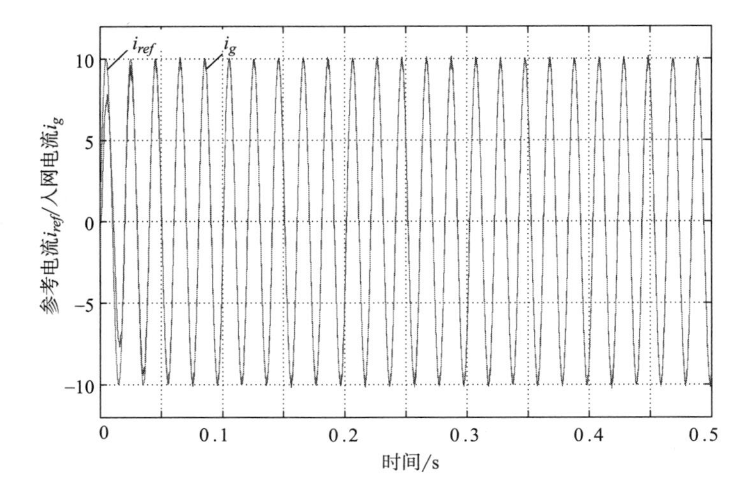

图 5-24　PIMR 控制器系统参考电流与入网电流波形

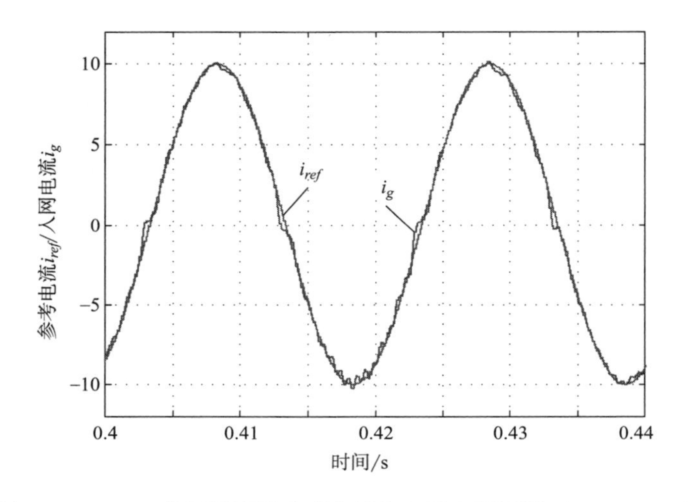

图 5-25　PIMR 控制器系统参考电流与入网电流波形（0.4~0.44s）

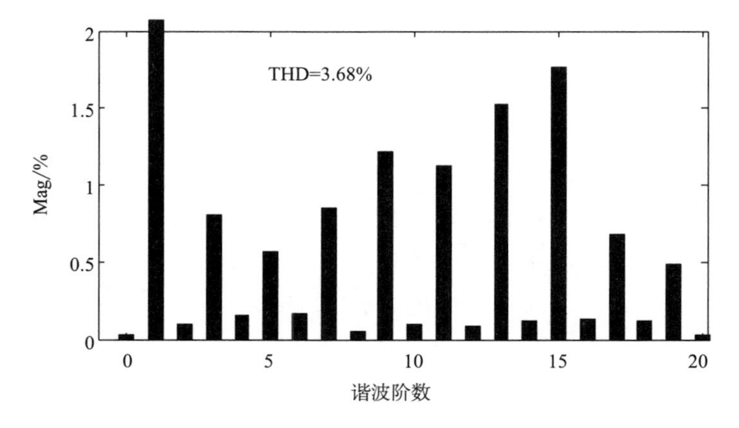

图 5-26　PIMR 控制器系统入网电流频谱分析

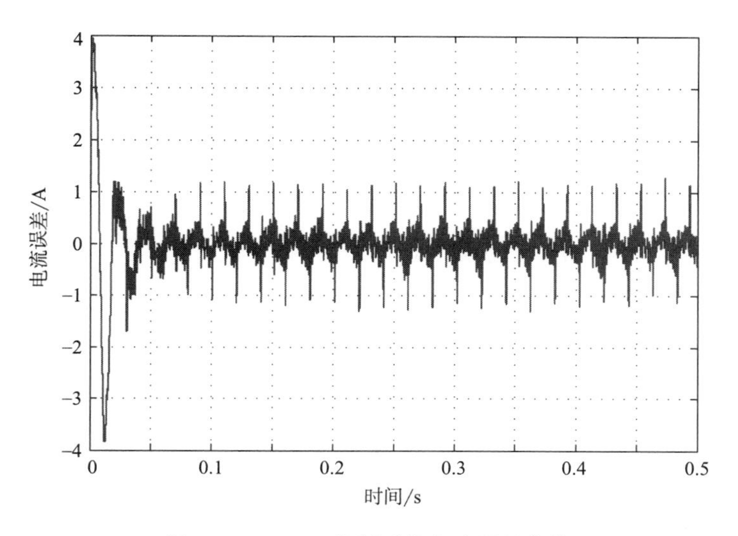

图 5-27　PIMR 控制系统电流误差收敛

当 $N=201.6$ 时，采用 FIR 滤波器近似分数延迟，由表 5-3 可得，$z^{-201.6}=z^{-200}z^{-1.6}=z^{-200}(-0.064+0.672z^{-1}+0.448z^{-2}-0.056z^{-3})$。当 MATLAB/Simulink 仿真模型参数同 PIMR 控制时，仅将控制器中的 CRC 修改为 FDRC，系统仿真波形如图 5-28～图 5-31 所示。

图 5-28 给出了 FD-PIMR 系统参考电流与入网电流波形，可以发现经过约 3 个基波周期，输出电流信号可以跟踪参考电流信号。截取 0.4～0.44s 两个周期的参考电流与入网电流波形如图 5-29 所示，可见，入网电流由于谐波扰动还存在一定的畸变，但好于 PIMR 控制系统时输出电流波形。

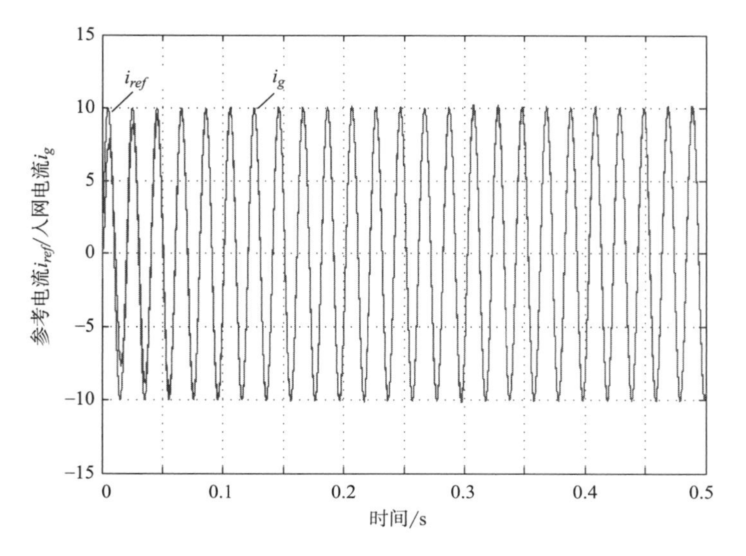

图 5-28　FD-PIMR 控制系统参考电流与入网电流波形

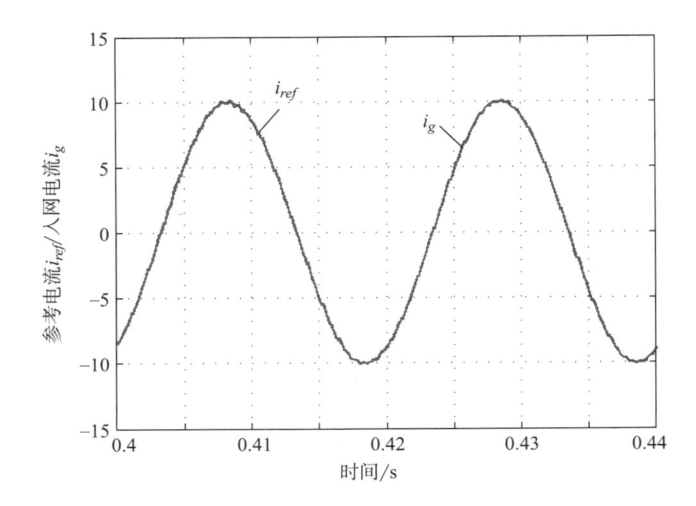

图 5-29　FD-PIMR 控制系统参考电流与入网电流波形（0.4~0.44s）

对图 5-29 中输出电流波形 FFT 分析，频谱分析如图 5-30 所示，可见，输出电流的 THD 为 1.57%，低频奇数次谐波单次含量均小于 0.2%，相比 PIMR 控制系统中低频奇数次谐波含量大大降低，说明 FD-PIMR 控制系统能在电网频率变为 49.6Hz 时在基频及其整数倍频率处提供高增益，具有良好的低频谐波抑制能力。图 5-31 是 FD-PIMR 控制电流误差收敛实时波形图，可见，电流跟踪误差在 3 个周期左右趋于稳定，保持在±0.4A 以内，相比 PIMR 控制系统电流跟踪误差±1.2A，电流误差大大减小，说明采用 FD-PIMR 控制的系统对参考电流的跟踪能力大大提高。

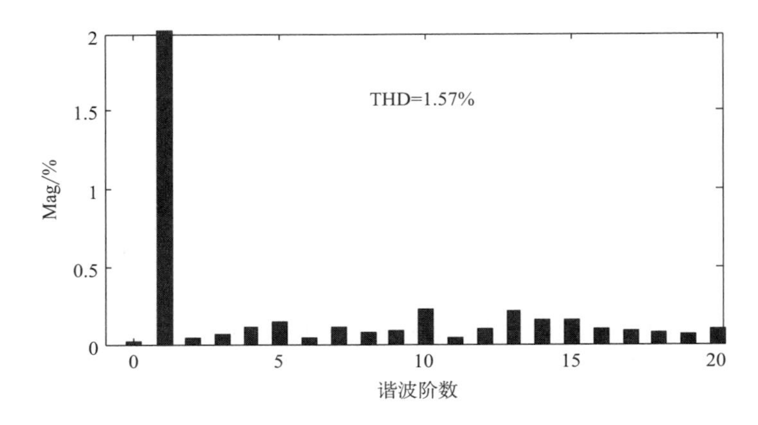

图 5-30　FD-PIMR 控制系统入网电流频谱分析

（二）电网频率为 50.4Hz 时

当电网频率为 50.4Hz 时，在固定采样频率 10kHz 时，RC 延迟拍数 $N=201.6$。PIMR 控制系统的输出入网电流波形、入网电流频谱分析和电流跟踪实时误差如图 5-32~图 5-35 中图（a）所示；而 FD-PIMR 控制系统的输出入网电流波形、入网电流频谱分析和电流跟踪实时误差如图 5-32~图 5-35 中图（b）所示。

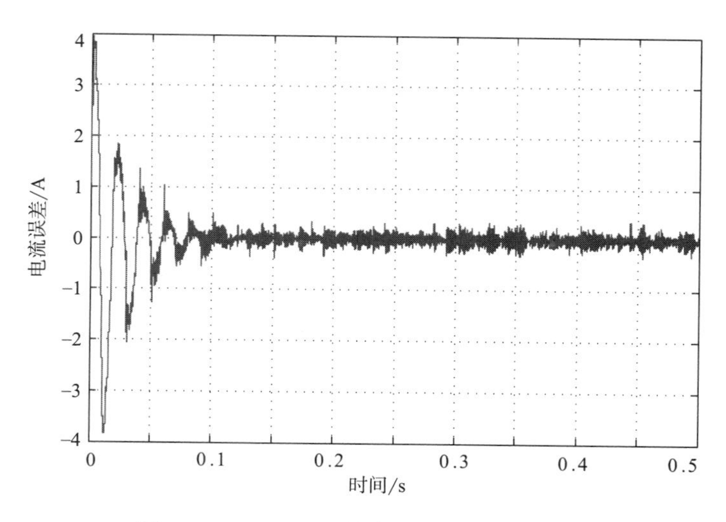

图 5-31　FD-PIMR 控制系统电流误差收敛

由图 5-32 可知，入网电流都能在 3 个基波周期跟上参考电流，动态性能良好。如图 5-32 所示，FD-PIMR 控制系统输出电流的稳态波形显然优于 PIMR 控制系统输出电流的稳态波形。PIMR 控制系统输出电流仍包含较多的低频奇次谐波，且 THD 为 4.17%；而 FD-PIMR 控制系统的输出电流的奇次谐波明显减小，均小于 0.3%，且 THD 仅为 1.34%。图 5-35 反映了 PIMR 控制系统和 FD-PIMR 控制系统的入网电流的误差跟踪情况，二者的动态响应速度相当。在稳态误差方面，FD-PIMR 控制系统的稳态误差为±0.4A，而 PIMR 控制系统的稳态电流误差为±0.8A，显然 FD-PIMR 控制系统的具有较好动态性的同时，还具有较小的稳态误差。这是因为电网频率变为 50.4 Hz 时，PIMR 控制仍只能在 $50n$（$n=1$，2，3，…）Hz 处提供高增益，而在 $50.4n$（$n=1$，2，3，…）Hz 处的增益较低，PIMR 控制系统的基波跟踪和谐波抑制能力下降；FD-PIMR 控制能够跟踪电网频率的变化，在电网频率及其整数倍频率处提供高增益，从而保证输出电流的误差跟踪和低频谐波抑制特性。

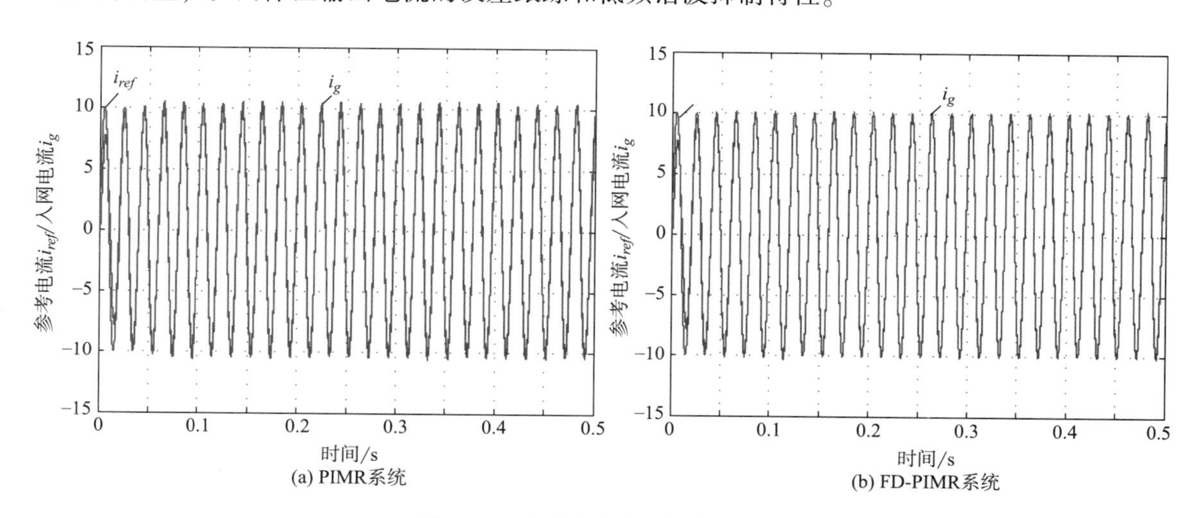

图 5-32　参考电流和入网电流波形

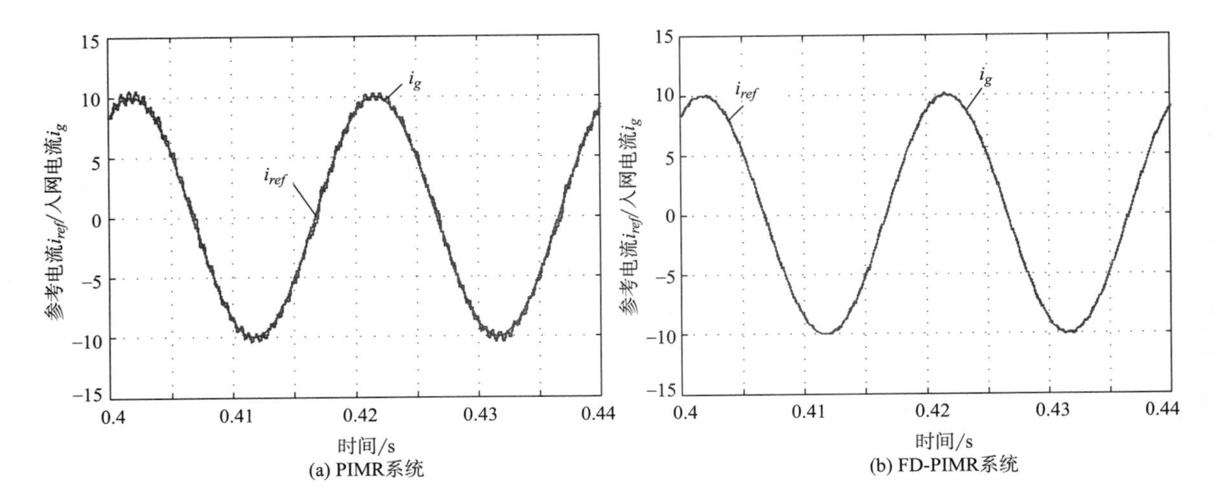

图 5-33　部分参考电流与入网电流波形（0. 4~0. 44s）

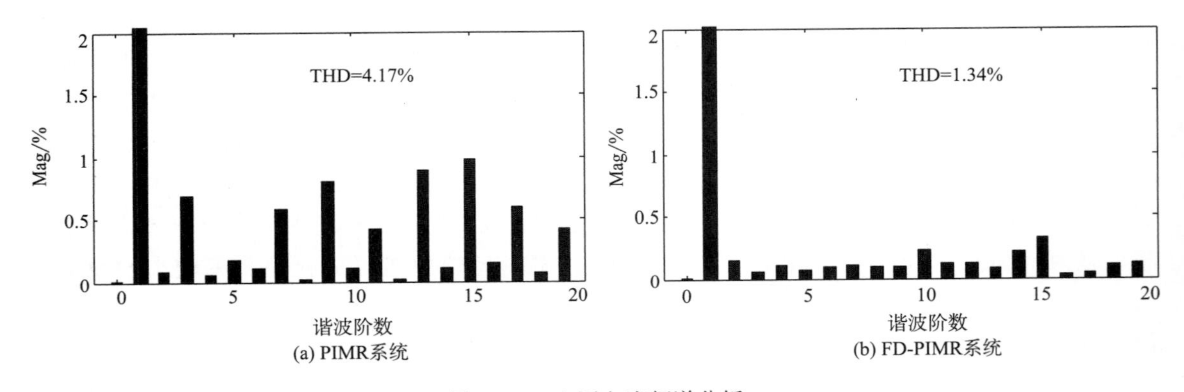

图 5-34　入网电流频谱分析

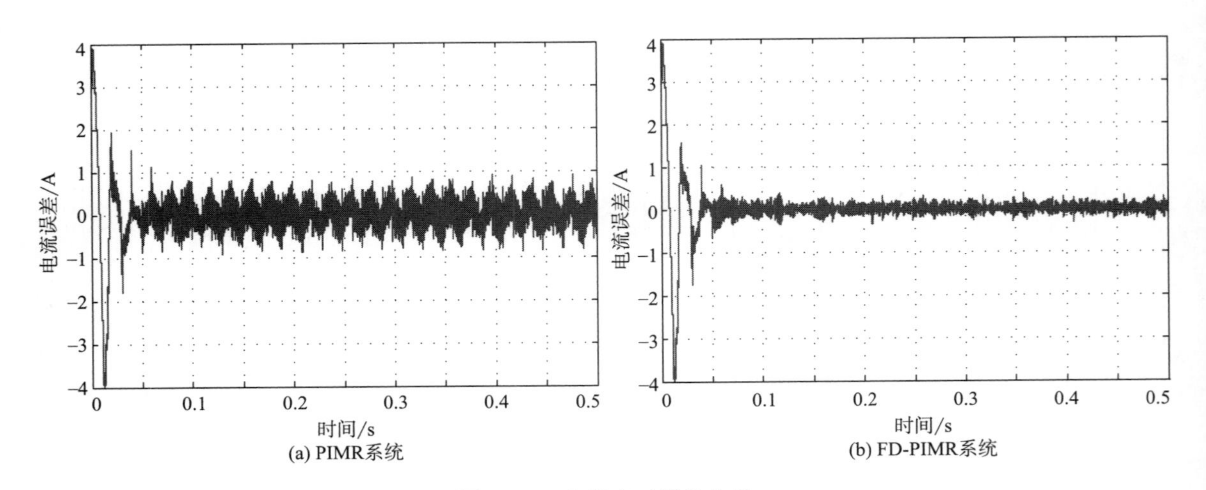

图 5-35　电流实时误差收敛

三、实验验证

为了进一步验证理论分析和仿真结果的正确性，搭建了同第四章图 4-21 所示的物理实验装置。当 RC 的延迟拍数 $N=198.4$ 和 $N=201.6$ 时，验证 PIMR 控制和 FD-PIMR 控制的特性。

（一）$N=198.4$

当 $N=198.4$ 时，PIMR 控制系统输出入网电流及其频谱图如图 5-36 所示。

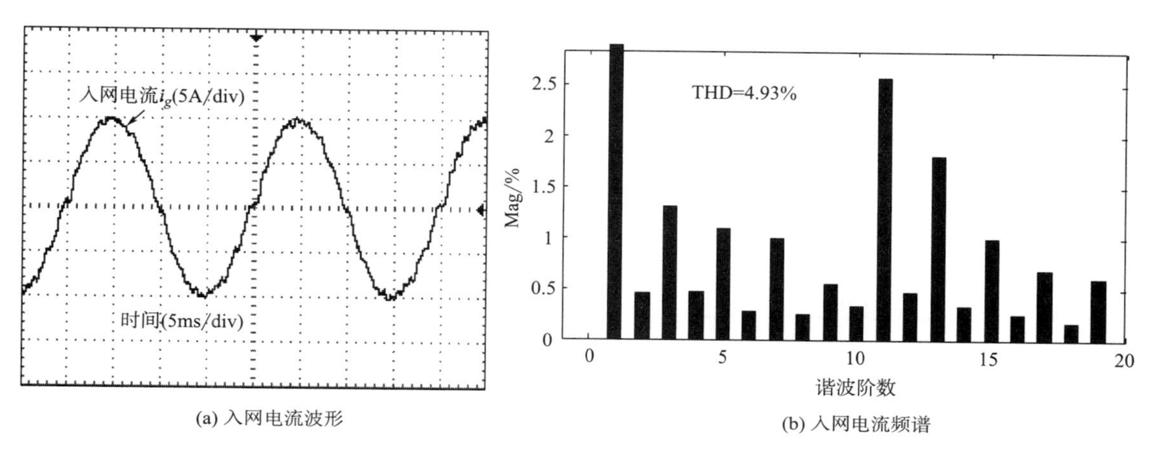

(a) 入网电流波形　(b) 入网电流频谱

图 5-36　$N=198.4$ 时 PIMR 控制系统输出入网电流及其频谱图

由图 5-36 可知，当重复控制延迟拍数 N 为非整数（198.4）时，PIMR 控制系统的输出电流的总谐波含量为 4.93%，接近入网电流标准上限值 5%。从频谱图上可以看出，低频奇数次谐波含量较高，特别是 11 次谐波含量可达 2.5%，已经超过了 IEEE Std-1547 中规定的 11 次谐波含量的上限值 2.0%，因而，PIMR 控制系统在 $N=198.4$ 时的输出电流不满足并网标准。FD-PIMR 控制系统输出入网电流及其频谱图如图 5-37 所示。采用 FD-PIMR 控制系统的输出电流，THD 值减小到 2.15%，且 19 次以内的单次谐波含量均小于 0.6%，电流质量明显好于 PIMR 控制系统的输出电流质量。

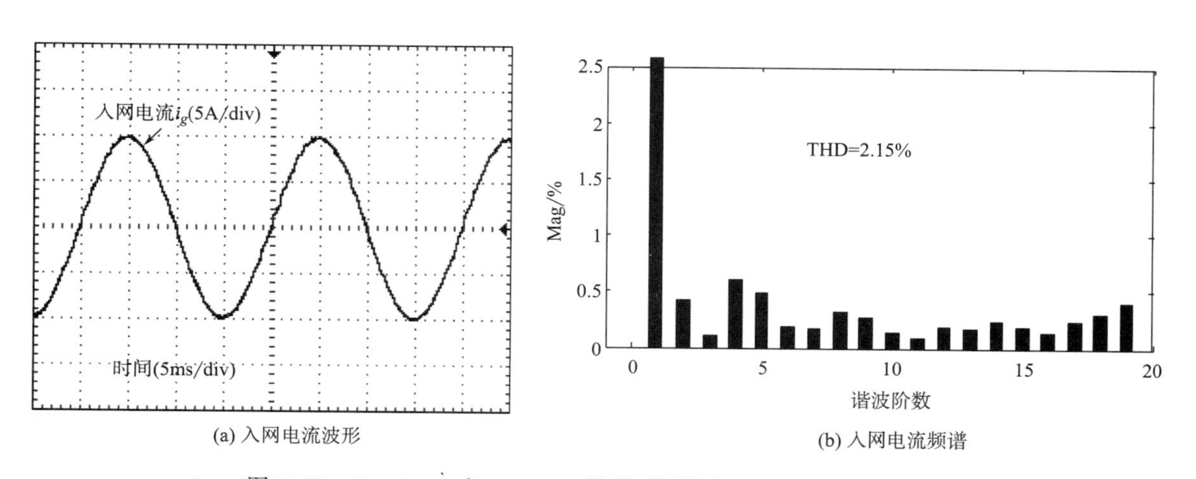

(a) 入网电流波形　(b) 入网电流频谱

图 5-37　$N=198.4$ 时 FD-PIMR 控制系统输出入网电流及其频谱图

（二）$N=201.6$

当 $N=201.6$ 时，PIMR 控制系统输出入网电流及其频谱图如图 5-38 所示。当 $N=201.6$ 时，FD-PIMR 控制系统输出入网电流及其频谱图如图 5-39 所示。

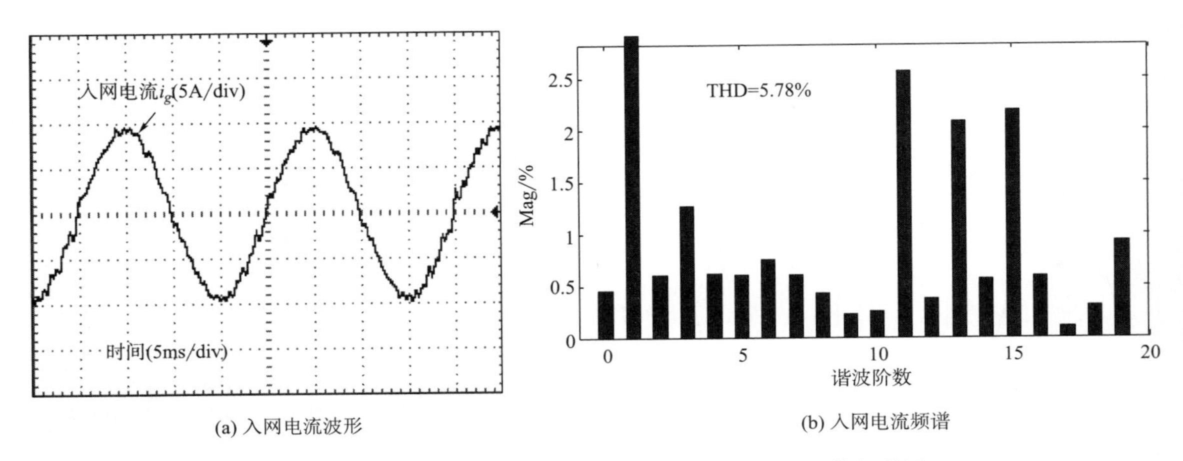

(a) 入网电流波形　　(b) 入网电流频谱

图 5-38　$N=201.6$ 时 PIMR 控制系统输出入网电流及其频谱图

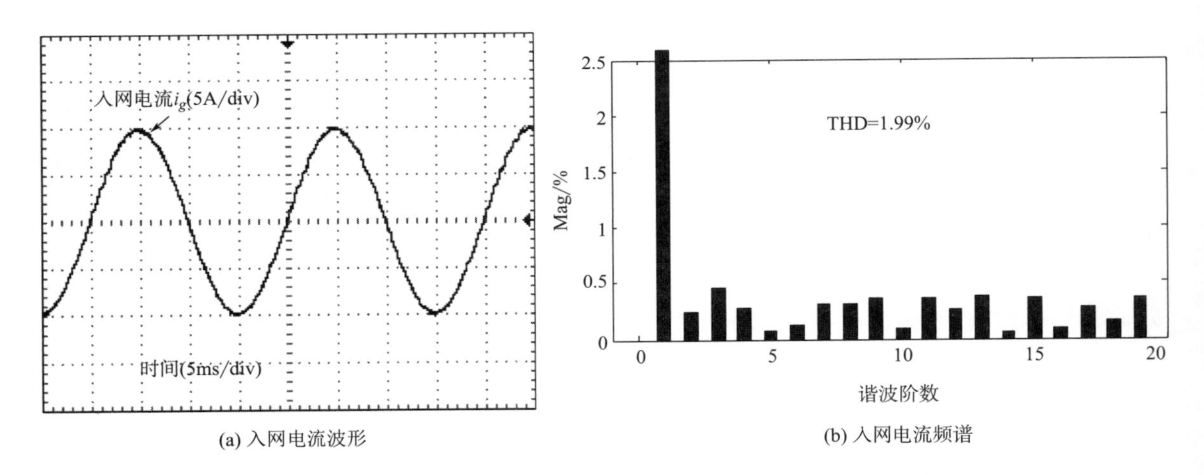

(a) 入网电流波形　　(b) 入网电流频谱

图 5-39　$N=201.6$ 时 FD-PIMR 控制系统输出入网电流及其频谱图

由图 5-38 可知，PIMR 控制系统在延迟拍数 N 为 201.6 时的输出电流总谐波含量为 5.78%，且在低频谐波中，11、13、15 等单次谐波含量都在 2.0%以上，均超过了 IEEE Std-1547 中规定的谐波含量标准，因此，分数延迟时 PIMR 控制系统的输出电流不满足输出电流标准。而采用 FD-PIMR 控制的系统输出电流波形明显变好，电流总谐波含量为 1.99%，并且 19 次以内的单次谐波含量均不超过 0.5%，都远低于 IEEE Std-1547 中规定的谐波含量标准。这是由于电网频率变化导致延迟拍数 N 为分数时，PIMR 控制系统不能在电网基波频率及其整数次频率处提供高增益，因此，其基频电流跟踪能力和谐波抑制能力均下降。而 FD-PIMR 控制系统提供高增益的频率点与电网频率吻合，因此 FD-PIMR 控制系统具有优秀的基频信号跟踪能力和谐波抑制能力。

第四节　频率自适应 PIMR 的应用

一、应用背景

第三节分析了 FD-PIMR 控制的原理及其应用，仿真和实验结果证明了 FD-PIMR 控制在分数延迟时具有的优秀品质，但是，在实际电网系统中，电网频率可能存在实时变化，要想使 FD-PIMR 控制能够在电网频率实时波动时仍具有优秀的基频信号跟踪能力和谐波信号抑制能力，FD-PIMR 控制必须要具备频率自适应能力。由于 PIMR 控制器是由 RC 并联比例增益构成，因此，当 RC 具有频率自适应能力时，PIMR 控制也具有频率自适应能力。

第三节中的 FD-PIMR 仅是针对延迟拍数 N 为固定分数的情况下采用对应的 FD-PIMR 控制器，而在实际电网中，电网频率存在实时变化，固定分数的 FD-PIMR 控制器显然不能满足要求，因此需要在 FD-PIMR 控制器中的分数延迟部分采用自适应的方法。本文中，将这种具有频率自适应能力的 FD-PIMR 控制器称为 Adaptive FD-PIMR 控制器，简称 AFD-PIMR。

结合图 5-21 的框图，AFD-PIMR 的执行过程为：

（1）确定 FIR 滤波器的阶数 M。

（2）根据锁相环得到的电网频率信号，控制器在 10kHz 的采样频率下自动计算出需要延迟的拍数，然后确定分数延迟 d 的大小。

（3）根据公式（5-2）和表 5-1 计算出由整数延迟表示的分数延迟。

（4）将分数延迟嵌入 RC 内模正反馈中，完成频率自适应。

由于采用基于拉格朗日插值方法多项式的 FIR 滤波器近似分数延迟，仅需有限项的代数运算即可实现整数延迟逼近分数延迟，计算量很小，因此，系统根据锁相环的频率信号就可以实时在线调整 AFD-PIMR 参数，以跟踪电网频率的变化。

二、实验验证

当电网频率 f_g 在 49.5Hz～50.5Hz 范围内变化，而采样频率 f_s 固定为 10kHz 时，RC 的延迟 N 在 202～198 范围内随机变化。由于难以改变大电网频率 f_g，因此为模拟 N 在一定范围变化的效果，采用改变控制系统采样频率 f_s 的方法来验证 AFD-PIMR 控制器的效果。当 f_g 固定时，采样频率 f_s 在 10100～9900 范围内变化。

当采样频率 $f_s=10060$ 时，对应 $N=201.2$，AFD-PIMR 控制系统的输出电流及其频谱图如图 5-40 所示。

由图 5-40 可知，当 AFD-PIMR 控制系统在延迟拍数为 201.2 时，能够较好地跟踪参考电流信号，入网电流总谐波含量为 2.07%，单次谐波中 5 次和 7 次稍高，为 0.5%左右，但是也不超过 IEEE Std-1547 中规定的单次谐波含量 4.0%（11 次以内）标准。

当采样频率 $f_s=9940$ 时，对应 $N=198.8$，AFD-PIMR 控制系统的输出电流及其频谱图如图 5-41 所示。

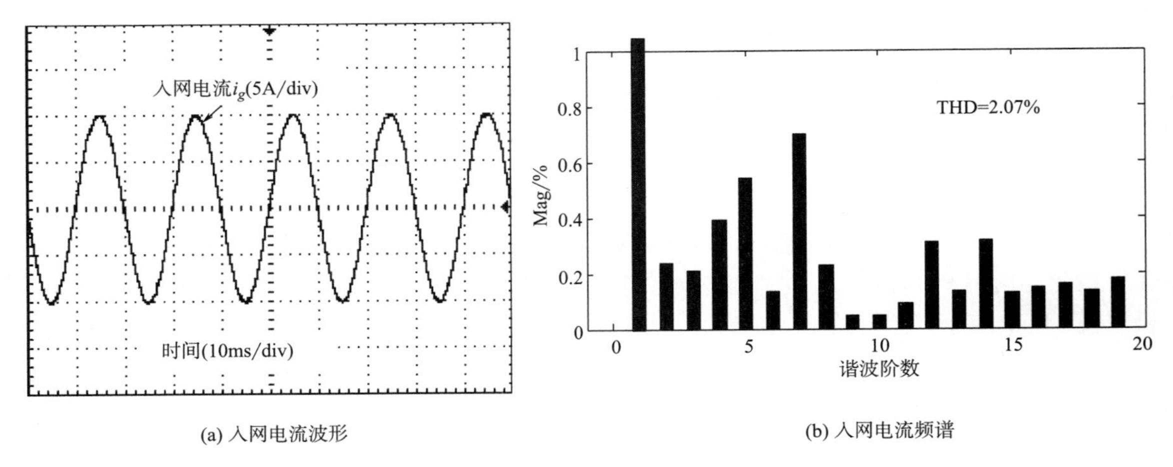

(a) 入网电流波形　　(b) 入网电流频谱

图 5-40　N=201.2 时 AFD-PIMR 系统的输出电流及其频谱图

由图 5-41 可知，AFD-PIMR 控制系统在延迟拍数为 198.8 时，也能够较好地跟踪参考电流信号，入网电流总谐波含量为 2.45%，单次谐波中 5 次和 7 次稍高，分别为 0.5%和 0.9%，但是远低于 IEEE Std-1547 中规定的单次谐波含量 4.0%（11 次以内）标准。

通过图 5-40 和图 5-41 可知，当电网频率在一定范围变化导致 RC 中延迟拍数为分数时，AFD-PIMR 控制系统具有较好的参考电流跟踪能力和优秀的谐波抑制能力。

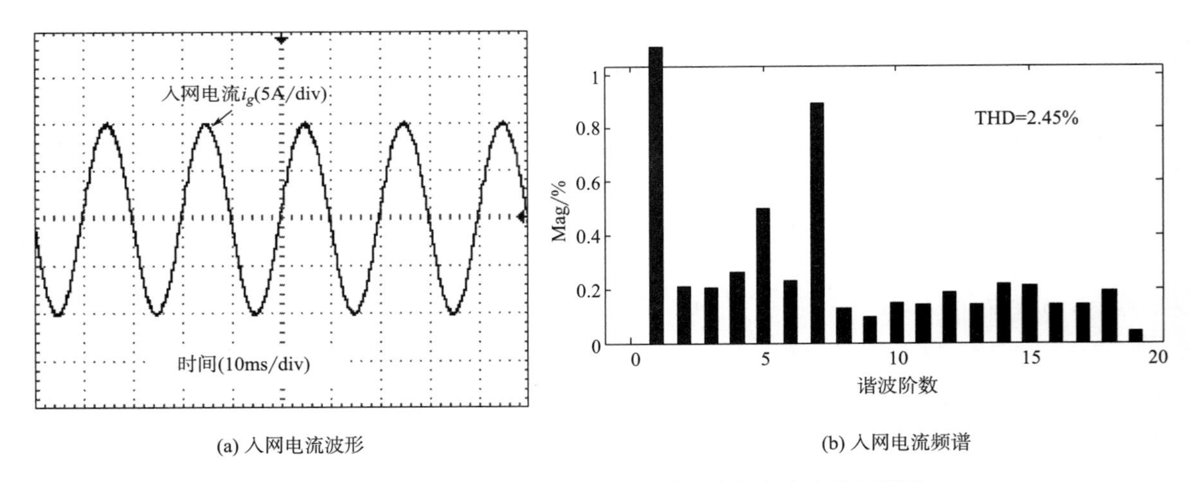

(a) 入网电流波形　　(b) 入网电流频谱

图 5-41　N=198.8 时 AFD-PIMR 系统的输出电流及其频谱图

为验证提出的 AFD-PIMR 控制器的动态性，记录了当参考电流幅值由 10A 突降为 6A 时的入网电流波形，如图 5-42 所示。由图 5-42 可知，入网电流经过 2～3 个基频周期（约 50ms）后趋于稳定。

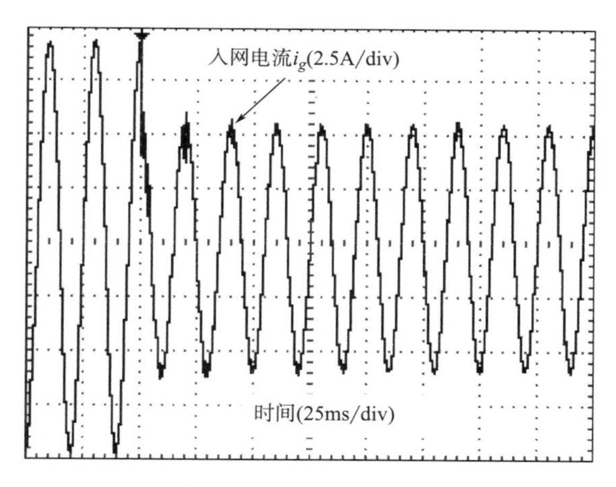

图 5-42　参考电流幅值变化时入网电流波形

本章小结

本章首先给出了分数延迟重复控制的原理，并分析了实现分数延迟的两种插值方法：基于 FIR 滤波器的分数延迟实现方法和基于 IIR 滤波器的分数延迟实现方法，总结了二者的优缺点。然后研究了 FD-PIMR 控制器的基本原理，并分析了控制系统的稳定性，通过仿真和实验验证了提出的 FD-PIMR 能够在电网频率波动造成 PIMR 控制器中延迟为分数时具有较好的参考电流信号的跟踪能力和优秀的低频谐波信号的抑制能力。最后，针对电网频率的变化，提出了一种频率自适应 PIMR 控制策略——AFD-PIMR 控制器，并通过实验验证了控制器的性能。

参考文献

[1] KURNIAWAN E，CAO Z，MAN Z. Design of robust repetitive control with time-varying sampling periods [J]. IEEE Transactions on Industrial Electronics，2014，61 (6)：2834-2841.

[2] BODSON M，DOUGLAS S. Adaptive algorithm for the rejection of sinusoidal disturbances with unknown frequency [J]. Automatica，1997，33 (12)：2213-2221.

[3] ZOU Z，ZHOU K，WANG Z，et al. Fractional-order repetitive control of programmable AC power sources [J]. IET Power Electronics，2014，7 (2)：431-438.

[4] ZOU Z，ZHOU K，WANG Z，et al. Frequency adaptive fractional order repetitive control of shunt active power filters [J]. IEEE Transactions Industrial Electronics，2015，62 (3)：1659-1668.

[5] ESCOBAR G，HERNANDEZ-GOMEZ M，VALDEZ-FERNANDEZ A A，et al. Implementation of a $6n\pm1$ repetitive controller subject to fractional delays [J]. IEEE Transactions on Industrial Electronics，2015，62 (1)：444-452.

[6] SAHOO B D, MANGANARO G. Generalized sampling based multi-channel sampling of signals realized with pure delay analog filters and digital FIR reconstruction filters [J]. IEEE Transactions on Circuits and Systems II: Express Briefs, 2023, 70 (9): 3323-3327.

[7] OETKEN G. A new approach for the design of digital interpolating filters [J]. IEEE Transactions on Acoustics, Speech & Signal Processing, 1979, 27 (6): 637-643.

[8] THIRAN J P. Recursive digital filters with maximally flat group delay [J]. IEEE Transactions Circuit Theory, 1971, 18 (6): 659-664.

[9] SINGH B, AL-HADDAD K, CHANDRA A. A review of active filters for power quality improvement [J]. IEEE Transactions on Industrial Electronics, 1999, 46 (5): 961-971.

[10] GHOFRANI M, ARABALI A, AMOLI M, et al. Energy storage application for performance enhancement of wind integration [J]. IEEE Transactions on Power Systems, 2013, 28 (4): 4803-4811.

[11] 鲍陈磊，阮新波，王学华，等. 基于PI调节器和电容电流反馈有源阻尼的LCL型并网逆变器闭环参数设 [J]. 中国电机工程学报，2009，32 (25): 133-142.

[12] EID A. Control of hybrid energy systems micro-grid [J]. IEEE International Conference on Smart Energy Grid Engineering Conference (SEGE), 2013 (2): 1-6.

[13] 郭小强，邬伟扬，赵清林，等. 三相并网逆变器比例复数积分电流控制技术 [J]. 中国电机工程学报，2009，29 (15): 8-14.

[14] JALILI K, BERNET S. Design of LCL filters of active-front-end two-level voltage-source converters [J]. IEEE Transactions on Industrial Electronics, 2009, 56 (5): 1674-1689.

[15] The Institute of Electrical and Electronics Engineers. Inc. IEEE Standard for interconnecting distributed resources with electric power systems. IEEE Standard 1547-2003.

[16] REZA M S, HOSSAIN M M. Enhanced grid synchronization technique based on frequency detector for three-phase systems [J]. IEEE Transactions on Industrial Informatics, 2022, 18 (4): 2180-2191.

第六章　分数阶相位超前补偿重复控制

针对低采样率下整数相位超前补偿存在的问题，研究了分数相位超前补偿 RC 在 PIMR 中的应用，提出分数相位超前补偿 PIMR（Fractional Phase Lead Compensation PIMR，FPLC-PIMR），将相位超前补偿由整数拍延伸至分数拍，可以提高系统的稳定性，并使 RC 增益取得更大值，从而使 PIMR 具有更快的误差收敛速度。

第一节　分数相位超前补偿原理及应用分析

一、相位超前补偿原理（Phase Lead Compensation）

CRC 的离散传递函数对应的控制结构框图如图 6-1 所示。

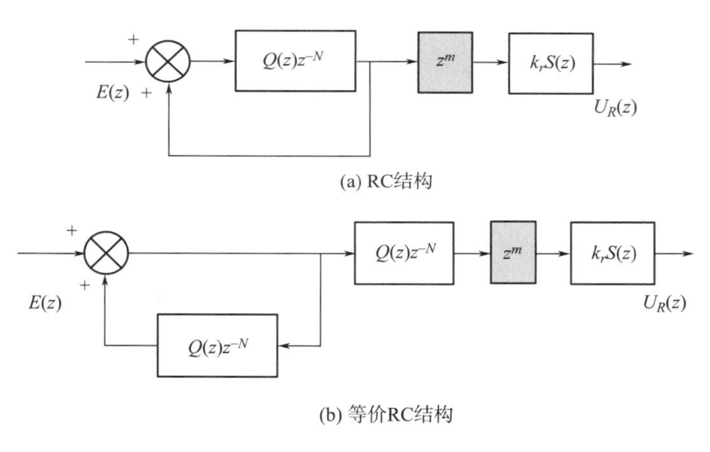

图 6-1　两种 CRC 结构框图

图 6-1 中，$Q(z)$ 为内模滤波器或常数；N 为延迟拍数，为采样频率与信号基波频率比值；z^m 为相位超前补偿器，m 一般取整数；k_r 为 RC 增益；$S(z)$ 为补偿器，一般选低通滤波器，用来进一步衰减高频信号，增强系统稳定性。

需要指出的是，RC 本质上有一个周期的延迟，这将导致动态性能差[1]。此外，与模拟控制系统相比，1.5 周期的数字控制延迟（1 周期的采样计算延迟和 0.5 周期的 PWM 延迟）将改变闭环系统特性[2]。相位超前补偿只能在有 RC 的场合应用，这是因为 RC 存在固有的一个周期延迟，对应 N 拍延迟，而补偿拍数 m 不超过 RC 的延迟拍数才可以，即需要满足 $N \gg m$。由图 6-1（b）可知，超前补偿环节 z^m 与 RC 内模延迟环节 z^{-N} 结合后变为 z^{-N+m}，由于 $N \gg m$，因此 z^{-N+m} 仍为延迟环节，只不过延迟拍数减少，相比原延迟系统来说等价于超前，物理上可以实现。

根据 RC 系统的稳定条件 $|Q(z)[1-k_r z^m S(z)P(z)]|<1\ \forall z=e^{j\omega T}$，$0<\omega<\pi/T$，当 $k_r z^m S(z)\ P(z)=1$ 时，系统具有最好的稳定性，这要求补偿后的 $P(z)$ 具有零增益（0dB）零相位。而相位超前补偿器 z^m，即用来补偿被控对象和补偿器共同产生的相位滞后，使 $k_r z^m S(z)\ P(z)$ 尽量接近零相位。

由第三章 PIMR 控制器结构及稳定性分析可知，在 PIMR 控制系统中，$|\theta_S(\omega)+\theta_P(\omega)+m\omega|<90°$ 是保证系统稳定的条件之一，其中 $\theta_S(\omega)$ 和 $\theta_P(\omega)$ 分别为补偿器和被控对象的相位。因此，相位超前补偿是 RC 设计中的一个重要参数。

某被控对象经补偿器高频衰减后的频率响应如图 6-2 所示，可见，相频响应曲线在 355Hz 处穿越-90°，这意味着系统的相位在大于 355Hz 的频段超过了 90°，不满足系统的稳定条件，需要进行相位超前补偿，使补偿后的系统的相位在±90°之间，才能保证系统稳定。

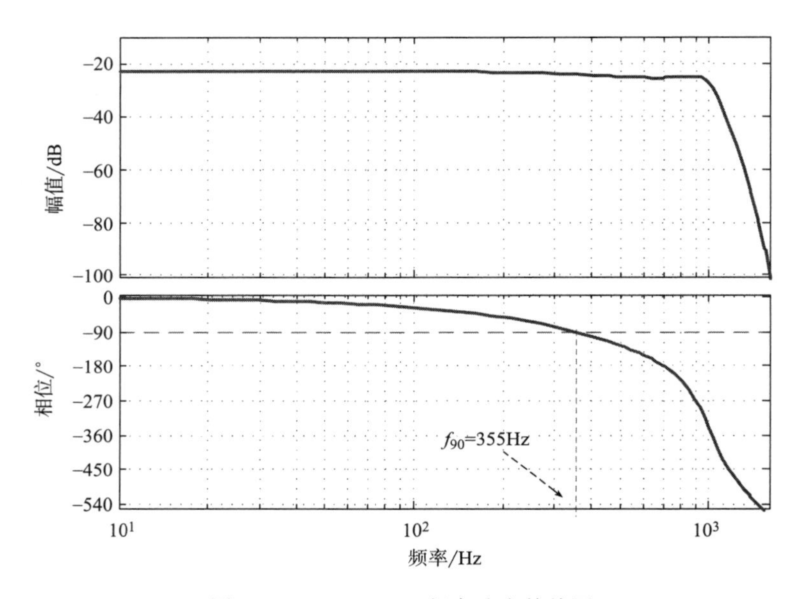

图 6-2　$S(z)\ P(z)$ 频率响应伯德图

二、低采样频率下整数相位超前补偿存在的问题

随着变换器功率等级的提高，降低变换器 PWM 开关频率可有效降低开关损耗，且可增大变换器输出功率，但会造成脉宽调制环节输出谐波增加，电流畸变增大，因此需要采用新的 PWM 策略或新的电流控制算法以减少电流的谐波含量。

RC 能够在谐波频率处提供高增益而广泛应用于谐波抑制。相位超前补偿可以提高 RC 控制精度和误差收敛速度。CRC 系统中的相位超前补偿都是在高采样频率（10kHz 及以上）下进行的，因而在整数拍补偿时也可以取得良好的效果。而一般变换器系统的采样频率等于或两倍于开关频率，因此，系统的采样频率也会随开关频率的降低而降低。此时，整数拍超前相位补偿将不能满足超前相位补偿的需要。

由于 $z=e^{j\omega T}$，z 的相位角 θ 满足：

$$\theta = \omega T = \frac{\omega}{f_s} \tag{6-1}$$

因此，当采样频率 f_s 不同时，z 的相位 θ 随频率 ω 变化的速度亦不同。当采样频率为 1kHz、2.5kHz、5kHz、10kHz 时，相位 θ 的变化如图 6-3 所示。由图可知，采样频率越小，相位 θ 增长越快。对于超前补偿环节 z^m，其相位角为 $m\theta$。相位超前补偿拍次为整数时，超前补偿环节 z^m 在低采样频率时相位超前补偿较快，对 $S(z)$ $P(z)$ 的相位补偿可能不足或过度，无法正好补偿至零相位，从而使系统的稳定裕度变小，甚至导致系统不稳定。或者，即使存在整数 m 使系统稳定，也无法使系统的相位补偿达到最优。

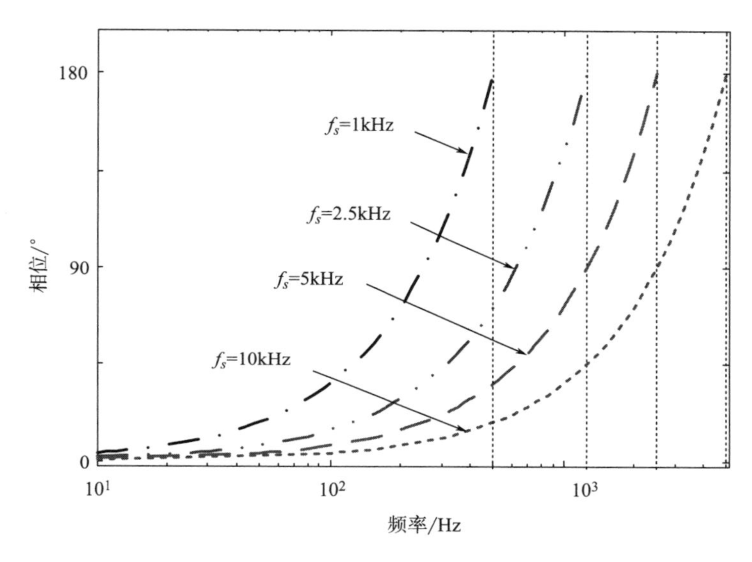

图 6-3　不同采样频率下线性相位超前补偿环节的相频特性曲线

当 $m=2$、3、4、5 时，$z^mS(z)$ $P(z)$ 的相频响应如图 6-4 所示，可知，当 $m=3$ 时，$z^mS(z)$ $P(z)$ 在小于 1kHz 的频段内的相位在±90°之间，且在 0.8kHz 以内相位几乎为 0°，补偿效果较好，但是大于 1kHz 频率处的相位超过了-90°，系统可能不稳定；当 $m=4$ 时，$z^mS(z)$ $P(z)$ 在奈奎斯特频率以内（采样频率为 4kHz，奈奎斯特频率为 2kHz）的相位在±80°之间，系统稳定。但显然，如果相位超前补偿拍数为 3 和 4 之间的数，$z^mS(z)$ $P(z)$ 可能存在更优的相位：奈奎斯特频率以内相位在±80°之间，且低频段接近 0°。

图 6-4 仅从相位上反映相位补偿的效果，图 6-5 则给出了从系统稳定性看相位补偿的效果：当 m 为不同值时，$Q(z)[1-k_rz^mS(z)P(z)]$ 的奈氏图。根据稳定判据，当 $Q(z)[1-k_rz^mS(z)P(z)]$ 的模值小于 1，即其矢量曲线在单位圆内，系统稳定，而超出单位圆系统不稳定。由图 6-5 可知，当 $m=3$ 或 $m=4$ 时，曲线超出单位圆，系统均不稳定。但根据曲线趋势可以推断，当 m 值在 3~4 时，可能存在矢量曲线在单位圆内。$m=3.5$ 时的曲线证实了推断的正确性。说明，当整数相位补偿不能满足系统稳定性时，可能存在分数相位超前补偿使系统稳定。

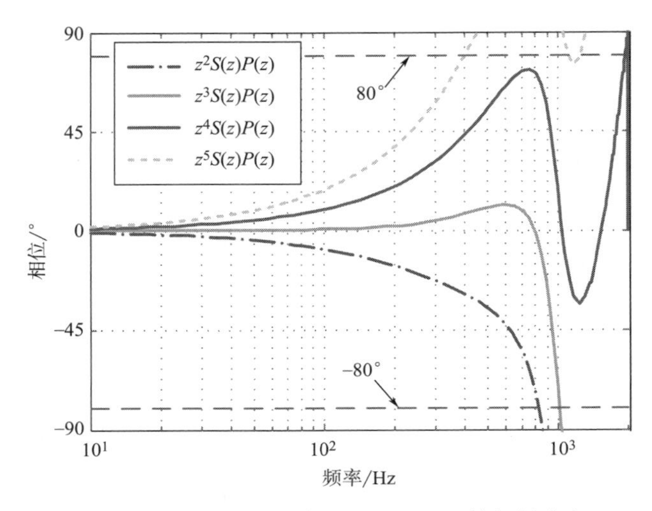

图 6-4　$m=2/3/4/5$ 时 $z^m S(z)\ P(z)$ 的相频响应

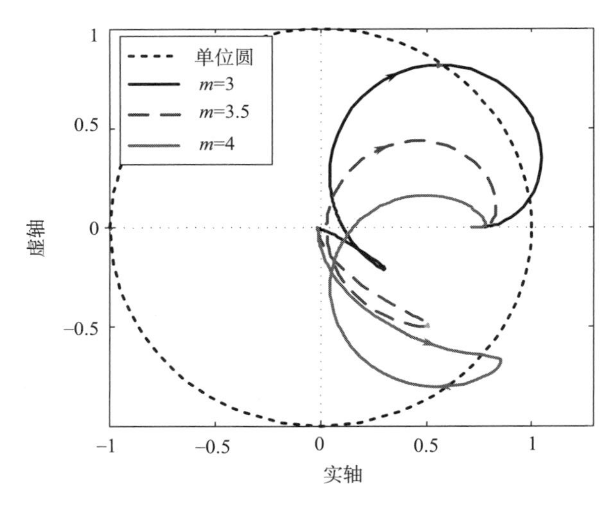

图 6-5　m 为不同值时的奈氏图

第二节　基于 FIR 滤波器的分数相位超前补偿

当超前拍次 m 为分数时，称为分数相位超前（Fractional Phase Lead，FPL），实际应用中无法编程实现，这里借鉴分数延迟的实现方法由整数超前拍次近似实现分数超前拍次。

由第五章分数延迟的实现方法可知，对于分数 D，分数延迟 z^{-D} 可以通过 FIR 滤波器和 IIR 滤波器近似实现，限于篇幅，本章只讨论采用 FIR 滤波器近似实现分数延迟的方法。由第五章公式（5-2）和公式（5-10），将公式（5-2）中的延迟算子 z^{-1} 换成超前算子 z 即可实现分数相位超前，如公式（6-2）所示。

$$z^{d} \approx H(z) = \sum_{n=0}^{M} h(n) z^{n} \tag{6-2}$$

其中，$h(n)$ 同式（5-10）。比如 $z^{-1.2}=-0.0480+0.8640z^{-1}+0.2160z^{-2}-0.0320z^{-3}$，那么，$z^{1.2}=-0.0480+0.8640z^{1}+0.2160z^{2}-0.0320z^{3}$。

实际上，这种实现方法可以从另一种角度考虑：$z^{1.2}=z^{3}z^{1.8}$，由分数延迟公式，$z^{-1.8}=-0.0320+0.2160z^{-1}+0.8640z^{-2}-0.0480z^{-3}$，因此，$z^{1.2}=z^{3}z^{1.8}=z^{3}(-0.0320+0.2160z^{-1}+0.8640z^{-2}-0.0480z^{-3})=-0.0320z^{3}+0.2160z^{2}+0.8640z^{1}-0.0480$。

由第五章分析可知，当滤波器阶数 $M=3$（长度 $L=4$）时，插值点在 1~2 之间选择较好，表 6-1 给出了 $z^{1.1}\sim z^{1.9}$ 的表达式。

表 6-1 $z^{1.1}\sim z^{1.9}$ 的表达式

分数延迟	表达式
$z^{1.1}$	$-0.0285+0.9405z^{-1}+0.1045z^{-2}-0.0165z^{-3}$
$z^{1.2}$	$-0.0480+0.8640z^{-1}+0.2160z^{-2}-0.0320z^{-3}$
$z^{1.3}$	$-0.0595+0.7735z^{-1}+0.3315z^{-2}-0.0455z^{-3}$
$z^{1.4}$	$-0.0640+0.6720z^{-1}+0.4480z^{-2}-0.0560z^{-3}$
$z^{1.5}$	$-0.0625+0.5625z^{-1}+0.5625z^{-2}-0.0625z^{-3}$
$z^{1.6}$	$-0.0560+0.4480z^{-1}+0.6720z^{-2}-0.0640z^{-3}$
$z^{1.7}$	$-0.0455+0.3315z^{-1}+0.7735z^{-2}-0.0595z^{-3}$
$z^{1.8}$	$-0.0320+0.2160z^{-1}+0.8640z^{-2}-0.0480z^{-3}$
$z^{1.9}$	$-0.0165+0.1045z^{-1}+0.9405z^{-2}-0.0285z^{-3}$

当 M 确定后，对于任意的分数相位超前环节 z^{α}（$\alpha>0$），可以把 α 分成两个部分，即 $\alpha=int(\alpha)+d$，其中，$int(\alpha)$ 为整数，通过调整 $int(\alpha)$ 使得 d 接近 $M/2$。例如，当 $M=3$ 时，$z^{3.6}=z^{2}z^{1.6}=z^{2}(-0.0560+0.4480z^{1}+0.6720z^{2}-0.0640z^{3})=-0.0640z^{5}+0.6720z^{4}+0.4480z^{3}+-0.0560z^{2}$。

一、PIMR 控制系统中的分数相位超前补偿

本书第四章提出了一种新的 PIMR 控制器结构，分析了其在单相 LCL 型并网逆变器系统中的稳定条件，并设计了相关参数，仿真和实验结果表明，PIMR 控制策略具有优秀的参考电流跟踪能力和谐波抑制能力，并具有良好的动态性能。以上参数的设计是在采样频率和开关频率同为 10kHz 时设计的，然而，当采样频率和开关频率降为 4kHz 时，PIMR 控制系统面临不稳定，因此，PIMR 控制器的稳定性和相关参数都要重新分析和设计。特别是对稳定性影响较大的相位超前补偿环节，在 10kHz 时，超前拍数 $m=8$ 时，系统具有良好的稳定性和低频特性，由图 6-4 可知，当采样频率为 4kHz 时，整数拍超前补偿将不能使系统具有良好的性能，因此需要重点考虑。以下系统稳定性分析和参数设计均是在采样频率为 4kHz 的情况下分析和设计的。

二、分数相位超前补偿 PIMR（FPLC-PIMR）控制系统稳定性分析

由第三章可知，PIMR 控制系统的稳定性由以下两个条件决定：①$1+k_{p}P(z)=0$ 的根在单

位圆内；② $|1+G_{rc}(z)P_0(z)|\neq 0$。其中，$P(z)$ 为 LCL 型单相逆变器模型，$P_0(z)$ 为 $P(z)/[1+k_pP(z)]$。

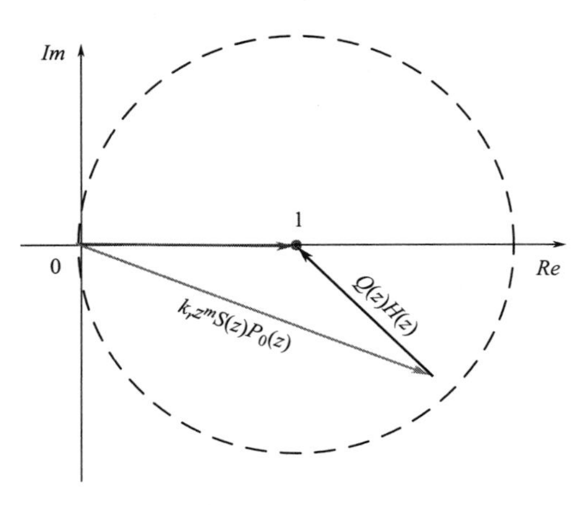

图 6-6　系统稳定条件②的矢量描述

条件①可以通过选择合适的 k_p 值满足。条件②可以进一步推导变为 $|Q(z)[1-k_rz^mS(z)P_0(z)]|<1$。令 $H(z)=1-k_rz^mS(z)P_0(z)$，条件②的向量表示如图 6-6 所示。

由图 6-6 可知，当矢量 $Q(z)H(z)$ 在以（1，0）为圆心，以 $1/Q(z)$ 为半径的圆内，系统稳定。进一步分析，影响系统稳定的参数有五个：RC 被控对象 $P_0(z)$、补偿器 $S(z)$、RC 增益 k_r、相位超前补偿环节 z^m 和内模滤波器 $Q(z)$。RC 被控对象 $P_0(z)$ 一般为变换器输出滤波器模型或经过改善后的模型，其在低频段或控制器带宽内保持常数是 RC 最期望的特性。补偿器 $S(z)$ 一般选择为低通滤波器，以进一步衰减高频扰动信号，其一般在带宽内保持 0dB，从而使 $S(z)$ $P_0(z)$ 在控制带宽内保持常数，这为通过设计 RC 增益 k_r 使 $k_rS(z)$ $P_0(z)$ 的模值为 1 提供了可能。相位超前补偿环节 z^m 用于补偿 $S(z)P_0(z)$，使得 $k_rz^mS(z)P_0(z)$ 的相位在±90°之间。如果 $k_rz^mS(z)P_0(z)$ 的相位超出±90°范围，那么只要 $k_rz^mS(z)P_0(z)$ 的模值不为零，矢量 $Q(z)H(z)$ 一定超出单位圆，系统一定不稳定。内模滤波器 $Q(z)$ 之所以能够提高系统的鲁棒性，是由于无论 $Q(z)$ 取小于 1 的常数还是零相位低通滤波器，都将减小 $H(z)$ 的模值，从而使矢量 $Q(z)$ $H(z)$ 在单位圆内，如图 6-6 中实线箭头表示。

综上所述，尽管影响系统稳定性的因素很多，但是在采样频率变化的情况下，需要重点考虑的是相位超前补偿环节 z^m。

三、参数设计

由上节分析可知，PIMR 控制系统中，影响系统稳定的因素中，RC 被控对象 $P_0(z)$ 是由 LCL 型滤波器模型 $P(z)$ 和与之并联的比例增益 k_p 构成的。而 $P(z)$ 是确定的，因此 k_p 需要设计。为此，PIMR 控制系统在采样频率变为 4kHz 时，需要设计的参数为：比例增益 k_p、内模滤波器 $Q(z)$、补偿器 $S(z)$、RC 增益 k_r、分数相位超前补偿环节 z^m。

（一）比例增益 k_p 设计

由 PIMR 控制系统稳定条件①：$1+k_pP(z)=0$ 的根在单位圆内，可知 k_p 对系统稳定性影响很大。同时，k_p 与被控对象 $P(z)$ 共同构成新的被控对象。根据分析，当新的被控对象在低频段增益为常数时，对控制器的设计最有利。基于以上两点，设计 k_p 的值。

PIMR 控制器被控对象为单相 LCL 型并网逆变器，其存在谐振峰从而影响系统的稳定性，对其采用电容电流反馈有源阻尼后的开环 bode 图如图 6-7 所示，可见系统的截止频率太低，需要进行校正，应采用适当控制器改善被控对象的低频性能。

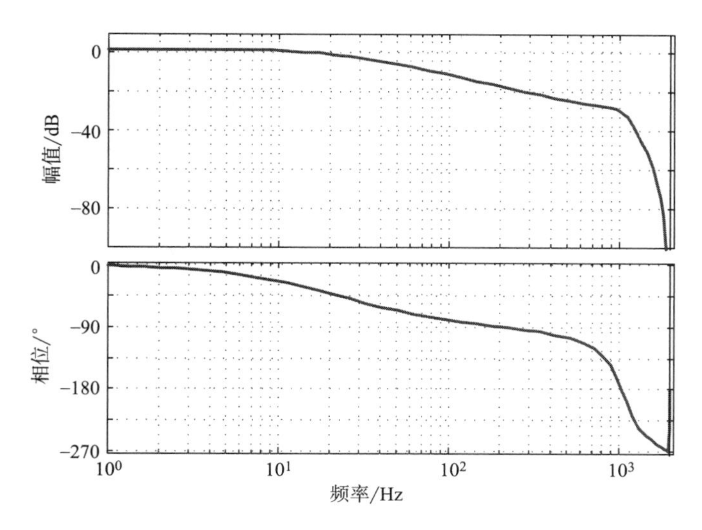

图 6-7　有源阻尼后的 LCL 模型 $P(z)$ 的开环伯德图

PIMR 控制策略用来改善 LCL 逆变器模型的低频增益。根据系统稳定性分析，由 k_p 和 $P(z)$ 共同构成新的被控对象 $P_0(z)$，在低频段增益为常数时最有利于系统参数优化设计。当 k_p 在 11～19 之间变化时，$1+k_pP(z)=0$ 的根在单位圆内的分布如图 6-8 所示。

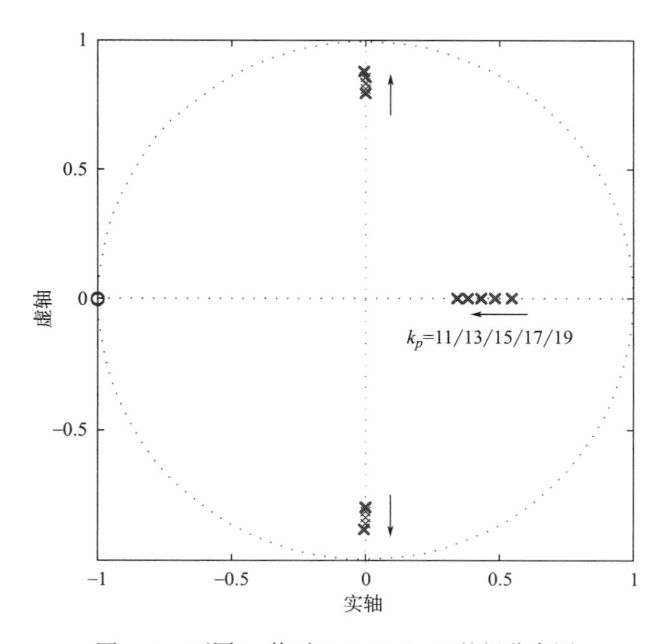

图 6-8　不同 k_p 值时 $1+k_pP(z)=0$ 的根分布图

图 6-8 和图 6-9 分别给出了不同 k_p 值情况下的 $P_0(z)$ 的极点分布图和 bode 图。由图 6-8 可以看出 k_p 值在 11～19 变化时，极点都在单位圆内，因此都满足 PIMR 控制系统稳定条件①。由图 6-9 可知，k_p 值在 13～17 之间变化时，$P_0(z)$ 的幅频特性曲线在低频段（1kHz 以

内）几乎能保持常数，但同时由它们的相频特性可知：k_p 值越大，相频特性在 1kHz 以内的滞后越小，越有利于系统相位补偿。

综上分析，本章中 k_p 值选为 15。

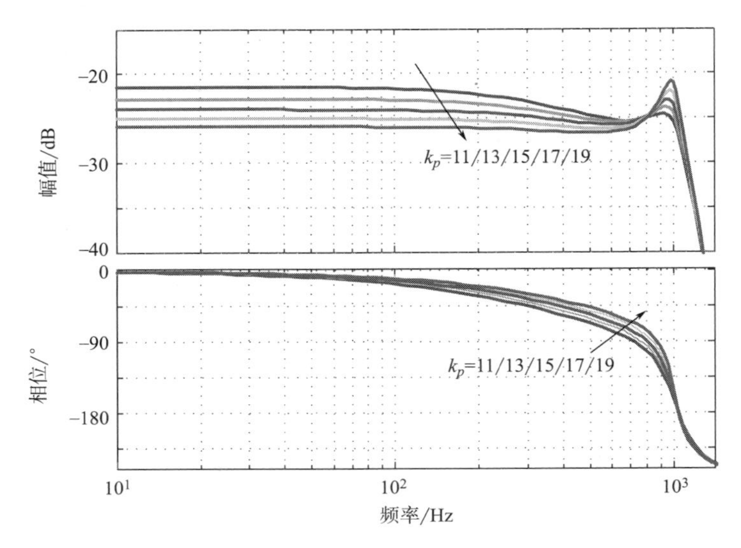

图 6-9　不同 k_p 值时 $P_0(z)$ 的伯德图

（二）内模滤波器 $Q(z)$ 设计

由第三章分析可知，内模滤波器 $Q(z)$ 为小于 1 的常数时系统执行简单，但是和选为零相位的低通滤波器相比，后者更有利于抑制低频谐波和增加高频衰减能力，从而增强系统稳定性。在采样频率为 10kHz 时，零相位低通滤波器 $Q(z)=(z+2+z^{-1})/4$ 作为 RC 内模滤波器可以满足系统的要求。但是随着采样频率的降低，$Q(z)$ 的截止频率发生变化。

零相位低通滤波器的形式如下：

$$Q(z)=\sum_{i=0}^{l}\alpha_i z^i+\sum_{i=1}^{l}\alpha_i z^{-i} \tag{6-3}$$

其中，要求系数满足 $\alpha_0+2\sum_{i=1}^{m}\alpha_i=1$，$\alpha_i>0$。实际上，一阶滤波器 $Q(z)=\alpha_1 z+\alpha_0+\alpha_1 z^{-1}$ 通常可以满足设计的要求，且 α_0 不同时，滤波器带宽不同。如果采用第四章设计的低通滤波器 $Q(z)=(z+2+z^{-1})/4$，其分别在 1kHz、4kHz、10kHz 时的 bode 图如图 6-10 所示。由图可知，随着采样频率的降低，滤波器 $Q(z)$ 的带宽也降低，当采样频率为 4kHz 时，其带宽仅为 725Hz（-3dB 对应的频率），小于系统设计的 1 kHz 的带宽，因此不满足系统的要求。

当采样频率为 4kHz 时，$\alpha_0=2/4/8/12$ 对应一阶滤波器 $Q(z)=(z+\alpha_0+z^{-1})/(2+\alpha_0)$ 的 bode 图如图 6-11 所示。由图可知，α_0 越大，滤波器带宽越大。

综上分析，本章中 $Q(z)=(z+8+z^{-1})/10$。

（三）补偿器 $S(z)$ 设计

实际系统中，不可避免会发生参数变化，低频范围内频率响应相对稳定，而高频段频率响应对参数变化更敏感，容易导致系统不稳定。补偿器主要用来进一步衰减高频信号，增强

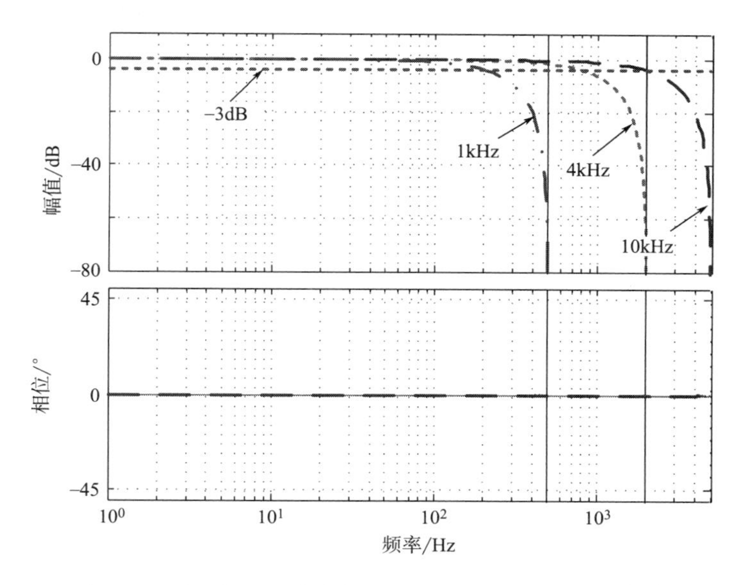

图 6-10　采样频率不同时 $Q(z)=(z+2+z^{-1})/4$ 的伯德图

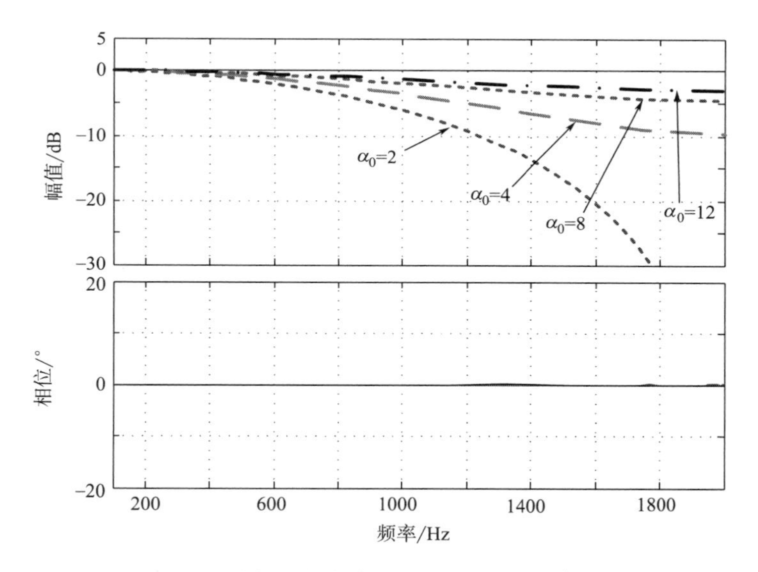

图 6-11　$\alpha_0=2/4/8/12$ 对应一阶滤波器 $Q(z)=(z+\alpha_0+z^{-1})/(2+\alpha_0)$ 的 bode 图

系统稳定性。一般补偿器选为低通滤波器，如二阶低通滤波器[3] 或低阶巴特沃斯滤波器。二阶低通滤波器的频域形式如公式（6-4）所示。

$$S(z)=\frac{\omega_f^2}{s^2+2\xi\omega_f+\omega_f^2} \tag{6-4}$$

式中：ξ 为阻尼比，ω_f 为自然频率。ξ 决定系统的动态响应时间和幅频响应，一般选为 1，ω_f 一般设计在待衰减谐波频率处，如果考虑 20 次以内的谐波，可将其设计在 1kHz 频率处。此时，设计好的二阶低通滤波器经过“Tustin”离散方法离散后为：

$$S(z)=\frac{0.1935z^2+0.387z+0.1935}{z^2-0.2404z+0.01445} \tag{6-5}$$

其对应的 bode 图如图 6-12 所示。由图可知，在低频范围内，$S(z)$ 幅频特性保持 0dB 的增益，自然频率以后逐渐衰减。但也可以发现，这种二阶低通滤波器具有较长的过渡带，会对系统稳定性造成一定影响，同时产生一定的相位滞后，需要采用相位超前环节进行补偿。

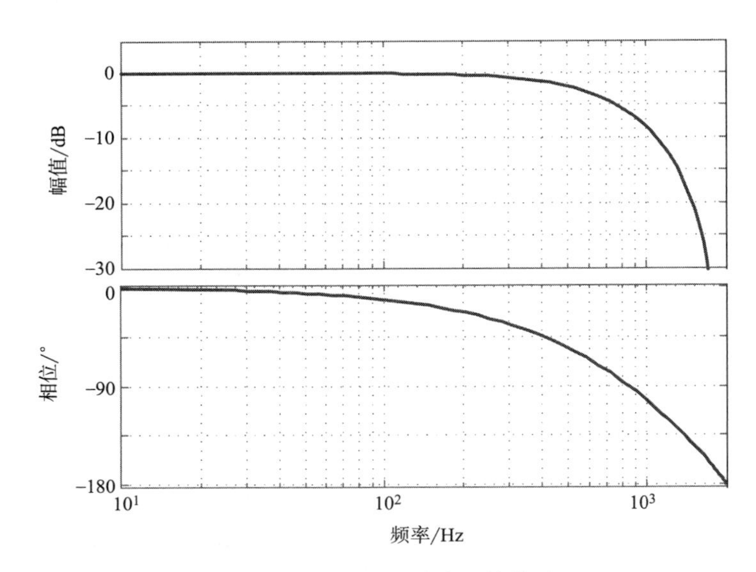

图 6-12　二阶低通滤波器伯德图

巴特沃斯低通滤波器也是常见的一种滤波器，最早由英国工程师斯蒂芬 · 巴特沃斯（Stephen Butterworth）于 1930 年提出。其在低通频带内具有最平坦的幅频特性。采样频率为 4kHz 时，截止频率为 1kHz 的 2~5 阶巴特沃斯低通滤波器的频率响应如图 6-13 所示。

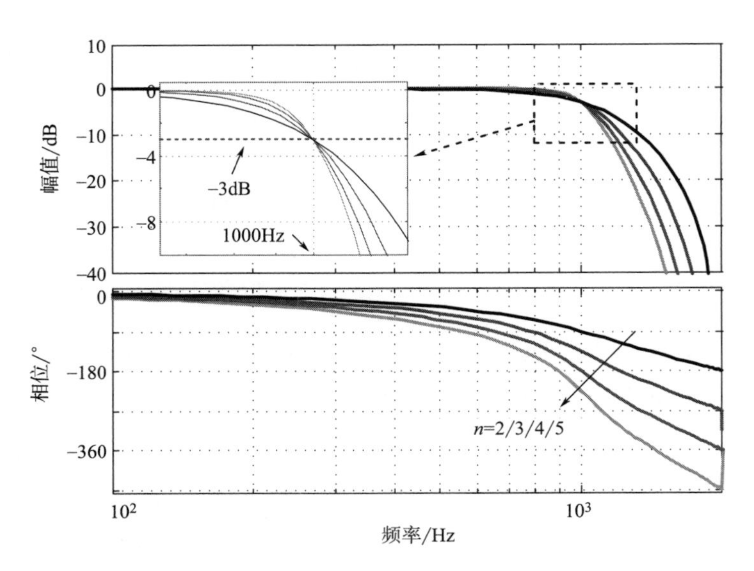

图 6-13　2~5 阶巴特沃斯低通滤波器的频率响应

由图 6-13 可知，随着滤波器阶数增加，阻带振幅下降加快，幅频特性越接近于理想低通滤波器。设计低通滤波器的特性要求阻带振幅下降越快越好，但是滤波器阶数升高一方面使计算更为复杂，另一方面使相位滞后越严重。

综上分析，折中选取 4 阶巴特沃斯低通滤波器作为本章的补偿器，其离散表达式如公式（6-6）所示。

$$S_4(z)=\frac{0.09398z^4+0.3759z^3+0.5639z^2+0.3759z+0.09398}{z^4-2.22\times10^{-16}z^3+0.486z^2-8.784\times10^{-17}z+0.01766} \tag{6-6}$$

（四）RC 增益 k_r 设计

由第四章可以确定相位超前补偿拍数 m 的范围，然后再确定 RC 增益。通过设计合适的 m 值，使角度 $\theta_S(\omega)+\theta_P(\omega)+m\omega$ 在±90°之内，当然接近于 0°最好，以消除更多的谐波。图 6-14 给出了 m 值在 2~5 之间的 $\theta_S(\omega)+\theta_P(\omega)+m\omega$ 曲线。由图 6-14 可知，$m=3$ 时，1kHz 以内，$\theta_S(\omega)+\theta_P(\omega)+m\omega$ 的角度在-68.9°~16.9°之间波动，且-90°对应的频率为 1040Hz；当 $m=4$ 时，1kHz 以内，$\theta_S(\omega)+\theta_P(\omega)+m\omega$ 的角度在-34°~79.1°之间波动，且在整个奈奎斯特频率（2kHz）以内，$\theta_S(\omega)+\theta_P(\omega)+m\omega$ 的角度均在±90°以内，但在 750Hz 左右频率处的相位为 79.1°，说明在设计的控制器带宽——1kHz 以内，频率波动厉害，不利于系统稳定及信号跟踪。如果仅考虑带宽以内的信号的跟踪，$\theta_S(\omega)+\theta_P(\omega)+m\omega$ 的角度在 $m=3$ 时为-68.9°~16.9°，$m=4$ 时为 20.2°~79.1°。根据第三章分析，k_r 的最大值可选为：

$$k_r=\min_{0\leqslant\omega\leqslant\omega_N}\frac{2\cos[\theta_S(\omega)+\theta_P(\omega)+m\omega]}{N_S(\omega)N_P(\omega)}=\frac{2\min\{\cos[\theta_S(\omega)+\theta_P(\omega)+m\omega]\}}{\max[N_S(\omega)N_P(\omega)]} \tag{6-7}$$

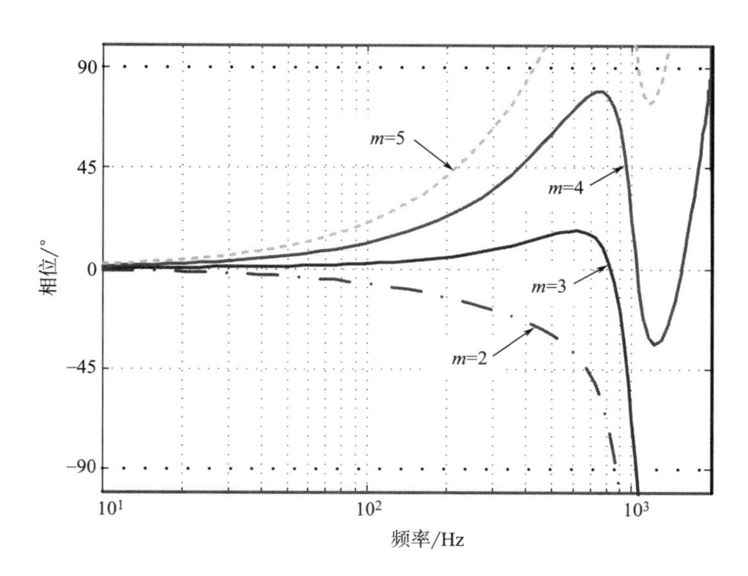

图 6-14　m 为不同值时 $\theta_S(\omega)+\theta_P(\omega)+m\omega$ 的曲线

所以，$m=3$ 时，$\min\{\cos[\theta_S(\omega)+\theta_P(\omega)+m\omega]\}=0.36$；$m=4$ 时，$\min\{\cos[\theta_S(\omega)+\theta_P(\omega)+m\omega]\}=0.189$。$S(z)P_0(z)$ 的幅频特性决定了 $\max[N_S(\omega)N_P(\omega)]$ 的值，其幅频特性曲线如图 6-15 所示。

由图 6-15 可知，其在截止频率以内的增益在-26.5dB(0.0473)~ -24dB(0.0631)之间波动，因此，$\max[N_S(\omega)N_P(\omega)]=0.0631$。根据公式（6-7），$m=3$ 时 k_r 的最大值为 11.43；

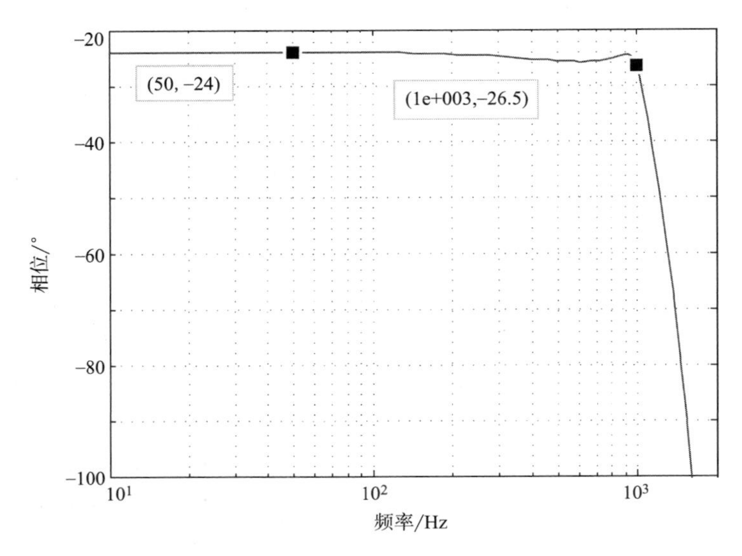

图 6−15　$S(z)$ $P_0(z)$ 的幅频特性曲线

$m=4$ 时，k_r 的最大值为 6。此时 k_r 的值为初步设计。

因此，k_r 的最大值与 m 的取值有关。合适的 m 值可以使 k_r 取得更大的范围，进而系统具有更快的误差卷积速度和更小的稳态误差。

（五）分数相位超前补偿设计

由图 6−14 可以发现，$m=3$ 或 $m=4$ 并不能使 $\theta_S(\omega)+\theta_P(\omega)+m\omega$ 的角度在 1kHz 以内取得最小值。如果 m 取 3~4 之间的数，将使 $\theta_S(\omega)+\theta_P(\omega)+m\omega$ 的角度在 1kHz 以内的频段内可能取得更小的值。

当 m 在 3~4 之间时，$\theta_S(\omega)+\theta_P(\omega)+m\omega$ 的角度变化曲线如图 6−16 所示。

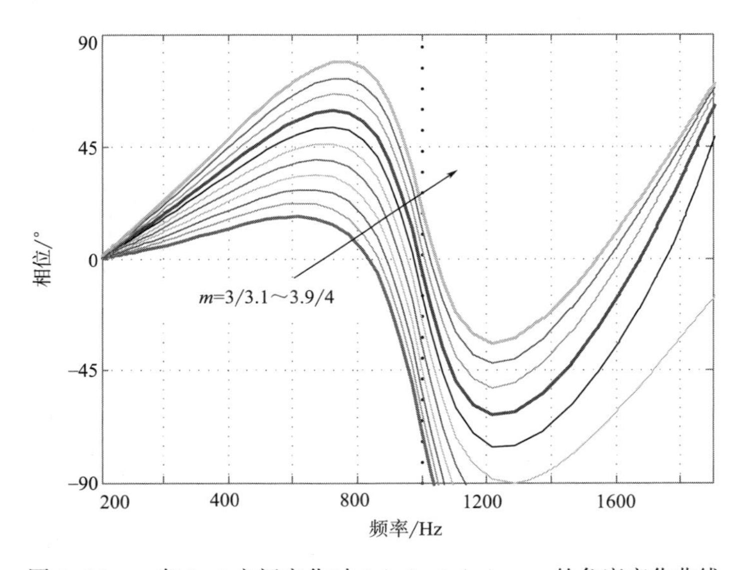

图 6−16　m 在 3~4 之间变化时 $\theta_S(\omega)+\theta_P(\omega)+m\omega$ 的角度变化曲线

由图 6-16 可知，m 在 3~4 之间每隔 0.1 变化时，具有比整数相位超前相位更详细的相位信息。奈奎斯特频率内，当 $m=3.7$ 时，$\theta_S(\omega)+\theta_P(\omega)+m\omega$ 相位角变化范围为-63°~59.6°。如果只考虑带宽内，$m=3.7$ 时，$\theta_S(\omega)+\theta_P(\omega)+m\omega$ 相位角变化范围为-4.4°~59.6°，其对应的 $\min\{\cos[\theta_S(\omega)+\theta_P(\omega)+m\omega]\}=0.506$。而当 $m=3.4$ 时，$\theta_S(\omega)+\theta_P(\omega)+m\omega$ 相位角变化范围为-33.9°~40°，范围最小，此时对应的 $\min\{\cos[\theta_S(\omega)+\theta_P(\omega)+m\omega]\}=0.83$。

因而，$m=3.4$ 时，k_r 的最大值为 26；$m=3.7$ 时，k_r 的最大值为 16。因此可以发现，带宽内，当 m 取分数时，可以扩大 RC 增益 k_r 的值。

当然，考虑到系统建模误差和参数的波动，假设系统存在 20%的模型不确定性，因此，RC 增益 k_r 的值变为 21.1（$m=3.4$）和 13.4（$m=3.7$）。

（六）参数优化

由于补偿器 $S(z)$ 选择的 4 阶巴特沃斯低通滤波器，并非理想的低通滤波器，其在 1~2kHz 之间存在过渡带，这些过渡带可能造成设计上的误差。因此，以上设计的 RC 增益 k_r 和相位超前补偿环节 z^m 仍需进一步设计。下面根据系统稳定条件②对参数进一步优化。

定义 $H(z)=Q(z)[1-k_r z^m S(z)P_0(z)]$，其中 $z=e^{j\omega t}$。公式（3-15）表示如果 $H(e^{j\omega t})$ 的轨迹不超出单位圆，那么系统稳定，且曲线距离圆心越近，系统具有的稳定裕度越大、误差卷积速度越快以及谐波抑制能力更好。

当 $m=3$ 时，绘制 k_r 的值从 1 变化至 17 对应的 $H(e^{j\omega t})$ 的轨迹分别如图 6-17 所示；当 $m=4$ 时，k_r 的值从 5 变化至 21 对应的 $H(e^{j\omega t})$ 的轨迹如图 6-18 所示。可知，当 k_r 的值较小时，$H(e^{j\omega t})$ 的轨迹的起点在（0，0）和（0，1）之间，且横轴距离圆心较远；随着 k_r 值的增加，$H(e^{j\omega t})$ 的轨迹的起点向左移动，向圆心靠拢，但超过一定值，继续向左移动时，远离圆心。由稳定性可知，如果 50Hz 频率处（$\omega=2\pi f=100\pi$）的 $H(e^{j\omega t})$ 值在圆心处，那么系统具有最好的参考信号跟踪性。

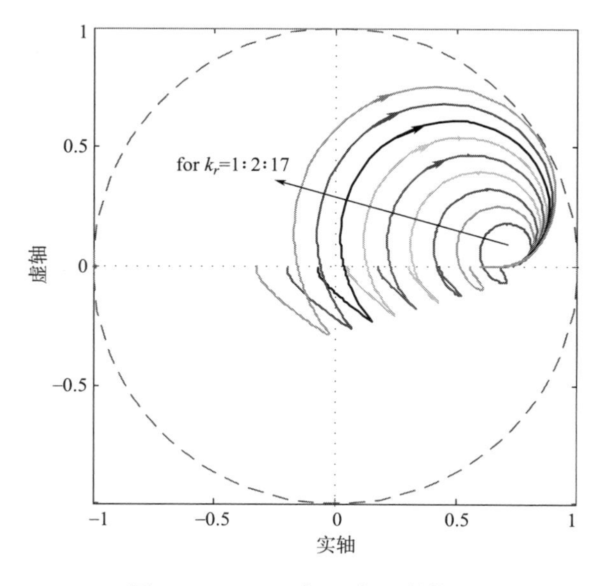

图 6-17　$m=3$ 时 $H(e^{j\omega t})$ 的轨迹

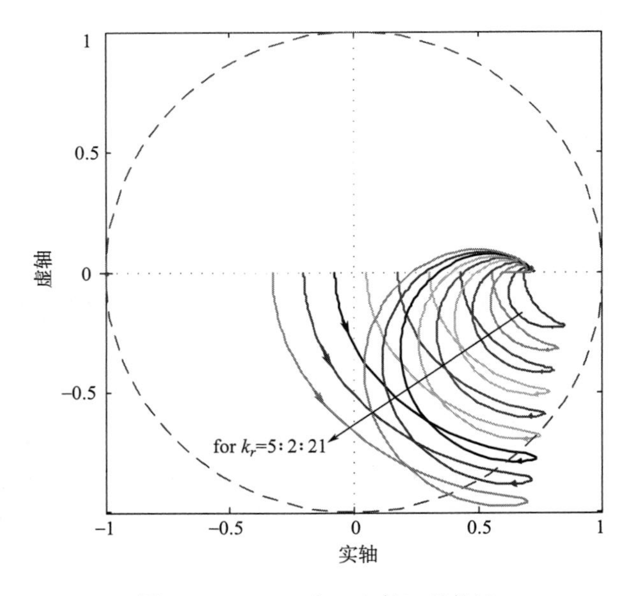

图 6-18　$m=4$ 时 H（$e^{j\omega t}$）的轨迹

由图 6-17 可知，当起点在圆心附近时，整个 $H(e^{j\omega t})$ 的轨迹靠近单位圆，系统面临不稳定。而在图 6-18 中，起点在圆心附近时，整个 $H(e^{j\omega t})$ 的轨迹已经超出单位圆，系统不稳定。综上分析，当超前拍数 m 值为整数时，系统不能取得最优的稳定性和信号跟踪性能。

为了进一步确定 k_r 的取值范围，当 $m=3.4$ 和 $m=3.7$ 时，绘制 k_r 的值从 5 变化至 21 对应的 $H(e^{j\omega t})$ 的轨迹，分别如图 6-19 和图 6-20 所示。

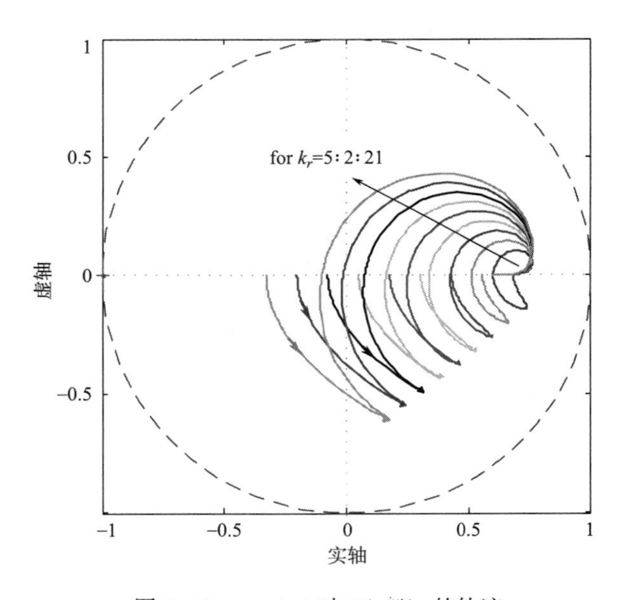

图 6-19　$m=3.4$ 时 $H(e^{j\omega t})$ 的轨迹

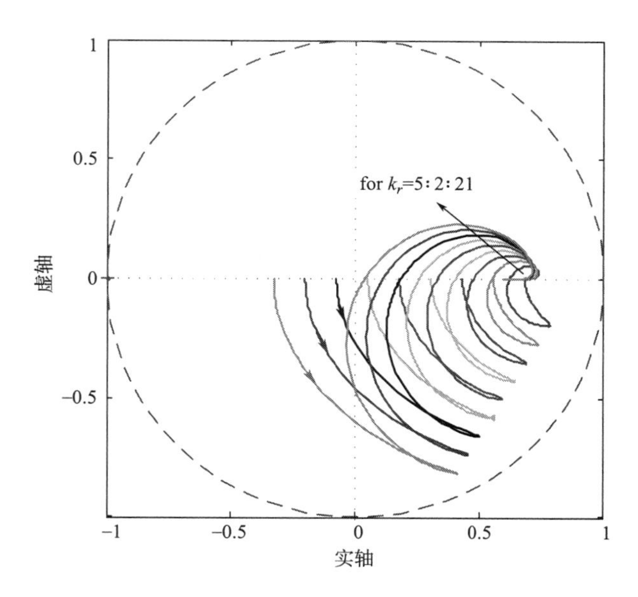

图 6-20　$m=3.7$ 时 $H(e^{j\omega t})$ 的轨迹

由两图可以发现，$m=3.4$ 时，k_r 的值从 5 变化至 21 对应的 $H(e^{j\omega t})$ 的轨迹能够较好地保持在单位圆内；而 $m=3.7$ 时，$H(e^{j\omega t})$ 的轨迹随 k_r 的值的增加逐渐向单位圆边缘靠近，特别是当 k_r 的值为 21 时，轨迹转折点几乎接近单位圆，此时系统面临不稳定。因此，相比 $m=3.4$ 和 $m=3.7$，前者让 RC 增益 k_r 取得更大的值，在整个频率段更靠近单位圆圆心。但是，当 RC 增益 k_r 超过一定值时，$H(e^{j\omega t})$ 的轨迹向单位圆边缘靠近。而在系统带宽内（1kHz 以内）与圆点的距离越远，意味着信号跟踪特性降低。综上分析，当 $m=3.4$，$k_r=16$ 时，$H(e^{j\omega t})$ 的轨迹如图 6-21 所示。由图可知，50Hz 频率处 $H(e^{j\omega t})$ 的轨迹靠近圆点，说明系统具

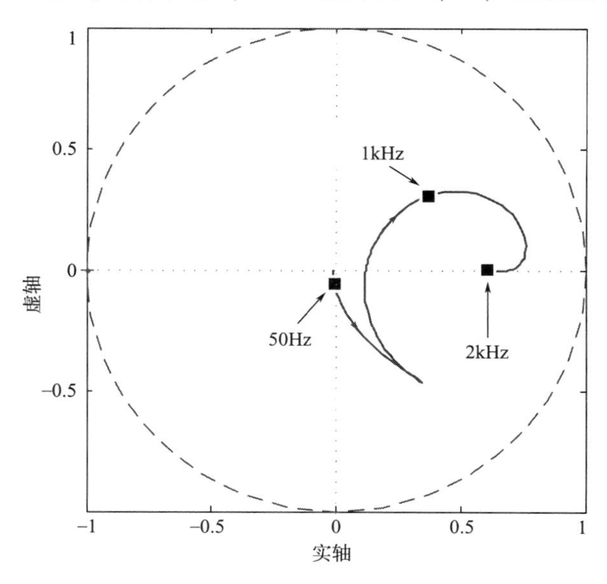

图 6-21　当 $m=3.4$，$k_r=16$ 时，H（$e^{j\omega t}$）的轨迹

有很好的基频信号跟踪能力；1kHz 频率处 $H(e^{j\omega t})$ 的轨迹在（0.36，0.306），在单位圆内，而奈奎斯特频率处（2kHz）$H(e^{j\omega t})$ 的轨迹的终点在（0.6，0）点，说明在整个频段内系统都具有较好的谐波抑制能力，特别是对带宽内谐波信号的抑制能力更好。

根据以上参数，设计好的 FPLC-PIMR 控制器的开环 bode 图如图 6-22 所示。由图可知，FPLC-PIMR 控制器在基频处的开环增益为 90dB，尽管在基频的整数倍频率处的增益逐渐降低，但在 1 kHz 处仍具有近 40dB 的开环增益，这些高增益能够使控制器跟踪基频参考信号以及抑制 19 次以内的奇数次谐波。将图 6-22 中 750Hz 处的频率特性放大，如图 6-23 所示，可见，750Hz 处 FPLC-PIMR 控制器能够提供 40dB 以上的开环增益，并且在（750±2）Hz 范围内（4π rad/s）仍具有大于 30dB 的增益，说明本章设计的 FPLC-PIMR 控制器能够适应参考信号在一定范围内波动，可以应对电网频率的变化。

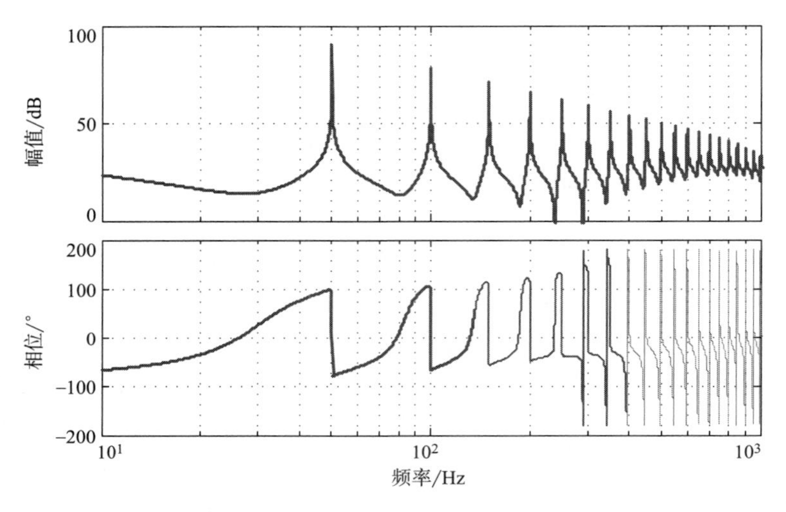

图 6-22　FPLC-PIMR 控制器的开环 bode 图

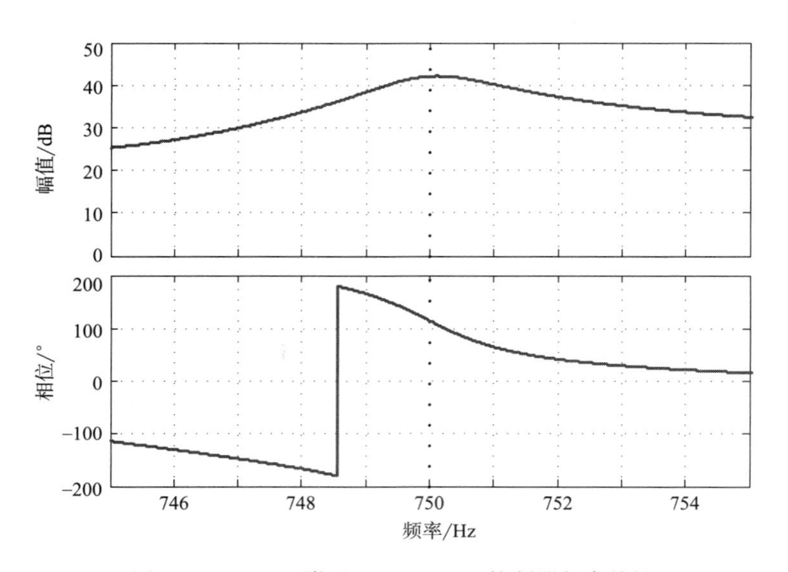

图 6-23　750Hz 附近 FPLC-PIMR 控制器频率特性

四、仿真

为了验证本章提出的 FPLC-PIMR 控制器在低采样频率时的性能，在 MATLAB/Simulink 环境下进行仿真。PIMR 控制系统模型如第三章中图 3-14 所示，其中的相位超前补偿可以变为分数超前相位补偿。控制器参数如下：并联比例增益 $k_p=15$，内模 $Q(z)=(z+8+z^{-1})/10$，相位超前补偿拍数 $m=3$、$m=4$ 和 $m=3.4$，补偿器 $S(z)$ 为 4 阶巴特沃斯低通滤波器（截止频率 1kHz）。采样频率 $f_s=4\text{kHz}$，电网额定频率 $f_g=50\text{Hz}$，此时$N=80$。

（一）相位超前拍数 $m=3$

在相位超前拍数为 3 时，RC 增益 k_r 为 1 和 6 对应的整数相位超前 PIMR 控制系统电流误差分别如图 6-24 和图 6-25 所示。由图 6-24 可知，$k_r=1$ 时电流误差收敛时间大于 1s，系统

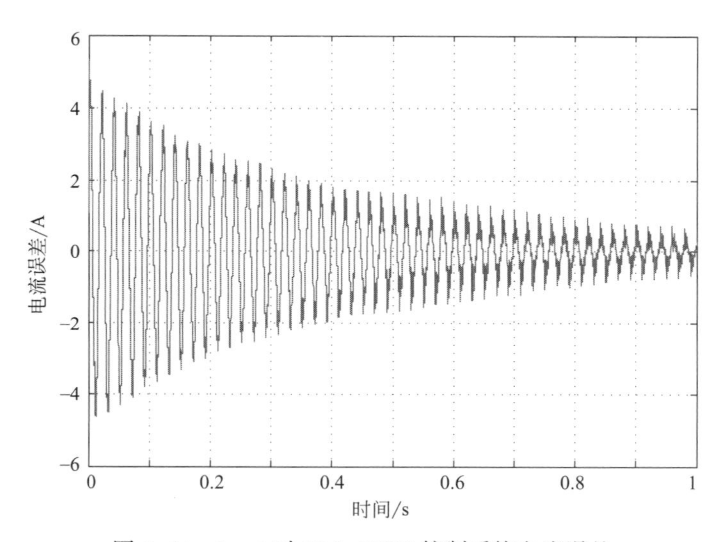

图 6-24　$k_r=1$ 时 PLC-PIMR 控制系统电流误差

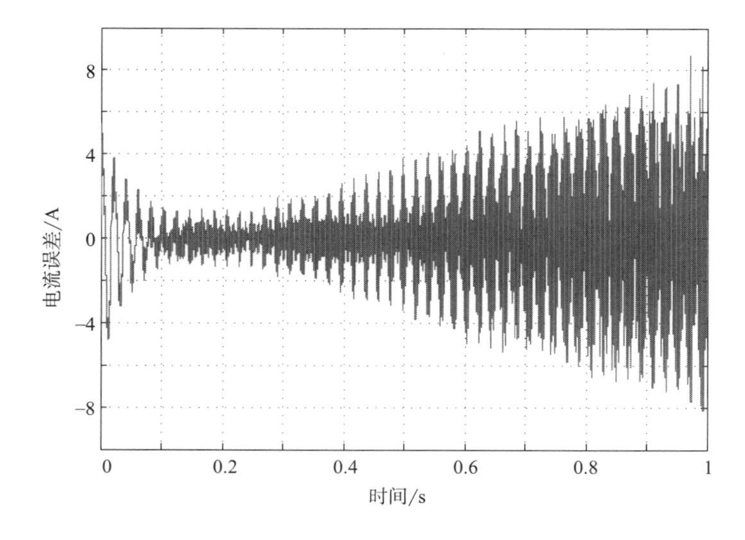

图 6-25　$k_r=6$ 时 PLC-PIMR 控制系统电流误差

动态性能差；而当 $k_r=6$ 时电流误差在 0. 3s 时开始发散，系统不稳定。尽管由图 6-17 中可知 $k_r=6$ 时 $H(e^{j\omega t})$ 的轨迹没有超出单位圆，系统仍稳定，但是轨迹某些部分已经接近单位圆，稳定性降低。因此，超前补偿拍数为 3 时，系统不具有良好的动态和静态性能。

（二）相位超前拍数 $m=4$

在相位超前拍数为 4 时，$k_r=2$ 对应的 PLC-PIMR 控制系统参考电流和实际系统输出入网电流如图 6-26 所示，而对应的电流误差如图 6-27 所示。由图 6-27 可见，电流误差经过 0. 6s 区域稳定。0. 8~0. 84s 两个周期的参考电流和系统实际输出入网电流如图 6-28 所示，而入网电流的频谱分析如图 6-29 所示。由图 6-28 可知，系统输出的入网电流和参考电流高度吻合，图 6-29 说明入网电流的 THD 为 1. 99%，小于 IEEE Std 1547 中规定的 5%的标准，单次谐波也均满足入网电流谐波含量要求。尽管系统的稳态误差很小，但是误差收敛时间太差，系统动态性能差。由图 6-28 可以看出，参考电流和入网电流波形与第四章电流波形相比折线更明显，这是因为系统的采样频率由 10kHz 降为 4kHz 时，单位周期内的采样点数明显下降，绘制图形的点数也明显下降，导致电流波形的线条看起来不是很光滑。

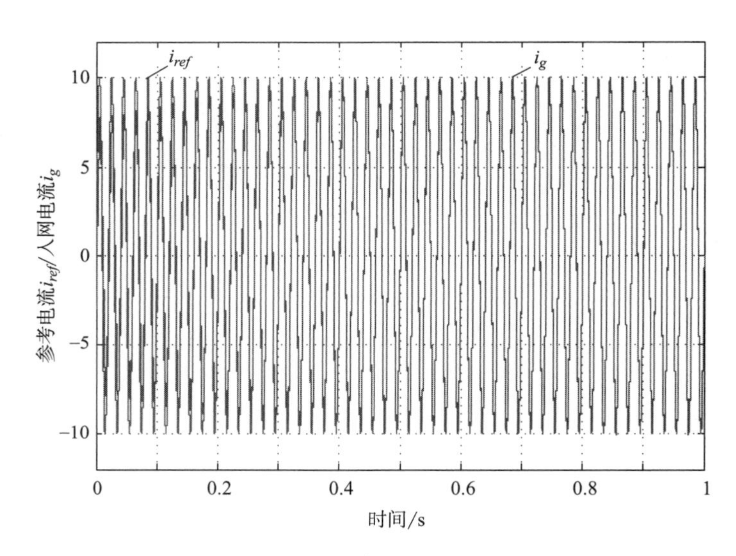

图 6-26　$k_r=2$ 时 PLC-PIMR 控制系统参考电流和入网电流

当 $k_r=4$ 时，PLC-PIMR 控制系统的参考电流、入网电流如图 6-30 所示，入网电流对应的误差如图 6-31 所示。

当 $k_r=4$ 时，PLC-PIMR 控制系统 0. 8~0. 84s 两个周期的参考电流和系统实际输出入网电流如图 6-32 所示，而入网电流的频谱分析如图 6-33 所示。由图 6-30~图 6-33 可知，系统输出电流误差在 0. 3s 内收敛至稳定状态，稳态入网电流的 THD 为 1. 94%，20 次以内的单次谐波含量也不超过 0. 4%，远小于国际标准。相比 $k_r=2$、$k_r=4$ 时系统的稳态性能和动态性能均有改善。

当 $k_r=8$ 时，PLC-PIMR 控制系统的参考电流、入网电流如图 6-34 所示，入网电流对应的误差如图 6-35 所示。可见，入网电流的误差在 0. 15s 以内收敛至稳态。PLC-PIMR 控制系统 0. 8~0. 84s 两个周期的参考电流和系统实际输出入网电流如图 6-36 所示，而入网电流的

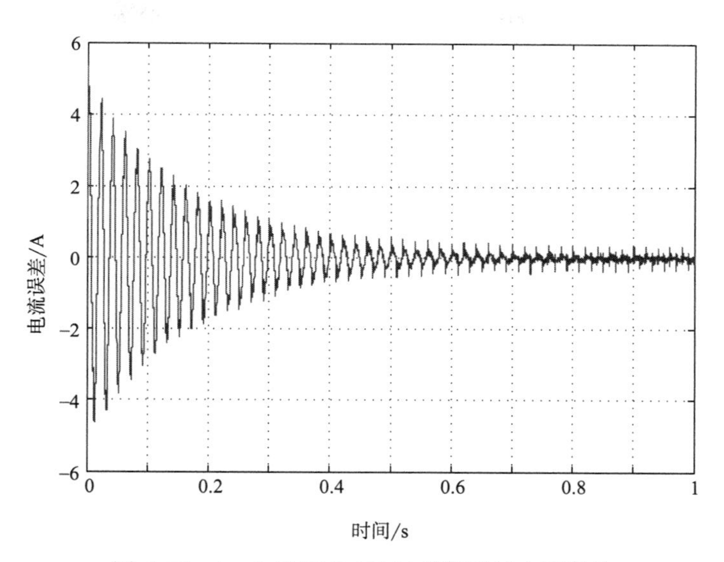

图 6-27　$k_r=2$ 时 PLC-PIMR 控制系统电流误差

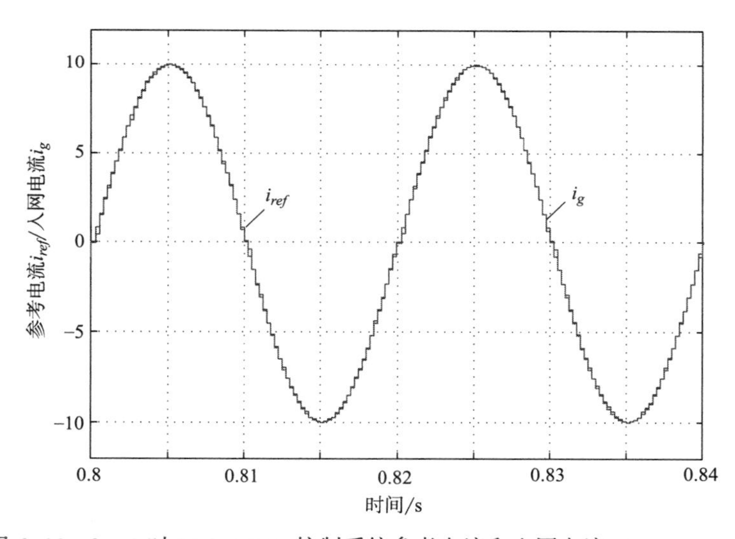

图 6-28　$k_r=2$ 时 PLC-PIMR 控制系统参考电流和入网电流（0.8~0.84s）

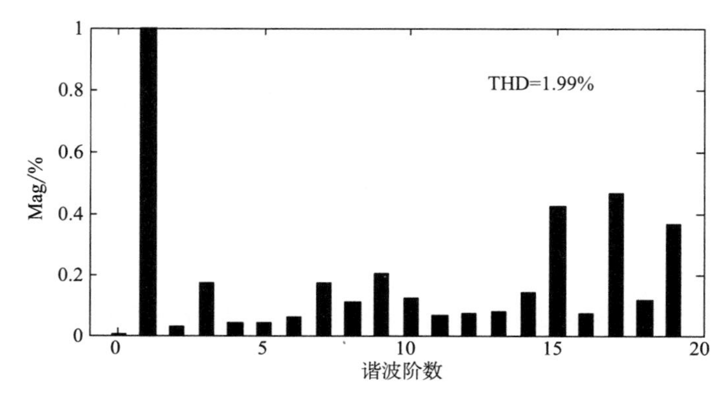

图 6-29　$k_r=2$ 时 PLC-PIMR 控制系统入网电流频谱分析

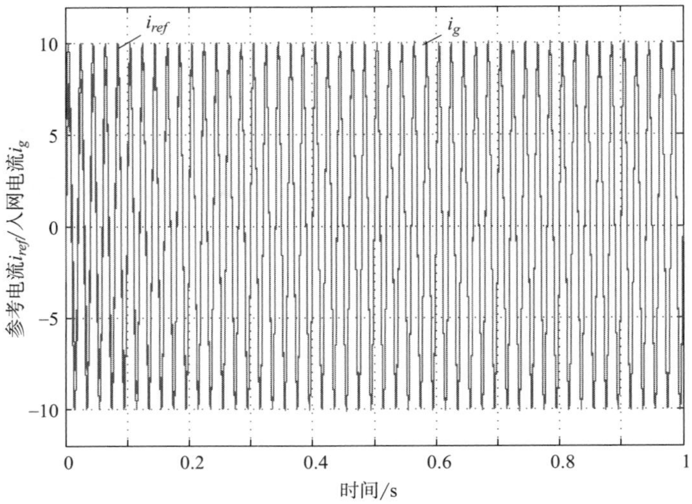

图 6-30　$k_r=4$ 时 PLC-PIMR 控制系统参考电流和入网电流

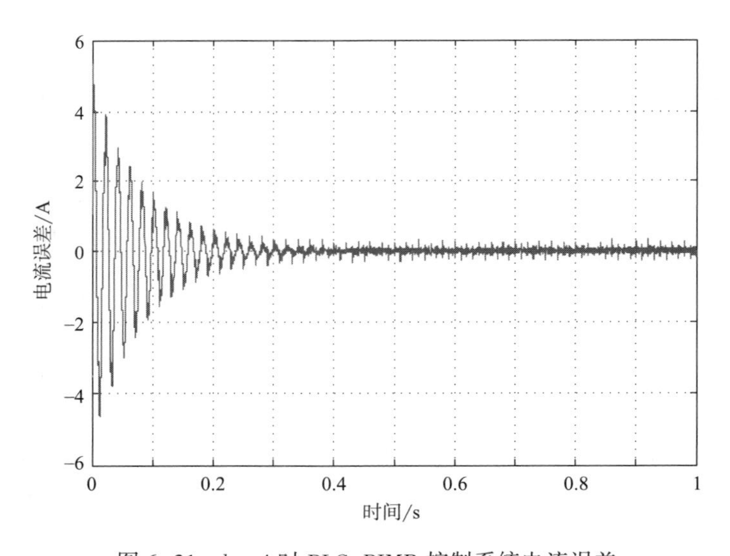

图 6-31　$k_r=4$ 时 PLC-PIMR 控制系统电流误差

频谱分析如图 6-37 所示。入网电流的 THD 为 2.03%，20 次以内的单次电流谐波含量除 13 次和 15 次外其余不超过 0.3%。

当 $k_r=9$ 时，PLC-PIMR 控制系统的入网电流误差先逐渐收敛然后逐渐发散，说明系统开始趋于不稳定状态（图 6-38）。

（三）相位超前拍数 $m=3.4$

在相位超前拍数为 3.4 时，RC 增益 $k_r=4$ 对应的 FPLC-PIMR 控制系统参考电流和入网电流、电流误差波形如图 6-39 和图 6-40 所示。由图 6-40 可知，$k_r=4$ 时 FPLC-PIMR 控制系统入网电流误差经约 0.3s 后收敛至稳态，且稳态误差约为±0.2A。FPLC-PIMR 控制系统

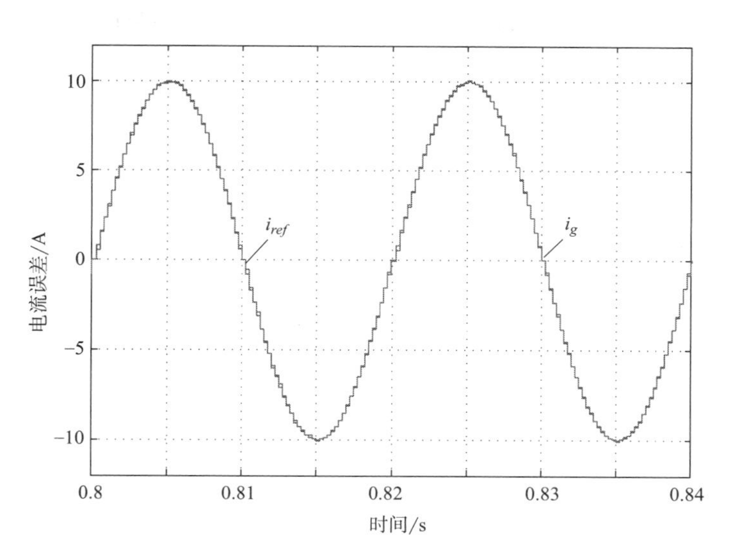

图 6-32　$k_r=4$ 时 PLC-PIMR 控制系统参考电流和入网电流（0.8~0.84s）

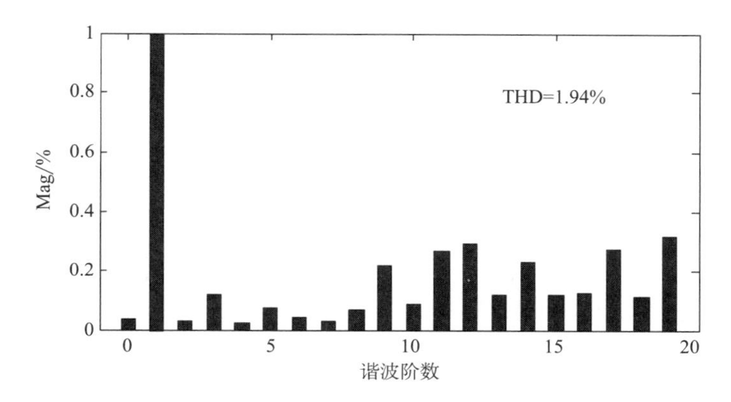

图 6-33　$k_r=4$ 时 PLC-PIMR 控制系统入网电流频谱分析

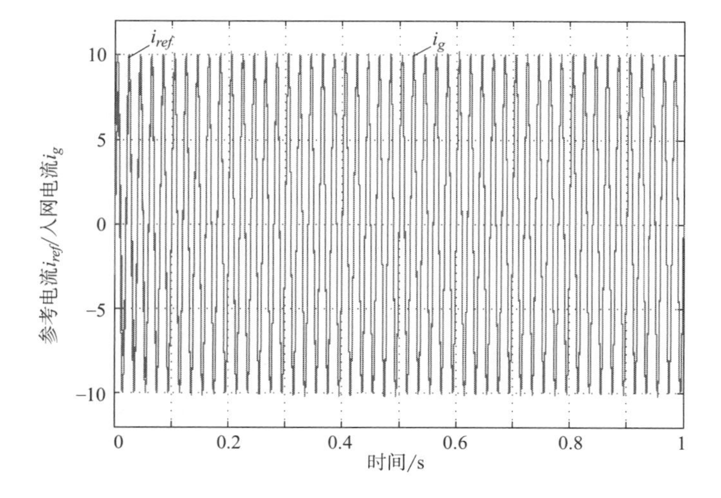

图 6-34　$k_r=8$ 时 PLC-PIMR 控制系统参考电流和入网电流

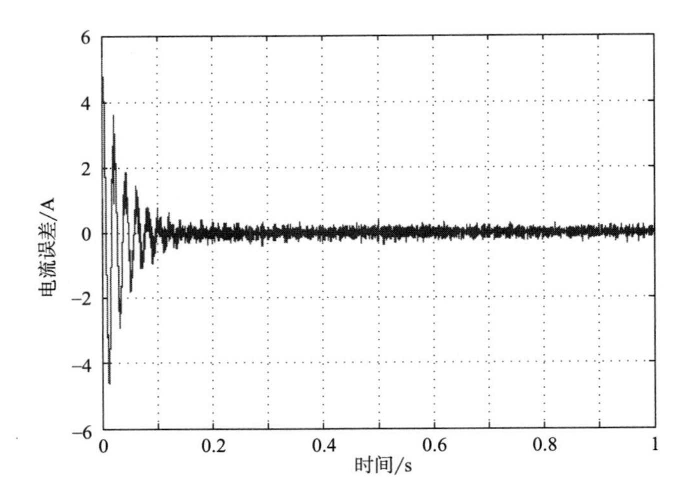

图 6-35 $k_r=8$ 时 PLC-PIMR 控制系统电流误差

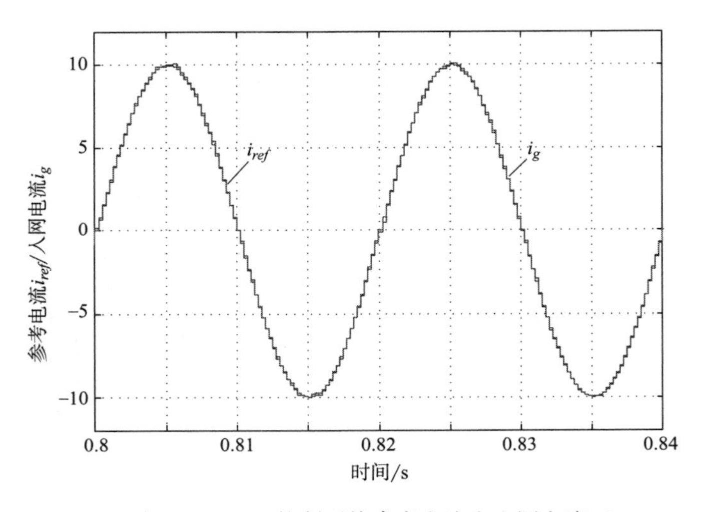

图 6-36 $k_r=8$ 时 PLC-PIMR 控制系统参考电流和入网电流（0.8~0.84s）

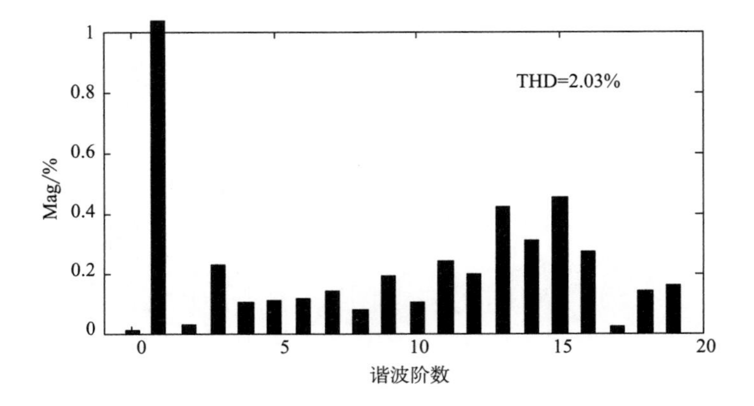

图 6-37 $k_r=8$ 时 PLC-PIMR 控制系统入网电流频谱分析

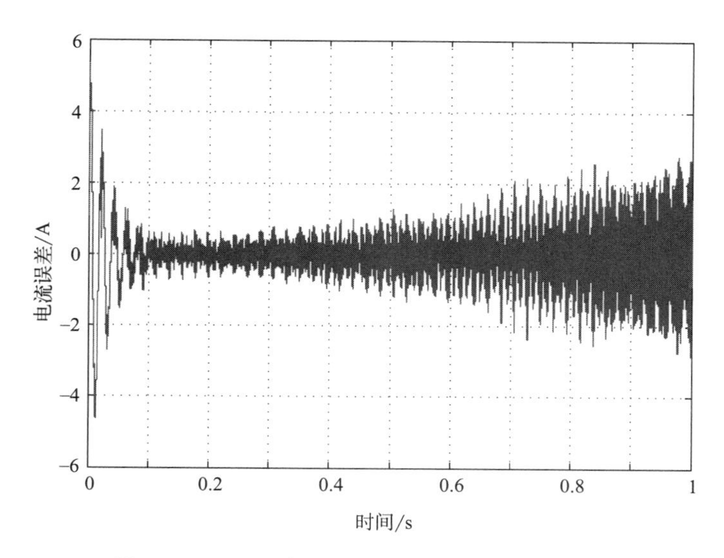

图 6-38　$k_r=9$ 时 PLC-PIMR 控制系统电流误差

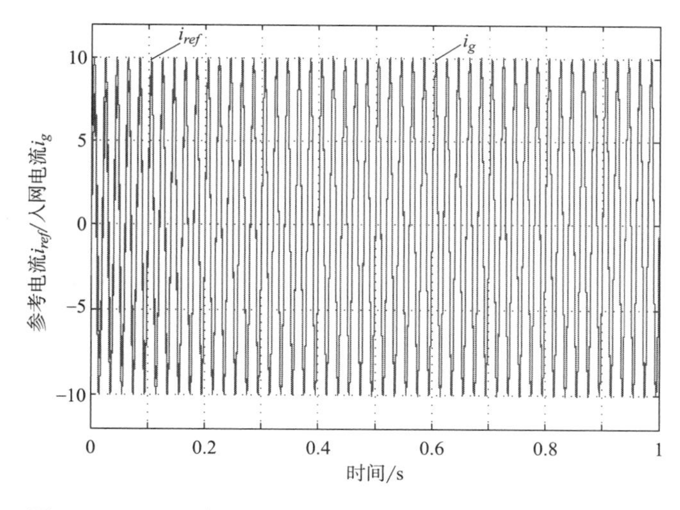

图 6-39　$k_r=4$ 时 FPLC-PIMR 控制系统参考电流和入网电流

0.8~0.84s 两个周期的参考电流和系统实际输出入网电流如图 6-41 所示，而入网电流的频谱分析如图 6-42 所示。入网电流的 THD 为 1.87%，20 次以内的单次电流谐波含量均不超过 0.3%。k_r 都为 4 时，相比 PLC-PIMR 控制系统，FPLC-PIMR 控制系统的入网电流质量稍好于前者。

RC 增益 k_r 为 8 对应的 FPLC-PIMR 控制系统参考电流和入网电流、电流误差波形如图 6-43 和图 6-44 所示。由图 6-44 可知，入网电流误差能够在 0.15s 收敛至稳态，收敛速度明显快于 $k_r=4$ 的 FPLC-PIMR 控制系统。

FPLC-PIMR 控制系统 0.8~0.84s 两个周期的参考电流和系统实际输出入网电流如图 6-45 所示，而入网电流的频谱分析如图 6-46 所示。由图 6-46 可知，入网电流的 THD 为

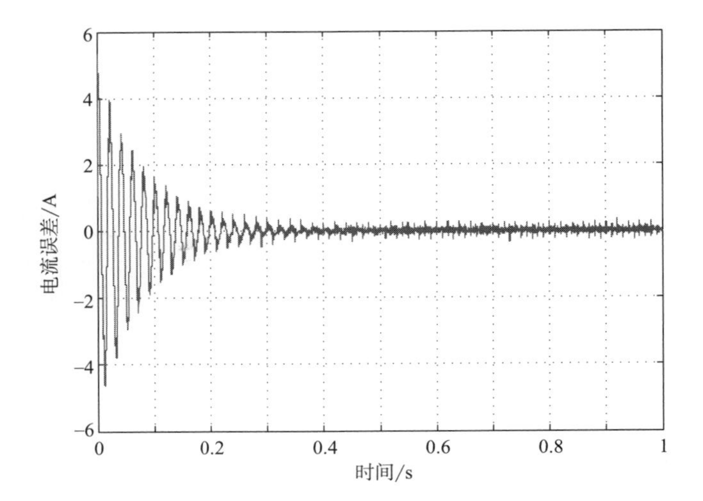

图 6-40　$k_r=4$ 时 FPLC-PIMR 控制系统电流误差

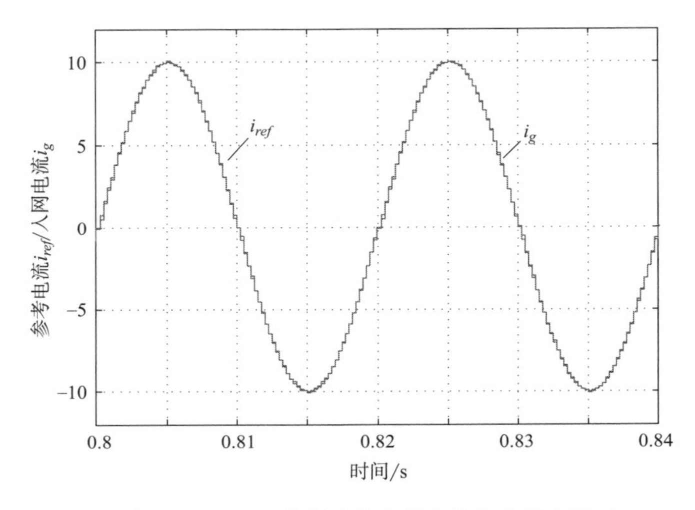

图 6-41　$k_r=4$ 时 FPLC-PIMR 控制系统参考电流和入网电流（0.8~0.84s）

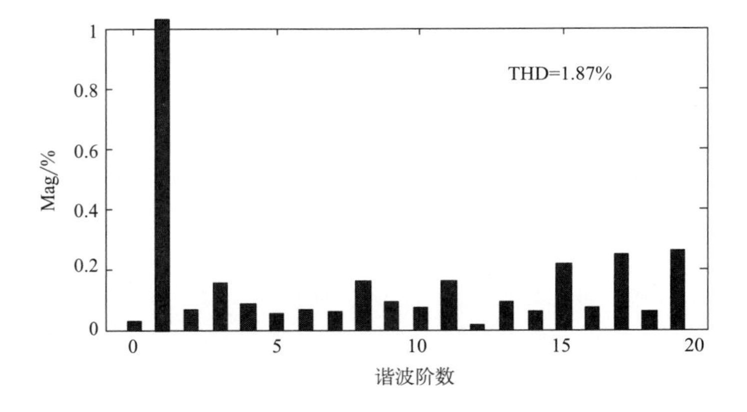

图 6-42　$k_r=4$ 时 FPLC-PIMR 控制系统入网电流频谱分析

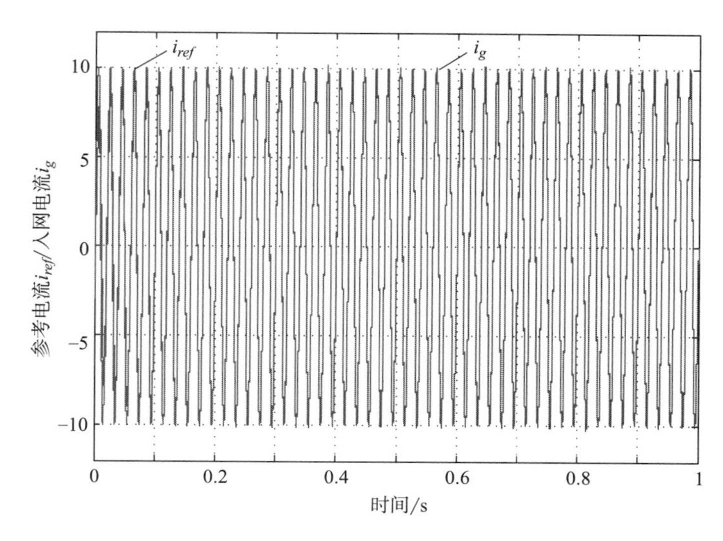

图 6-43　$k_r=8$ 时 FPLC-PIMR 控制系统参考电流和入网电流

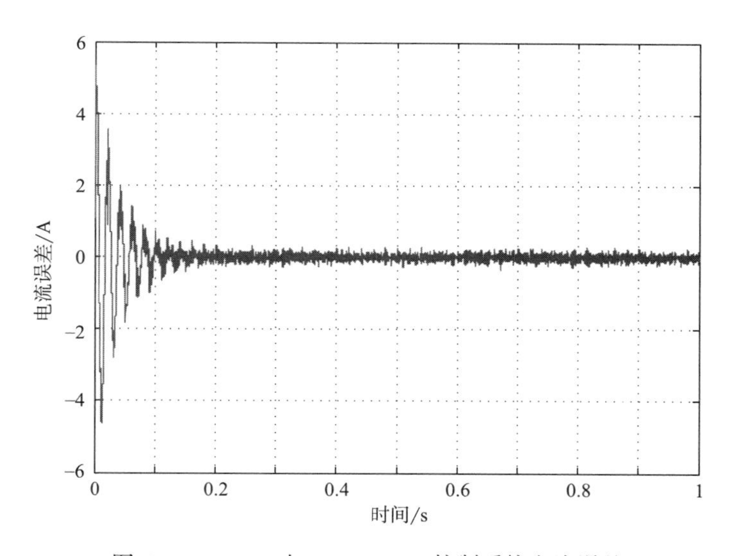

图 6-44　$k_r=8$ 时 FPLC-PIMR 控制系统电流误差

1.98%，20 次以内的单次电流谐波含量均不超过 0.5%。

RC 增益 k_r 为 9 对应的 FPLC-PIMR 控制系统入网电流误差如图 6-47 所示。可见误差经过 0.1s 左右进入稳态，收敛速度大于 RC 增益 k_r 为 8 时的系统。

0.8~0.84s 两个周期的参考电流和系统实际输出入网电流如图 6-48 所示，而入网电流的频谱分析如图 6-49 所示。由图 6-49 可知，入网电流的 THD 为 2.84%。单次谐波中，10~16 次谐波含量较高，其中 13 次谐波含量最高，为 0.8%。由图 6-50 系统的奈奎斯特曲线可知，频率在 450~850Hz 范围的奈奎斯特曲线距离圆心的距离比其他频段的曲线距离圆心的距离大，说明在 450~850Hz，系统对应频率的电流谐波含量增大。

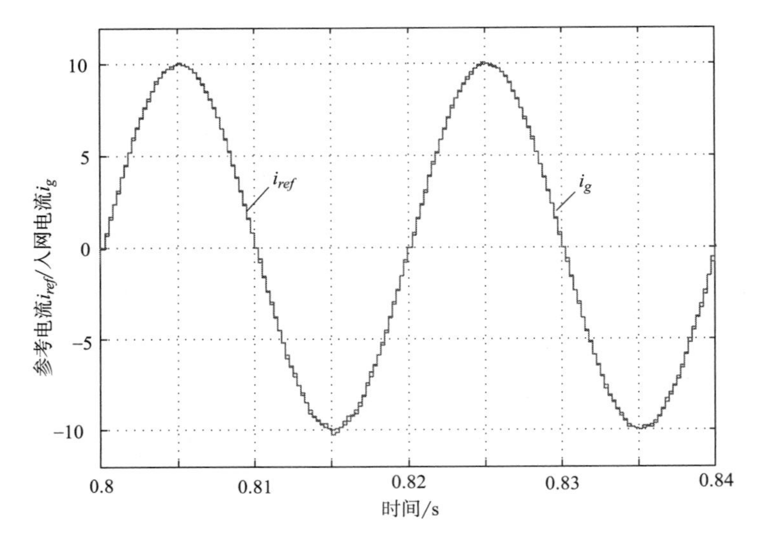

图 6-45 $k_r=8$ 时 FPLC-PIMR 控制系统参考电流和入网电流（0.8~0.84s）

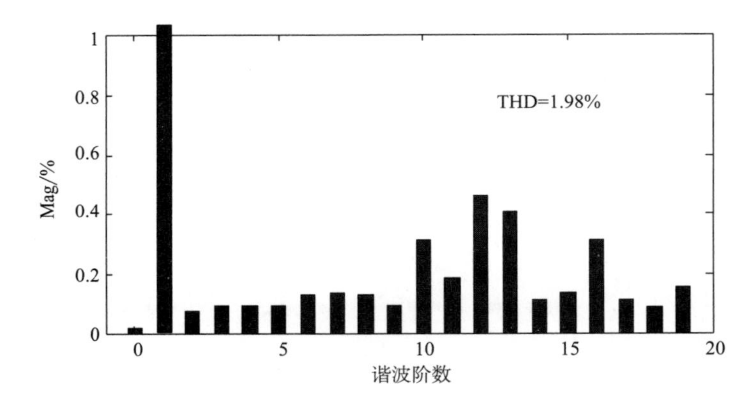

图 6-46 $k_r=8$ 时 FPLC-PIMR 控制系统入网电流频谱分析

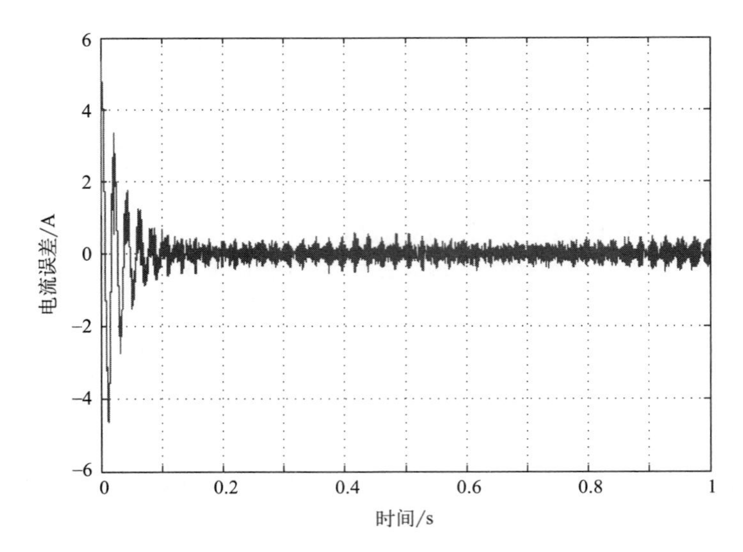

图 6-47 $k_r=9$ 时 FPLC-PIMR 控制系统电流误差

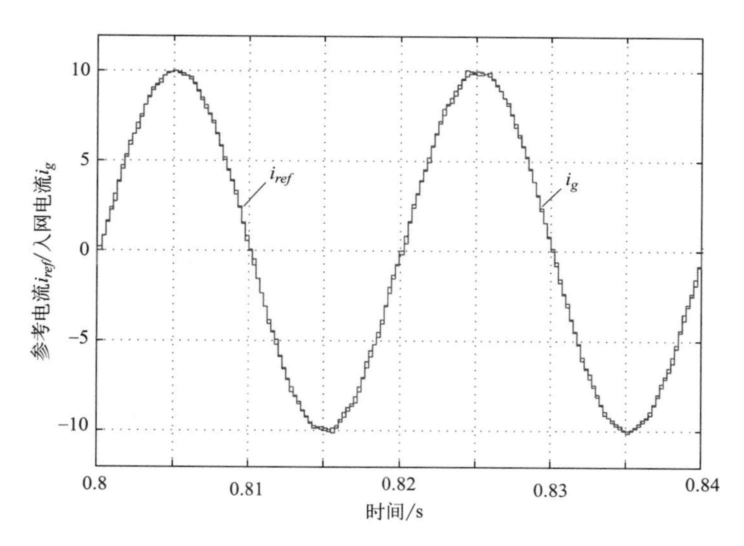

图 6-48　$k_r=9$ 时 FPLC-PIMR 控制系统参考电流和入网电流（0.8s~0.84s）

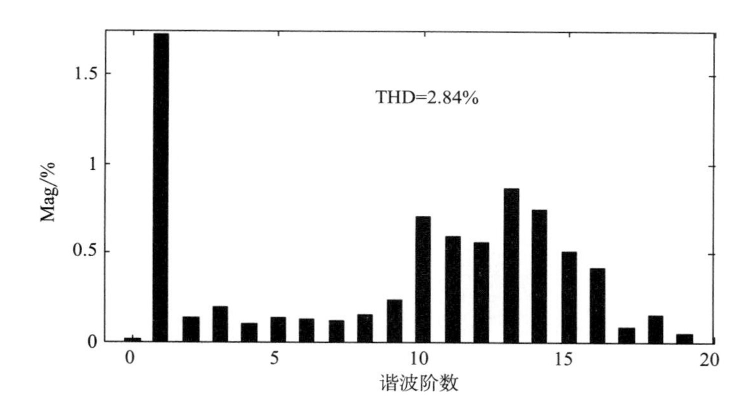

图 6-49　$k_r=9$ 时 FPLC-PIMR 控制系统入网电流频谱分析

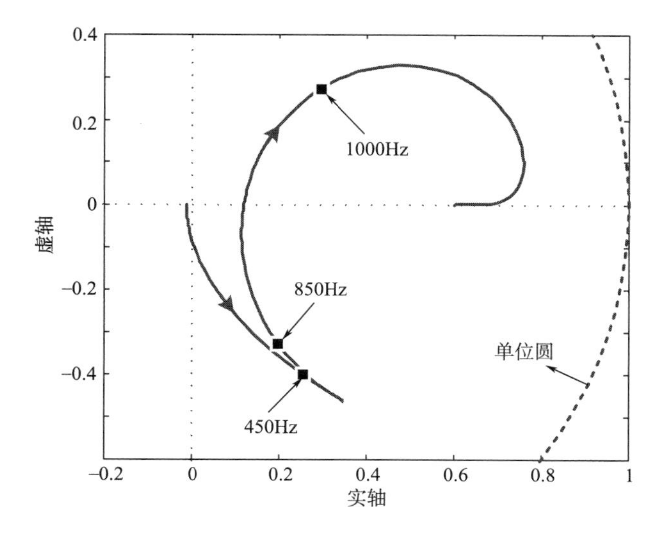

图 6-50　$m=3.4$ 时系统奈奎斯特曲线

综上分析，当相位超前拍次为 3.4 时，FPLC-PIMR 控制系统能够取得的增益 k_r 相比 PLC-PIMR 控制系统的增益大，因而可以获得更快的误差收敛速度。同时，具有相同增益 k_r 时，FPLC-PIMR 控制系统能够获得较好的稳态输出电流。

（四）动态性能比较

为了验证提出的 FPLC-PIMR 控制器和 PLC-PIMR 控制器的动态性能，选择设计好的两种控制器（在整数相位补偿和分数相位补偿情况下具有较好的稳态和动态性能），并研究了参考电流幅值 5A 增加至 10A 和参考电流幅值 10A 减小至 6A 两种情况的对比。

当参考电流的幅值在 0.5s 由 5A 增加至 10A 时，PLC-PIMR 和 FPLC-PIMR 两种控制系统电流误差动态变化过程如图 6-51 和图 6-52 所示。从两幅图中可以发现，当参考电流变化后，PLC-PIMR 控制系统输出电流的误差收敛时间明显大于 FPLC-PIMR 控制系统的误差电流收敛时间，且稳态误差大于后者。

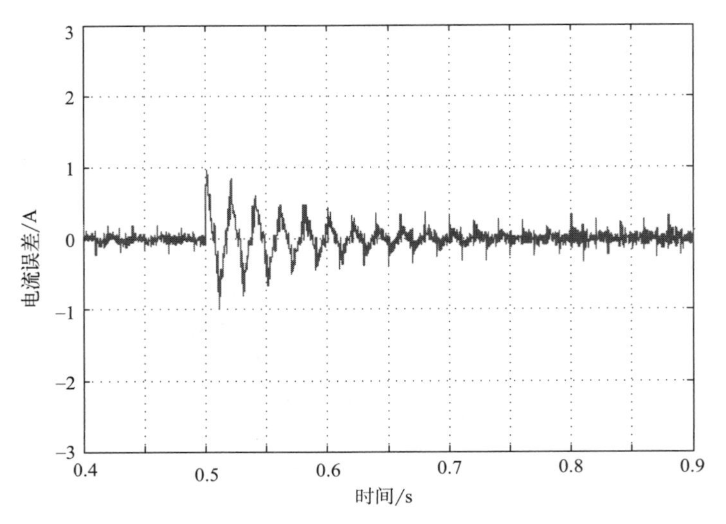

图 6-51　PLC-PIMR 控制系统输出电流误差

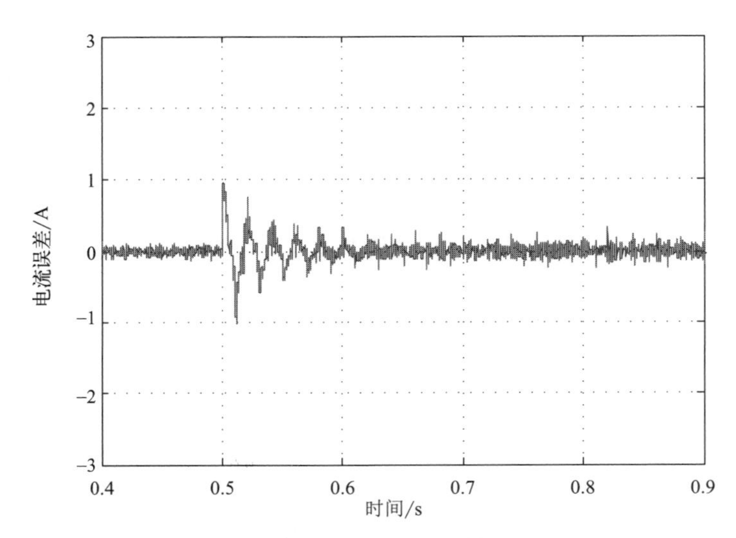

图 6-52　FPLC-PIMR 控制系统输出电流误差

当参考电流幅值由 10A 降至 6A 时，两种控制系统的电流跟踪和误差动态变化波形如图 6-53~图 6-56 所示。由图 6-54 和图 6-56 可以发现，FPLC-PIMR 控制系统可以获得比 PLC-PIMR 控制系统更快的电流误差收敛速度和更小的稳态电流误差。

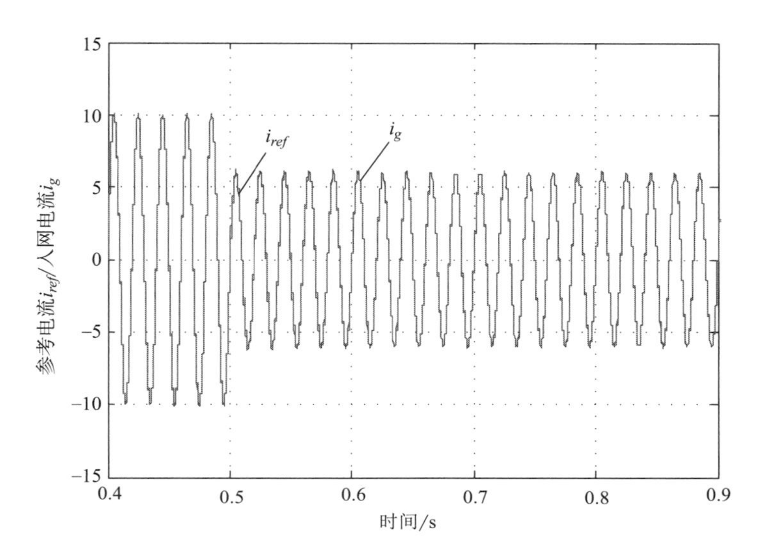

图 6-53 PLC-PIMR 控制系统参考电流与输出电流

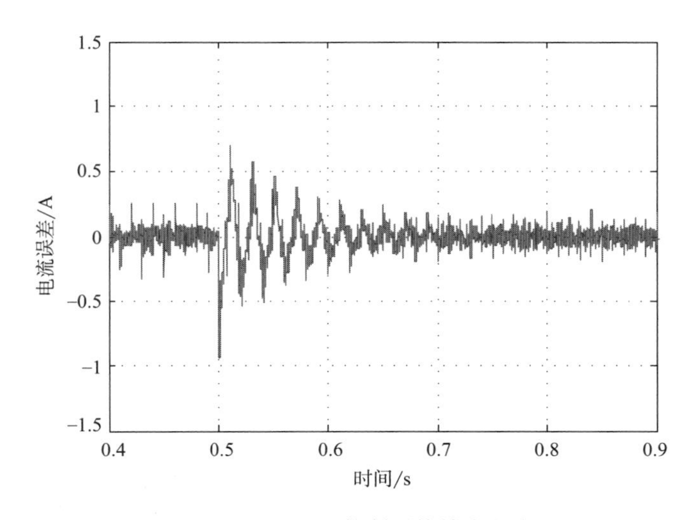

图 6-54 PLC-PIMR 控制系统输出电流误差

综上所述，由两种电流幅值变化情况对比发现，分数相位超前补偿 PIMR 控制系统可以比整数相位超前补偿 PIMR 控制系统获得更快的电流误差收敛速度，同时系统稳态情况下可以获得更小的误差电流。

同时，尽管 FPLC-PIMR 控制系统 4kHz 采样频率下可以获得较快的电流误差收敛速度，但误差收敛速度小于 10kHz 采样频率下的误差收敛速度。

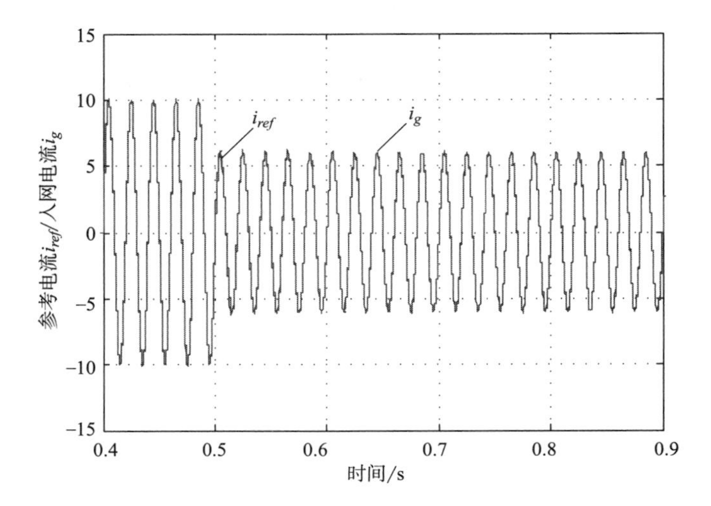

图 6-55　FPLC-PIMR 控制系统参考电流与输出电流

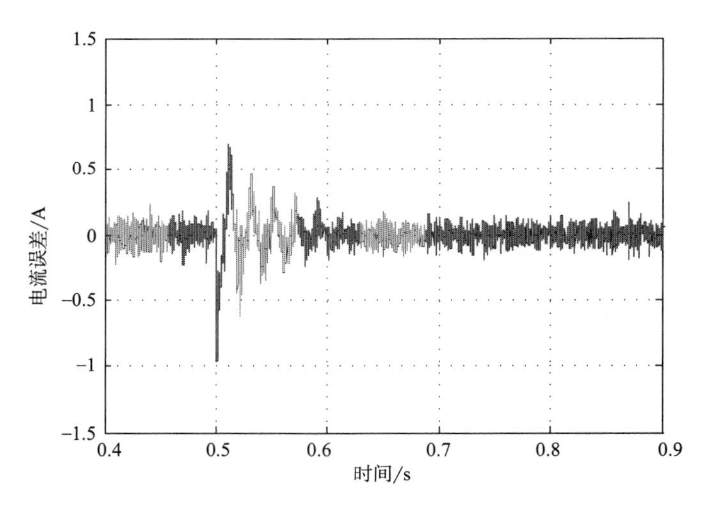

图 6-56　FPLC-PIMR 控制系统输出电流误差

（五）仿真小结

由于 MATLAB/Simulink 环境中采样频率降低，可能造成单相 LCL 型并网逆变器理论分析模型与仿真模型存在一定的误差，比如，由于采样频率不同，电容电流的反馈系数发生变化，因此，仿真中 RC 增益 k_r 不能达到理论分析的最大值，但是可以验证理论分析的趋势和规律。由以上分析可以总结：FPLC-PIMR 控制系统可以获得比 PLC-PIMR 控制更好的稳态性能，同时可以使增益 k_r 取得更大值，因而具有好的动态性能。

五、实验

由于实验中 LCL 型滤波器的电感电容存在内阻、实际电网存在感性阻抗导致被控对象模型不准确等问题，根据实验情况参数做适当调整。

$k_r=6$ 时，FPLC-PIMR 控制系统的入网电流如图 6-57 所示，其频谱如图 6-58 所示。由频谱图可知，入网电流的 THD 为 1.98%，20 次以内的单次谐波不超过 0.5%，远小于 IEEE Std 1547 中规定的 THD 和单次谐波含量标准。

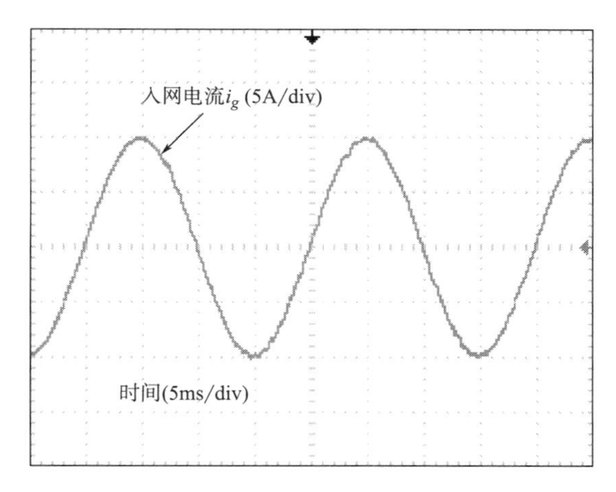

图 6-57　FPLC-PIMR 控制系统的入网电流（$k_r=6$）

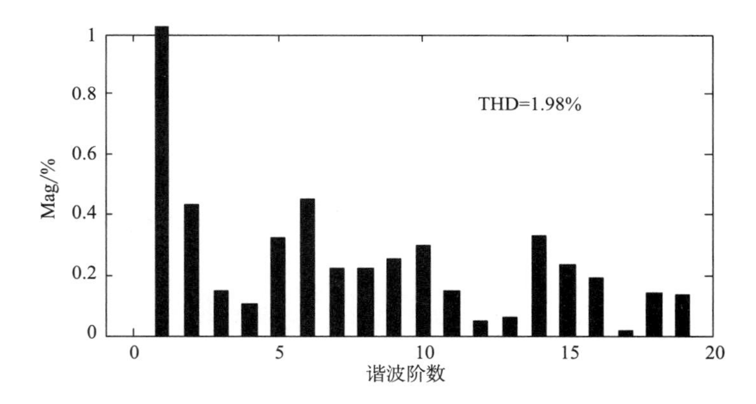

图 6-58　FPLC-PIMR 控制系统入网电流波形频谱

$k_r=8$ 时，FPLC-PIMR 控制系统的入网电流如图 6-59 所示，其频谱如图 6-60 所示。由频谱图可知，入网电流的 THD 为 2.08%，20 次以内的单次谐波不超过 0.4%。相比 $k_r=8$ 时的入网电流 THD 有所提高。这是因为，合适的增益 k_r 能够使系统输出入网电流的稳态误差达到最小，而当增益过大时，系统的稳态误差增加，甚至导致系统不稳定。这种实验结论也可由理论分析中单位圆的奈奎斯特曲线得出：合适的增益可以使曲线在带宽频率内尽量靠近圆心，从而使系统获得更好的稳定误差。但当增益过大或过小时，稳态误差都有可能增加，严重时可导致系统不稳定。

整数 PLC-PIMR 控制系统（$m=3$，$k_r=1$）的入网电流及其频谱如图 6-61 和图 6-62 所示。由图可知，入网电流波形谐波含量较大，导致入网电流波形畸变，而电流 THD 达到 4.01%，且单次谐波中，3 次、11 次、15 次和 17 次的谐波含量接近 1%，尽管小于 IEEE Std 1547 中规定的谐波含量标准，但电流中的谐波含量远大于 FPLC-PIMR 控制系统的入网电流谐波含量。

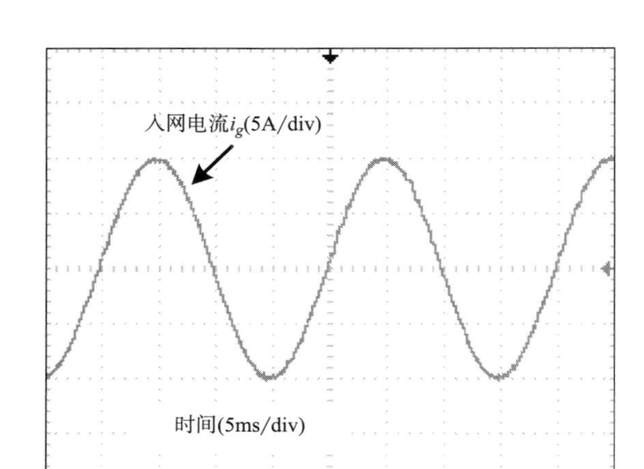

图 6-59　FPLC-PIMR 控制系统的入网电流（$k_r=8$）

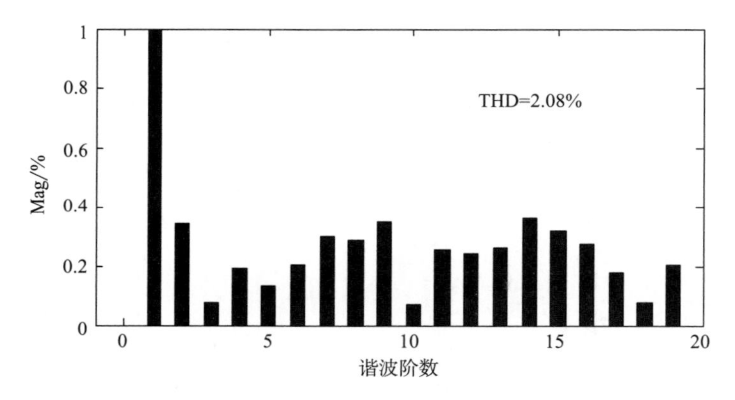

图 6-60　FPLC-PIMR 控制系统入网电流波形频谱

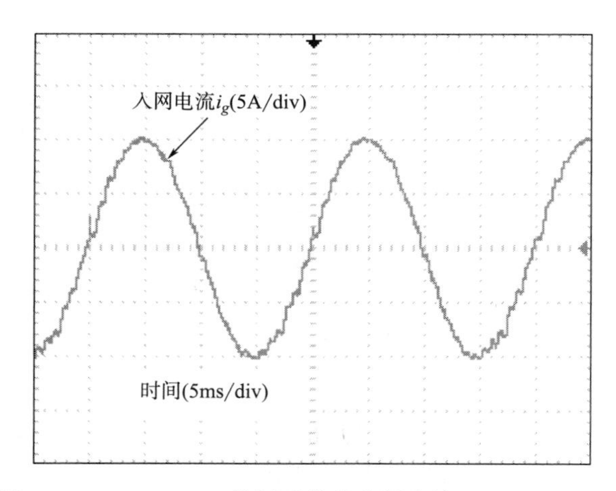

图 6-61　PLC-PIMR 控制系统的入网电流（$m=3$，$k_r=1$）

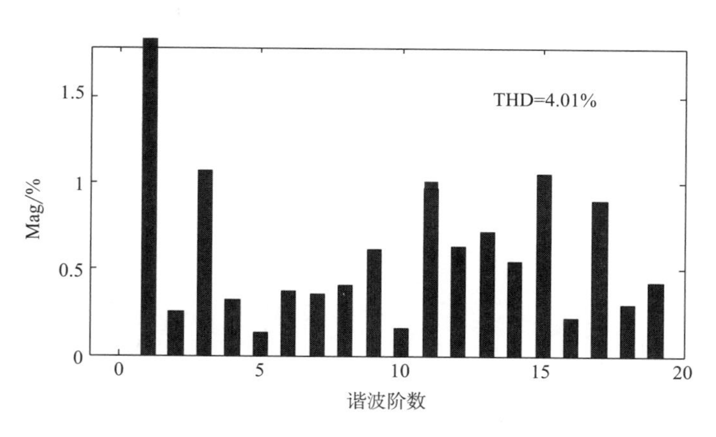

图 6-62 PLC-PIMR 控制系统的入网电流频谱

整数 PLC-PIMR 控制系统（$m=4$，$k_r=7$）的入网电流及其频谱如图 6-63 和图 6-64 所示。由图 6-63 可知，入网电流波形畸变，谐波含量较大，电流 THD 为 3.94%，其中 15 次谐波含量达到了 1.4%。

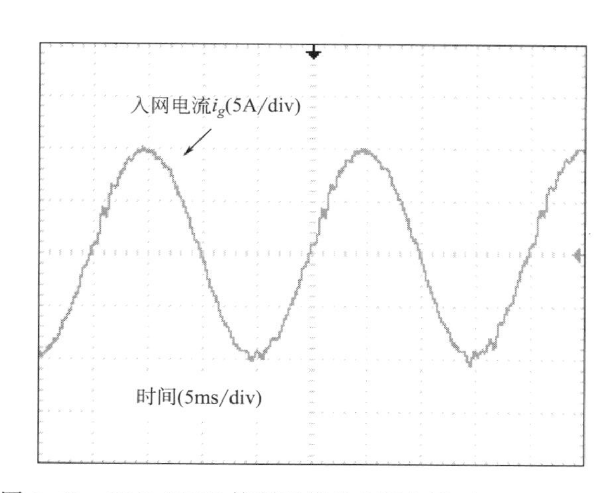

图 6-63 PLC-PIMR 控制系统的入网电流（$m=4$，$k_r=7$）

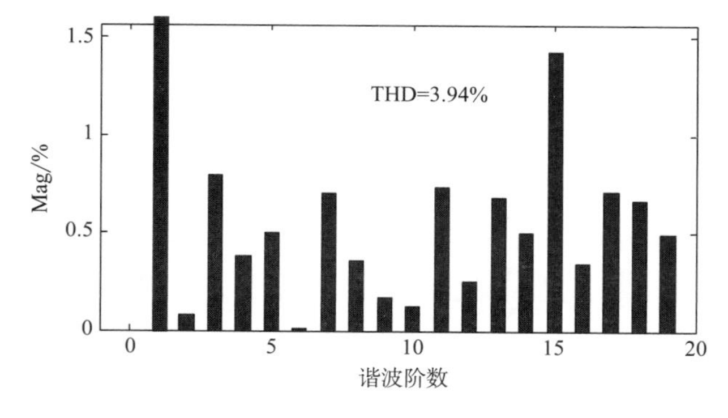

图 6-64 $m=4$ 时，$k_r=7$ 入网电流波形频谱

为了进一步验证 FPLC-PIMR 控制系统的动态性能，参考电流幅值由 10A 降为 6A 时的电流实时波形，如图 6-65 所示，可见，电流能够在约 5 个周期的调节后进入稳定状态。

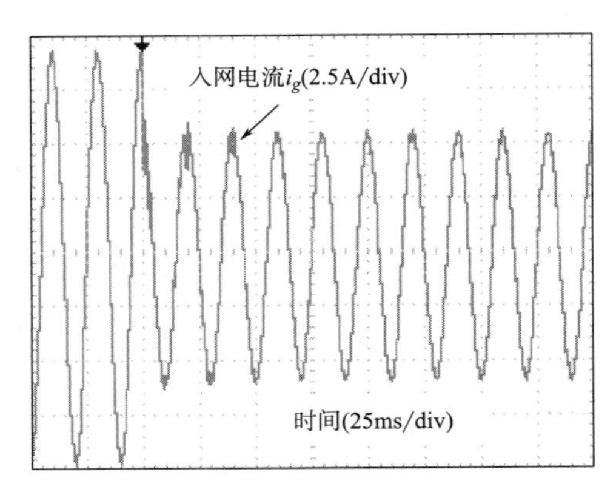

图 6-65　FPLC-PIMR 控制系统参考电流幅值由 10A 降为 6A 时入网电流波形

本章小结

本章首先给出了相位超前补偿的原理，并指出在低采样频率下整数相位超前补偿存在的问题，然后给出了分数相位超前补偿的实现方法。接着针对 4kHz 采样频率下的稳态问题，考虑到 1.5 周期延迟，将相位超前补偿步长 m 从整数扩展到分数，以精细地补偿相位滞后，此外，分数阶的相位超前补偿可以获得更大的 RC 增益 k_r。然后，给出了该系统的稳定性分析和参数设计。最后，实验结果表明，所提出的 FPLC-PIMRRC 系统比 PLC-PIMR 系统具有更低的 THD 和更快的误差收敛率。

参考文献

[1] ZHU M, YE Y, XIONG Y, et al. Multibandwidth repetitive control resisting frequency variation in grid-tied inverters [J]. IEEE Journal of Emerging and Selected Topics in Power Electronics, 2022, 10 (1): 446-454.

[2] MIAO Z, YAO W, LU Z. Single-cycle-lag compensator-based active damping for digitally controlled lcl/llcl-type grid-connected inverters [J]. IEEE Transactions on Industrial Electronics, 2020, 67 (3): 1980-1990.

[3] YAN Q, WU X, YUAN X, et al. An improved grid-voltage feedforward strategy for high-power three-phase grid-connected inverters based on the simplified repetitive predictor [J]. IEEE Transactions on Power Electronics, 2016, 31 (5): 3880-3897.

第七章　分数阶零相位陷波器在重复控制中的应用

第一节　分数阶陷波器的实现原理分析

通过陷波器将参考电压传递到控制器是实现有源阻尼的有效策略。但是，主要缺点是该方法对由线路阻抗变化而引起的谐振频率变化敏感，并且在调试之前可能需要参数识别技术。同时在弱电网情况下，并网模型中电感感抗的存在也会影响谐振频率的改变，对传统有源阻尼控制方法提出了挑战。以上这些情况都会造成谐振峰发生偏移，此时设计的陷波器频率不能准确地对准谐振峰。因此，使用基于 FIR 滤波器的分数阶零相位陷波器及设计方法，设计结构简单，可以将谐波频率点设置在任意频率处。

一、基于重复控制的零相位陷波器

RC 框图如图 7-1 所示，其中，$Q(z)$ 的作用是提高系统的稳定性，通常可选取低通滤波器或者小于 1 的常数；$Q(z)z^{-N}/[1-Q(z)z^{-N}]$ 是重复控制的内模，其中 z^{-N} 为时间延迟，$N=f_s/f_g$，即一个周期的采样次数 N 等于采样频率 f_s 比上基波频率 f_g；k_r 为重复控制增益和 $Q(z)$ 共同优化控制系统；$Y^*(z)$ 、$Y(z)$ 和 $E(z)=Y^*(z)-Y(z)$ 分别为参考输入信号、输出信号和误差信号；$D(z)$ 、$S(z)$ 和 $P(z)$ 分别为干扰信号、补偿器和被控对象，通常由低通滤波器和补偿器组成，用来补偿被控对象 $P(z)$ 的幅频特性。

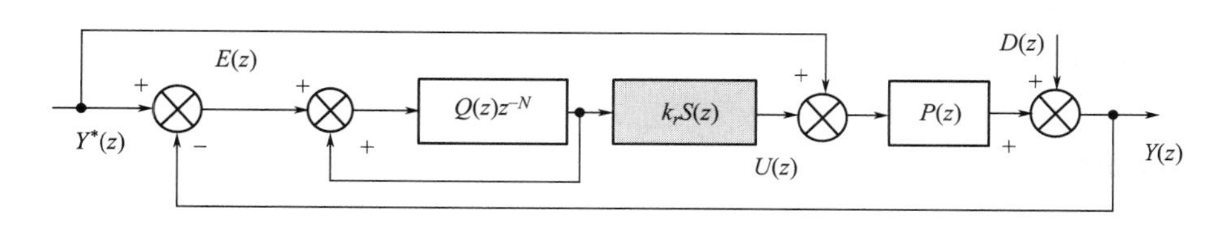

图 7-1　重复控制系统框图

为了实现精准补偿，$S(z)$ 可以被设计为：

$$S(z)=z^m S_1(z)S_2(z) \tag{7-1}$$

如图 7-2 所示，$S_1(z)$ 为零相位陷波器，用来抑制被控对象的谐振峰，确保系统的稳定性；$S_2(z)$ 为低通滤波器，用来抑制高频谐波，提高系统的稳定性；z^m 为相位超前补偿，提供相位角 $\theta=m(\omega/\omega_N)\times180°$，在奈奎斯特频率 ω_N 可提供 $m\times180°$ 的相位角用来补偿 $P(z)$ 和 $S(z)$ 的相位滞后。

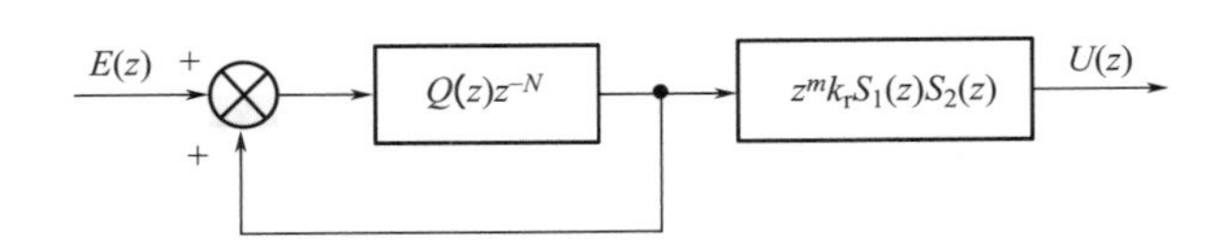

图 7-2 RC 的控制框图

（一）零相位滤波器 RC 稳定性分析

由图 7-1 和图 7-2 可得，误差 $E(z)$ 的表达式为：

$$E(z)=\frac{[1-P(z)][1-Q(z)z^{-N}]}{1-Q(z)z^{-N}[1-k_r z^m S_1(z)S_2(z)P(z)]}Y^*(z)+\frac{[1-Q(z)z^{-N}]}{1-Q(z)z^{-N}[1-k_r z^m S_1(z)S_2(z)P(z)]}D(z) \tag{7-2}$$

根据最小增益定理，得 $|z^N|=1$。系统稳定的充分条件是：

$$|Q(z)[1-k_r z^m S_1(z)S_2(z)P(z)]|<1,\ \forall z=e^{j\omega T},0<\omega<\pi/T \tag{7-3}$$

从稳定性公式（7-3）可以得到，RC 增益 k_r、补偿器 $S(z)$ 和 $Q(z)$ 参数都将影响系统的稳定性，需要详细设计。

（二）零相位滤波器 RC 谐波抑制分析

定义 $H(z)=Q(z)[1-k_r z^m S_1(z)S_2(z)P(z)]$，由公式（7-2）可得，$|H(e^{j\omega T})|$ 越小，误差收敛速度越快。理论上，如果 $|H(e^{j\omega T})|=0$，跟踪误差 $E(z)$ 能够消除任意周期谐波。然而在实际中，$|H(e^{j\omega T})|$ 通常在通频带 $Q(e^{j\omega T})$ 内被设计为接近于 0。误差收敛速度和稳态跟踪误差也是衡量控制方法性能的重要指标。当谐波频率是基波频率的整数倍时，可得稳态误差表达式：

$$|E(e^{j\omega T})|=\left|\frac{[1-P(e^{j\omega T})][1-Q(e^{j\omega T})]}{1-H(e^{j\omega T})}\right||Y^*(e^{j\omega T})|+\left|\frac{1-Q(e^{j\omega T})}{1-H(e^{j\omega T})}\right||D(e^{j\omega T})| \tag{7-4}$$

从公式（7-4）得到，$|1-Q(e^{j\omega T})|/|1-H(e^{j\omega T})|$ 是控制器在稳态下的谐波衰减能力，其值越小，受扰动干扰越小，则系统具有好的谐波抑制性能。

二、基于 PIMR 控制的零相位陷波器

为改善重复控制的动态响应，采用 RC 并联 P 的 PIMR 控制方法，比例环节不仅提高了系统的动态响应，而且提高了重复控制的增益 k_r 值，因此也加快了系统的误差收敛速度。PIMR 控制器由比例环节 k_p 和重复控制 RC 并联组成，其中 RC 用于消除谐波，比例环节 k_p 用于改善动态响应，提高 RC 的控制增益 k_r，加快误差收敛速度，且提高系统稳定性。使用陷波器的有源阻尼控制算法的框图如图 7-3 所示，图中被控对象 LCL 型滤波器 $P(z)$ 使用陷波器 $G_{notch}(z)$ 方法来抑制峰，比例通道 k_p 使用二阶低通滤波器 $G_{trap}(z)$ 来消除谐振峰。

（一）零相位滤波器 PIMR 稳定性分析

如图 7-3 所示，PIMR 的稳态误差为：

$$E(z)=\frac{1}{1+[G_{rc}(z)+k_pG_{trap}(z)]P(z)}[I_{rg}(z)-U_g(z)] \tag{7-5}$$

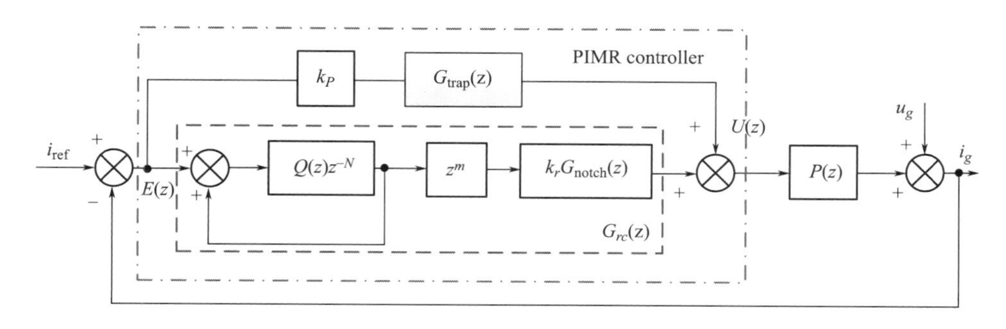

图 7-3　基于陷波器的有源阻尼控制框图

公式（7-5）的特征多项式为：

$$\begin{aligned}1+[G_{rc}(z)+k_pG_{trap}(z)]P(z)&=1+G_{rc}(z)P(z)+k_pG_{trap}(z)P(z)\\&=[1+k_pG_{trap}(z)P(z)]\left[1+\frac{G_{rc}(z)P(z)}{1+k_pG_{trap}(z)P(z)}\right]\\&=[1+k_pG_{trap}(z)P(z)][1+G_{rc}(z)P_n(z)]\end{aligned}\tag{7-6}$$

其中，$G_{rc}(z)=\dfrac{Q(z)z^{-N}}{1-Q(z)z^{-N}}z^mk_rG_{notch}(z)$，$P_n(z)=\dfrac{P(z)}{1+k_pG_{trap}(z)P(z)}$。

因此，系统稳定需要满足两个条件，分别为：① $1+k_pG_{trap}P(z)=0$ 的根在单位圆内；② $|1+G_{rc}(z)P_n(z)|\neq 0$。条件②通过进一步化简，得到公式：

$$|1-Q(z)z^{-N}[1-k_rz^mG_{notch}P_n(z)]|\neq 0\tag{7-7}$$

由最小增益得 $|z^N|=1$，进一步推导得：

$$|Q(z)[1-k_rz^mG_{notch}P_n(z)]|<1,\forall z=e^{j\omega T},0<\omega<\pi/T\tag{7-8}$$

不等式（7-8）说明在 $|1/Q(e^{j\omega T})|$ 为半径的单位圆，当 ω 从 0 到奈氏频率时，若向量 $k_re^{j\omega mT}G_{notch}(e^{j\omega T})P_n(e^{j\omega T})$ 在单位圆内则 PIMR 系统稳定。定义 $N_{p_n}(\omega)$ 和 $\theta_{p_n}(\omega)$ 分别为 $P_n(z)$ 的幅频特征和相频特性，$N_{Gnotch}(\omega)$ 和 $\theta_{Gnotch}(\omega)$ 分别为 G_{notch} 的幅频特征和相频特性。根据欧拉公式，稳定性的幅频特性表达式（7-8）得到：

$$|\theta_{notch}(\omega)+\theta_{p_n}(\omega)+m\omega|<90^\circ\tag{7-9}$$

（二）零相位滤波器 PIMR 谐波抑制性能分析

如图 7-3 所示，扰动信号 $D(z)$ 到误差信号 $E(z)$ 的传递函数为：

$$\begin{aligned}\frac{E(z)}{D(z)}&=\frac{-1}{1+[G_{rc}(z)+k_pG_{trap}(z)]P(z)}=\frac{-1}{1+\left[\dfrac{Q(z)z^{-N}}{1-Q(z)z^{-N}}k_rz^mG_{notch}(z)+k_pG_{trap}(z)\right]P(z)}\\&=\frac{1-Q(z)z^{-N}}{1-\{Q(z)z^{-N}[1-k_rz^mG_{notch}(z)P(z)]-P_0(z)\}}\end{aligned}\tag{7-10}$$

其中，$P_0(z)=k_pG_{trap}(z)P(z)[1-Q(z)z^{-N}]$。

定义 $F(z)=Q(z)z^{-N}[1-k_rz^mG_{notch}(z)P(z)]-P_0(z)$，接着公式（7-10）可以表达为：

$$\left|\frac{E(e^{j\omega T})}{D(e^{j\omega T})}\right| = \left|\frac{1 - Q(e^{j\omega T})}{1 - F(e^{j\omega T})}\right| = l(\omega), \omega \to \omega_v \tag{7-11}$$

其中，$l(\omega)$ 为谐波衰减能力，$\omega_v = 2\pi f \cdot v$，$v = 0, 1, 2, \cdots, V$。公式（7-11）中，$l(\omega)$ 的大小表示谐波抑制能力。显然，$l(\omega)$ 越小，对扰动信号的衰减性能越好。

当 $Q(e^{j\omega T}) = 1$，$l(\omega) = 0$，$\omega \to \omega_v$，此时：

$$\lim_{\omega \to \omega_v} |E(e^{j\omega T})| = 0 \tag{7-12}$$

当 $Q(e^{j\omega T}) \neq 1$，此时：

$$|E(e^{j\omega T})| = l(\omega) = \left|\frac{1 - Q(e^{j\omega T})}{1 - F(e^{j\omega T})}\right| |D(e^{j\omega T})|, \omega \to \omega_v \tag{7-13}$$

根据公式（7-13），$|F(e^{j\omega T})|$ 值越小，跟踪误差越小。

三、分数阶零相位陷波器的实现方法

零相位陷波器适用于校正滤波器的谐振峰，当陷波滤波器以数字形式实现时，需要离散化，离散陷波滤波器的中心频率可能发生偏移。采样频率越小，中心频率偏移越明显。增加采样频率可以减少偏移，但是这种方法需要更高性能的硬件。由于陷波频率对离散化方法敏感，陷波频率位置的轻微误差会导致抑制 LCL 型滤波器谐振峰值的能力下降。实际上，较小的陷波频率偏差会对有源阻尼性能造成影响，在 s 域中设计陷波器，必须采用适当的离散化方法。而直接在 z 域中设计陷波滤波器，可以减少离散化方法引入的相位和幅度误差。设计的零相位陷波滤波器公式可表示为：

$$G_{notch}(z) = a_1 z^{-r} + a_2 z^{r} + a_0 \tag{7-14}$$

式中：$a_1 = a_2$，$a_1 + a_2 + a_0 = 1$，r 为陷波器的阶数。由于 $z = e^{j\omega T} = e^{j\theta}$，因此：

$$\begin{aligned} G_{notch}(\theta) &= a_1\cos(r\theta) - a_1 j\sin(r\theta) + a_0 + a_1\cos(r\theta) + a_1 j\sin(r\theta) \\ &= 2a_1\cos(r\theta) + a_0 \end{aligned} \tag{7-15}$$

令 $G_{notch}(\theta) = 0$，得到 $2a_1\cos(r\theta) + a_0 = 0$，取 $a_0 = 0.5$，则 $a_1 = a_2 = 0.25$，$r\theta = \pi$，表达式为：

$$G_{notch}(z) = 0.25z^{-r} + 0.5 + 0.25z^{r} \tag{7-16}$$

在配电系统中，由于其固有的阻尼，因此不能忽略电网电阻的影响。电网侧电感的变化将改变谐振频率，滤波器谐振频率的偏移会导致系统电压和电流的谐波失真，从而使陷波滤波器的效率降低。由于控制系统的稳定性对谐振频率变化很敏感，为了保证闭环系统的稳定性，传统的陷波频率必须设计为小于 LCL 型滤波器的谐振频率，这有助于将陷波频率设计在谐振频率之下，以增加系统稳定性[1]。但是，为了提高陷波器的陷波效果，本章将陷波器的阶数采取分数延迟的方法，保留小数点后一位。

（一）FIR 滤波器实现

FIR 滤波器使用最平坦滤波器法。如果分数相位延迟环节为 $H(z) = z^{-r}$，那么其可以用一个 M 阶 FIR 滤波器近似：

$$H(z) = \sum_{n=0}^{M} h(n) z^{-n} \tag{7-17}$$

如果分数相位延迟环节为 $H^*(z) = z^{r}$，则实现方式为：

$$H^*(z) = \sum_{n=0}^{M} h(n) z^n \tag{7-18}$$

其中，$h(n)$ 为系数，表达式为：

$$h(n) = \prod_{M} \frac{r-k}{n-k} \quad n = 0,1,2,\cdots,M \tag{7-19}$$

当 $r \to M/2$，FIR 滤波器的插值效果最好[2]。以分数延迟 $r=0.5$ 为例，1 阶和 2 阶滤波器的延迟 $d=0.5$，3 阶和 4 阶滤波器的延迟 $d=1.5$，5 阶和 6 阶滤波器的延迟 $d=2.5$。当 FIR 滤波器的阶数 M 分别为 1、2、3、4、5、6 时，$z^{-0.5}$ 的频率响应图如图 7-4 所示。横坐标为归一化频率，理想的延迟响应幅频为 1，相频为严格的线性相位。当阶数为奇数时，相频响应为严格的线性相位，但幅频响应的带宽较低；当阶数为偶数时，幅频响应的带宽比奇数阶宽，但相频响应为非线性。3 阶 FIR 滤波器具有相对较长的幅频为 1 的特性，且计算量不大，因此选 3 阶来实现分数延迟。

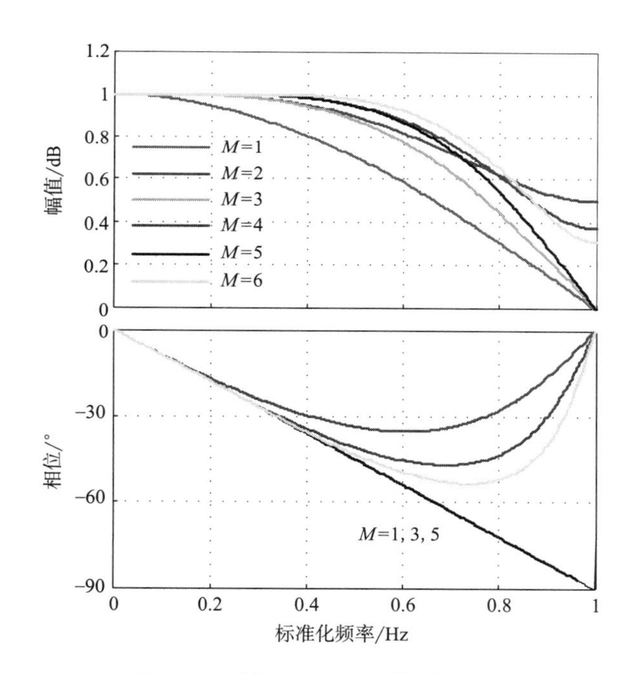

图 7-4　$z^{-0.5}$ 的 FIR 滤波器频率响应

（二）IIR 滤波器实现

IIR 滤波器采用全通滤波器的最大平坦群延迟方法设计。若分数相位延迟环节为 $H(z)=z^{-r}$，那么其可以用 IIR 滤波器近似：

$$A(z) = \frac{z^{-M}D(z^{-1})}{D(z)} = \frac{a_n + a_{n-1}z^{-1} + \cdots + a_1 z^{-(M-1)} + z^{-M}}{1 + a_1 z^{-1} + \cdots + a_{M-1} z^{-(M-1)} + a_n z^{-M}} \tag{7-20}$$

式中：a_k 为系数，可以表示为：

$$a_k = (-1)^k \binom{M}{k} \prod_{n=0}^{M} \frac{D-M+n}{D-M+k+n} \quad k = 0,1,2,\cdots,N \tag{7-21}$$

式中：二项式系数 $\binom{M}{k}=\dfrac{M!}{k!\ (M-k)!}$。

分数超前环节 $A^*(z)$ 的表达式为：

$$\begin{aligned}A^*(z)&=\frac{z^M D(z)}{D(z^{-1})}\\&=\frac{a_n+a_{n-1}z+\cdots+a_1z^{(M-1)}+z^M}{1+a_1z+\cdots+a_{N-1}z^{(M-1)}+a_nz^M}\end{aligned}\tag{7-22}$$

公式（7-22）中的系数 a_k 同公式（7-21）。

IIR 滤波器的近似延迟 $D=M+r$。例如，当分数延迟 $r=0.5$ 时，1 阶、2 阶、3 阶、4 阶、5 阶和 6 阶滤波器的延迟分别为 $D=1.5$、$D=2.5$、$D=3.5$、$D=4.5$、$D=5.5$ 和 $D=6.5$。当 IIR 滤波器的阶数 M 分别为 1、2、3、4、5、6 时，$z^{-0.5}$ 的频率响应图，如图 7-5 所示。横坐标为归一化频率，当阶数从 1 阶取到 6 阶时，幅频响应都为 1，但是，相频响应为非线性，且阶数越低相频越非线性，不易设计。

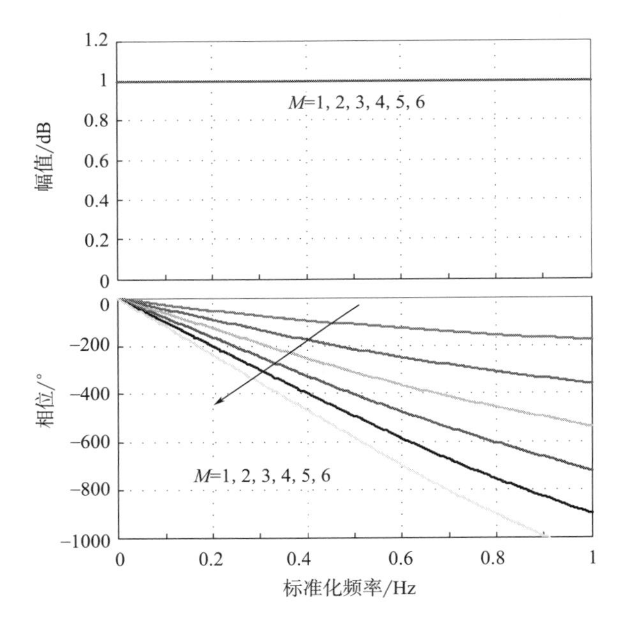

图 7-5　$z^{-0.5}$ 的 IIR 滤波器频率响应

从以上分析可得，FIR 滤波器具有严格的线性相位，缺点是需要设计的参数多，计算量大；IIR 滤波器具有幅频始终为 1 的优点，但是非线性的相频特性导致设计复杂。FIR 滤波器为有限的脉冲响应，其输出只和最近的信号值有关；而 IIR 滤波器为无限的脉冲响应，其输出信号与过去的信号值有关。FIR 滤波器的传函极点固定不变，其性能由零点改变，不存在稳定性问题，但当需要高的标准时，需要高阶才可实现；IIR 滤波器的传函极点和零点均可变，只要极点在单位圆内即可满足稳定性限制，低阶即可满足高的要求标准，但是好的效果需要以更差的相位特性为代价。FIR 滤波器应用更加灵活，可用于信号处理等设备；IIR 滤波器通常应用于通信等不严格要求相位的地方。综上分析，为了补偿整个系统的相位滞后，通常在 RC 方案中结合使用相位超前补偿器。线性相位超前补偿作为一种实用而有效的设计方法，可以显著提高 RC 性能。因此本文选择具有严格相性相位的 FIR 滤波器应用于逆变器系统中。

基于 FIR 滤波器的分数阶零相位数字陷波器的设计方法的具体设计步骤如下：

（1）根据目标陷波频率点频率，设计分数阶零相位数字陷波器的阶数 r 。

（2）根据陷波频率点处的衰减值和陷波带的大小，设计 FIR 滤波器的阶数，进而通过拉格朗日插值法设计基于 FIR 滤波器的分数延迟环节 z^{-r}。

（3）设计分数相位超前环节 z^{r}，将分数延迟环节 z^{-r} 中的延迟算子 z^{-1} 替换为超前算子 z，得到分数超前环节 z^{r}。

第二节 基于分数阶零相位陷波器的 RC 在独立逆变器中的应用

重复控制 RC 是基于内模原理提高逆变器性能的有效方法，具有较低的总谐波失真和较低的稳态误差。为了解决 LC 滤波器的谐振问题，使用有源阻尼的零相位数字陷波器法。在低采样频率的情况下，受数字采样的限制，传统的零相位陷波器只能取整数阶，陷波频率可能和谐振频率不完全吻合，影响系统稳定性。因此，提出了基于 FIR 滤波器的分数阶零相位陷波器以实现更宽的稳定裕度、较小的跟踪误差和较低的 THD 值。

一、基于 RC 控制方案的 LC 独立逆变器模型

引起输出电压失真的重复性干扰可用 RC 控制，基于重复控制器的单相 PWM 逆变器模型如图 7-6 所示。其中，U_{dc} 为直流母线电压，Q_1~ Q_4 为绝缘栅双极晶体管，LC 型滤波器由滤波电感 L 和滤波电容 C 组成，R 为电阻负载；i_L 为电感电流，i_C 为电容电流，i_0 为输出电流，u_{in} 为滤波器输入电压，u_0 为输出电压；L_r ，C_r ，R_r 为整流负载；参考电压 u_{ref} 与 u_0 的误差信号流入重复控制器进行调节得到开关管的控制信号。

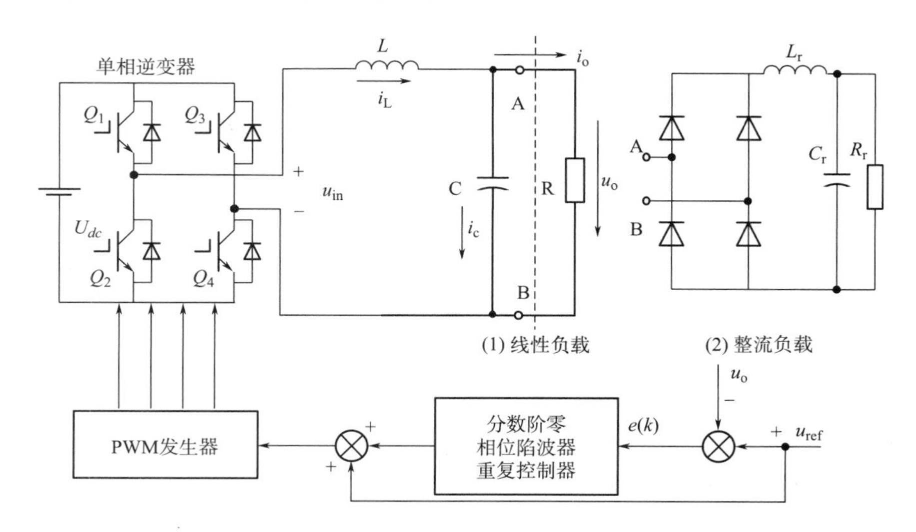

图 7-6 基于 RC 控制方案的 LC 独立逆变器模型

以 i_L 和电容电压 u_C 为状态变量的状态空间方程是：

$$\begin{bmatrix} \dot{i}_L \\ \dot{u}_C \end{bmatrix} = \begin{bmatrix} -r/L & -1/L \\ 1/C & 0 \end{bmatrix} \begin{bmatrix} i_L \\ u_C \end{bmatrix} + \begin{bmatrix} 1/L & 0 \\ 0 & -1/C \end{bmatrix} \begin{bmatrix} u_{inv} \\ i_0 \end{bmatrix} \tag{7-23}$$

可得，被控对象的传函为：

$$P(s) = \frac{R}{RLCs^2 + (L + RCr)s + R + r} \tag{7-24}$$

LC 独立逆变器的参数如表 7-1 所示，当负载 $R \in [10, \infty)\Omega$ 时，被控对象的伯德图如图 7-7 所示。可以看出在谐振频率 $f_{res} = 545\text{Hz}$，逆变器输出负载开环即 $R \to \infty$ 时，谐振峰最高，同时相位发生-180°跳变。此时的谐振峰抑制效果更具有特征性，传函为：

$$P(s) = \frac{1}{LCs^2 + Crs + 1} \tag{7-25}$$

表 7-1 LC 独立逆变器参数设置

LC 滤波器参数	频率	阻性负载	线性负载
$L=1.5\text{mH}$	采样频率：$f_s=4\text{kHz}$	$R=25\Omega$	$L_r=2.2\text{mH}$
$r=0.1\Omega$	开关频率：$f_{sw}=4\text{kHz}$		$C_r=2000\mu\text{F}$
$C=50\mu\text{F}$			$R_r=25\Omega$

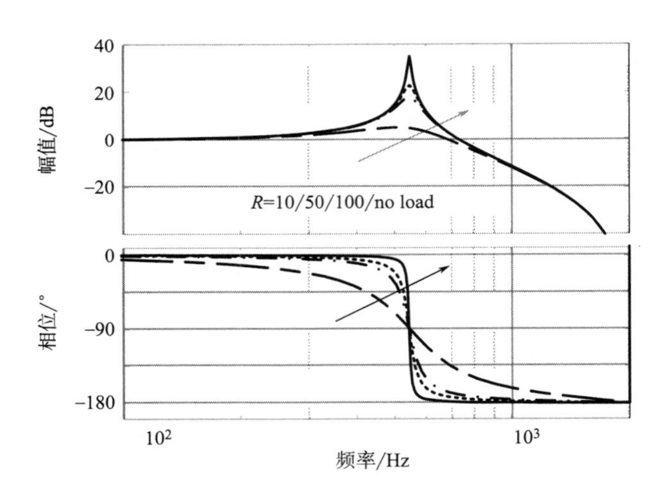

图 7-7 不同负载下的被控对象伯德图

使用 Tustin 离散化方法，代入参数得：

$$P(z) = \frac{0.1712z^2 + 0.3425z + 0.1712}{z^2 - 1.301z + 0.9863} \tag{7-26}$$

二、基于 RC 控制方案的 LC 独立逆变器参数设计

（一）重复控制内模系数 $Q(z)$

如果系统稳定，则最终到达平衡点时，稳态下的误差必须为零。重复控制可以看作基于

基波周期的积分控制，在实践中，通常会结合滤波器 $Q(z)$ 使用，修改后的内部模型不再是纯粹的积分控制。$Q(z)$ 以非零稳态误差为代价，有效地增加了稳定性裕度。$Q(z)$ 通常放在 RC 的正反馈通道上，可以选择方便设计的小于 1 的常数。图 7-8 给出 $Q(z)$ 取 0.9、0.97 和 1 三种情况下 RC 的频率特性伯德图。当内模中选取的常数为 0.9 时，RC 在谐振频率处的增益下降。而此时，在谐振频率处的带宽和相位裕度均增加，利于系统的稳定。因此，为兼顾稳定性和稳态误差两方面，$Q(z)$ 值选取 0.97。

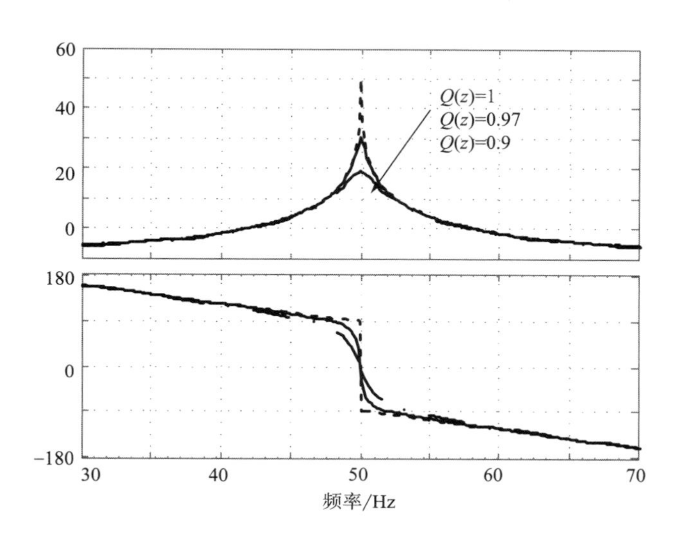

图 7-8　$Q(z)$ 小于 1 的重复控制伯德图

（二）重复控制增益 k_r

k_r 取不同值时重复控制的开环伯德图幅频特性如图 7-9 所示，当提高 k_r 值时，重复控制在各个频率处的谐振增加，当取值较小时，在基波及其倍频处仍有较高的增益。k_r 对误差收敛速度影响较大，其值越大，误差收敛越快。为了克服重复控制的动态响应速度慢的特点[3]，此时，k_r 值取 1。

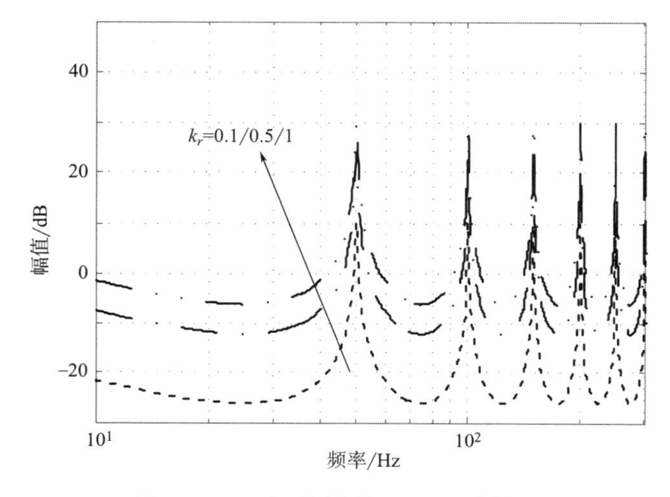

图 7-9　k_r 取不同值的 RC 开环伯德图

（三）分数阶零相位陷波器 S_1（z）

如图 7-7 所示，LC 型滤波器的谐振峰频率 f_r = 545Hz，带入陷波阶数公式可得：

$$r=\frac{\pi}{\theta}=\frac{\pi}{\omega_r T}=\frac{\pi}{2\pi f_r T}\approx 3.7 \tag{7-27}$$

当 r 取 3.7 时，传统的零相位陷波器通常采用四舍五入的方法，取整数陷波阶数 3 或者 4。陷波器的有源阻尼法的缺点是对谐振频率的变化较敏感，若取近似值，将阻碍与谐振峰的对准。采用 FIR 滤波器法，将零相位陷波器的阶数多取小数点后一位，可提高对准度。取 FIR 型滤波器的阶数为 3，分数相位延迟环节 $z^{-3.7}$ 的实现公式为：

$$\begin{aligned}z^{-3.7}&=z^{-2}z^{-1.7}\approx z^{-2}\cdot[h(0)+h(1)z^{-1}+h(2)z^{-2}+h(3)z^{-3}]\\&=z^{-2}(-0.0455+0.3315z^{-1}+0.7735z^{-2}-0.0595z^{-3})\\&=-0.0455z^{-2}+0.3315z^{-3}+0.7735z^{-4}-0.0595z^{-5}\end{aligned} \tag{7-28}$$

分数相位超前环节 $z^{3.7}$ 的实现公式为：

$$\begin{aligned}z^{3.7}&=z^{2}z^{1.7}\approx z^{2}\cdot[h(0)+h(1)z^{1}+h(2)z^{2}+h(3)z^{3}]\\&=z^{2}(-0.0455+0.3315z^{1}+0.7735z^{2}-0.0595z^{3})\\&=-0.0455z^{2}+0.3315z^{3}+0.7735z^{4}-0.0595z^{5}\end{aligned} \tag{7-29}$$

当 $r=3$，$r=4$ 和 $r=3.7$ 的伯德图消除谐振峰的效果如图 7-10 所示。被控对象的谐振峰值在 40dB 左右，3 阶陷波器在此频率处提供-20dB 的陷波幅值，4 阶陷波器提供-30dB 的陷波幅值。而分数阶陷波器可准确对准谐振峰，幅值接近-50dB，可将谐振峰值抑制到 0dB 以下。

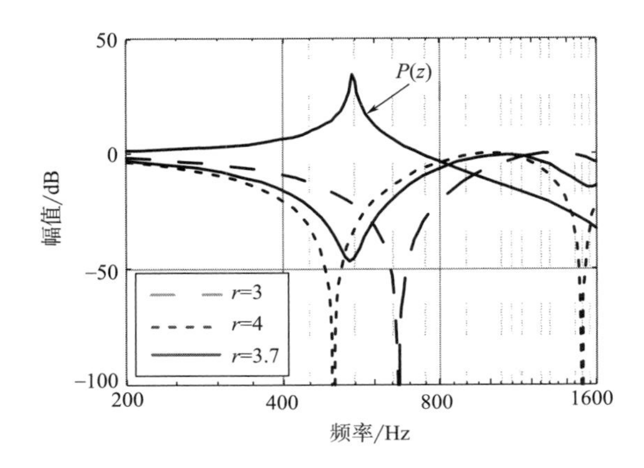

图 7-10　$r=3$、$r=4$ 和 $r=3.7$ 的零相位陷波器伯德图

（四）低通滤波器 S_2（z）

$S_2(z)$ 用于优化系统的开环幅频特性，对高频信号衰减强，可增强系统的抗干扰能力。通常选择 2 阶低通滤波器形式为：

$$S_2(s)=\frac{\omega_n^2}{s^2+2\xi\omega_n s+\omega_n^2} \tag{7-30}$$

其中，ξ 为阻尼比，选为 1。由于系统接整流负载时含有奇次谐波，因此选择截止频率在 13 次谐波处：$\omega_n=13\times 2\times\pi\times f_g=4084r/s$，使用 Tustin 离散方法得：

$$S_2(z)=\frac{0.1142z^2+0.2284z+0.1142}{z^2-0.6481z+0.105} \tag{7-31}$$

图 7-11 是低通滤波器 $S_2(z)$ 的特性图，频率在 300Hz 以内，2 阶低通滤波器一直保持 0dB 的幅频响应，在高频段有良好的衰减性能。然而此时，相位出现严重的滞后现象，因此需要设计相位超前补偿用来改善相位滞后。

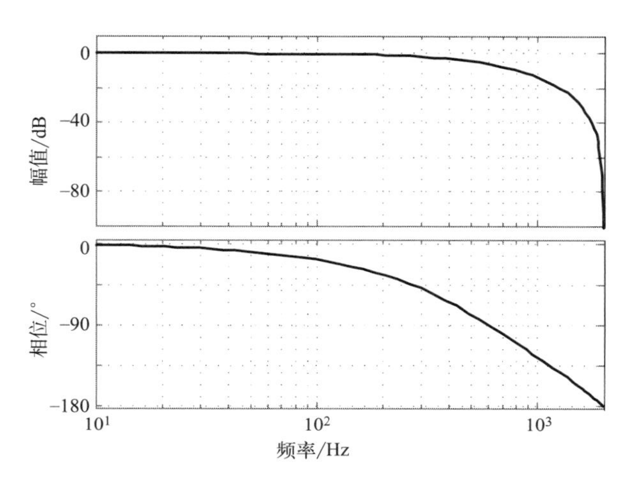

图 7-11　低通滤波器 $S_2(z)$ 的伯德图

（五）相位超前补偿 z^m

相位超前补偿主要补偿被控对象和补偿器造成的相位滞后，画出如图 7-12 所示 $z^mS_1(z)S_2(z)P(z)$ 的相位图。零相位陷波器 $S_1(z)$ 的相位是零，因此不改变整体的相位特性，不影响相位超前补偿拍数的选择。不精确的相位超前补偿拍数 m，会降低 RC 控制性能，甚至造成系统不稳定。超前补偿拍数为 3 或 5 时，相位略超过了-90°或 90°，不满足 RC 稳定性条件公式。应选择相位角度更接近于零相位且相位偏差最小的拍数，因此 m 值选 4。

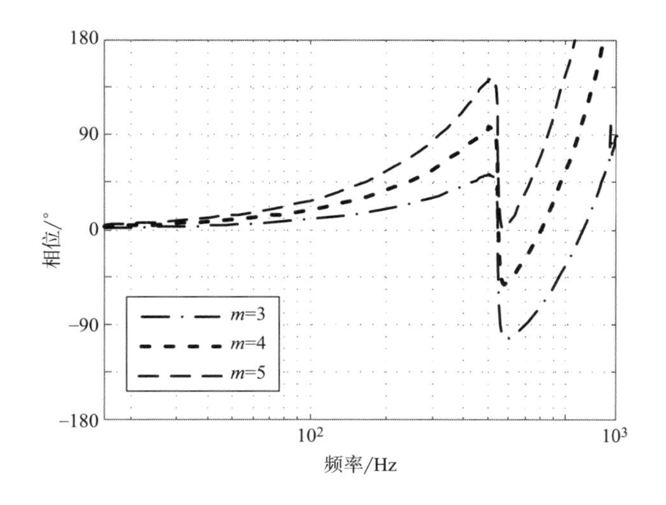

图 7-12　m 取不同值 $z^mS_1(z)S_2(z)P(z)$ 的相频特性

（六）分数阶和整数阶陷波器设计参数后的对比

根据重复控制稳定性公式（7-3），画出零相位陷波器的阶数 r 分别取整数和分数对应的 $|Q(z)[1-k_r z^m S(z)P(z)]|$ 奈奎斯特图。从图 7-13 可以看出，当零相位陷波器的阶数为 3 时，奈奎斯特图超出单位圆，不满足系统的稳定性条件。当陷波器的阶数为 4 时，虽然轨迹在单位圆内，但分数阶零相位陷波器的轨迹更接近单位圆。这是因为分数阶陷波器的陷波频率和谐振峰吻合度更高，提高了系统的稳定性和谐波抑制能力。

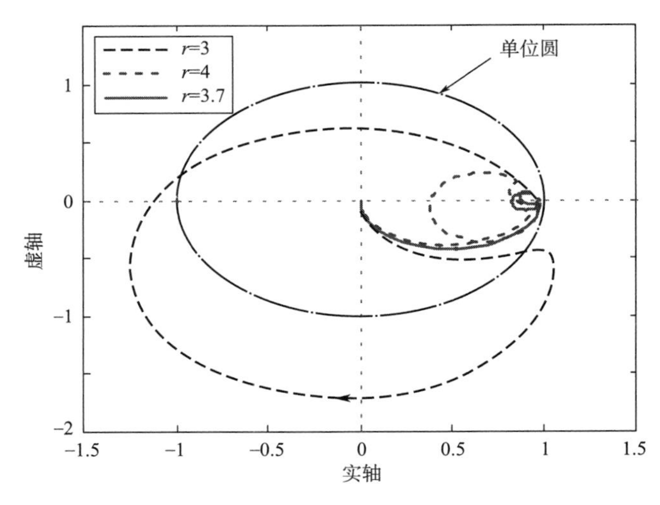

图 7-13　$r=3$、$r=4$ 和 $r=3.7$ 对应的奈奎斯特图

三、实验及结果分析

由以上分析可得，参数选择如下：重复控制内模 $Q(z)=0.97$，重复控制增益 $k_r=1$，相位超前补偿 z^m 的超前拍数 $m=4$，低通滤波器 $S_2(z)$ 选择 $S_2(z)=(0.1142z^2+0.2284z+0.1142)/(z^2-0.6481z+0.105)$，零相位陷波滤波器 $S_1(z)$ 分别选择阶数 $r=3$、$r=4$ 和 $r=3.7$。

1. 空载情况下

从图 7-14～图 7-16 可以看出，整数和分数的在空载情况下的电压谐波抑制均较好，THD 分别为 1.69%、1.68% 和 1.59%。分数阶零相位陷波器对高频奇次谐波的抑制效果更好。

2. 线性负载情况下

图 7-17～图 7-19 可以看出，在线性负载情况下，整数阶 3 和 4 的零相位陷波器在 11 次谐波时，单次谐波含量均接近 1%，而分数阶零相位陷波器的 11 次谐波含量下降到 0.25%左右，且分数阶的 THD 值为 1.69%，小于整数阶的 THD 值 1.90%和 1.94%。

3. 非线性负载情况下

从图 7-20～图 7-22 的非线性负载实验结果可以看出，分数阶零相位陷波器的谐波总含量为 3.52%，小于整数阶零相位陷波器的 THD 值 3.66%和 3.72%。表明分数阶零相位陷波器对高频奇次谐波的抑制效果比整数阶更好。

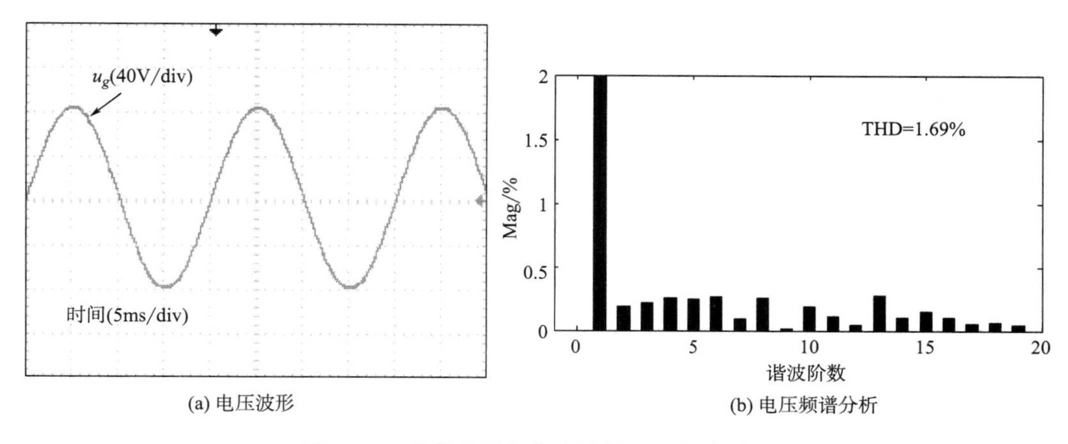

(a) 电压波形　　(b) 电压频谱分析

图 7-14　整数阶零相位陷波器 $r=3$ 的波形图

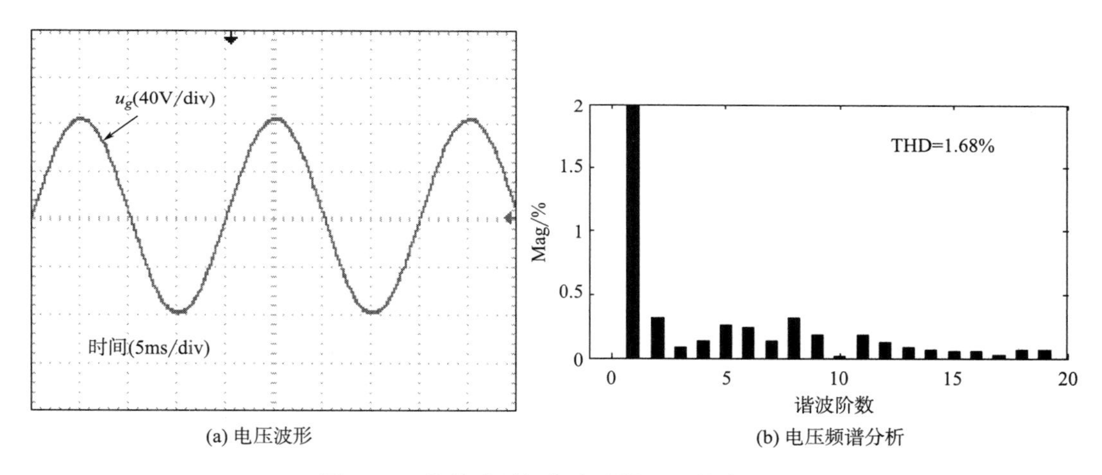

(a) 电压波形　　(b) 电压频谱分析

图 7-15　整数阶零相位陷波器 $r=4$ 的波形图

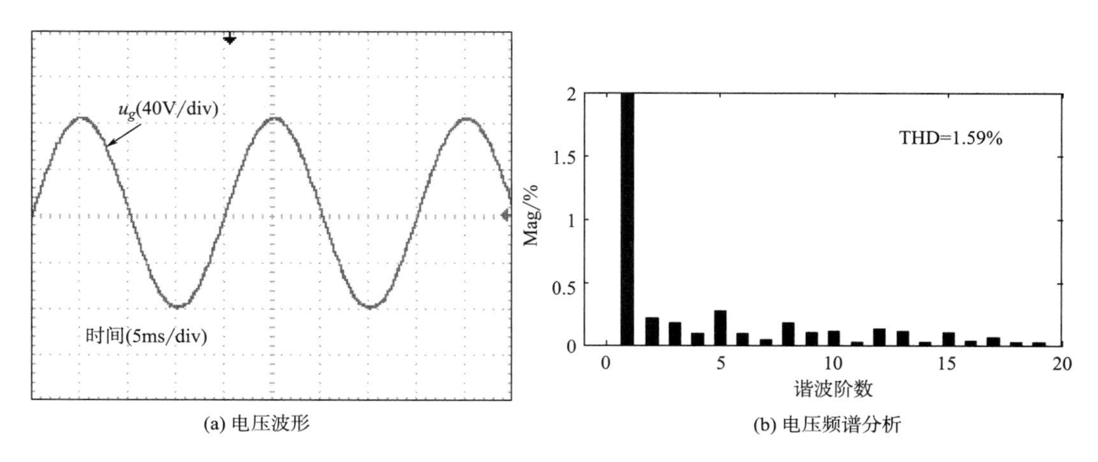

(a) 电压波形　　(b) 电压频谱分析

图 7-16　分数阶零相位陷波器 $r=3.7$ 的波形图

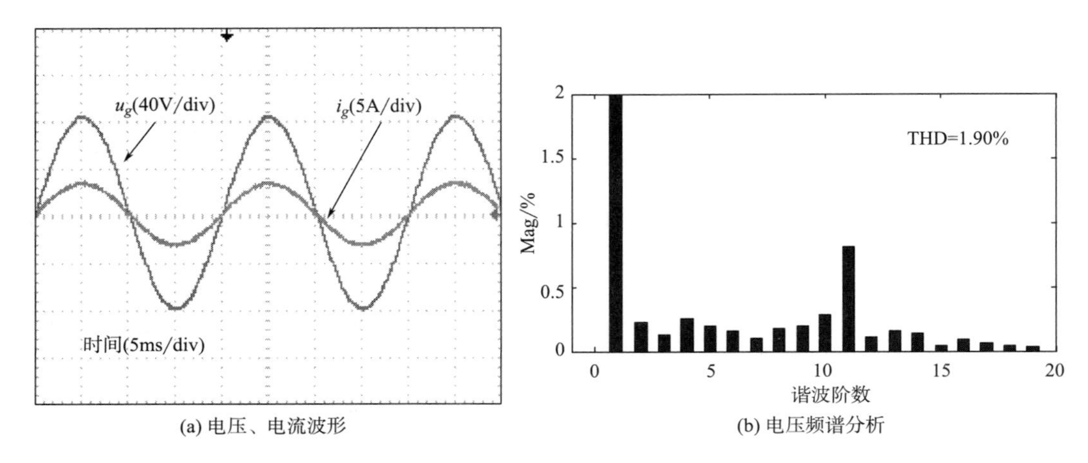

(a) 电压、电流波形　　(b) 电压频谱分析

图 7-17　整数阶零相位陷波器 $r=3$ 的波形图

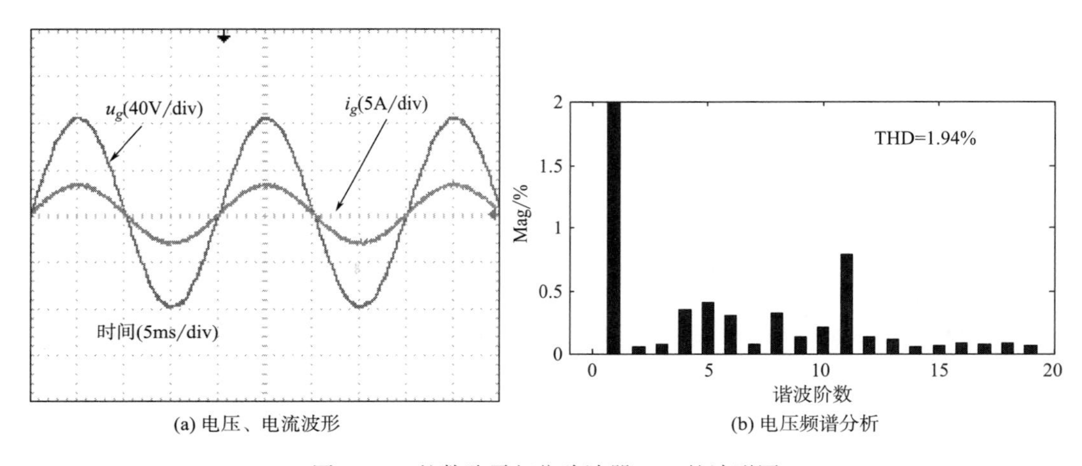

(a) 电压、电流波形　　(b) 电压频谱分析

图 7-18　整数阶零相位陷波器 $r=4$ 的波形图

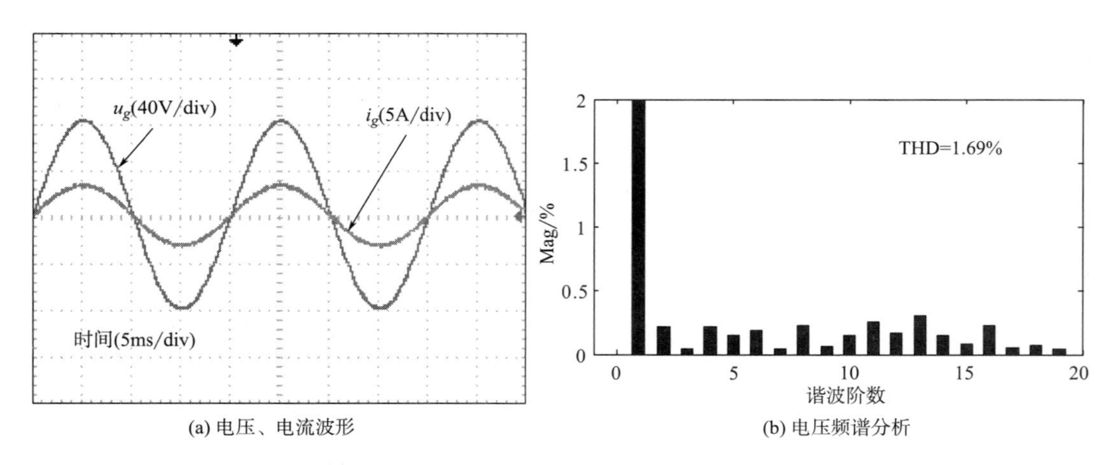

(a) 电压、电流波形　　(b) 电压频谱分析

图 7-19　分数阶零相位陷波器 $r=3.7$ 的波形图

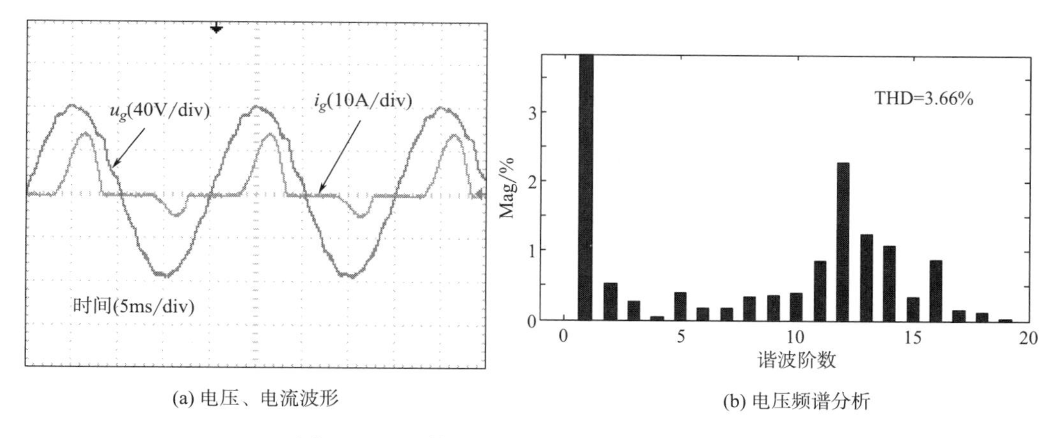

(a) 电压、电流波形 (b) 电压频谱分析

图 7-20 整数阶零相位陷波器 $r=3$ 的波形图

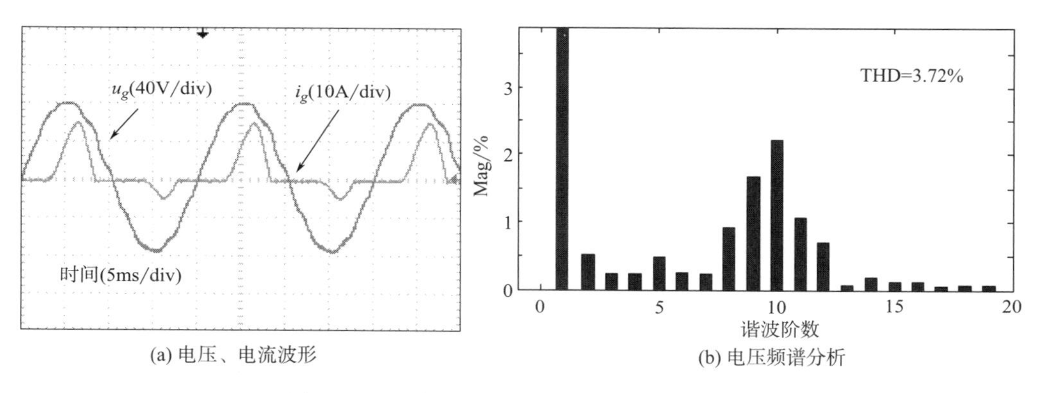

(a) 电压、电流波形 (b) 电压频谱分析

图 7-21 整数阶零相位陷波器 $r=4$ 的波形图

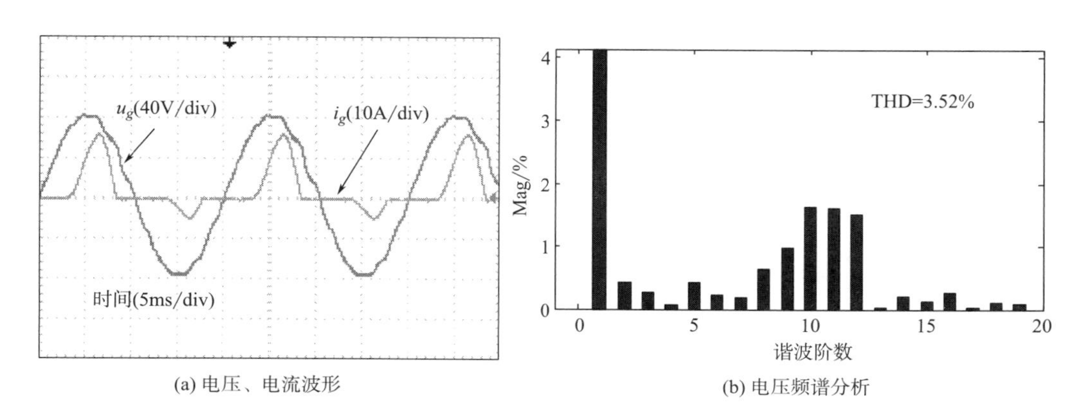

(a) 电压、电流波形 (b) 电压频谱分析

图 7-22 分数阶零相位陷波器 $r=3.7$ 的波形图

通过以上实验可得，分数阶零相位陷波器因能精确对准谐振峰，相比整数阶零相位陷波器具有较低的 THD 值，提高了系统的稳定性能和跟踪性能。在 RC 中，分数阶零相位陷波滤

波器采用 FIR 滤波器，将陷波滤波器的阶数 r 从整数扩展到小数点后一位，增加了稳定裕度。分数阶零相陷波滤波器可将陷波频率点设置在任意频率，对准 LC 滤波器的谐振峰，抑制更多的谐波，以获得更高的跟踪精度和更低的 THD 值。

第三节　基于分数阶零相位陷波器的 PIMR 在并网逆变器中的应用

在并网逆变器的应用中，逆变器的功率转换是通过开关电源转换器实现的，其输出的电压中会存在谐波。因此，并网逆变器采用 LCL 型滤波器具有较小的体积和成本，且对开关频率谐波具有更好的衰减。考虑到 LCL 型滤波器参数变化、电网阻抗变化和计算延迟，在 PIMR 控制算法的并网逆变器中，当零相位陷波器陷波频率与谐振峰不吻合时，采用分数阶零相位陷波器法消除 LCL 谐振峰。

一、基于 PIMR 控制方案的 LCL 并网逆变器模型

RC 内模存在固有的周期延迟，动态响应差，因此采用并联比例环节的复合控制方法比例积分多谐振 PIMR。基于 PIMR 控制器的单相并网逆变器如图 7-23 所示。

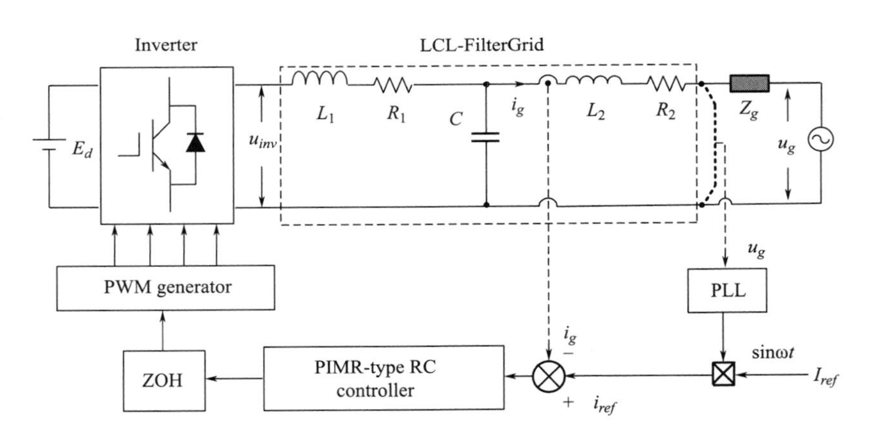

图 7-23　基于 PIMR 控制器的单相并网逆变器

图 7-23 结构中的 LCL 型滤波器模块中，L_1 是逆变侧电感，R_1 是电感 L_1 的等效电阻；L_2 是网侧电感，R_2 是电感 L_2 的等效电阻。电网模块中，Z_g 是电网的等效电阻。测量模块中，电网电流 i_g 和电网电压 u_g 是需要电网电流控制和 PLL 锁相环测量的变量。控制算法模块中，采用 PIMR 电流控制方法。LCL 并网逆变器参数设置如表 7-2 所示。为了补偿高频谐振极点，根据奈奎斯特定律，控制器的采样频率应高于谐振频率的两倍。因此，采样频率和 PWM 开关频率均为 10kHz。

根据图 7-23 和表 7-2，可得传递函数 $G_{LCL}(s)$ 为：

$$
\begin{aligned}
G_{LCL}(s) &= \frac{1}{L_1L_2CS^3 + (L_1R_2 + L_2R_1)CS^2 + (L_1 + L_2 + R_1R_2C)S + R_1 + R_2} \\
&= \frac{1}{7.271e^{-11}s^3 + 1.816e^{-8}s^2 + 0.0054s + 0.65}
\end{aligned} \tag{7-32}
$$

公式（7-32）采用 tustin 方法离散后，得 $G_{LCL}(z)$：

$$
G_{LCL}(z) = \frac{0.002z^3 + 0.005z^2 + 0.005z + 0.002}{z^3 - 2.281z^2 + 2.266z - 0.976} \tag{7-33}
$$

表 7-2　LCL 并网逆变器参数设置

LCL 型滤波器参数	频率	其他
$L_1=2.92$mH	采样频率：$f_s=10$kHz	直流母线电压：$E_{dc}=380$V
$R_1=0.19\Omega$	开关频率：$f_{sw}=10$kHz	开关管死区时间：3μs
$L_2=2.49$mH	电网频率：$f_g=50$Hz	—
$R_2=0.46\Omega$	—	—
$C=10\mu$F	—	—

LCL 型滤波器的频域和离散域传函 $G_{LCL}(s)$ 和 $G_{LCL}(z)$ 的伯德图如图 7-24 所示。采用 tustin 的离散化方法没有改变系统的谐振频率，离散化前后的谐振频率都是 1370Hz。

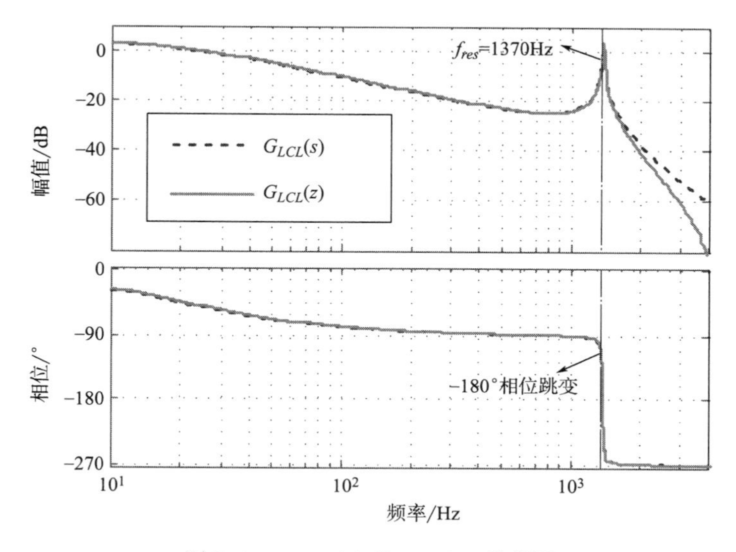

图 7-24　$G_{LCL}(s)$ 和 $G_{LCL}(z)$ 伯德图

二、基于 PIMR 控制方案的 LCL 并网逆变器参数设计

根据 PIMR 控制方案框图 7-23 可知，有源阻尼陷波器法需要设计的参数有：k_p 通道上的滤波器 G_{trap}，RC 通道上的零相位数字陷波器 G_{notch}，比例系数 k_p，相位超前补偿 z^m，重复控制内模 $Q(z)$ 和重复控制增益 k_r。

（一）滤波器 G_{trap}

如图 7-23 所示的 PIMR 控制结构图可以得到，零相位数字陷波器 G_{notch} 整体放到被控对象 $P(z)$ 前，重复控制通道内模 z^{-N} 可以实现陷波器 G_{notch} 中的相位超前 z^{r}，然而比例环节 k_p 通道由于没有延迟环节和陷波器的超前延迟环节，组成实际可实现的延迟环节。由于不能实现陷波器 G_{notch} 中的相位超前 z^{r}，因此使用无限脉冲响应陷波器产生一对陷波零点来消除谐振极点，传递函数为：

$$G(s)=\frac{s^2+\omega_n^2}{s^2+(1/q)\omega_n s+\omega_n^2} \tag{7-34}$$

如图 7-24 所示，陷波频率选择 $f_{trap}=1370\text{Hz}$，代入公式（7-34）得到陷波器的传递函数：

$$G_{trap}(z)=\frac{0.6486z^2-0.8456z+0.6486}{z^2-0.8456z+0.2973} \tag{7-35}$$

（二）分数阶零相位数字陷波器 G_{notch}

LCL 型滤波器的谐振峰频率为 1370Hz，代入零相位数字陷波器的阶数表达式：

$$r=\frac{\pi}{\theta}=\frac{\pi}{\omega_r T}=\frac{\pi}{2\pi f_r T}\approx 3.6 \tag{7-36}$$

取 FIR 型滤波器的阶数为 3，分数相位延迟环节 $z^{-3.6}$ 是：

$$\begin{aligned}z^{-3.6}&=z^{-2}z^{-1.6}\\&\approx z^{-2}\cdot[h(0)+h(1)z^{-1}+h(2)z^{-2}+h(3)z^{-3}]\\&=z^{-2}(-0.056+0.448z^{-1}+0.672z^{-2}-0.064z^{-3})\\&=-0.056z^{-2}+0.448z^{-3}+0.672z^{-4}-0.064z^{-5}\end{aligned} \tag{7-37}$$

分数相位超前环节 $z^{3.6}$ 是：

$$\begin{aligned}z^{3.6}&=z^{2}z^{1.6}\\&\approx z^{2}\cdot[h(0)+h(1)z^{1}+h(2)z^{2}+h(3)z^{3}]\\&=z^{2}(-0.056+0.448z^{1}+0.672z^{2}-0.064z^{3})\\&=-0.056z^{2}+0.448z^{3}+0.672z^{4}-0.064z^{5}\end{aligned} \tag{7-38}$$

当 $r=3$、$r=4$ 和 $r=3.6$ 的伯德图消除谐振峰的效果如图 7-25 所示，陷波器可见分数零相位陷波器能准确对准谐振峰，提供了较大的陷波幅值。

图 7-26 是加入陷波器后，被控对象与陷波器的串联响应曲线。采用分数阶零相位陷波器后，被控对象的曲线趋势大致不变，谐振峰被阻尼到-40dB 以下。而 3 阶和 4 阶零相位陷波器，阻尼后的谐振峰分别在-20dB 和-25dB 以下。可见，分数阶陷波器的谐振峰抑制效果比整数阶更好。

（三）比例系数 k_p

根据 PIMR 的稳定条件推导公式（7-8），画出 $1+k_pG_{trap}P(z)=0$ 的根在单位圆内的伯德图，从图 7-27 可以看出，随着 k_p 值在 11~17 之间都在单位圆内，均满足系统的稳定性。选择 $k_p=15$。

（四）相位超前补偿 z^m

当相位超前拍数等于 3、4 和 5 时，$|\theta_{notch}(\omega)+\theta_{p_n}(\omega)+m\omega|$ 的相位伯德图如图 7-28 所

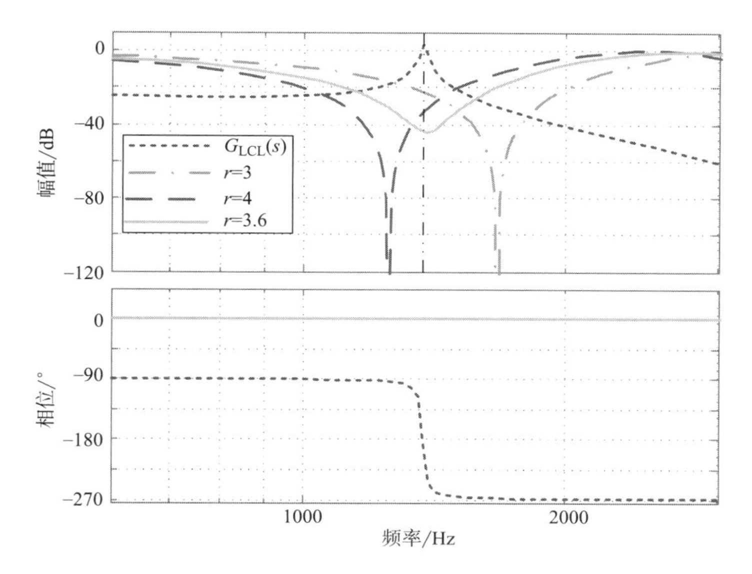

图 7-25　$r=3$、$r=4$ 和 $r=3.6$ 的零相位陷波器伯德图

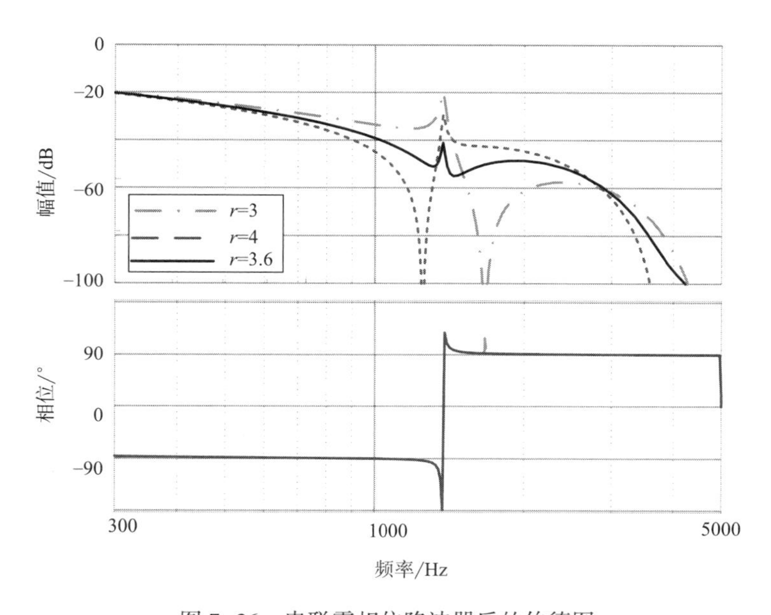

图 7-26　串联零相位陷波器后的伯德图

示，如图中可以看出，当 $m=3$ 或 $m=4$ 时，相位角的变化更接近于±90°，满足稳定条件的相位角要求公式（7-9）。同时，$m=3$ 的相位角有更大的范围趋近于 0°，因此选取 $m=3$。

（五）重复控制内模 $Q(z)$ 和增益 k_r

重复控制内模 $Q(z)$ 和重复控制增益 k_r 共同设计。高截止频率的 $Q(z)$ 能够更好地抑制高频谐波，但是为了满足稳定性条件必须选择小的 k_r。然而减小 k_r 值，在低频范围将增加 $|1-Q(e^{j\omega T})|/|1-H(e^{j\omega T})|$ 值，导致更大的稳态误差。本文选择重复控制的内模 $Q(z)$ 选择

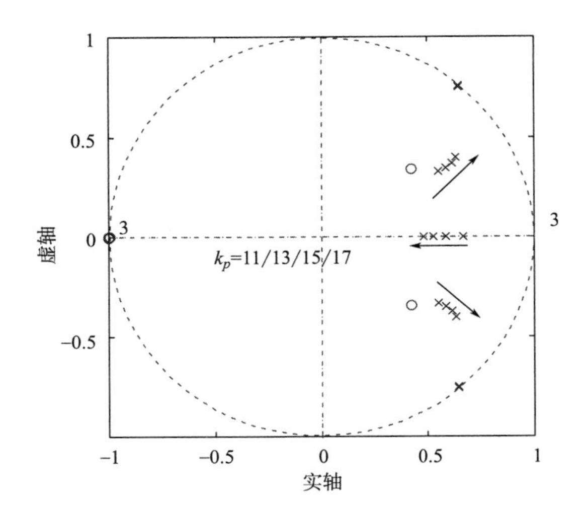

图 7-27　$1+k_pG_{trap}P(z)=0$ 的根在单位圆内分布的伯德图

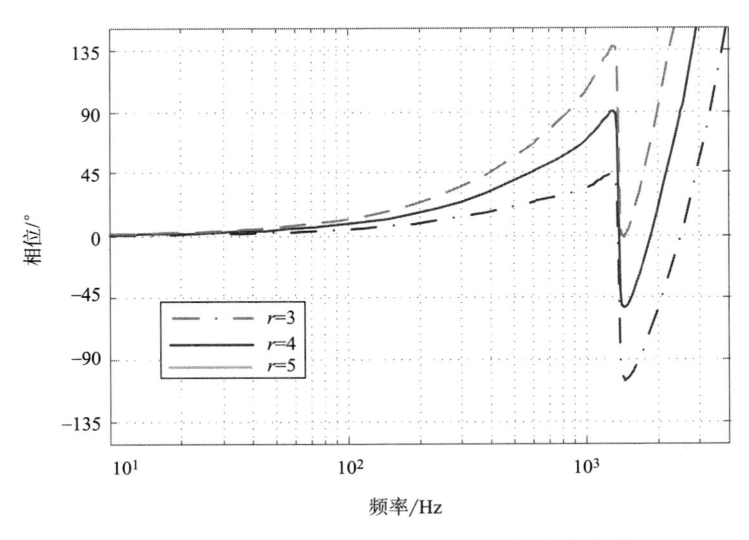

图 7-28　$|\theta_{notch}(\omega)+\theta_{p_n}(\omega)+m\omega|$ 相位伯德图

常数 0.97。根据稳定性条件（2），当 k_r 取不同的值，$H(e^{j\omega t})$ 的伯德图如图 7-29 所示。k_r 选取 10，轨迹满足系统稳定条件。

（六）分数阶和整数阶陷波器设计参数后的对比

当陷波器的阶数取 3、4 或 3.6 时，$H(e^{j\omega t})$ 的轨迹图如图 7-30 所示，整数阶轨迹超过了单位圆，分数阶轨迹在单位圆内靠近圆心位置。可以看出分数零相位陷波器可以提高系统的稳定裕度。

分数阶零相位陷波器 $r=3.6$ 时，系统的开环伯德图如图 7-31 所示，在基波频率时能够提供 50dB 的增益，在截止频率时，仍能提供 15dB 的增益，说明系统抑制谐波能力较好。

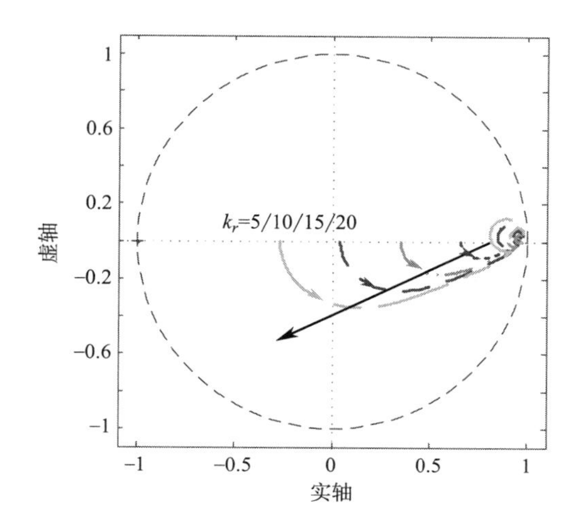

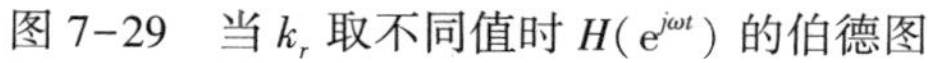
图 7-29　当 k_r 取不同值时 $H(e^{j\omega t})$ 的伯德图

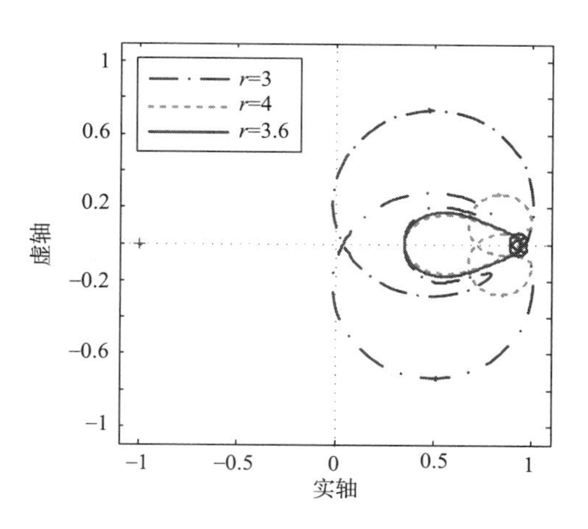

图 7-30　当陷波器的阶数取 3、4 或 3.6 时 $H(e^{j\omega t})$ 的轨迹图

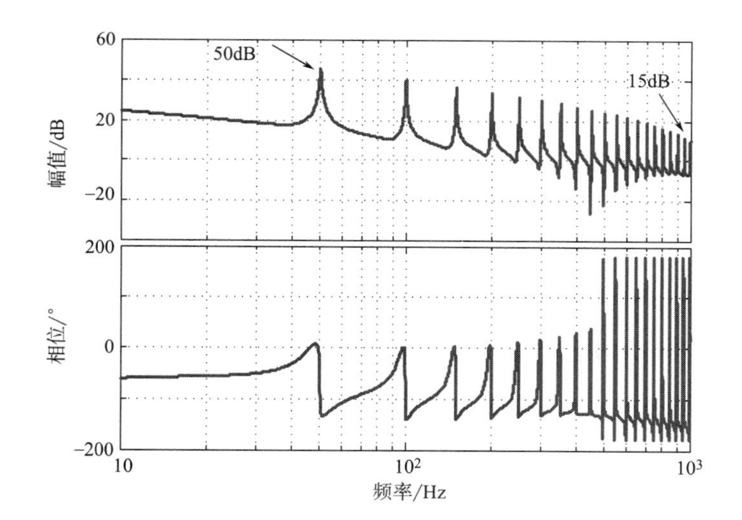

图 7-31　分数阶零相位陷波器 $r=3.6$ 系统开环伯德图

三、分数零相位陷波器的仿真

仿真和实验系统参数如表 7-2 所示，比例系数 k_p 取 15，相位超前补偿 z^m 的拍数 m 取 3，内模 $Q(z)$ 取 0.97，重复控制增益 k_r 取 10。零相位陷波器阶次 r 分别整数和分数的入网电流波形仿真图如图 7-32、图 7-33 所示。

从图 7-32 可以看出，当 $m=3$ 时，$r=3$ 入网电流跟踪电网参考电流较差，系统趋近发散。$r=4$ 入网电流有大量的振荡，波形不正弦。整数阶都存在明显的谐振，从而导致系统不稳定。$r=3.6$ 的分数阶零相位陷波器的入网电流能够良好地跟踪电网参考电流。为了进一步观察，给出电流误差波形图，如图 7-33 所示。

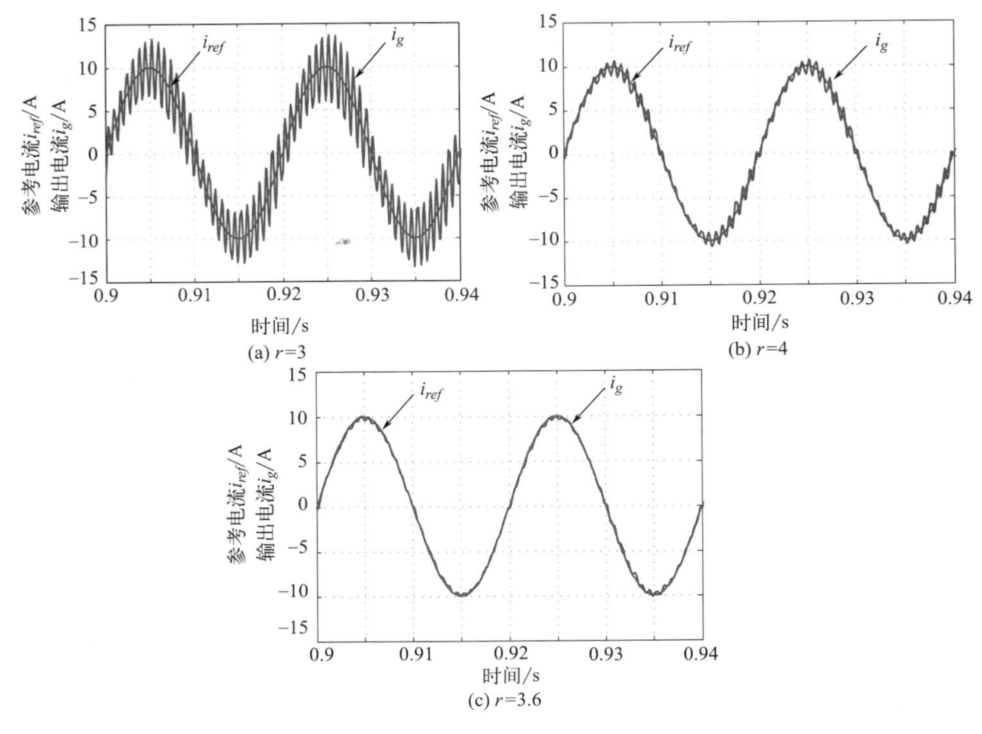

图 7-32 当 $m=3$ 时，$r=3$、$r=4$ 和 $r=3.6$ 的入网电流波形图

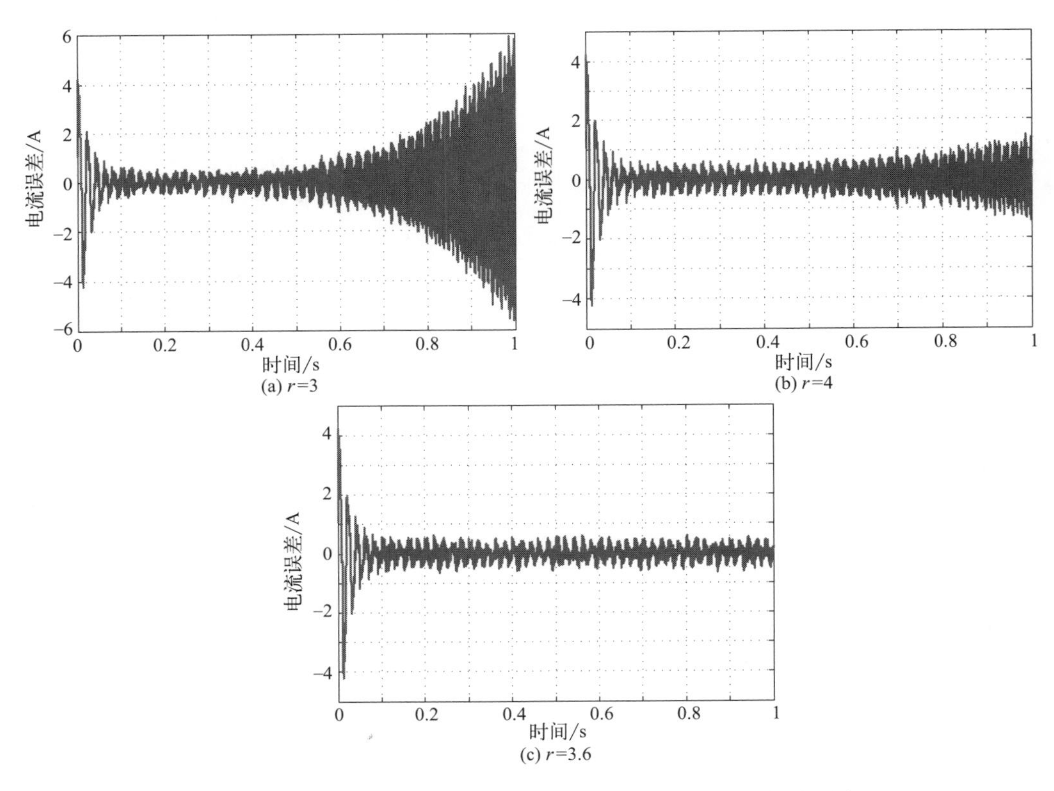

图 7-33 当 $m=3$ 时，$r=3$、$r=4$ 和 $r=3.6$ 的入网电流误差图

从图 7-33 可以看出，当 $r=3$ 时，系统在 0.5s 后趋于发散。当 $r=4$ 时，系统在 0.7s 后趋于发散。而 $r=3.6$ 时，系统保持稳定，而且收敛在 ±0.5A 之间。

分析可得，当 $m=3$ 时，分数阶零相位陷波滤波器的入网电流跟踪能力和谐波抑制能力效果比整数阶好。进一步观察可得，整数阶陷波器的电流误差收敛图都是先趋于稳定，然后在 0.5s 左右趋于发散。说明整数阶零相位陷波器不能在理论分析的相位补偿拍数 $m=3$ 中保持稳定。一方面验证了并网逆变器采用数字控制时，计算延迟和调制延迟合起来延迟 1.5 拍[4]；另一方面说明当陷波器的阶数取整数不能和谐振峰完全吻合时，系统的相位补偿拍数将更加敏感易造成不稳定。

为了进一步验证分数阶零相位陷波器的优良性能，取相位超前补偿 $m=5$，在整数阶和分数阶零相位陷波器都满足稳定的条件下，进行仿真和实验。

从图 7-34 可以看出，当 $m=5$ 时，整数阶和分数阶的入网电流都能跟踪参考电流。分数阶零相位陷波器 $r=3.6$ 的入网电流波形曲线更平滑，更趋近于正弦波。

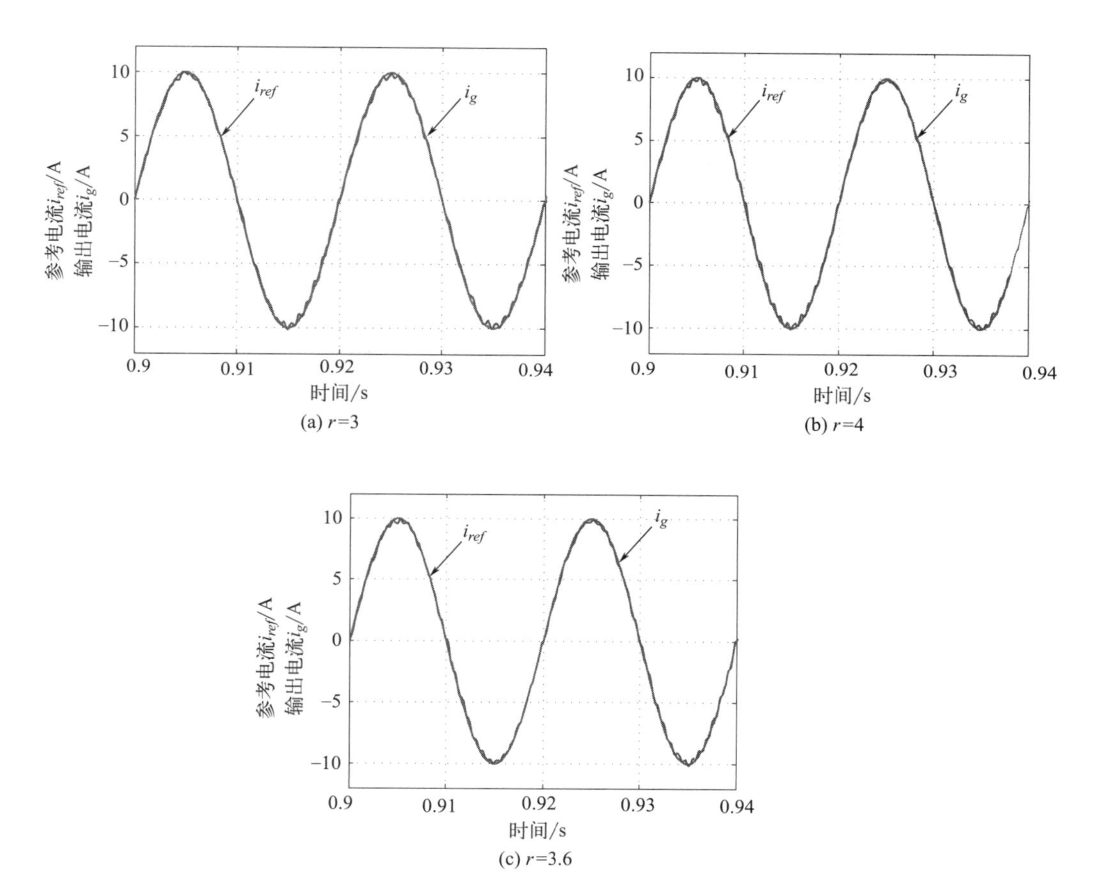

图 7-34　当 $m=5$ 时，$r=3$、$r=4$ 和 $r=3.6$ 的入网电流波形图

根据图 7-35 可得，不同陷波器阶数的有源阻尼方法都可以有效地抑制谐波，THD 值均低于 5%。r 取整数阶时，THD 值分别为 3.51% 和 2.52%。r 取 3.6 时，THD 值为 2.11%，且各奇次谐波含量均低于 0.5%，符合入网电流谐波标准。

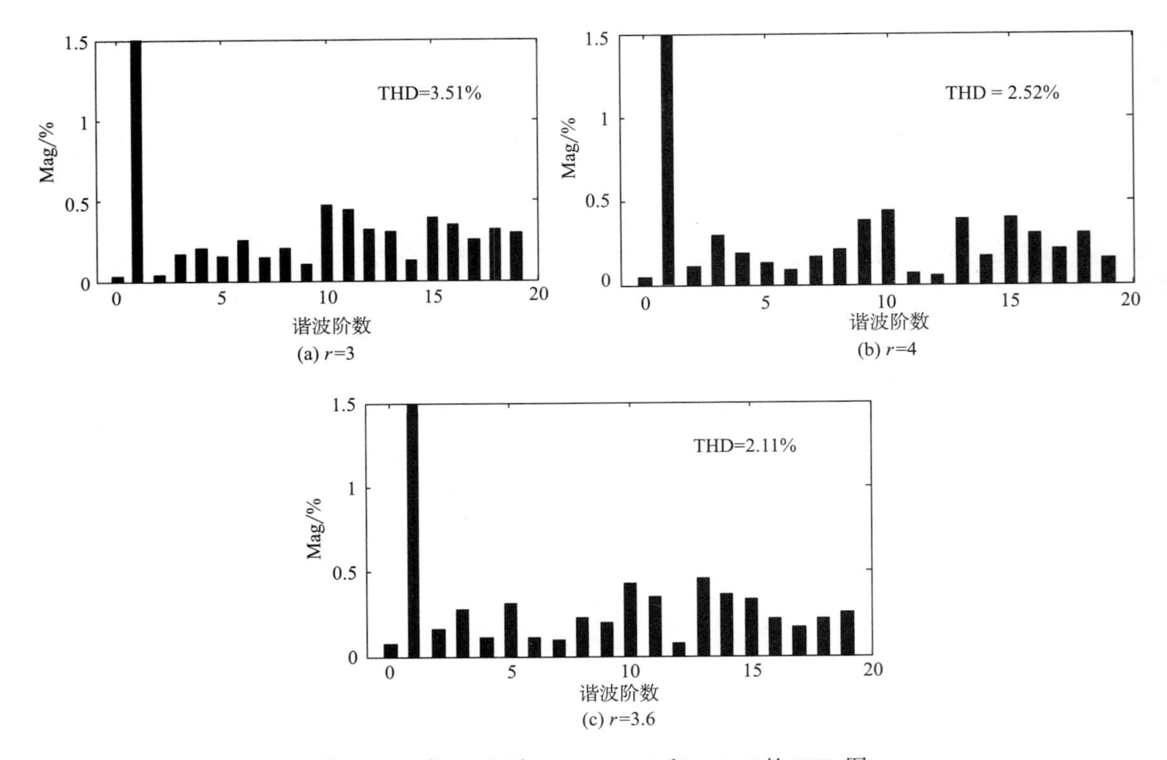

图 7-35　当 $m=5$ 时，$r=3$、$r=4$ 和 $r=3.6$ 的 THD 图

当相位超前补偿 $m=3$ 或 $m=5$ 时，分数阶陷波器都能保持系统的稳定，而整数阶零相位陷波器对相位的选择更加敏感。由于整数阶陷波频率点不能和谐振频率点完全吻合，在理论分析的相位超前补偿中系统发散，需适当调整相位超前补偿值，才可满足系统稳定。与整数阶陷波滤波器相比，使用分数阶陷波器的有源阻尼可提供更高的相对稳定性和鲁棒性，并具有更好的抗扰性。

本章小结

本章首先介绍了零相位陷波器在独立逆变器和并网逆变器中的应用原理分析，接着，介绍分数阶零相位陷波器法的 FIR 型滤波器和 IIR 型滤波器实现方法，通过延迟 0.5s 的不同滤波器实现方式的伯德图以及两种滤波器的结构和性能的比较，由于相性相位在 RC 控制器中非常重要，因此采用具有严格相位的 FIR 型滤波器来实现分数延迟，并进一步给出 FIR 型滤波器的分数阶零相位数字陷波器的设计步骤。然后基于稳定条件，给出整数阶和分数阶零相位陷波器的奈奎斯特图，对比发现，分数阶零相位陷波器的奈氏曲线更接近单位圆中心。在空载、线性负载和非线性负载情况下的实验结果分析，分数阶零相位陷波器比整数阶零相位陷波器具有更好的谐波抑制能力和更小的 THD 值。最后，分析了基于 PIMR 的分数阶零相位陷波器在并网逆变器中的应用，采用 P 并联 RC 的 PIMR 控制算法，在 RC 通道中使用零相位陷波器抑制谐振峰，但 P 通道采用低通滤波器，以实现谐振峰的抑制。详细分析了 LCL 并网逆变器系统的参数设计：低通滤波器、分数阶零相位陷波器、比例系数、相位超前补偿、重复控制内模增益和重复控制增益。仿真结果表明：分数阶零相位陷波器扩大了系统的稳定裕度，相比整数阶具有更好的谐波抑制能力和抗干扰能力。

参考文献

[1] PAN D，RUAN X，WANG X. Direct realization of digital differentiators in discrete domain for active damping of LCL-type grid-connected inverter［J］. IEEE Transactions on Power Electronics，2018，33（10）：8461-8473.

[2] LAAKSO T I，VALIMAKI V，KARJALAINEN M，et al. Splitting the unit delay［J］. IEEE Signal Process，1996，13（1）：30-60.

[3] CHEN S，ZHAO Q，YE Y，et al. Using IIR filter in fractional order phase lead compensation PIMR-RC for grid-tied inverters［J］. IEEE Transactions on Industrial Electronics，2023，70（9）：9399-9409.

[4] 阮新波，王学华，潘冬华，等 . LCL 型并网逆变器的控制技术［M］. 北京：科学出版社，2015.

第八章　奇次比例多谐振重复控制

在对重复-比例复合控制器内模分析的基础上，提出了基于奇次重复控制的部分次谐波抑制策略：奇次比例多谐振（odd proportion multi-resonant，OPMR）控制器，同时提出了奇次比例多谐振与比例谐振控制器的数学完全等效关系。奇次比例多谐振控制器既具备重复比例复合控制器良好的谐波抑制特性，又兼顾了比例谐振控制器的动态性能。

第一节　奇次比例多谐振 OPMR 控制器

考虑到重复控制器中存在延迟环节，需要一个周期的延迟才能对输出进行校正，也就相当于一个周期都处于开环控制状态，输出量对于指令的跟踪速度受限于重复控制器，使得系统的动态性能下降。因此，在控制器结构上还有很大的改进空间。

一、奇次重复控制理论分析

奇次重复控制由于其和重复控制相比基波周期少了一半，占用更少的存储功能，因此计算量更小，且延迟时间更短，具有更好的动态性能。因此，基于 PIMR 控制器，提出了基于重复控制的奇次比例多谐振控制器（OPMR）。根据连续周期信号的对称性质如表 8-1[1] 所示。

表 8-1　连续周期信号的对称性质

$x(t) = x(-t)$	含有直流项与余弦各次谐波分量
$x(t) = -x(-t)$	含有正弦各次谐波分量
$x(t) = x(t \pm T_0/2)$	含有正弦与余弦的偶次谐波分量
$x(t) = -x(t \pm T_0/2)$	含有正弦与余弦的奇次谐波分量

可以分别得出偶次谐波信号 $x_o(t)$ 和奇次谐波信号 $x_e(t)$ 的变换公式（8-1）。

$$
\begin{aligned}
x_o(t) &= x(t - nT_s/2) \Rightarrow e^{e^{-nsT_s/2}} \Rightarrow z^{-n/2} \\
x_e(t) &= -x(t - nT_s/2) \Rightarrow -e^{e^{-nsT_s/2}} \Rightarrow -z^{-n/2}
\end{aligned}
\qquad (8-1)
$$

其中，T_s 为采样时间，和基波周期 T_0 满足 $T_0 = nT_s$。则可以得到如图 8-1 所示的理想的奇次重复控制器内模。

其表达式为：

$$M_{orc}(s) = -\frac{k_r e^{-sT_0/2}}{1 + e^{-sT_0/2}} \qquad (8-2)$$

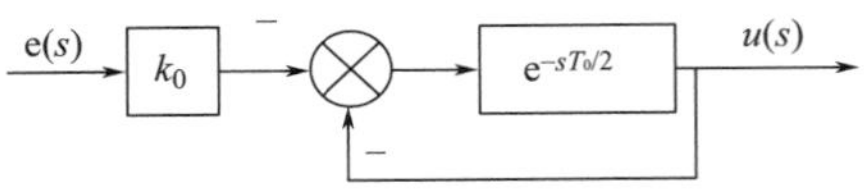

图 8-1　理想奇次重复控制器内模

对公式（8-2）进行展开，得到理想奇次重复控制表达式 $M_{\mathrm{orc}}(s)$，

$$
\begin{aligned}
M_{\mathrm{orc}}(s) &= k_r\left(2\frac{\mathrm{e}^{-sT_0}}{1-\mathrm{e}^{-sT_0}}-\frac{\mathrm{e}^{-sT_0/2}}{1-\mathrm{e}^{-sT_0/2}}\right)\\
&= -\frac{k_r}{2}+\frac{4k_r}{T_0}\sum_{k=1,3,5,7,\cdots}^{2n-1}\frac{s}{s^2+(k\omega_0)^2}
\end{aligned}
\tag{8-3}
$$

由公式（8-3）可知，理想奇次重复控制器可以等效为负比例控制器和一个理想多谐振控制器。理想谐振控制器仅在谐振频率处提供高增益，对频率的变化敏感。理想奇次重复控制器内模引入系数 $Q(z)$ 后，（5）变为：

$$
\begin{aligned}
M_{\mathrm{Qorc}}(s) &= -k_r\frac{Q\mathrm{e}^{-sT_0/2}}{1+Q\mathrm{e}^{-sT_0/2}}\\
&= -\frac{k_r}{2}+\frac{4k_r}{T_0}\sum_{k=1,3,5,7,\cdots}^{2n-1}\frac{s+\omega_c}{(s+\omega_c)^2+(k\omega_0)^2}\\
&\approx -\frac{k_r}{2}+\frac{4k_r}{T_0}\sum_{k=1,3,5,7,\cdots}^{\infty}\frac{s}{s^2+2\omega_c s+(k\omega_0)^2}
\end{aligned}
\tag{8-4}
$$

其中，ω_c 与 $Q(z)$ 的关系为：

$$
\omega_c=\frac{-2\ln Q(z)}{T_0}
\tag{8-5}
$$

将公式（8-5）与重复控制器等效截止频率 $\omega_c=-\ln Q/T_0$ 比较可以发现，相同参数下，奇次重复控制器的控制带宽是重复控制器的两倍，因此带奇次重复内模的控制器理论上比带重复控制内模的控制器具有更强的抗干扰能力。在不考虑重复控制增益和 $Q(s)$ 的情况下对比公式（4-2）和公式（8-2），当 $\omega=2\pi(2k+1)f_g$，$k=0,1,2,3,\cdots$ 时，重复控制内模和奇次重复控制内模存在以下关系：

$$
\lim_{k\to\infty}\left|\frac{M_{orc}(\omega)}{M_{Irc}(\omega)}\right|=\lim_{k\to\infty}\left|\frac{1-\mathrm{e}^{sT_0}}{1+\mathrm{e}^{sT_0/2}}\right|=\lim_{k\to\infty}\left|\frac{1-\cos x}{1+\cos\dfrac{x}{2}}\right|=2\lim_{k\to\infty}\left|\sin\left[(2k+1)\frac{\pi}{2}\right]\right|=2
\tag{8-6}
$$

可以看出奇次重复控制的增益为重复控制的两倍。根据图 8-2 重复控制内模和奇次重复控制内模幅频特性可以看出奇次重复控制内模幅值增益为 9.28×10^6，重复控制增益为 4.64×10^6，符合公式（8-6）的两倍关系。并且奇次重复控制器具有更宽的控制带宽，因此相比于重复控制内模，使用奇次重复控制内模的控制器具有良好的抗干扰能力。

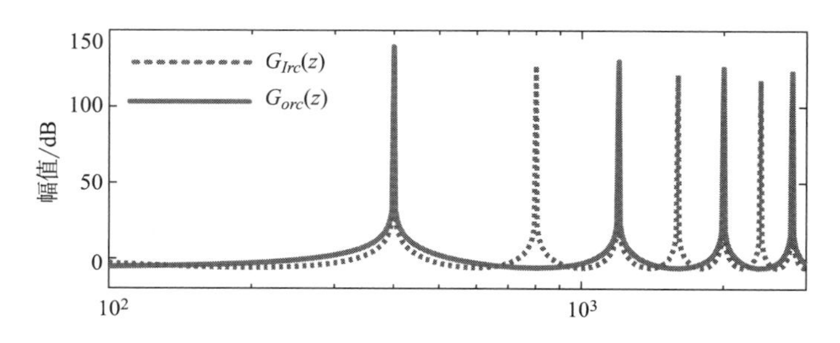

图 8-2　重复控制内模和奇次重复控制内模幅频特性

公式（8-4）两边同时并联大于 $k_r/2$ 的比例控制器 k_p，OPMR 得到改进后的控制器结构框图如图 8-3 所示，其传递函数 $G_{\mathrm{OPMR}}(s)$：

$$\begin{aligned} G_{\mathrm{OPMR}}(s) &= M_{\mathrm{Qorc}}(s) + k_p \\ &= \left(k_p - \frac{k_r}{2}\right) + \frac{4k_r}{T_0} \sum_{k=1,3,5,7,\cdots}^{2n-1} \frac{s}{s^2 + 2\omega_c s + (k\omega_0)^2} \end{aligned} \quad (8-7)$$

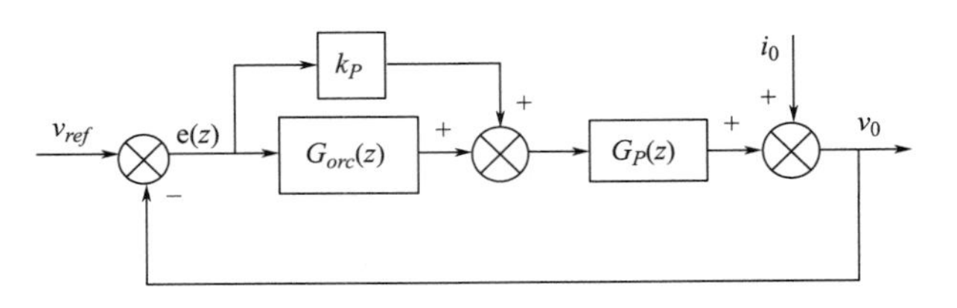

图 8-3　OPMR 控制器结构框图

其中：

$$G_{orc}(z) = -\frac{Q(z)z^{-N/2}}{1 + Q(z)z^{-N/2}} \cdot z^m k_r S(z) \quad (8-8)$$

根据稳定性分析得出的参数范围与 PIMR 控制器一致，因此本节不再进行详细讨论。

二、OPMR 与 PR 控制器的完全等效关系

根据公式（8-7）可以看出，所提针对奇次谐波的控制器本质上等效于 PMR 控制器。

PMR 控制器能够对多个谐波进行抑制，且与重复控制相比，不存在延迟环节，动态性能理论上要优于带重复控制器内模的控制器。通过本章第二节仿真结果分析，PIMR 控制器的误差收敛区间要大于 PMR 控制器，因此动态性能不及 PMR 控制器，但是 PMR 控制器谐振控制器的个数有限，所以抑制谐波的能力也受限，而 PIMR 控制器的谐波抑制能力明显优于 PMR 控制器。

由公式（8-7）可知，OPMR 控制器可以等效为一个比例项和一个谐振项，也就相当于 PMR 控制器。在特定的数学关系下，能够实现和 PMR 控制器的完全等效。这表明理论上，OPMR 控制器既具备 PMR 控制器的良好的动态性能，又能兼顾 PIMR 控制器较好的谐波抑制能力。

通过公式（8-7）可以得出，奇次重复控制器并联比例控制器可以等效为针对奇数次谐波的准比例多谐振控制器。通过计算可以得到 $G_{\mathrm{PMR}}(s)$ 和 $G_{\mathrm{OPMR}}(s)$ 参数的对应关系为：

$$\begin{cases} K_p = k_p - \dfrac{k_r}{2} \\ K_n = \dfrac{2k_r}{T_0\omega_c} \end{cases} \quad (8-9)$$

根据第四章重复控制的参数设计分析，且为了保证 PMR 控制器的比例系数不会过小。选择 $k_p=0.5$、$k_r=0.5$、$Q(z)=0.985$，则根据公式（8-9）和公式（8-5）可以计算出对应的参数为 $k_p=0.25$、$\omega_c=12\mathrm{rad/s}$、$k_n=33$，在此参数下绘制 OPMR 控制器和针对 1、3、5、7 次谐波的 PMR 控制器的伯德图（图 8-4），可以看到参数等效情况下，OPMR 的波形与 PMR 完全

重合，符合等效关系。但是由于 PMR 控制器受到谐振器个数的限制，随着并联个数的增多，高次谐波谐振控制器相位滞后越严重，影响系统的稳定性。因此，PMR 控制器的谐振控制器个数有限，其谐波抑制性能差于 OPMR 控制器。

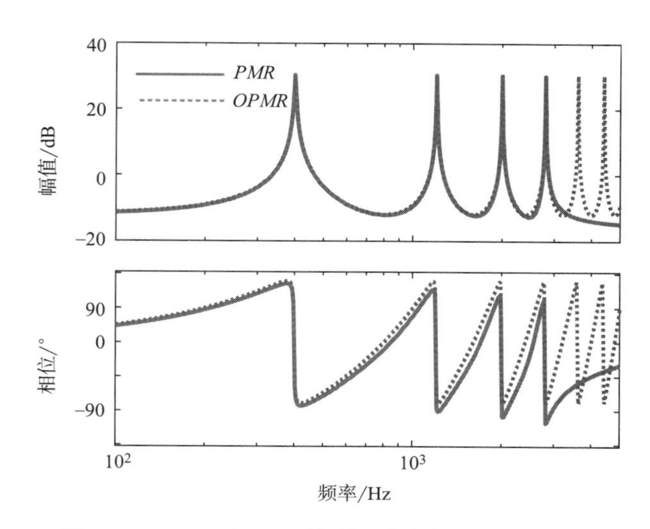

图 8-4　OPMR 和 PMR 控制器参数等下的幅频特性

本节基于对 PIMR 控制器的研究，提出了针对奇次谐波抑制的 OPMR 控制器。理论分析表明，OPMR 控制器的控制带宽和在谐波处的增益为插入式重复控制器的两倍，因此具有更好的谐波抑制能力和动态性能。且 OPMR 的传递函数能够和 PMR 控制器等效，考虑到 PMR 控制器的谐波抑制能力受限，所以理论上 OPMR 控制器既具备 PMR 控制器良好的动态性能，也具有由于 PIMR 控制器的谐波抑制能力。

第二节　仿真验证及结果分析

一、逆变器仿真模型

在 MATLAB/Simulink 软件中搭建单相全桥式逆变器的模型，以及对其控制策略进行仿真研究。主要的技术指标参数如表 8-2 所示。

表 8-2　逆变仿真电路主要技术指标参数

逆变桥参数	LC 型滤波器参数	负载
直流母线电压 E_d = 270V	L = 0.1mH	R = 6Ω
输出电压 v_o = 115V	C = 30μF	L_1 = 2.2mH
采样频率 f_s = 20kHz	r = 0.1Ω	C_1 = 2000μF
基波频率 f_o = 400Hz		R_d = 25Ω

图 8-5 为在 Simulink 环境下单相全桥式逆变器的仿真模型。A 部分为逆变桥和输出滤波器；B 部分主要为负载模块，仿真验证主要采用线性负载和整流性负载；C 部分为控制器输入；D 部分为电压外环控制器，对于控制器策略的在第四章进行详细讨论；E 部分为电流内环控制器；F 部分为开环/闭环控制模式选择模块，当常数模块大于 0. 5 时选择闭环控制，常数小于 0. 5 时为开环控制；G 部分为输出波形观测模块，主要是对输出误差和输入输出跟随情况以及输出电压和输出电流的跟随情况和输出电压有效值进行观测，以对比不同控制器的控制效果。

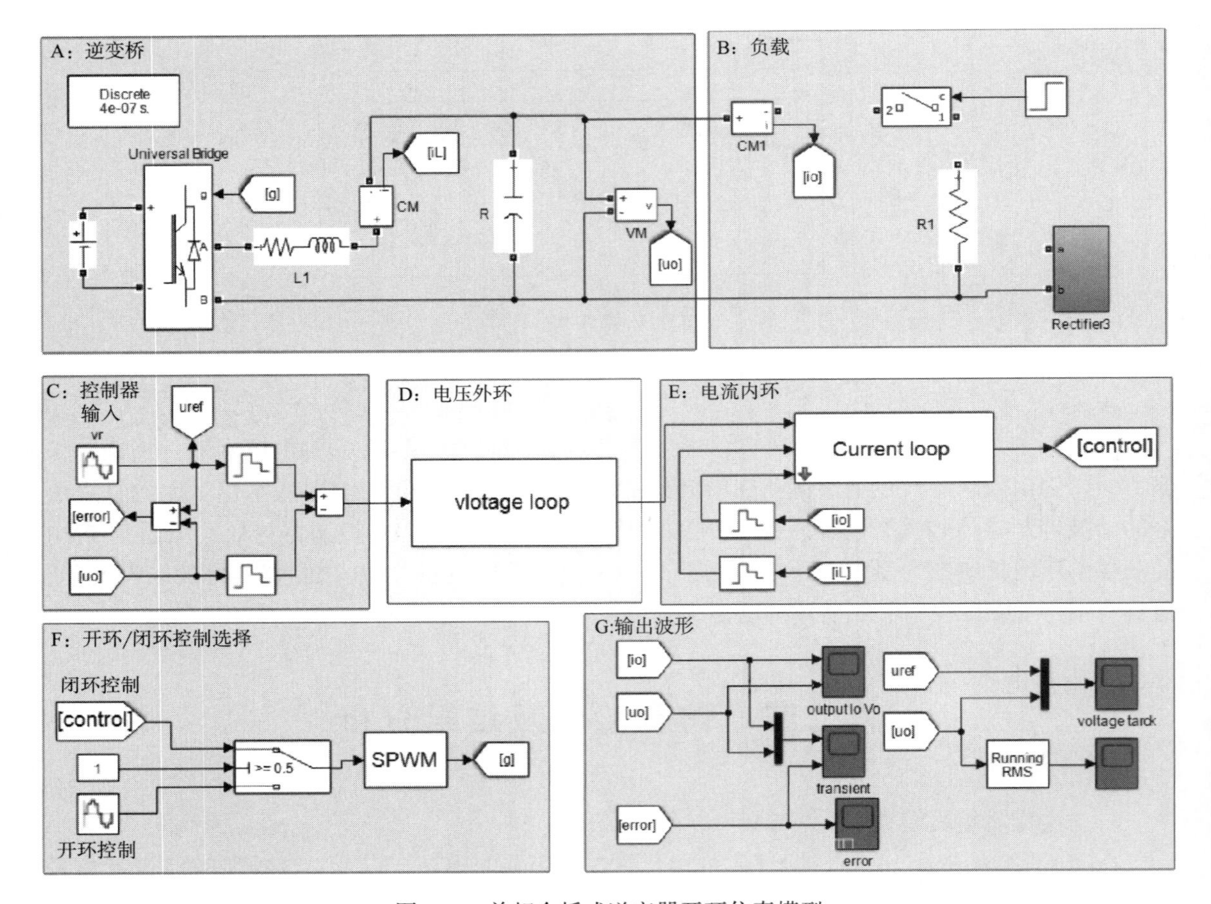

图 8-5　单相全桥式逆变器开环仿真模型

二、基于重复控制的复合控制仿真结果对比

（1）表 8-3 为 PIMR 控制器的仿真参数，插入式重复控制的参数设计规范与重复控制器一致，因此选择 $k_r=0.5$ 进行仿真分析。

选择 $k_p=0.5$，验证 PIMR 控制器在带线性负载情况下 k_r 取不同参数时对于控制器输出性能的影响。由表 8-3 可以看到，随着 k_r 值的增大，系统的 THD、稳态误差以及收敛速度都有了不同程度的提高。后续选择 $k_r=0.9$ 进行动态性能测试和带载能力测试。

表 8-3　空载情况下，k_p = 0.5，k_r 取不同值的系统输出情况

重复控制器增益 k_r	0.2	0.3	0.4	0.5	0.6	0.7	0.8	0.9
THD/%	1.12	1.31	1.22	1.16	1.19	1.08	1.14	1.12
稳态误差/V	8	6	5	5	4	4	3.1	3
误差收敛速度/s	0.06	0.04	0.03	0.02	0.014	0.012	0.01	0.008

（2）OPMR 控制器与 PIMR 控制器的参数范围一致，选择相同的控制器参数对比两个复合控制器简单效果。

（一）带负载能力仿真分析

1. 带线性负载

图 8-6~图 8-8 分别为插入式重复控制、PIMR 控制和 OPMR 控制器下系统带线性负载的输出图像和 THD。通过 THD 图像可以看到，插入式重复控制的 THD 为 1.10%，PIMR 控制为 1.09%，OPMR 控制为 1.02%。复合控制器在带线性负载的情况下均有良好的抑制谐波性能，但是插入式重复器相比于重复控制器对 THD 的改善效果不大。

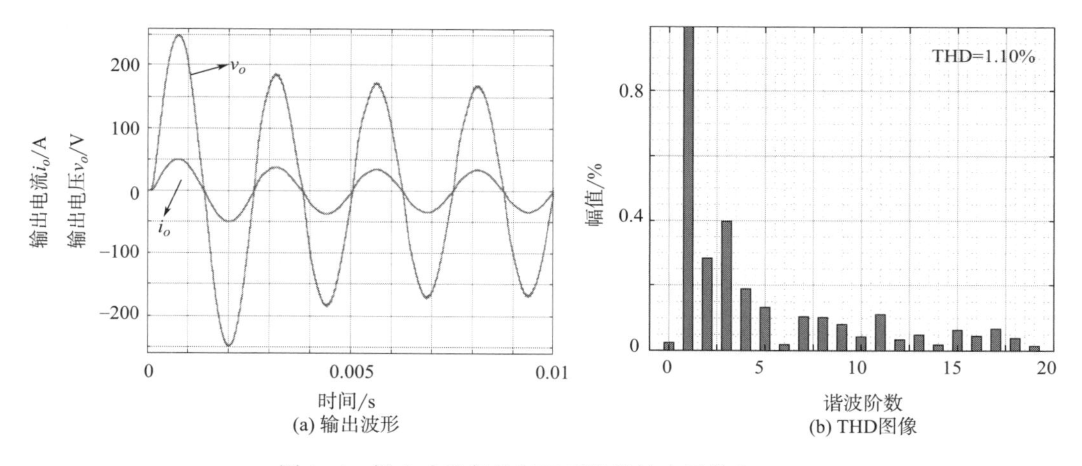

(a) 输出波形　(b) THD图像

图 8-6　插入式重复控制下系统的输出图像和 THD

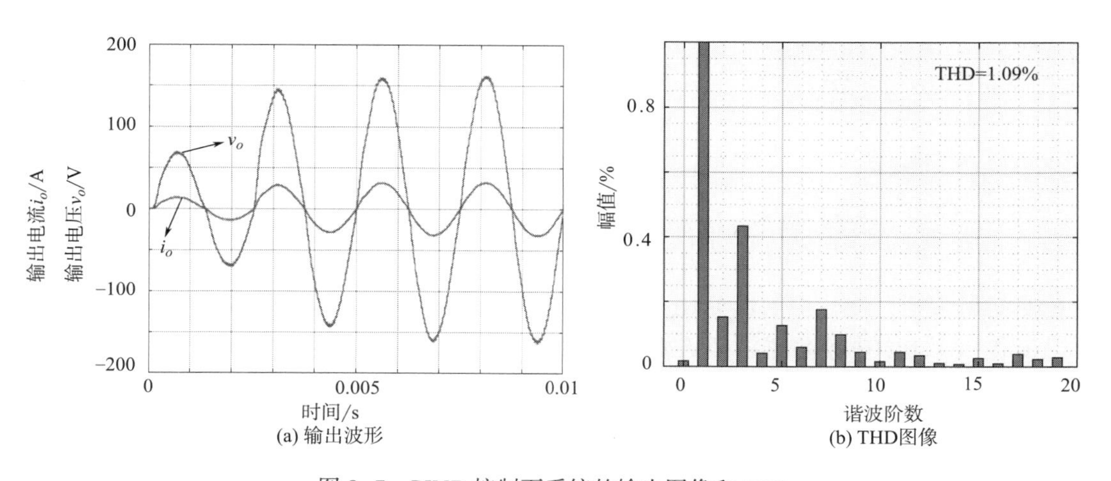

(a) 输出波形　(b) THD图像

图 8-7　PIMR 控制下系统的输出图像和 THD

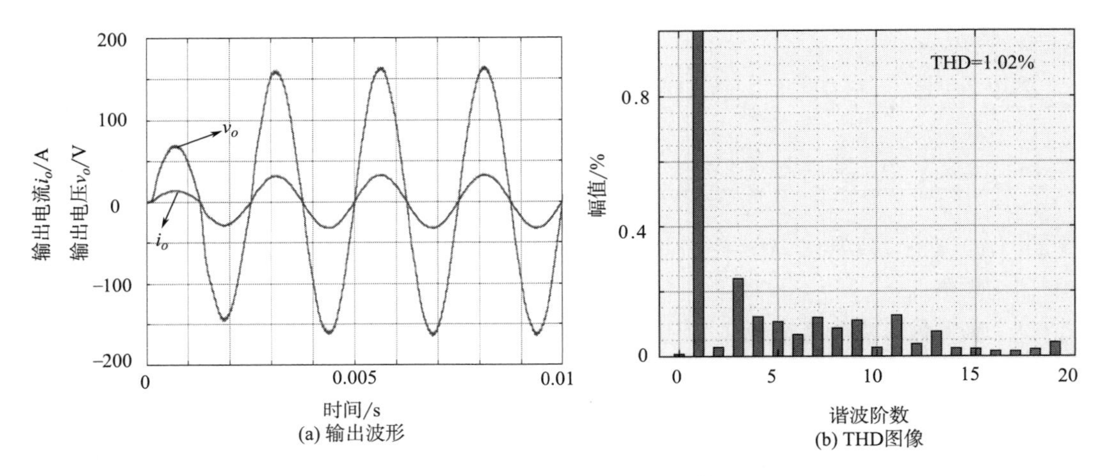

图 8-8　OPMR 控制下系统的输出图像和 THD

2. 整流性负载

带整流性负载的情况下，如图 8-9～图 8-11 所示，插入式重复控制器的 THD 为 1.87%，PIMR 控制器的 THD 为 1.78%，OPMR 控制器的 THD 为 1.40%。相比于单一的重复控制器，复合控制器对于整流性负载的谐波抑制能力均有提升，且 OPMR 控制器的改善效果最为明显，比重复控制器低了 0.53%，比插入式重复控制器低了 0.47%，比 PIMR 控制器低了 0.38%。

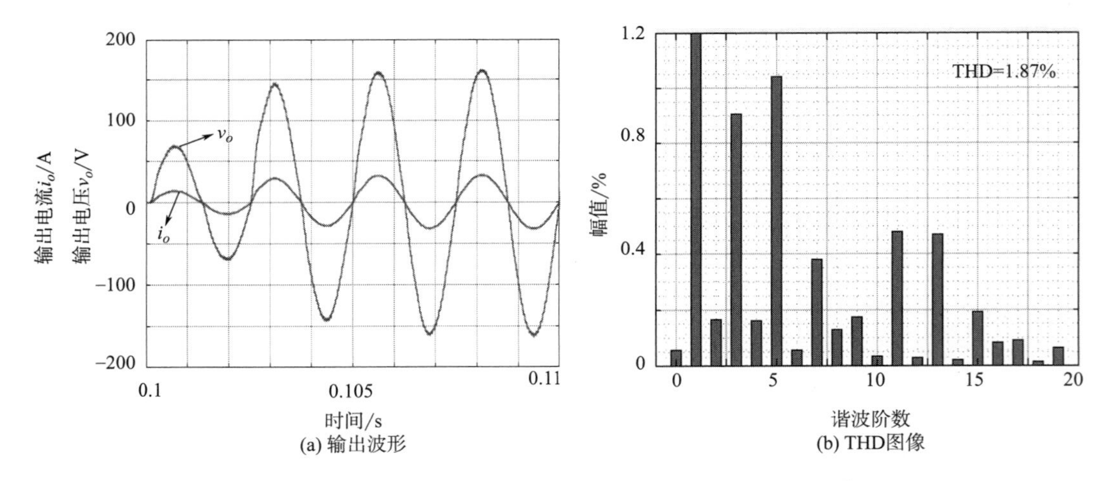

图 8-9　插入式重复控制器下系统的输出图像和 THD 图像

仿真结果表明，复合控制器相比于单一控制器下的系统展现出了更好的谐波抑制能力，且本文所提除了 PIMR 控制器同插入式重复控制器的抑制谐波能力效果差别不大外，OPMR 控制器的谐波抑制效果明显优于插入式重复控制器和 PIMR 控制器。

（二）动态性能仿真分析

观察带线性负载下，不同复合控制器的输出电压和参考电压跟随情况。可以看出，插入

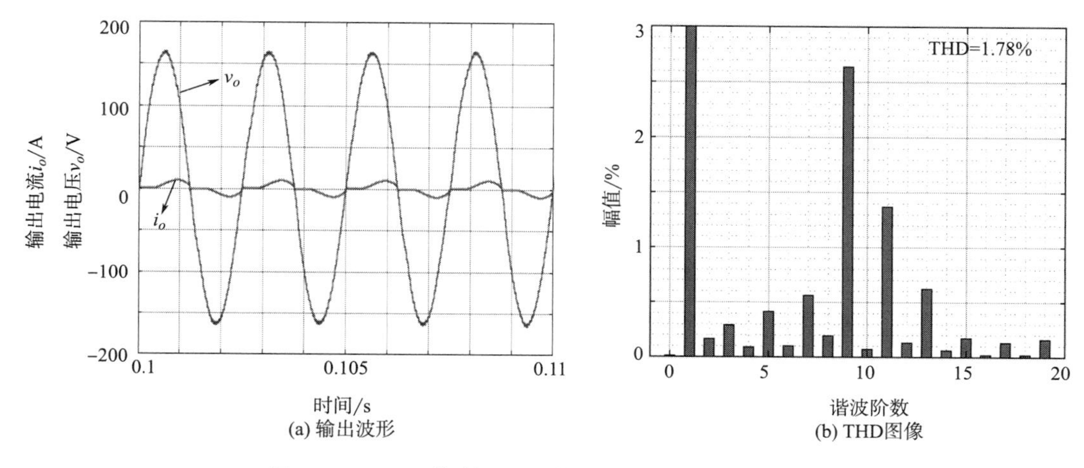

图 8-10　PIMR 控制器下系统的输出图像和 THD 图像

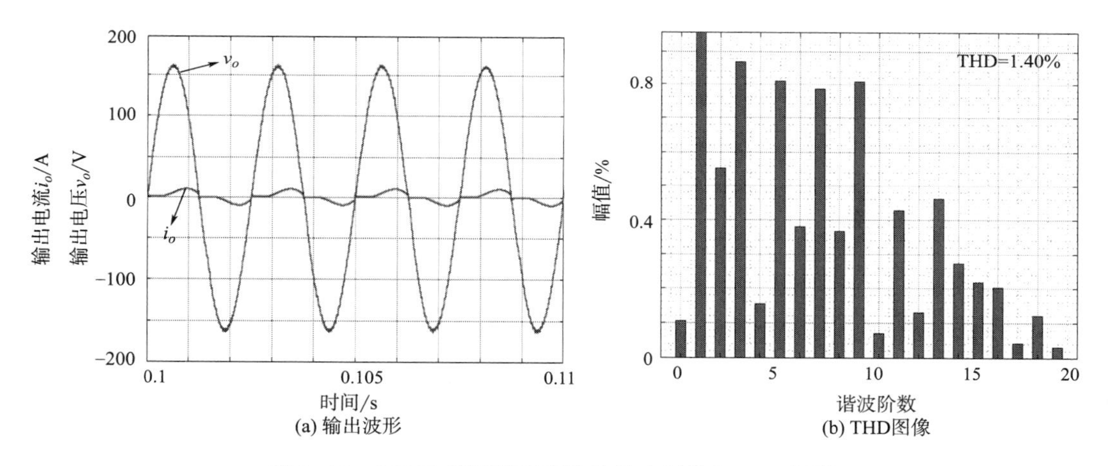

图 8-11　OPMR 控制器下系统的输出图像和 THD 图像

式重复控制器在第一个周期超调过大，输出电压高达 250V。分析其原因为，第一周期为参输入前向通道起作用，由于外电压控制环的参考输入信号很大，会使得输出激增，当第二周期重复控制器开始起作用时，系统逐渐趋于稳态。由于实际系统中，超调过大会导致系统的不稳定、损坏硬件等问题，因此插入式重复控制器并不适用于输出电压控制下的中频电源系统。

根据不同复合控制器在突加线性负载的输出图像如图 8-12 所示，可以看出，插入式重复控制在负载突变后，5ms 内达到稳态，电压误差收敛区间在［-40，40］；PIMR 控制器在 5ms 内达到稳态，误差收敛区间在［-30，30］；OPMR 控制器仅在 3ms 内就能达到稳态，且误差收敛区间相比于插入式重复控制和 PIMR 明显减小，范围在［-8，25］。

通过对比不同复合控制器的动态性能如图 8-13 所示，能够看到，PIMR 控制器的动态性能优于插入式重复控制器，且在 PIMR 控制器的基础上提出的 OPMR 控制器对于动态性能有显著的提升。

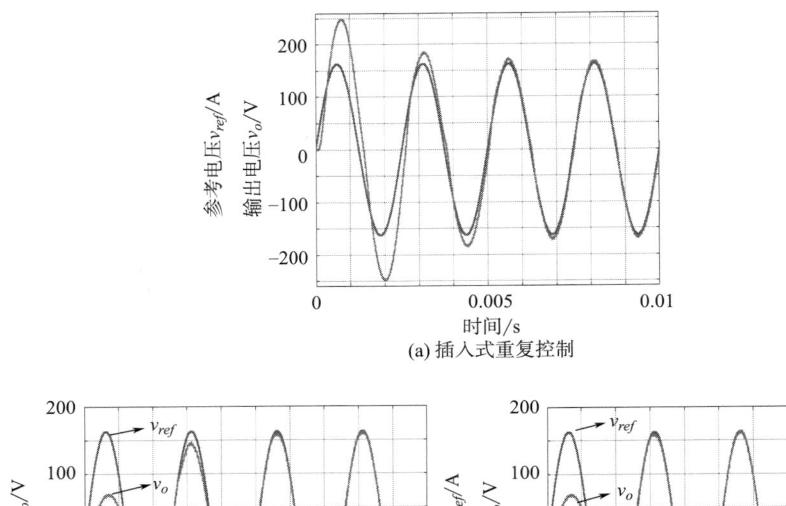

(a) 插入式重复控制

(b) PIMR

(c) OPMR

图 8-12 带线性负载的系统在不同控制器下的输出跟随图像

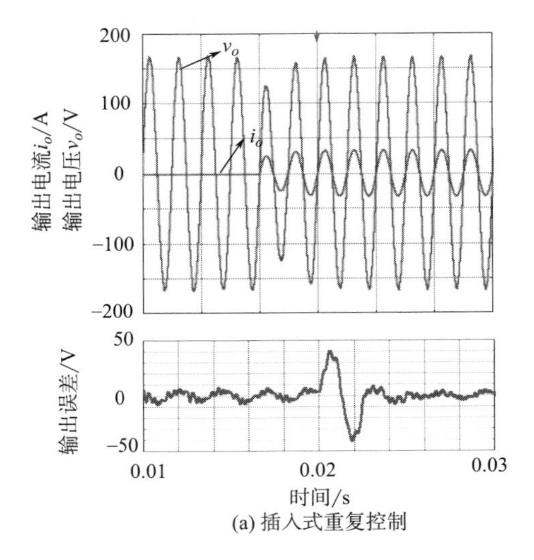

(a) 插入式重复控制

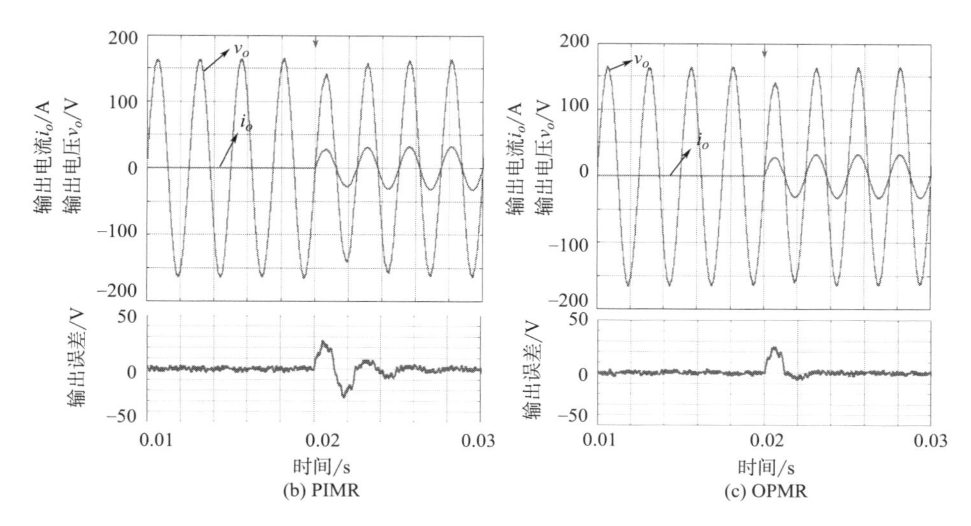

图 8-13 突加线性负载的系统在不同复合控制器下的输出情况

（三）稳态性能仿真分析

当系统带线性负载时，如图 8-14 所示，在插入式重复控制、PIMR、OPMR 控制器下，系统的稳态误差分别为 5.5V、3V、3V，当带整流性负载时，系统的稳态误差为 11V、10V、9V。可以看到，比例+重复控制器下的 PIMR 控制器和 OPMR 控制器的稳态性能均优于插入式重复控制器。图 8-15 为带整流性负载系统在不同复合控制器下的误差收敛图像。

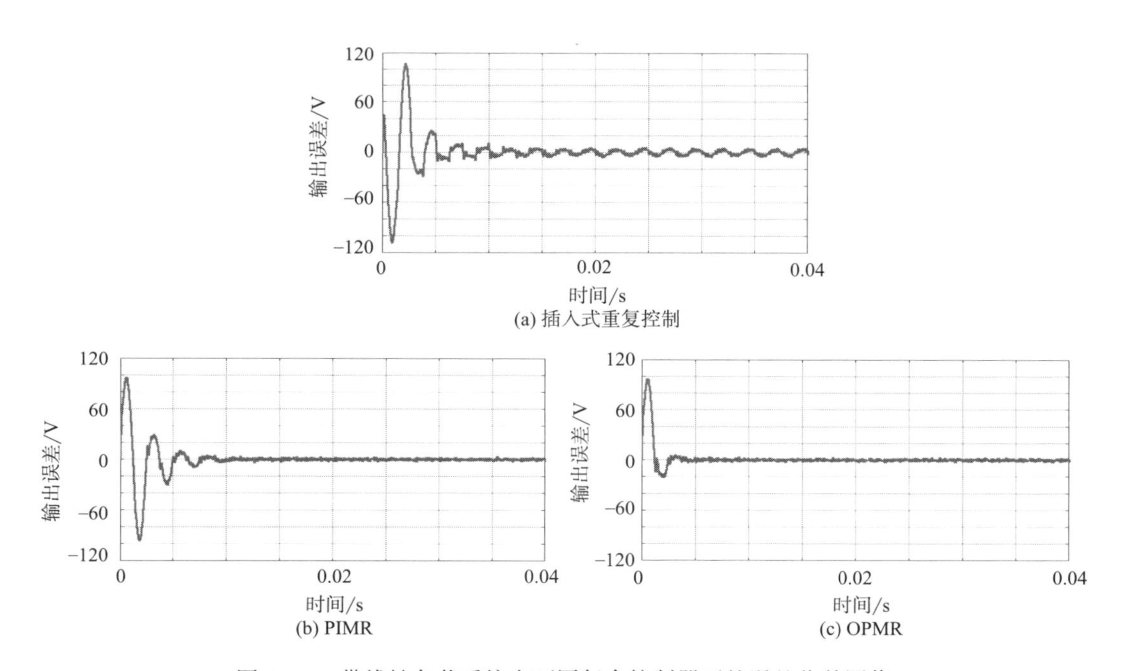

图 8-14 带线性负载系统在不同复合控制器下的误差收敛图像

（四）OPMR 和 PMR 等效参数仿真分析

关于 OPMR 和 PMR 控制器的等效，理论上 PMR 控制器的谐振控制器个数为 n 个时，就

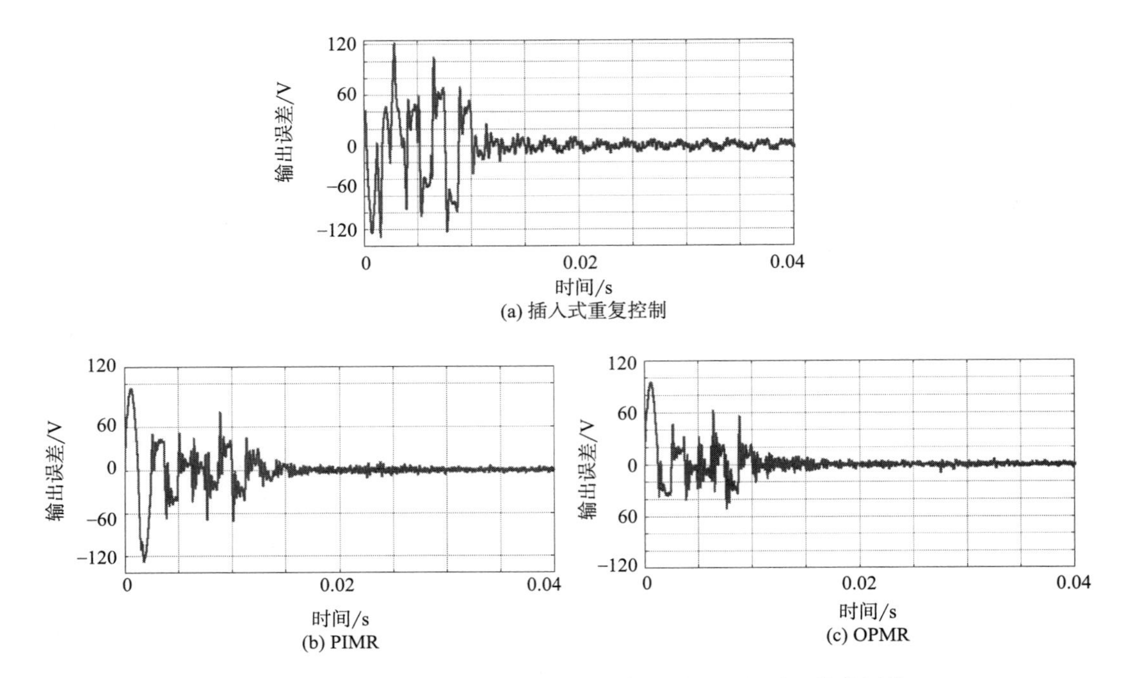

图 8-15　带整流性负载系统在不同复合控制器下的误差收敛图像

能达到完全等效，但是受到谐振控制器的个数限制，以及 PMR 控制器谐振控制器系数之间会相互影响，PMR 控制器的谐波抑制功能会差于 OPMR 控制器。采用本章第一节的设计参数，对 OPMR 和 PMR 控制器进行仿真实验。考虑到实际仿真时各阶次谐振控制器系数之间互相会产生影响，且阶次越高谐振控制器系数要越小以保证系统稳定，并且 OPMR 控制器与 PMR 控制器的等效主要在动态特性方面，因此将 5 次和 7 次谐振控制器的谐振系数改为 1。图 8-16

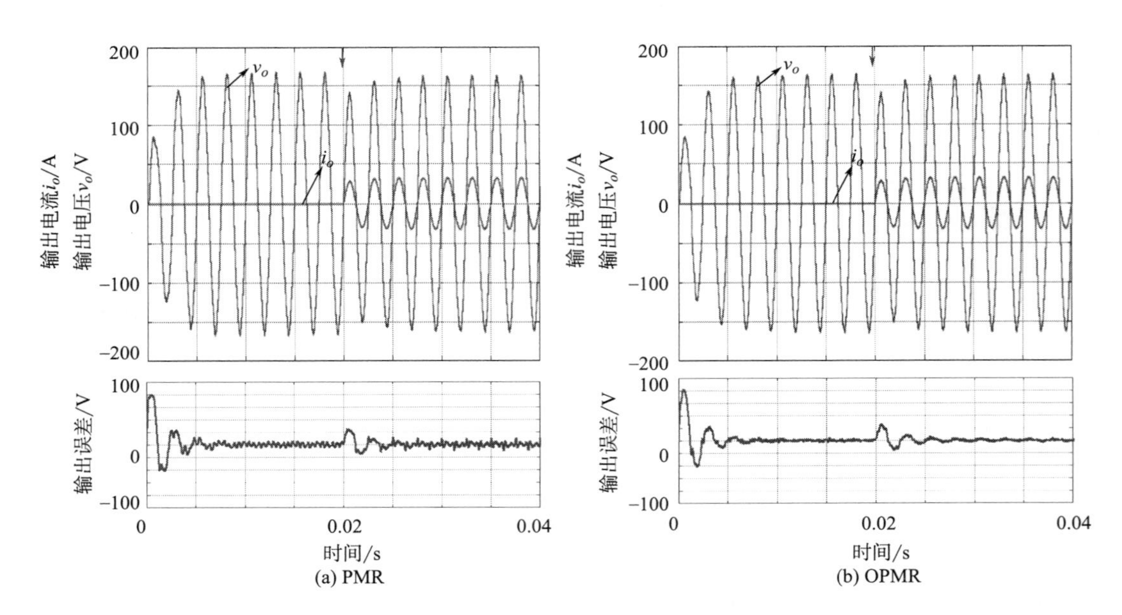

图 8-16　PMR 和 OPMR 控制器参数等效下的输出图像

为 PMR 和 OPMR 控制器参数等效下的输出图像，通过对比 PMR 和 OPMR 控制器在突加线性负载情况下的输出波形和误差收敛情况，可以看到，所提 OPMR 控制器的误差收敛速度和误差收敛区间和 PMR 基本一致，因此可以说明 OPMR 和 PMR 控制器的数学等效关系。

本章小结

本章基于对 PIMR 控制器的研究，提出了针对奇次谐波抑制的 OPMR 控制器。理论分析表明，OPMR 控制器的控制带宽和在谐波处的增益为插入式重复控制器的两倍，因此其具有更好的谐波抑制能力和动态性能。且 OPMR 的传递函数能够和 PMR 控制器等效，考虑到 PMR 控制器的谐波抑制能力受限，所以理论上 OPMR 控制器既具备 PMR 控制器良好的动态性能，也具有由于 PIMR 控制器的谐波抑制能力。接着，通过对基于内模原理的控制策略的仿真，验证了 PMR 控制器良好的动态性能。此外，通过对基于重复控制器的复合控制仿真结果对比，插入式重复控制器的谐波抑制能力在线性负载下与 PIMR 控制器和 OPMR 控制器相差不大，但是存在超调过大的问题，不利于系统的稳定。带整流性负载的情况下，OPMR 控制器的谐波抑制能力明显优于插入式重复控制器和 PIMR 控制器。且通过动态实验，PIMR 控制器的动态性能优于插入式重复控制器，OPMR 控制器的动态性能优于 PIMR 控制器。通过对 OPMR 和 PMR 的等效仿真分析也能够验证理论分析中 OPMR 控制器与 PMR 控制器的等效性。

参考文献

[1] ALAN V，OPPENHEIM. 信号与系统［M］. 2 版 . 刘树棠，译 . 北京：电子工业出版社，2020.

第九章　鲁棒重复控制

第一节　鲁棒重复控制器分析与设计

基于改进型的重复控制 PIMR 控制器，本章将详细地介绍鲁棒重复控制。鲁棒控制器设计方法众多，在此采用基于混合 S/SK 问题来完成鲁棒重复控制器中的鲁棒控制器的设计。PIMR 电流控制器的参数如表 9-1 所示。

表 9-1　PIMR 电流控制器参数

参数	值
k_p	10
$Q(z)$	0.94
$S(z)$	$\dfrac{0.06746z^2+0.1349z+0.06746}{z^2-1.143z+0.4128}$
z^m	z^5
k_r	10

一、鲁棒重复控制器分析

图 9-1 给出鲁棒重复控制器中的鲁棒控制器设计过程。设计过程分为五步。值得注意的是，如果最后所求得的鲁棒重复控制器不能满足设计要求，应重新选取权函数 W_s 与 W_{ks}，直至满足稳定条件为止。

二、鲁棒重复控制器设计

（一）基于混合 S/SK 问题的广义被控对象建立

基于鲁棒重复控制器的控制框图如图 9-2 所示。其中 G_{PIMR} 重复控制器已给出。K 为待求鲁棒控制器，$W_s(s)$ 与 $W_{ks}(s)$ 为待定权函数，i_{ref} 为系统参考输入电流，i_g 为系统输出。

现除去系统中待求的鲁棒控制器 K，则可列写系统输出 $[z_1\quad z_2\quad w]^T$ 与输入 $[i_{ref}\quad u]^T$ 的状态空间表达：

$$\begin{bmatrix} z_1 \\ z_2 \\ w \end{bmatrix}=\begin{bmatrix} z_1\to i_{ref} & z_1\to u \\ z_2\to i_{ref} & z_2\to u \\ w\to i_{ref} & w\to u \end{bmatrix}\begin{bmatrix} i_{ref} \\ u \end{bmatrix}=\begin{bmatrix} W_s & -W_s\cdot G\cdot G_{PIMR} \\ 0 & W_{ks}G_{PIMR} \\ I & -G\cdot G_{PIMR} \end{bmatrix}\begin{bmatrix} i_{ref} \\ u \end{bmatrix}\tag{9-1}$$

可以求得广义被控对象 P：

图 9-1　鲁棒重复控制器设计流程图

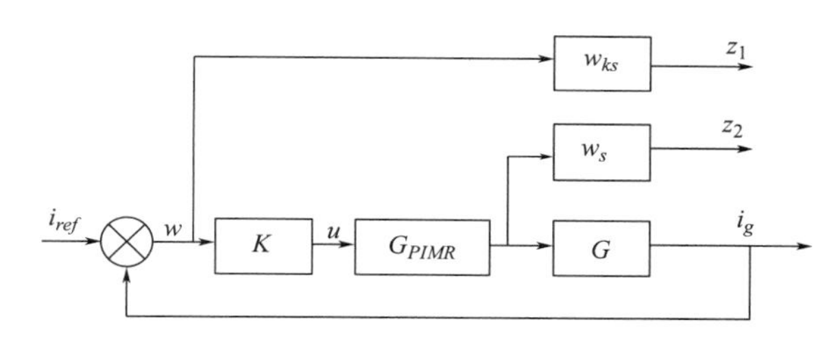

图 9-2　鲁棒重复控制器的控制示意图

$$P=\begin{bmatrix} W_s & -W_s\cdot G\cdot G_{PIMR} \\ 0 & W_{ks}\cdot G_{PIMR} \\ I & -G\cdot G_{PIMR} \end{bmatrix} \tag{9-2}$$

（二）重复控制器中大延迟环节的近似

PIMR 控制器中包含 z^{-N+m} 以及 z^m 的大延迟环节，而鲁棒反馈控制器的阶数和广义控制对象的阶数紧密相关，高阶的鲁棒控制器需要消耗大量的计算时间，不利于工程应用，故在进行鲁棒控制器的求解过程中需要对此大延迟环节进行降阶处理。

由图 9-3，*padé* 近似的阶次为 1 时，无法精确地近似重复控制器在 50Hz 处的高增益特性。*padé* 近似的阶数越大，越接近重复控制的特性。但是过高的阶次会违背近似的初衷。本章中选取三阶 *padé* 近似。在 MATLAB 中输入重复控制器的延迟环节，使用 MATLAB 的 pade 语句即可进行近似。值得注意的是，该近似只用于后期求取鲁棒控制器使用。经过三阶近似之后的 PIMR 控制器的传递函数为：

$$G_{PIMR}=\frac{14.37z^8-102.8z^7+321z^6-572z^5+636.7z^4-453.6z^3+202.3z^2-51.7z+5.811}{z^8-7.091z^7+21.97z^6-38.87z^5+43.04z^4-30.59z^3+13.67z^2-3.52z+0.4017} \tag{9-3}$$

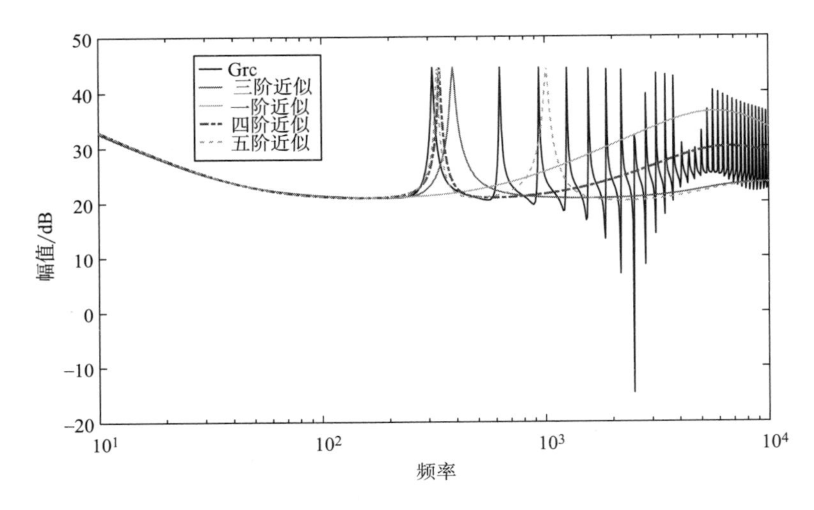

图 9-3　重复控制延迟环节的 *padé* 近似

（三）权函数选取

对于图 9-2 中的广义被控对象，化为标准的 H_∞ 控制问题。如图 9-4 所示：

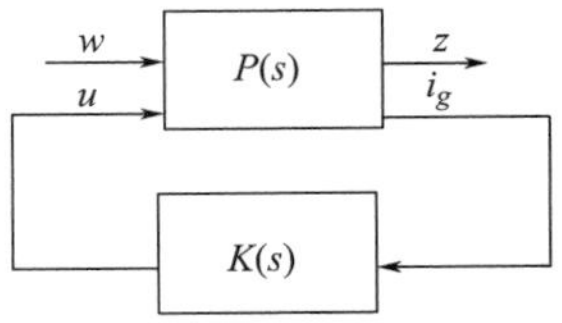

其中 $z=\begin{bmatrix} z_1 \\ z_2 \end{bmatrix}$，由公式（9-1）得到：

$$P=\begin{bmatrix} P_{11} & P_{12} \\ P_{21} & P_{22} \end{bmatrix}=\begin{bmatrix} W_s & -W_s \cdot G \cdot G_{rc} \\ 0 & G_{rc} \cdot W_{ks} \\ I & -G \cdot G_{rc} \end{bmatrix} \tag{9-4}$$

$$u=Ki_g \tag{9-5}$$

图 9-4　标准 H_∞ 问题框图

公式（9-4）代入公式（9-5）中，利用线性分数变换，得到误差信号 w 到权函数输出 z 的传递函数表达式：

$$T_{zw}=F_l(P, K)=P_{11}+P_{12}K(1-KP_{22})^{-1}P_{21} \tag{9-6}$$

在 H_∞ 标准框架下，求得 K（s），使得系统闭环稳定，并且使得传递函数的矩阵范数小于 1，即：

$$\min_{K_{stable}}\{\|F_l(P, K)\|_\infty \mid K 使 P 稳定\} \tag{9-7}$$

对于标准 H_∞ 控制问题的闭环系统稳定判据如下：

$$\|T_{zw}(s)\|_\infty=\|P_{11}+P_{12}K(I-KP_{22})^{-1}P_{21}\|_\infty<1 \tag{9-8}$$

由公式（9-7）和公式（9-8）可知，G_{PIMR} 作为主控制器，已经设置好了，可以视为固定的数值。影响鲁棒重复控制器的参数只有权函数 W_s 和 W_{ks}，其中权函数选择的传递函数如下：

$$\mathrm{W}_s=\frac{s/M+\omega_0}{s+\omega_0 A} \tag{9-9}$$

$$\mathrm{W}_{ks}=C \tag{9-10}$$

其中，A 为允许的最大误差，ω_0 为期望带宽，M 为灵敏度峰值，C 为控制器的参数。本

章中选取 $M=1$，$A=0.1$，$\omega_0=2\times pi\times 500$，C=0.0001。在 MATLAB 中使用 hinfric 函数计算鲁棒控制器应保证广义被控对象中 $P12$ 列满秩、$P21$ 行满秩。由 hinfric 函数可得到离散域下的鲁棒控制器。

（四）鲁棒控制器降阶

在数字实现中，控制器需要进行离散化。高阶的控制器离散化需要的状态量会增加，主控芯片需要更多的寄存器数量以及更多的计算时间。因此，高阶控制器不利于工程上大规模应用。所以需对求解出的鲁棒控制器降阶。图 9-5 给出了低阶控制器的实现方法。由图 9-5，对 LCL 型逆变器以及主控制器 PIMR 控制器进行模型建立之后，求解出高阶的鲁棒控制器。现在采用控制器降阶来实现低阶鲁棒控制器。

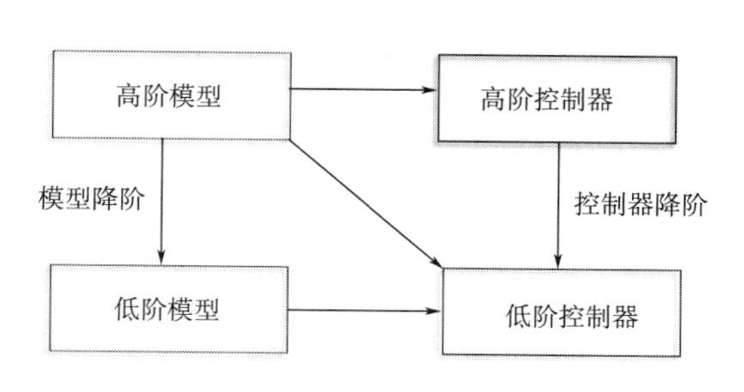

图 9-5　低阶控制器实现

图 9-6 给出了降阶之后不同阶次与原 12 阶次鲁棒控制器的伯德图。可以看出，当近似阶次在 4、5 阶次时，控制器不能很好反应鲁棒控制器 K 的特性，当近似阶次在 6、7 的时候，效果比较理想。本章选取 6 阶为降阶之后的鲁棒控制器阶次。

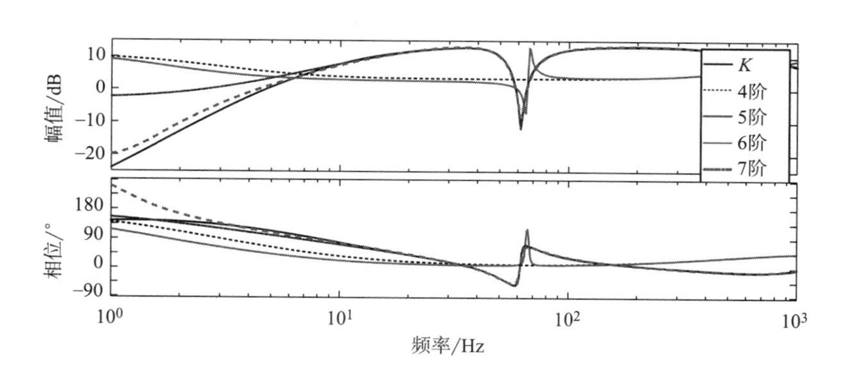

图 9-6　降阶之后鲁棒控制器的伯德图

降阶并离散化后的鲁棒控制器传递函数如下：

$$K(z)=\frac{4.857z^6-15.258z^5+14.079z^4+3.740z^3-15.950z^2+11.518z-2.986}{z^6-2.867z^5+2.609z^4-0.709z^3+0.178z^2-0.329z+0.118} \tag{9-11}$$

三、鲁棒重复控制器稳定性分析及谐波抑制分析

（一）鲁棒重复控制器稳定性分析

由于重复控制器作为主控制器，即使没有鲁棒控制器，系统依旧是稳定的。因此，需要分析加入鲁棒控制器之后的鲁棒重复控制器系统是否稳定。图 9-7 为闭环系统的奇异值。由图 9-7 可以看出，$\{\|T_{zw}(s)\|_\infty\}_{\max}=0.95<1$，满足鲁棒稳定条件。

为了评估鲁棒重复控制器的鲁棒性能与动态性能，定义如下函数：

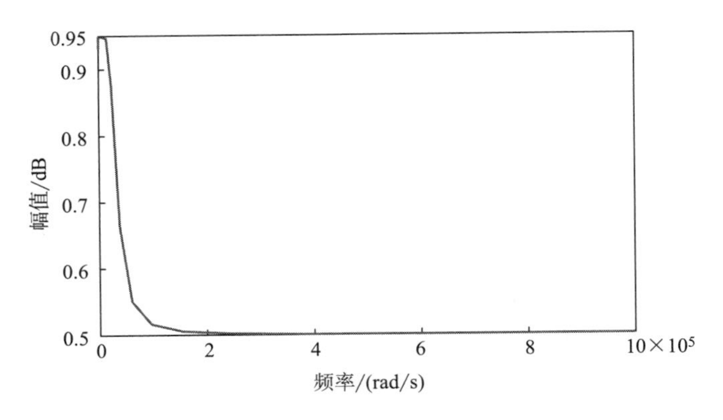

图 9-7 闭环系统的奇异值

$$L(s) = P(s)K(s) \tag{9-12}$$

系统灵敏度函数：

$$S(s) = [I + L(s)]^{-1} \tag{9-13}$$

补灵敏度函数：

$$T(s) = L(s)[I + L(s)]^{-1} = I - S(s) \tag{9-14}$$

考虑一个带有扰动 d 与噪声 n 的系统如图 9-8 所示。被控对象输出 y、鲁棒控制器输出描述如下：

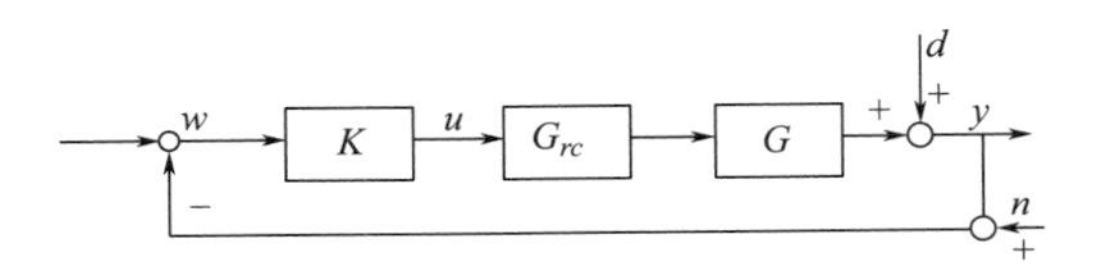

图 9-8 带有干扰与扰动的控制框图

$$y(s) = T(s)r(s) + S(s)d(s) - T(s)n(s) \tag{9-15}$$

$$u(s) = K(s)S(s)[r(s) - n(s) - d(s)] \tag{9-16}$$

由公式（9-15）和公式（9-16）提出判断鲁棒系统的鲁棒性与动态性能的充要条件如下：

①为了保证良好的信号追踪性能，应该保证 $\overline{\sigma}[T(j\omega)] \approx \underline{\sigma}[T(j\omega)] \approx 1$。

②为了提升系统的抗扰动性能，应使 $\overline{\sigma}[S(j\omega)]$ 尽可能地小。

③为了尽可能地抑制噪声信号，$\overline{\sigma}[T(j\omega)]$ 应足够小。

④定义鲁棒控制器的代价函数 $R(s)=K(s)S(s)$，代价函数评估控制器的输出与输入之间的关系，为了控制器能量的“节省”，$\overline{\sigma}[R(j\omega)]$ 应该尽可能小。

⑤由公式（9-16），在 $\overline{\sigma}[R(j\omega)]$ 较小的情况下，由输入信号到控制器输出，进一步衰减了噪声与扰动。系统可以取得较好的鲁棒稳定性。

对于一般的鲁棒控制器设计中，很难同时满足以上五个要求。因此，需要进行权衡考虑。针对单相并网逆变器的设计，很少考虑噪声信号，因此在设计过程中，应尽力满足判据①，而不是判据③。对于系统的抗扰动需要，可以指定为：

$$\bar{\sigma}[S(j\omega)] \propto |W_s^{-1}(j\omega)| \tag{9-17}$$

由于 $W_s(j\omega)$ 为自行设置的权函数，因此可以针对不同的频段而设计不同频率的衰减。用奇异值不等式将闭环系统的稳定性边界设置为：

$$\bar{\sigma}[R(j\omega)] \propto |W_{ks}^{-1}(j\omega)| \tag{9-18}$$

图 9-9 为闭环系统的鲁棒性能与动态性能。当控制器频率在 50Hz（314rad/s），$\bar{\sigma}[T(j\omega)] \approx \underline{\sigma}[T(j\omega)] \approx 1$，表明系统有较好的动态性能，对输入信号有很好的跟踪能力。$\bar{\sigma}[S(j\omega)] = 0.04$ 尽可能地小，表明对系统扰动不敏感。

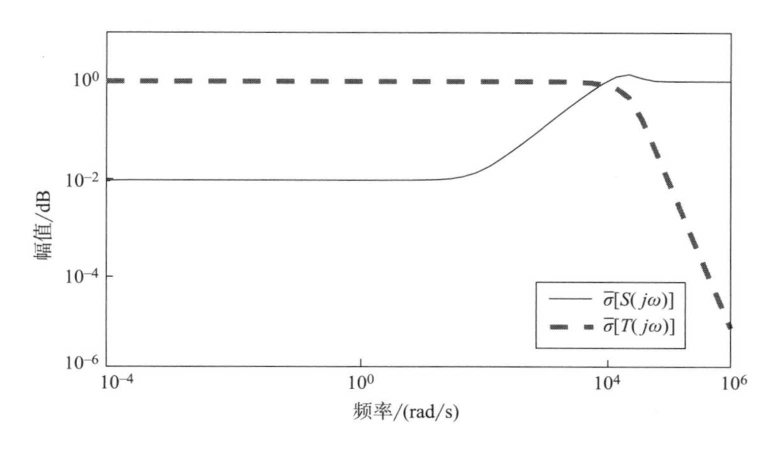

图 9-9　闭环系统鲁棒性能与动态性能

由图 9-10，$\bar{\sigma}[S(j\omega)]$ 与 $|W_s^{-1}(j\omega)|$ 满足公式（9-17）。权函数设计频率衰减为 2×pi×500（rad/s），在 2×pi×500（rad/s）之间的频段，对噪声信号均有较好的抑制效果。在超过衰减频率之后，$\bar{\sigma}[S(j\omega)]$ 逐渐增大，对噪声信号抑制减弱。

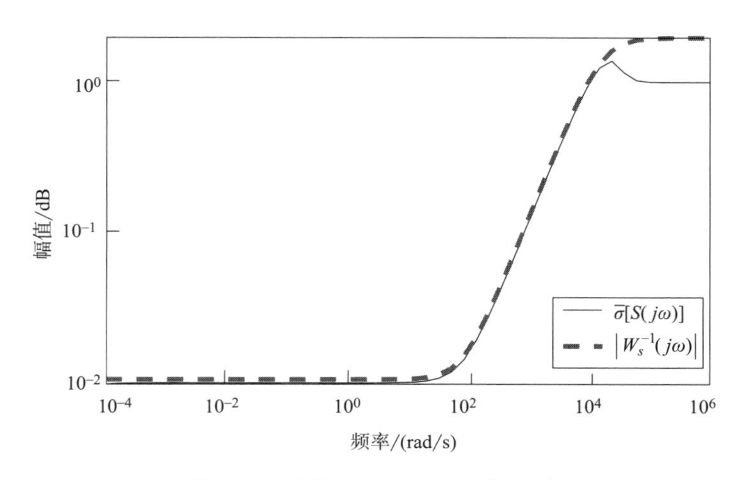

图 9-10　$\bar{\sigma}[S(j\omega)]$ 与 $|W_s^{-1}(j\omega)|$

（二）鲁棒重复控制器谐波抑制能力分析

在稳定性分析之后，需要对比分析重复控制器以及鲁棒重复控制器的谐波抑制能力分析，下图给出了两种不同控制器的开环伯德图。

图 9-11 表明，基于 PIMR 控制器的 RPIMR（robust proportional integral multiple resonant repetitive control，RPIMR）控制器有更宽的带宽以及更高的增益。这意味着 RPIMR 控制器的谐波抑制对比 PIMR 控制器有所提升。

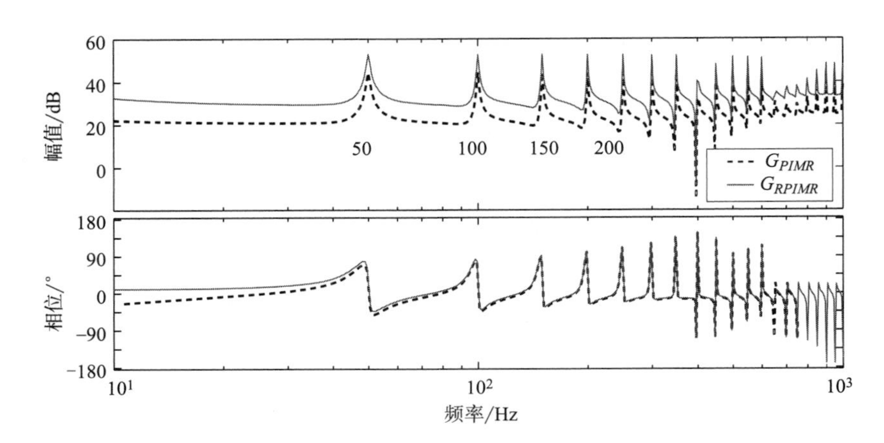

图 9-11　鲁棒重复控制器与 PIMR 控制器的开环伯德图

假设电网频率在（50±0.4）Hz 范围内波动时，其 9 次谐波也在 446.1～453.6Hz 范围内波动。此时控制器应在此频段范围提供高增益，以达到频率自适应的效果。图 9-12 给出 9 次谐波处 RPIMR 控制器与 PIMR 控制器的频率特性。

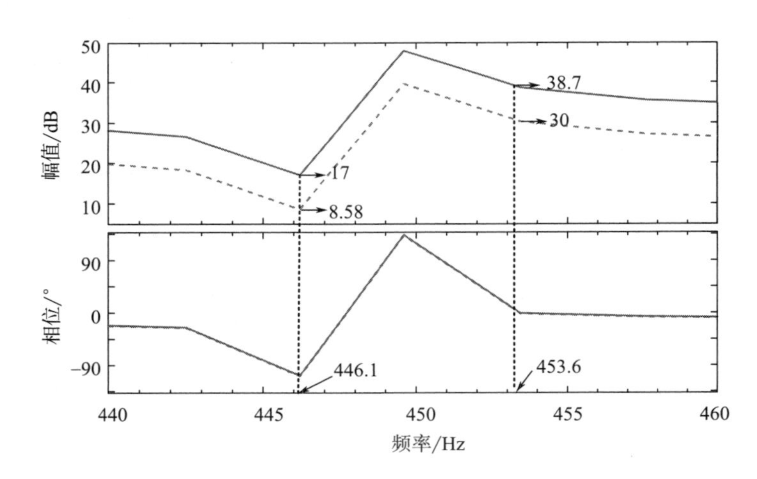

图 9-12　9 次谐波频率处 RPIMR 与 PIMR 控制器的频率特性

由图 9-12 可知，经过改进后的 RPIMR 控制器在面临电网频率波动下，相比于 PIMR 控制器有着更好的开环增益，因此可更好地适应电网频率的变化。

（三）鲁棒重复控制的盘稳定裕度分析

线性系统稳定裕度最常见的表征参数是幅值裕度（Gain Margin，GM）和相位裕度（Phase Margin，PM）。GM 和 PM 在表征系统稳定性的时候，有一个缺陷是它们各自只考虑了幅值或者相位的单一变化。GM 表示开环系统增益变化多少倍时，相位变为-180°。PM 表示开环系统相位增减多少时，增益开环增益变为 1。但是，如果开环系统的增益和相位同时发生变化，系统的稳定性范围难以表征。

在 MATLAB 2019 版本更新之后，MATLAB 提供 diskmargain 函数来进行盘稳定裕度的分析。图 9-13 为单位反馈闭环回路。

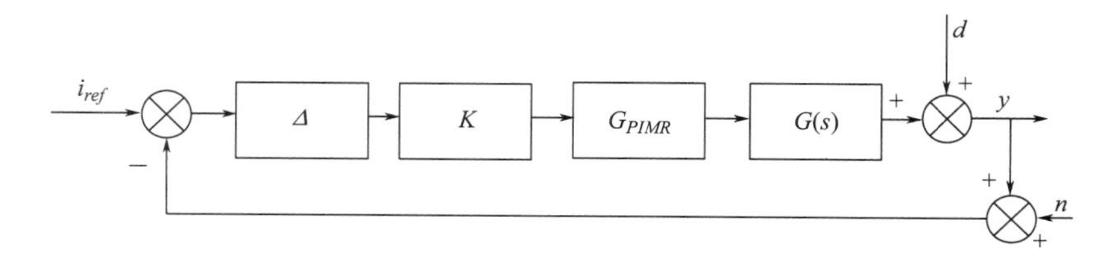

图 9-13　单位反馈闭环回路

K 为设计的一种鲁棒控制器，G_{PIMR} 为重复控制器，G（s）为被控对象。记 $\Delta=\alpha e^{i\theta}$，其中 & 和 θ 分别表示开环回路的幅值变化幅度及相位变化幅度。则可以设定 Δ 的实部与虚部的变化范围，在该范围内取多个 Δ，根据闭环零点位置判定闭环稳定性。

在实际电路的应用中，Δ 的幅值变化可能的情况有：电阻电容电感等元器件老化；或者由于工作情况下温度的升高带来的偏差；或者本身生产过程中由于工艺原因造成有一定范围的误差；或者是 PCB 走线布局中带来的寄生电阻、寄生电容、寄生电感等的存在等。Δ 的相位变化可能的情况：由于滤波器的存在；或者数字控制器存在一定的延迟；电网并非理想的电网等，这些难以在设计时候考虑到的情况。图 9-14 与图 9-15 分别展示了 PIMR 控制器与 RPIMR 控制器的 *diskMargin* 特性曲线，由图 9-14 与图 9-15 得知，在开环回路幅值和相位同时发生变化的情况下，RPIMR 控制器具有更好的稳定裕度。

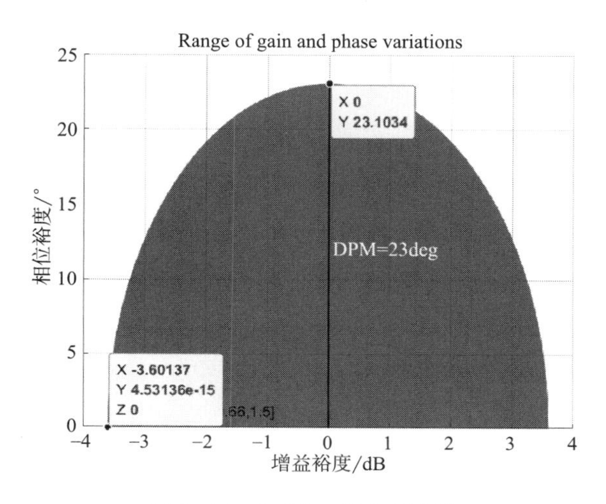

图 9-14　RPIMR 盘稳定裕度

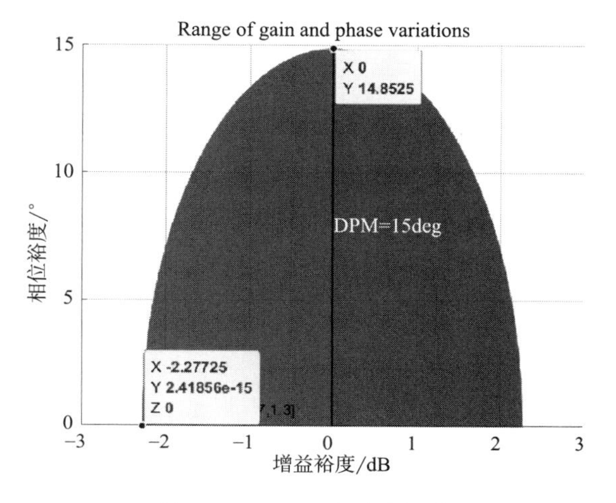

图 9-15　PIMR 盘稳定裕度

第二节　仿真与实验

本节进行 MATLAB/Simulink 的仿真与实验，在进行完仿真之后，直接除去仿真中的硬件部分，保留控制器的部分，将控制器部分复制到第六章中的控制器部分即可进行实验。下面首先介绍仿真部分，之后介绍实验部分。

一、仿真模型

仿真模型由三个模块组成。第一部分为主电路，实现由直流到交流的电能变换。第二部分为控制器部分，实现并网电流可控以及抑制输出电流低次谐波的目的。第三部分为观测数据区，用来进行数据的分析，包括有效值分析以及输出电流的 THD 分析。

对于图 9-16 中的子系统，如图 9-17 所示。图 9-17（a）中含有两个电网，其中 U_g 表示正常电网，而 U_{g_weak} 则模拟了弱电网的情况。U_g 模块中分别注入不同程度的 3、5、7、9、11、13、15 阶次的谐波。在保持 U_g 不变的情况下加入 RL 来模拟弱网的结构。

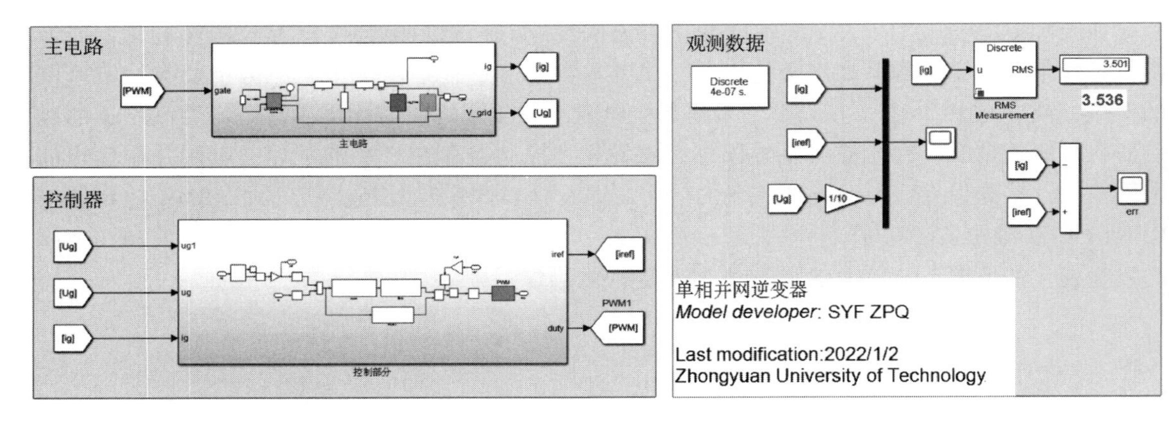

图 9-16　单相并网逆变器仿真模型

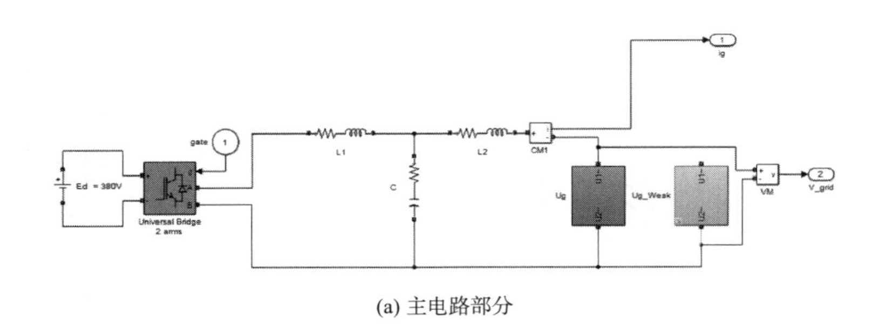

(a) 主电路部分

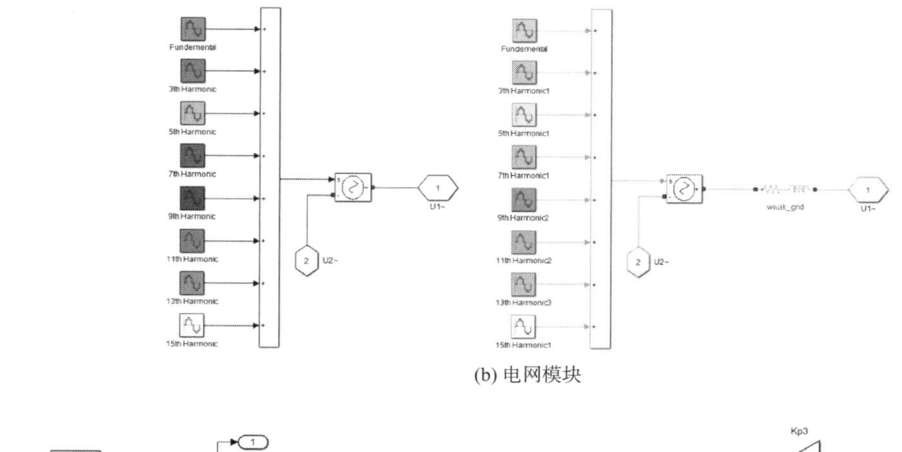

(b) 电网模块

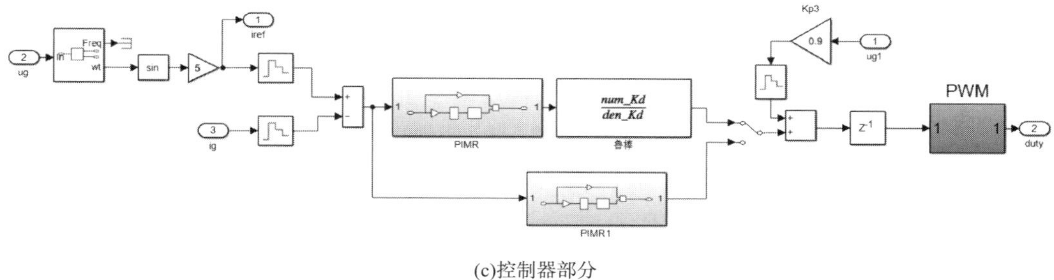

(c)控制器部分

图 9-17　单相并网逆变器仿真模型子系统

二、仿真参数设置

系统主电路参数如表 9-2 所示。

表 9-2　系统主电路参数

主电路参数	值
仿真离散步长	4e-7s
开关频率	10kHz
L_1	3. 2mH
L_2	2mH
C	10e-6F
R_d	10Ω
E_d	380V

系统控制部分参数如表 9-3 所示。

表 9-3　系统控制部分参数

控制器参数	值
零阶保持时间	1e-4s

续表

控制器参数	值
k_p	10
k_f	10
z^m	z^5
$S(z)$	$\frac{0.06746z^2+0.1349z+0.06746}{z^2-1.143z+0.4128}$
$Q(z)$	0.94
$K(z)$	$\frac{4.857z^6-15.258z^5+14.079z^3+3.740z^2-15.950z^2+11.518z-2.986}{z^6-2.867z^5+2.609z^3-0.709z^3+0.178z^2-0.329z+0.118}$

三、仿真结果

为了验证鲁棒重复控制器的鲁棒性能以及谐波抑制能力，仿真设置两个对照组，第一组为电流控制器为 PIMR 的单相并网逆变器，第二组为电流控制器为 RPIMR 的单相并网逆变器。在电网频率稳定以及频率有波动的情况下，分析两组的暂态响应与稳态响应。考虑弱电网的情况，在电网频率稳定以及频率有波动的情况下，分析两组的稳态响应。

（一）电网频率为 49.6、50 以及 50.4Hz 的暂态响应

实际电网频率并非为 50Hz，而是在 50Hz 频率处波动，波动范围按照国家标准为±0.4Hz。因此在进行仿真不应仅仅考虑频率为 50Hz。为了对比分析得出不同情况下的实验结果，实验设置不同的对照组别，分别为电网频率为 50Hz 以及电网频率波动为 49.6Hz 与 50.4Hz。图 9-18 给出当电网频率在 49.6、50 以及 50.4Hz 情况下的暂态与稳态的实验结果。暂态响应为误差收敛曲线，稳态实验结果为输出电流波形以及 THD 分析。

不同频率下 RPIMR 与 PIMR 的误差收敛图像如图 9-18 所示。

由图 9-18 可以看出，在不同频率下，RPIMR 的误差收敛速度并不及 PIMR 控制器，由（a）、（c）、（e）可知，PIMR 的误差收敛速度在 0.04s；而由图 9-18（b）、（d）、（f）可知，RPIMR 的误差收敛速度在 0.06s。其原因在于，鲁棒控制器的加入，使得系统器的阶次升高，进而降低系统的快速性。

（二）电网频率为 49.6、50 以及 50.4Hz 的稳态响应

针对单相并网逆变器的稳态响应展示输出电流与电网电压以及输出电流的 THD 分析两个部分。其中，输出电流与电网电压的过零点表现了输出有功与无功的关系，严格意义上，输出电流的过零点应该与电网电压相同；同时，对输出电流即并网电流进行 FFT 分析，20 次以内的谐波总失真应该越来越小，说明并网电流的质量越好。

图 9-19 及图 9-20 给出了电网频率分别为 49.6、50 以及 50.4Hz 时的输出电流以及输出电流的 THD 大小。当电网频率为 50Hz 时，PIMR 与 RPIMR 均可取得很好的控制效果，输出电流的 THD 相差不多，基本可以控制在 2%以内。当电网频率变化，谐波抑制能力也随之下降，THD 上升。当电网频率为 50.4Hz 的时候，PIMR 控制器输出电流的 THD 为 2.29%，RPIMR 输出电流 THD 为 2.17%，RPIMR 控制器在电网频率波动下，控制效果优于 PIMR。当

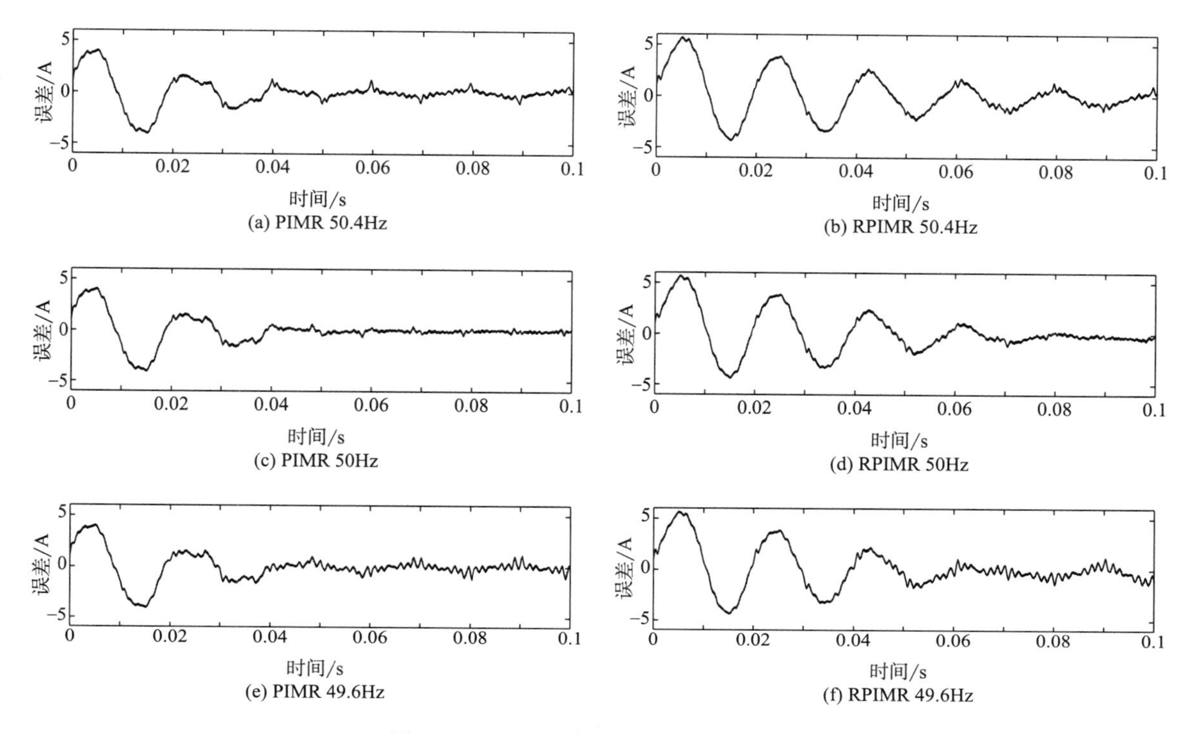

(a) PIMR 50.4Hz　(b) RPIMR 50.4Hz
(c) PIMR 50Hz　(d) RPIMR 50Hz
(e) PIMR 49.6Hz　(f) RPIMR 49.6Hz

图 9-18　RPIMR 与 PIMR 误差收敛曲线

电网频率为 49. 6Hz 时，PIMR 控制器的输出电流 THD 为 3. 26%，而 RPIMR 控制器的输出电流 THD 为 2. 84%。当电网频率在一定范围内变化，具有 RPIMR 的电流控制器始终可以使输出电流 THD 稳定在 3%以内，而具有 PIMR 的电流控制器的变化范围比较大，因此当电网频率变化的时候，具有 RPIMR 控制器的结构鲁棒性优于 PIMR 控制器，可以获得较好的控制效果。

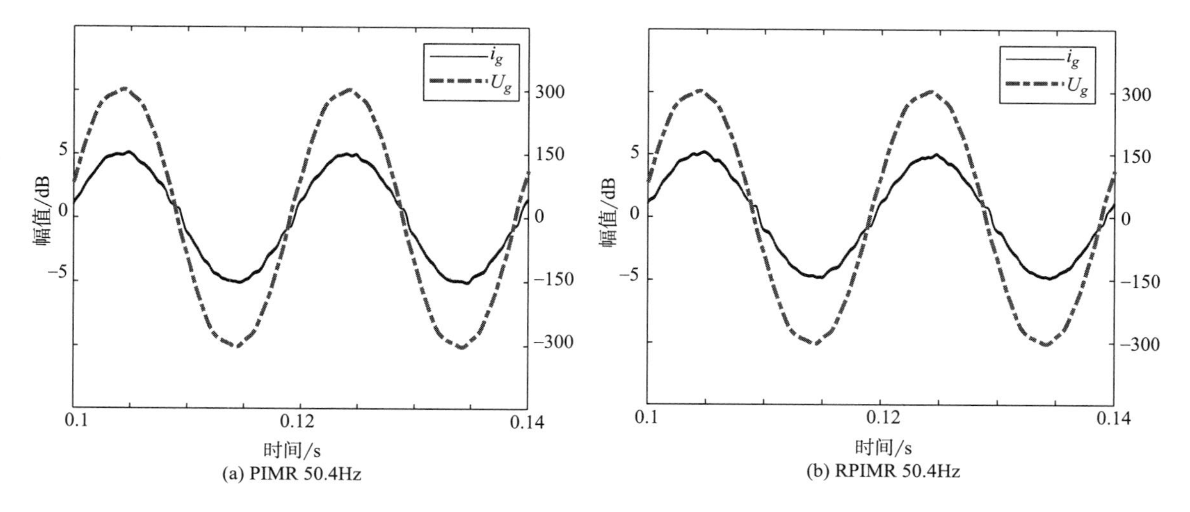

(a) PIMR 50.4Hz　(b) RPIMR 50.4Hz

图 9-19

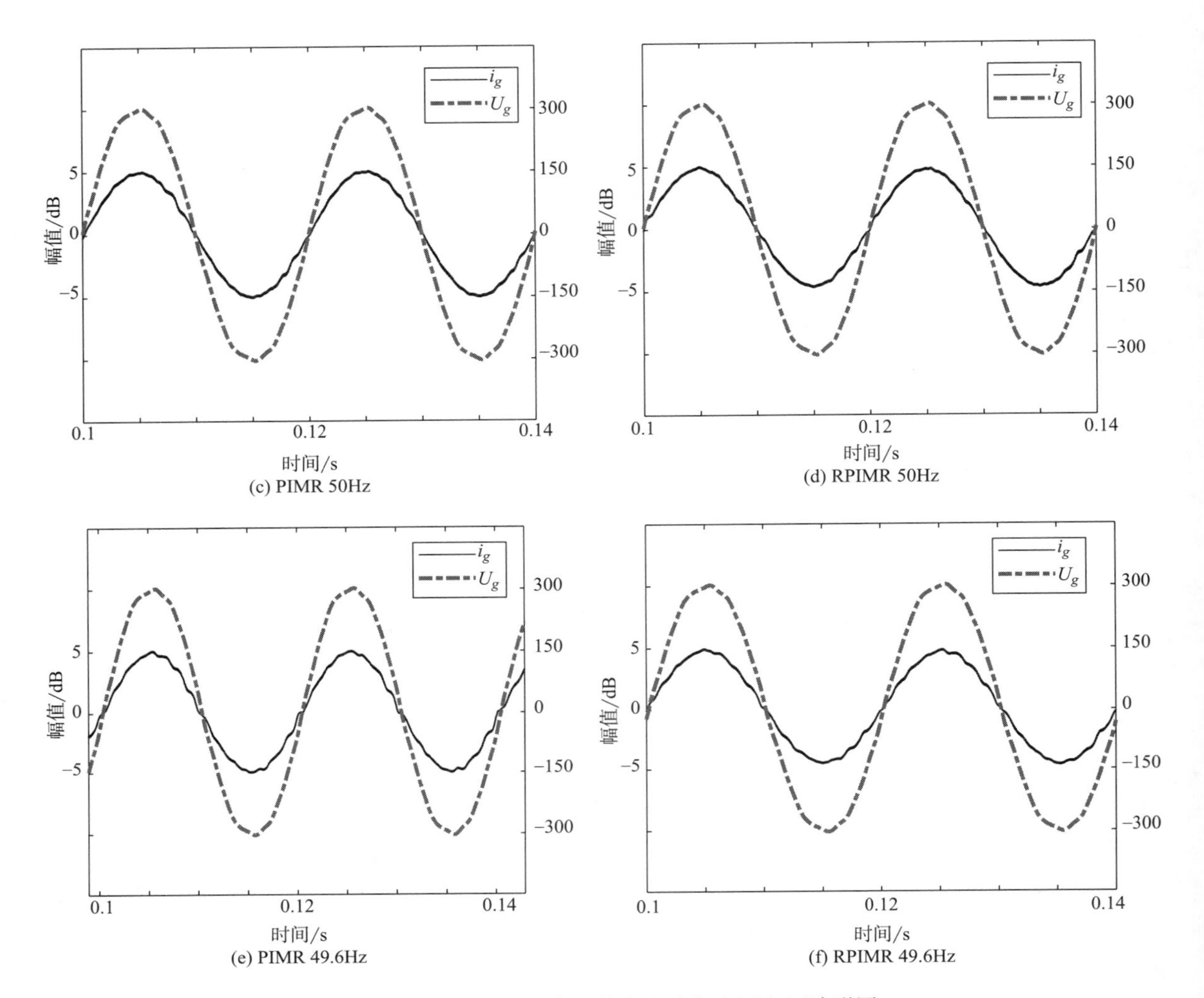

图 9-19 不同电网频率下输出电流与电网电压波形图

（三）弱电网下的稳态响应

逆变器作为能源交互、电能转换的接口，实现直流到交流的转换，并以此并网向电网提供电流。以光伏系统为例：光伏发电由许多的光伏阵列构成，当这些光伏阵列大规模接入电网，可能造成接入公共耦合点的电网感抗随之浮动，且在非线性负载及线路阻抗共同作用下，电网不可继续视为理想电网，稍微呈现出弱感性。

图 9-21 给出一种等效弱电网的模型，由 R_g 描述电网的线路阻抗，L_g 描述弱电网的程度。由图 9-21 得到电网阻抗为 $Z_g=R_g+j\omega L$。针对文献［1］中的数据，对于 3kW 光伏系统参数给出弱电网的电网阻抗为 2.7Ω（41%感性）。即为：

$$\begin{cases} R_g^2+\omega^2L^2=Z_g^2 \\ \dfrac{R_g}{\omega L}=\dfrac{\sqrt{1-0.41^2}}{0.41} \end{cases} \tag{9-19}$$

由公式（9-19）计算得出：

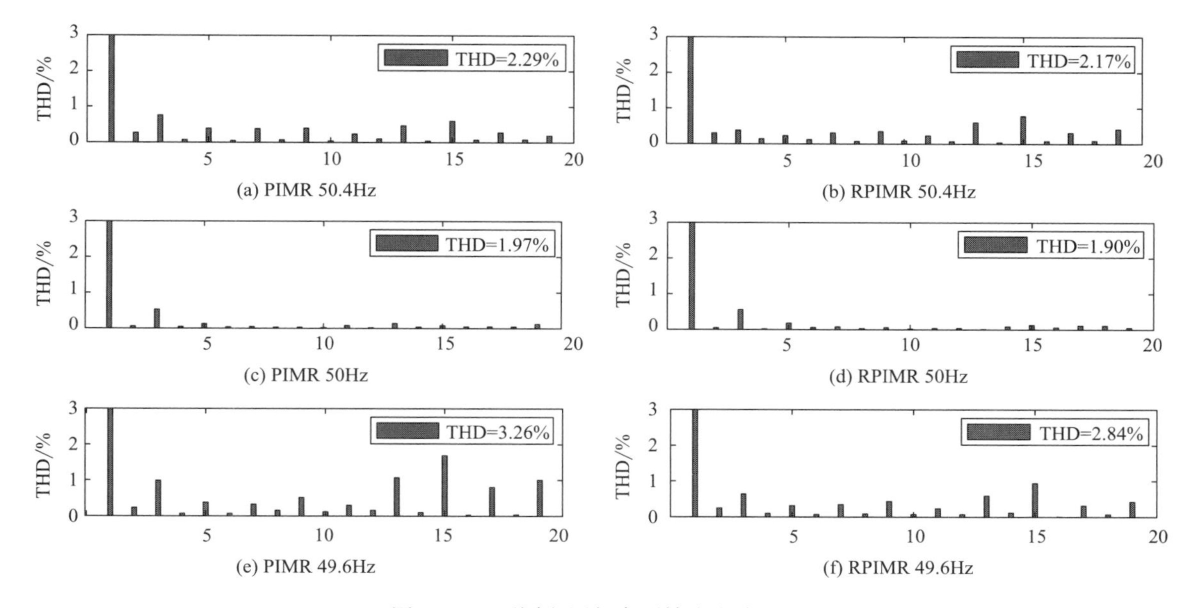

图 9-20　不同电网频率下输出电流 THD

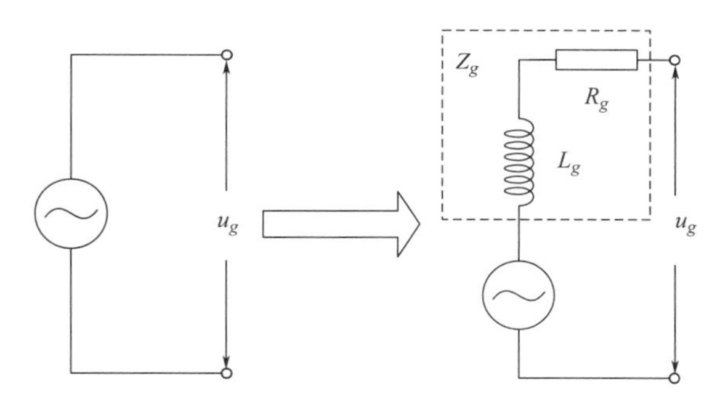

图 9-21　弱电网等效模型

$$\begin{cases} R_g = 2.415\Omega \\ L_g = 3.845e-3\text{H} \end{cases} \tag{9-20}$$

为保证逆变器输出功率与文献［1］大致相同，选择输出参考电流为 15A，其在电网频率为 49.6Hz、50Hz 以及 50.4Hz 的输出电流与输出电压波形如图 9-22 所示。

对上图输出电流进行 FFT 分析，得到各输出电流的 THD 如图 9-23 所示。

图 9-23 给出在弱电网下，RPIMR（右）与 PIMR（左）的输出电流 THD 的值。在 50Hz 处，弱电网输出电流的 THD 好于理想电网的输出电流 THD，实际电网由于 L_g 的存在，实际增加了滤波器 L_2 的值，使滤波效果变好，因此具有较低的 THD。随着电网频率的偏移及变换，RPIMR 与 PIMR 的控制效果显著变化，PIMR 在 49.6Hz 处的输出电流 THD 已经达到了 3.24%，RPIMR 的输出电流 THD 依旧可以稳定在 3%以内。因此，在最糟糕的弱电网情况下，RPIMR 输出电流质量优于 PIMR 输出电流质量。

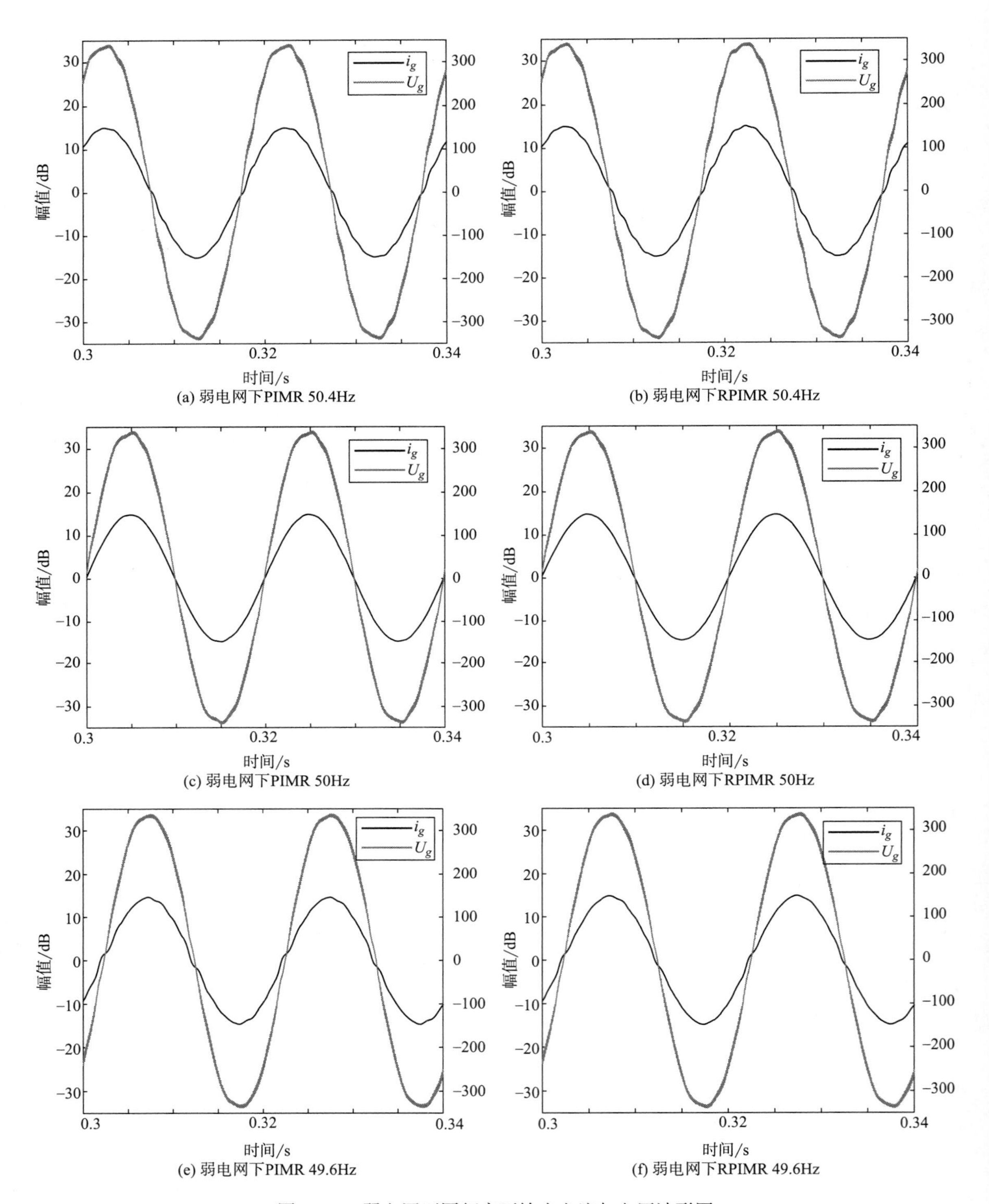

图 9-22 弱电网不同频率下输出电流与电压波形图

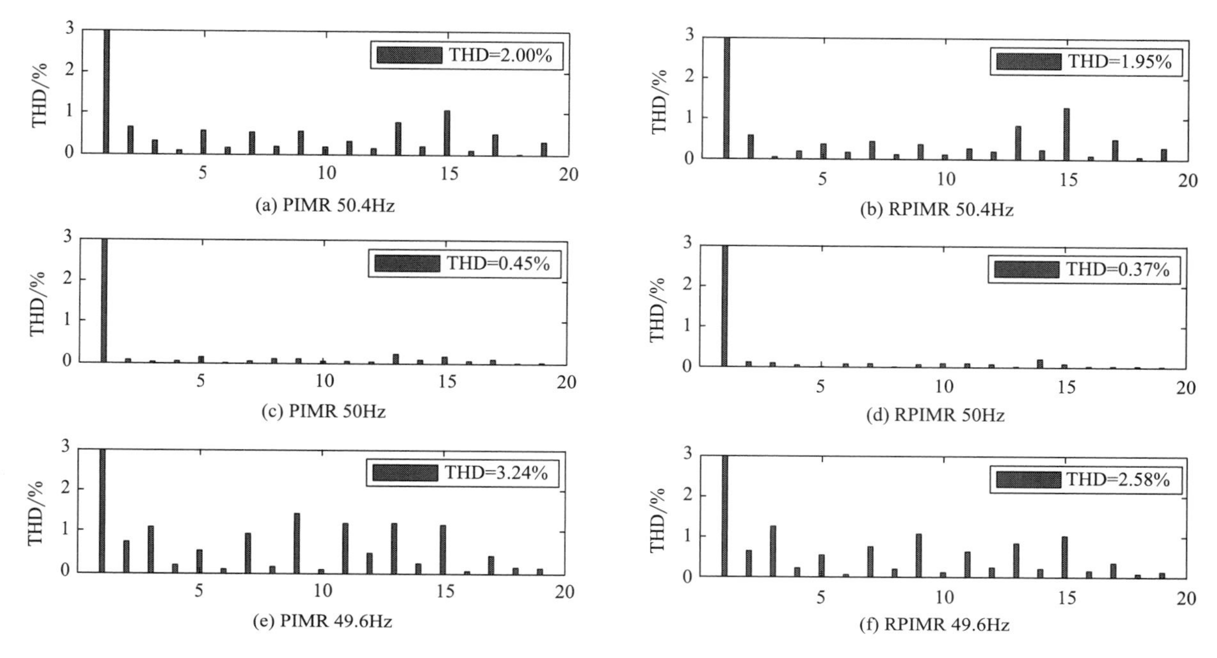

(a) PIMR 50.4Hz (b) RPIMR 50.4Hz

(c) PIMR 50Hz (d) RPIMR 50Hz

(e) PIMR 49.6Hz (f) RPIMR 49.6Hz

图 9-23 弱电网不同频率下输出电流 THD

四、实验结果

（一）稳态分析

首先给出调压器输出端调至峰值接近 5V，电压波形以及其 THD 分析如图 9-24 所示。

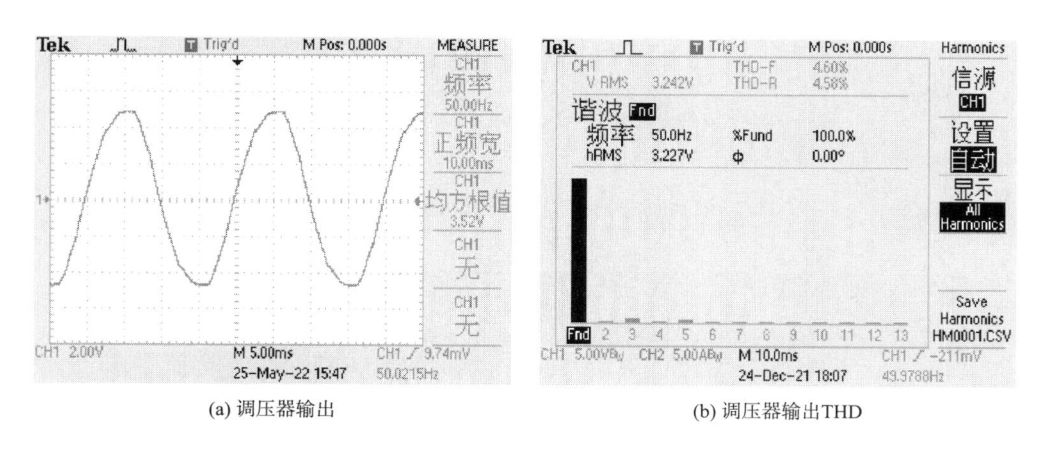

(a) 调压器输出 (b) 调压器输出THD

图 9-24 调压器输出波形以及 THD 分析

由于本实验中经由调压器接入逆变器侧，因此电网频率波动难以控制在想要的频率，市电波形经过调压器其本身也有略微的波动。因此实验不再按照电压频率波动来设置。图 9-25 给出 PIMR 与 RPIMR 的输出电流波形以及 THD 分析。

由图 9-25 可知，给定输出电流峰值为 5A，输出基波电流有效值应为 3. 636A。对比

图 9-25（b）及图 9-25（e）可知 RPIMR 的输出基波有效值为 3.510A，而 PIMR 的输出基波有效值为 3.788A，RPIMR 的误差小于 PIMR 的误差，且在一定程度上提升了输出电流的质量，RPIMR 的输出电流 THD 比 PIMR 的输出电流 THD 减小了约 0.5%，这与仿真结果吻合。

（二）动态分析

当电流突变时候，对比 PIMR 与 RPIMR 的动态响应速度。将输出电流的峰值由 3A 电流提升至 5A，动态响应如图 9-26 所示。

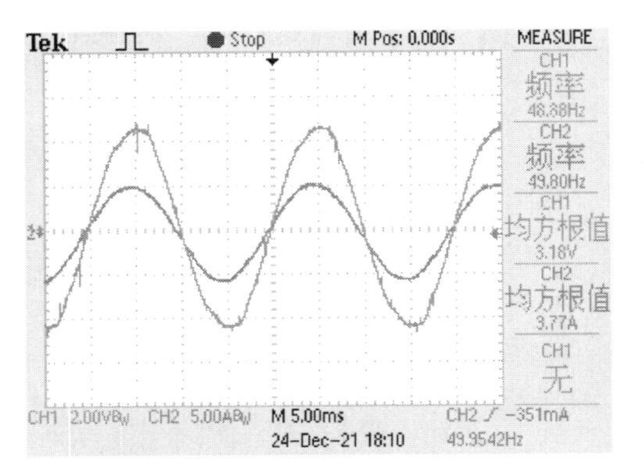

(a) PIMR输出电流与调压器输出波形

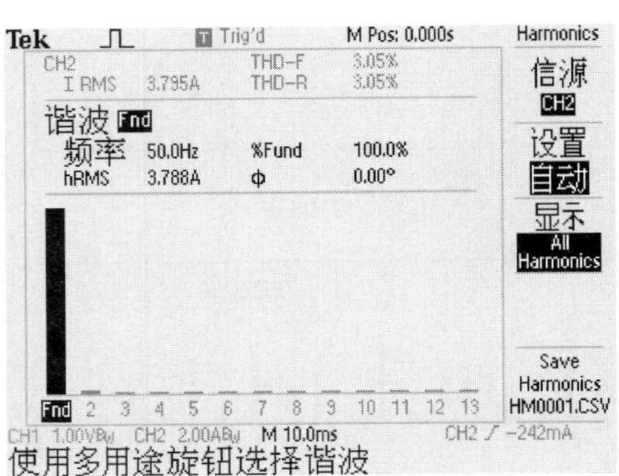

(b)PIMR输出电流THD

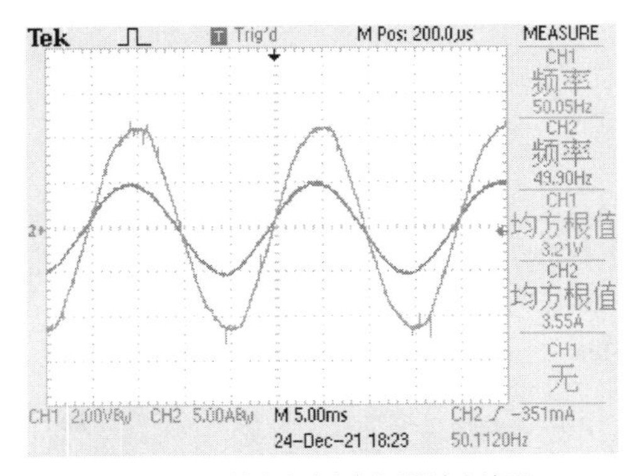

(c) RPIMR输出电流与调压器输出波形

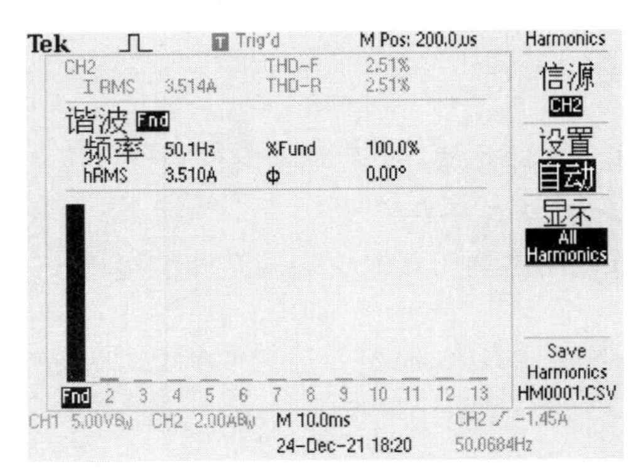

(d) RPIMR输出电流THD

图 9-25　PIMR 与 RPIMR 输出电流与电网电压波形图及输出电流 THD 分析

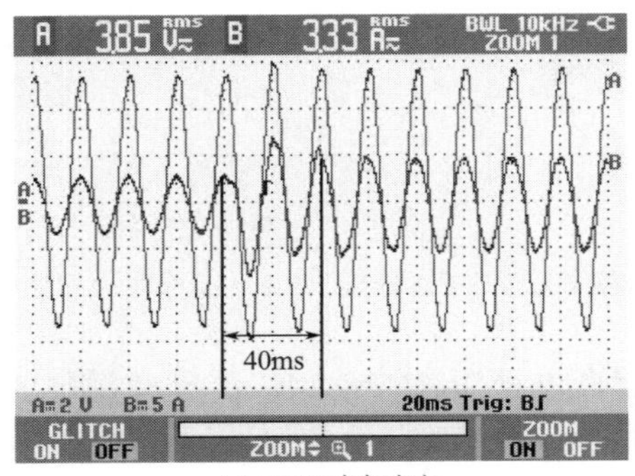

(a) PIMR动态响应

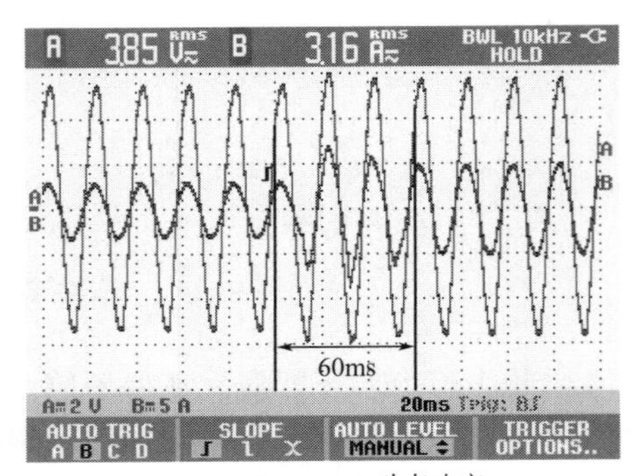

(b) RPIMR动态响应

图 9-26　PIMR 与 RPIMR 的动态响应

由图 9-26 可知，当电流突变的时候，PIMR 恢复到稳态需要 40ms，而 RPIMR 恢复到稳态的时间为 60ms。这与加入的鲁棒控制器有关。虽然已经对控制器进行降阶处理，系统还是不可避免地引入了高阶传递函数，导致系统的动态性能较差。

本章小结

本章针对重复控制对系统建模的精准度要求较高，且在电网频率波动或者弱电网的情况下鲁棒性不足的问题，提出鲁棒比例积分多谐振型重复控制器（RPIMR），其中重复控制器作为主控制器，进行对参考信号的高精度追踪，鲁棒控制器来提升系统的鲁棒性能。首先设计鲁棒重复控制器：采取基于 PIMR 结构的重复控制器，对 PIMR 控制器进行参数选取，稳定性分析，并给出设计依据。接着，根据已经设计好的且近似的重复控制器以及被控对象联立构成广义被控对象，进一步给出了鲁棒控制器的设计步骤，其中包括鲁棒控制器的权函数选取，鲁棒控制器的降阶。仿真及实验结果表明：由鲁棒控制器与重复控制器构成的复合控制策略，在电网频率变动以及弱电网的情况下，既保留了鲁棒控制器的鲁棒性，同时保留了重复控制器的谐波抑制能力。

参考文献

[1] 蔡蒙蒙．弱电网情况下光伏并网逆变器的稳定性研究 [D]．天津：天津大学，2014.

第十章　比例—前馈重复控制器

传统 RC 控制器存在固有的延时环节，其暂态调节较慢。为了改善重复控制的动态性能，多种复合控制策略被提出。常见的复合控制结构有串联和并联两种，本章提出一种比例调节器与常规重复控制器并联结构的比例-重复复合控制器，并以此复合控制器结构为基础，提出比例—前馈重复控制器（proportional-feedforward RC，P-FRC）。

第一节　比例—前馈重复控制器

一、前馈重复控制理论分析

若对图 3-1（b）所示的传统 RC 内模进行结构上变形，将延迟环节 z^{-N} 的一部分留在内模的反馈环内，另一部分移至前向通道，那么将得到传统 RC 内模［含 Q（z）与 k_r］的等效形式，如图 10-1 所示。

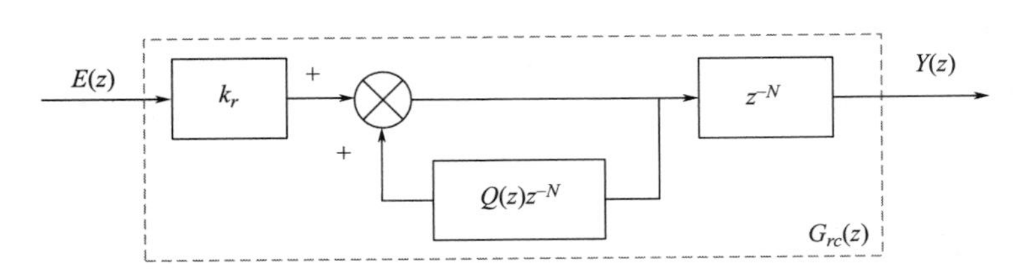

图 10-1　传统 RC 内模的等效结构框图

在离散域中，提出的前馈 RC 内模结构框图如图 10-2 所示，其内模传递函数表达式为：

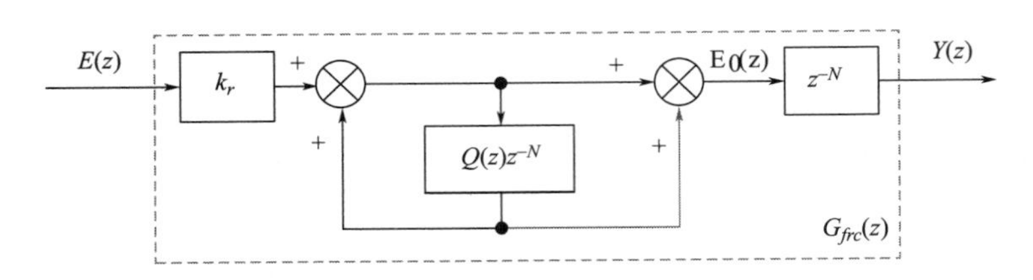

图 10-2　提出的前馈 RC 内模离散域结构框图

$$G_{frc}(z) = \frac{Y(z)}{E(z)} = k_r \frac{1 + Q(z)z^{-N}}{1 - Q(z)z^{-N}} z^{-N} = k_r E_0(z)(z^{-N}) \tag{10-1}$$

在连续域中，所提前馈 RC 内模结构框图如图 10-3 所示，其中 e^{-sT_0} 为 z^{-N} 在连续域的表达式，公式（10-1）在连续域可以表示为：

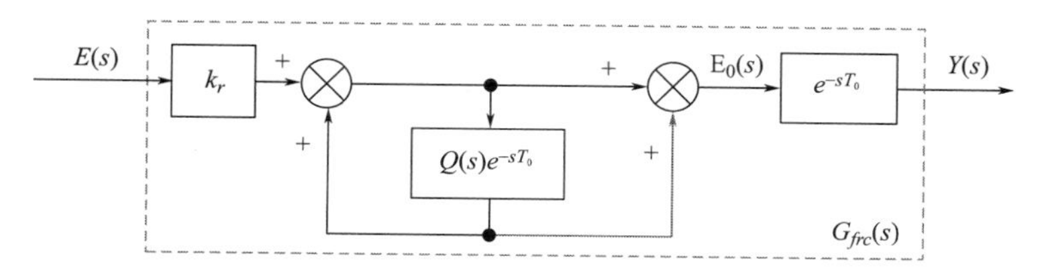

图 10-3 提出的前馈 RC 内模连续域结构框图

$$G_{frc}(s)=k_r\frac{1+Q(s)\mathrm{e}^{-sT_0}}{1-Q(s)\mathrm{e}^{-sT_0}}\mathrm{e}^{-sT_0}=k_rE_0(s)(\mathrm{e}^{-sT_0}) \tag{10-2}$$

由于参考输入信号为基波频率，扰动信号的频率为基波频率的整数倍，因此 $\mathrm{e}^{-sT_0}=1$，$z^{-N}=1$。那么公式（10-2）可变为：

$$G_{frc}(s)=E_0(s)=k_r\frac{1+Q(s)\mathrm{e}^{-sT_0}}{1-Q(s)\mathrm{e}^{-sT_0}} \tag{10-3}$$

当 $Q=1$ 时，由公式（10-3）可得：

$$G_{frc}(s)=E_0(s)=k_r\frac{1+\mathrm{e}^{-sT_0}}{1-\mathrm{e}^{-sT_0}} \tag{10-4}$$

根据自然指数函数的性质[1]，已知如下公式：

$$\frac{\mathrm{e}^{\pi x}+\mathrm{e}^{-\pi x}}{\mathrm{e}^{\pi x}-\mathrm{e}^{-\pi x}}=\frac{x}{\pi}\sum_{k=-\infty}^{\infty}\frac{1}{x^2+k^2}=\frac{x}{\pi}\left(\frac{1}{x^2+k^2}\bigg|_{k=0}+2\sum_{k=1}^{\infty}\frac{1}{x^2+k^2}\right)=\frac{1}{\pi x}+\frac{2x}{\pi}\sum_{k=1}^{\infty}\frac{1}{x^2+k^2} \tag{10-5}$$

令 $\pi x=1/2sT_0$，根据公式（10-5），可将公式（10-4）所示的前馈 RC 连续域传递函数作如下推导：

$$\begin{aligned}E_0&=k_r\cdot\frac{\mathrm{e}^{\frac{1}{2}sT_0}+\mathrm{e}^{-\frac{1}{2}sT_0}}{\mathrm{e}^{\frac{1}{2}sT_0}-\mathrm{e}^{-\frac{1}{2}sT_0}}=\frac{2k_r}{sT_0}+k_rsT_0\sum_{k=1}^{\infty}\frac{1}{\frac{1}{4}(sT_0)^2+(k\pi)^2}\\&=\frac{2k_r}{sT_0}+k_rsT_0\sum_{k=1}^{\infty}\frac{4/T_0{}^2}{s^2+(2k\pi/T_0)^2}=\frac{2k_r}{sT_0}+\frac{4k_r}{T_0}\sum_{k=1}^{\infty}\frac{s}{s^2+(2k\pi/T_0)^2}\\&=\frac{2k_r}{sT_0}+\frac{4k_r}{T_0}\sum_{k=1}^{\infty}\frac{s}{s^2+(k\omega_0)^2}\end{aligned} \tag{10-6}$$

结合公式（10-4）、公式（10-6），可得：

$$G_{frc}(s)=E_0(s)=\frac{2k_r}{T_0}\frac{1}{s}+\frac{4k_r}{T_0}\sum_{k=1}^{\infty}\frac{s}{s^2+(k\omega_0)^2} \tag{10-7}$$

公式（10-7）给出了前馈 RC 内模传递函数的数学展开式，可知，改进后的前馈 RC 内模表达式包含一个积分项，无穷多个在基波及其整数倍谐波频率处的多谐振项。其中，前馈 RC 的等效的谐振控制器的增益为 $4k_r/T_0$，传统 RC 等效的谐振控制器增益为 $2k_r/T_0$。这说明在相同的重复控制增益 k_r 下，理论上前馈 RC 内模针对基波及基频整数倍谐波的增益是传统

RC 内模的两倍，误差收敛速度与控制增益成正比，即前馈 RC 内模针对基波及基频整数倍谐波的误差收敛速度更快。

图 10-4 为改进后的前馈 RC 内模与传统 RC 内模的伯德图，从图 10-4 可以看到，改进后的前馈 RC 内模结构比传统 RC 内模结构具有更高的开环增益，与传统 RC 内模相比，前馈 RC 内模在奇次谐波频率和偶次谐波频率之间多了一个反谐振峰。根据伯德灵敏度积分[2]，该反谐振峰衰减了奇次和偶次谐波频率之间的误差信号，同时放大了其他频率处的误差信号，因而，前馈 RC 内模结构在各次谐波频率处具有更高的增益。

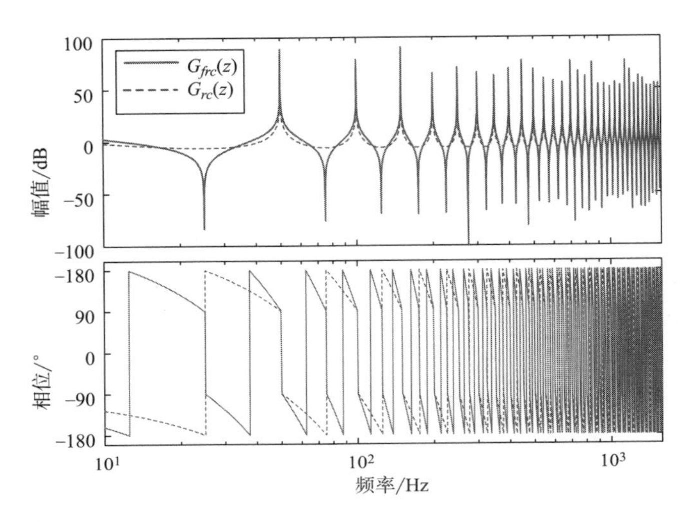

图 10-4　前馈 RC 内模与传统 RC 内模对比伯德图

图 10-5 为图 10-4 幅频响应曲线的细节图，其中 ω_b 为重复控制的带宽。为了评估 RC 系统电网频率波动的敏感程度和便于比较，从开环增益中获得了基波及各次谐波的带宽。然后，通过将幅值设置为-3dB，可以获得各次谐波频率下的 RC 方案的带宽。从图 10-5 中可以看到前馈 RC 内模在基波及基频整数倍谐波频率处的带宽比传统 RC 内模更宽。因此，与传统 RC 相比，所提前馈 RC 对电网频率波动相对不敏感。

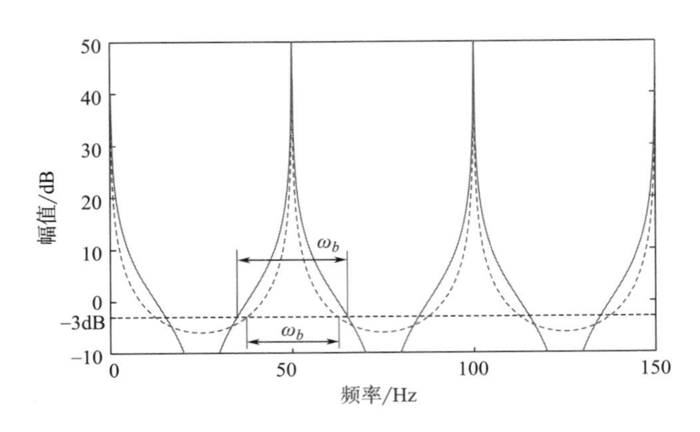

图 10-5　前馈 RC 内模与传统 RC 内模带宽对比图

由公式（10-7）可知，与传统 RC 内模一样，前馈 RC 起作用的部分主要是无穷多个谐振项，因为其积分项增益系数很小，与谐振项的系数相比可以忽略，所以，前馈 RC 与传统重复控制的频率特性类似，均呈现出多谐振特性。

并网逆变器系统中存在多次谐波，若采用多个谐振控制器并联的方案去抑制这些谐波，那么多谐振控制中的相位滞后可能会导致系统不稳定，特别是当并联的谐振控制器数量较多时，其稳定性问题难以通过设计解决。而 RC 能够通过补偿器等参数的优化设计或者与其他控制器复合使用的方法来增强系统的稳定性，同时 RC 对多次谐波具有很好的抑制能力，提高了入网电流的质量。因此，在并网逆变控制系统中，RC 比谐振控制具有更好的应用前景，在下一小结，本文将对前馈 RC 进行更进一步的研究，给出前馈 RC 内模与准谐振控制之间的联系。

二、前馈 RC 与准谐振控制关系分析

为了使多谐振控制器适应电网频率变化，谐振控制中通常引入一个控制谐振带宽的参数 ω_c， 通过 ω_c 可以调整其谐振带宽，使谐振控制器在电网频率波动时也能具由一定大小的控制增益。考虑到前馈 RC 在数学上能够等效为无穷多个并联的谐振控制器，类比准谐振控制，是否也能够找到一个类似于 ω_c 的参数，使前馈 RC 可以等效为多个并联形式的准谐振控制器，进而在一定程度上增强前馈 RC 抗电网频率波动的能力。

当传统 RC 内模系数为小于 1 的常数 Q 时，已有文献［1］建立了传统 RC 内模与准谐振控制的关系，但是很少有文献提出前馈 RC 的准谐振特性。本节将通过公式推导，说明前馈重复控制与准谐振控制之间的联系。

若选取内模系数为常数 Q，前馈 RC 内模的传递函数为：

$$G_{Qfrc}(s) = k_{rc}\frac{1 + Qe^{-sT_0}}{1 - Qe^{-sT_0}} \tag{10-8}$$

由于 $0<Q<1$，因此可令 $Q = e^{\ln Q}$， 对公式（10-28）进一步变形，可得：

$$G_{Qfrc}(s) = k_{rc}\frac{e^{(sT_0-\ln Q)/2} + e^{-(sT_0-\ln Q)/2}}{e^{(sT_0-\ln Q)/2} - e^{-(sT_0-\ln Q)/2}} \tag{10-9}$$

根据指数性质[1]，可知以下公式：

$$\frac{e^{\pi x} + e^{-\pi x}}{e^{\pi x} - e^{-\pi x}} = \frac{x}{\pi}\sum_{k=-\infty}^{\infty}\frac{1}{x^2 + k^2} = \frac{1}{\pi x} + \frac{2x}{\pi}\sum_{k=1}^{\infty}\frac{1}{x^2 + k^2} \tag{10-10}$$

结合已知公式（10-10），令 $\pi x = (sT_0 - \ln Q)/2$， 式（10-9）可化为：

$$G_{frc}(s) = \frac{2k_r}{(s - \ln Q/T_0)T_0} + 4k_r\frac{(s - \ln Q/T_0)}{T_0}\sum_{k=1}^{\infty}\frac{1}{(s - \ln Q/T_0)^2 + (2\pi k/T_0)^2} \tag{10-11}$$

令 $\omega_c = -\ln Q/T_0$， 公式（10-11）可变为：

$$\begin{aligned} G_{Qfrc}(s) &= \frac{2k_r}{(s + \omega_c)T_0} + \frac{4k_r}{T_0}\sum_{k=1}^{\infty}\frac{s + \omega_c}{(s + \omega_c)^2 + (k\omega_0)^2} \\ &= \frac{2k_r}{(s + \omega_c)T_0} + \frac{4k_r}{T_0}\sum_{k=1}^{\infty}\frac{s + \omega_c}{s^2 + 2s\omega_c + (\omega_c)^2 + (k\omega_0)^2} \\ &\approx \frac{2k_r}{(s + \omega_c)T_0} + \frac{4k_r}{T_0}\sum_{k=1}^{\infty}\frac{s}{s^2 + 2s\omega_c + (k\omega_0)^2} \end{aligned} \tag{10-12}$$

公式（10-12）中，$\omega_c = -\ln Q/T_0$，ω_c 通常取 15rad/s 以内的值，而若 ω_0 为电网基波角频率，其值为 314rad/s，那么 ω_c 的平方远远小于 ω_0 的平方，此时，公式（10-12）中约等号成立，前馈 RC 与准谐振控制的明确关系建立。

为了分析电网频率波动下，内模常数 Q 的参数选取问题，给出了当基波频率为 50Hz 时，不同谐振带宽 ω_c 下对应的内模常数 Q 的取值见表 10-1。若在实际应用中，电网频率在 49.5~50.5Hz 范围内变化时，那么 ω_c 的值约为 3rad/s，根据表 10-1 可知，对应的 Q 的恰当取值是 0.94。

表 10-1　当 T_0=0.02s 时 ω_c 与 Q 的对应关系

谐振带宽 ω_c	0	1	2	3	4	5	6
内模常数 Q	1	0.98	0.96	0.94	0.92	0.90	0.89

当 Q 小于 1 时，稳定性限制条件（4-12）可以变形为：

$$|1 - z^m \cdot k_r \cdot S(z)P_0(z)| < 1/Q \tag{10-13}$$

根据公式（10-14）可知，Q 的值减小时，满足系统稳定性的条件放宽，此时，重复控制增益 k_r 取值范围与 Q 为 1 时确定的 k_r 取值范围不同。此外，由公式（10-8）、公式（10-21）可知，前馈 RC 内模的传递函数与传统 RC 内模的传递函数不同。在下一小结中，本文将前馈 RC 内模与比例控制并联构成比例—前馈重复控制器，同时针对前馈 RC 内模结构的特殊性，对 Q 为常数时的比例—前馈重复控制系统进行稳定性分析。

三、比例—前馈重复复合控制系统稳定性分析

图 10-6 为 P-FRC 控制系统结构框图，由式（10-21）可知，包含补偿环节 z^m、$S(z)$ 的前馈内模传递函数表达式为：

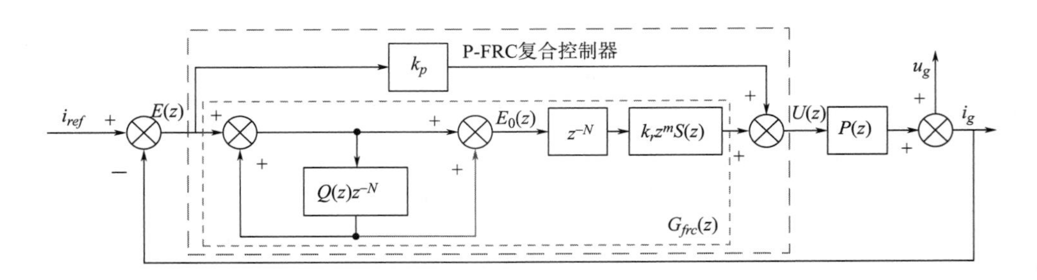

图 10-6　比例—前馈重复复合控制系统控制框图

$$G_{frc}(z) = k_r \frac{1 + Q(z)z^{-N}}{1 - Q(z)z^{-N}} z^{-N+m} S(z) \tag{10-14}$$

比例—前馈重复复合控制系统的误差传递函数为：

$$E(z) = \frac{1}{1 + [G_{frc}(z) + k_p] \cdot P(z)} [I_{ref}(z) - u_g(z)] \tag{10-15}$$

根据公式（10-15）可知，控制系统的特征多项式为：

$$1 + [G_{frc}(z) + k_p] \cdot P(z) = [1 + k_p P(z)] \cdot [1 + G_{frc}(z) \cdot P_0(z)] \tag{10-16}$$

根据公式（10-15）、公式（10-16）可知，可得系统的两个稳定性条件为：

① $[1+k_pP(z)]=0$ 根在单位圆内；② $|1+G_{frc}(z)\cdot P_0(z)|\neq 0$。

稳定性条件①可以通过选取适当的比例增益 k_p 来满足。将公式（10-14）代入条件②中，可得：

$$|1-Q(z)z^{-N}+z^{-N}k_rz^mS(z)P_0+Q(z)z^{-N}z^{-N}k_rz^mS(z)P_0(z)|\neq 0 \tag{10-17}$$

又因为 $z^{-N}=1$，公式（10-17）可进一步化为：

$$Q(z)\left[\left(\frac{1}{Q(z)}+1\right)k_rz^mS(z)P_0(z)-1\right]<1 \quad \left(\forall z=e^{j\omega T_s},\ 0<\omega<\frac{\pi}{T_s}\right) \tag{10-18}$$

又 $|Q(z)|<1$，公式（10-18）可变为：

$$\left|\left(\frac{1}{Q(z)}+1\right)z^m\cdot k_r\cdot S(z)P_0(z)-1\right|<1 \tag{10-19}$$

当 $Q(z)$ 选取为常数 Q 时，参考第三章的传统 RC 的稳定性分析过程，同样采用频域设计方法，可得稳定条件②成立的条件为

$$[\theta_s(\omega)+\theta_P(\omega)+m\omega T_s]<90° \tag{10-20}$$

$$0<k_r<\min_{\omega}\left[\frac{1}{[1/Q+1]}\frac{2\cos[\theta_s(\omega)+\theta_P(\omega)+m\omega T_s]}{N_S(\omega)N_P(\omega)}\right] \tag{10-21}$$

公式（10-20）、公式（10-21）可作为参数 m 和 k_r 选择的依据。

第二节　比例—前馈重复控制器仿真验证

为了验证比例—前馈重复复合控制器和比例—重复复合控制器在电网频率波动时的性能，利用 MATLAB/Simulink 搭建仿真模型，其中重复控制器部分通过基本的数学计算模块实现，采用比例-重复复合控制算法的单相 LCL 并网仿真如图 10-7 所示。

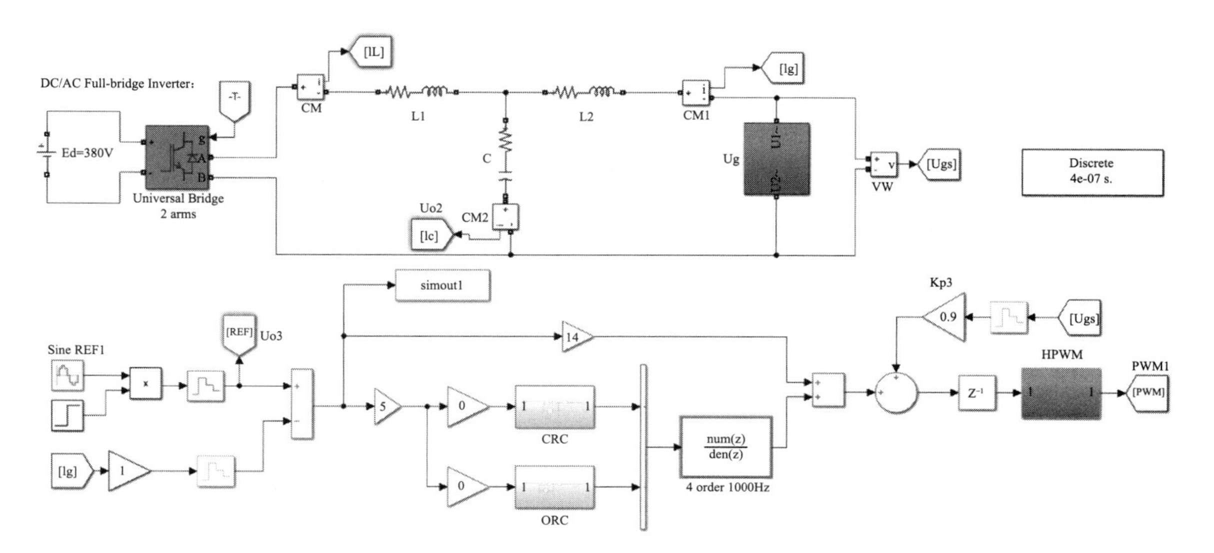

图 10-7　采用 RC 策略的单相 LCL 型并网逆变器仿真模型

表 10-2 给出了并网逆变器系统主电路参数，其中仿真计算步长设置为 4×10^{-7}s，计算步长时间越短，得到的仿真结果越精确。复合控制器的参数如下：比例增益 $k_p=14$，重复控制增益 $k_r=7$，内模常数 $Q=0.94$，线性相位超前补偿阶数 $m=9$，补偿环节 $S(z)$ 截止频率为 1kHz 的四阶巴特沃斯低通滤波器。参考输入电流的峰值为 10A。

表 10-2　逆变系统主电路参数

参数	数值
仿真计算步长	4×10^{-7}s
逆变侧电感 L_1	3.8mH
电网侧电感 L_2	2.5mH
滤波电容 C	10μF
直流电压 U_d	380V
死区时间	3μs
电网额定频率 f_0	50Hz
采样频率 f_s	10kHz

一、稳态性能

本节主要通过 P-RC 与 P-FRC 仿真结果对比，验证 P-FRC 方案抑制谐波的有效性和优越性。同时，为了验证两种方案对频率波动的适应性，分别在不同电网基波频率下进行实验。图 10-8、图 10-9 分别显示了在 $f_0=50$Hz，P-RC 和 P-FRC 策略下的入网电流 i_g 波形、电网电压 u_g 波形、i_g 的频谱图。

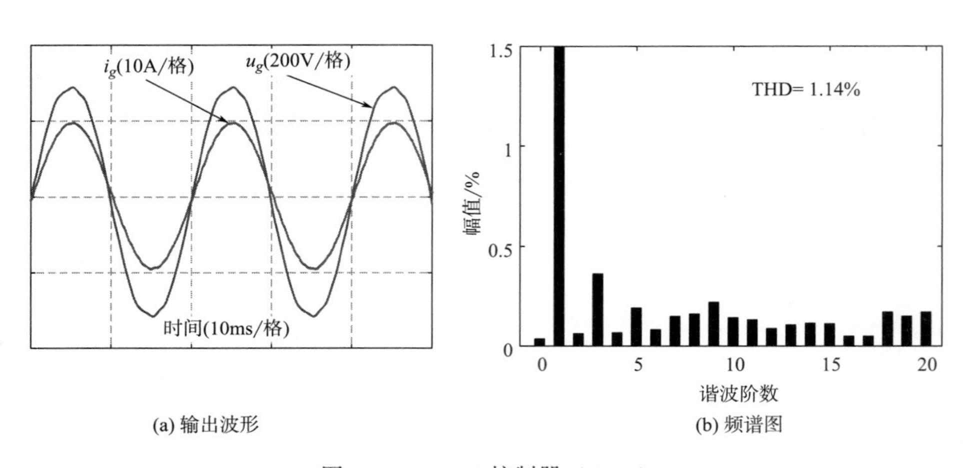

(a) 输出波形　　(b) 频谱图

图 10-8　P-RC 控制器（50Hz）

从图 10-8、图 10-9 可以看到，P-RC 方案在 $f_0=50$Hz 下的入网电流 i_g 的 THD 为 1.14%，所提出的 P-FRC 方案在 $f_0=50$Hz 下的 THD 为 0.84%，采用所提 P-FRC 策略的 THD 比常规 P-RC 略低，这是因为在 RC 增益相同时，FRC 内模具有比传统 RC 内模更高的开环增益，其对参考输入电流具有更高的跟踪精度，抑制谐波能力较强。图 10-10 为 $f_0=50$Hz 时，采用 P-RC 和 P-FRC 方案下的误差信号波形，可以看到图 10-10（a）中达到稳态时，P-RC

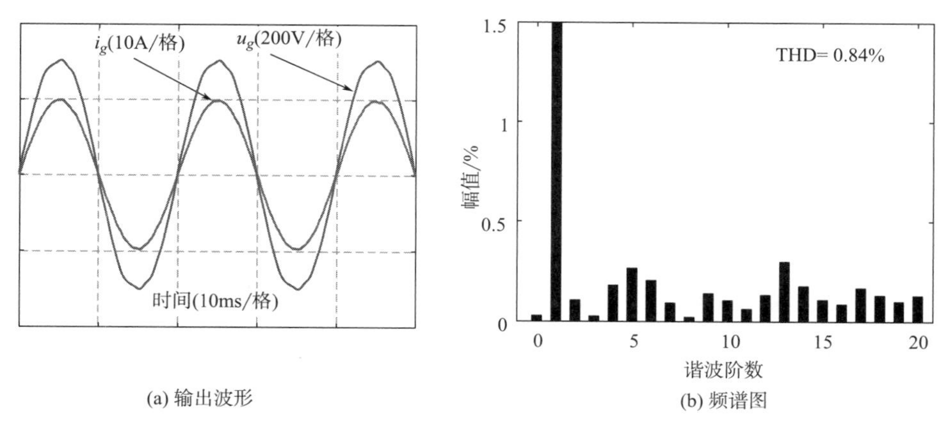

(a) 输出波形　(b) 频谱图

图 10-9　P-FRC 控制器（50Hz）

的误差收敛区间为［-1，1］，而图 10-10（b）中的误差收敛区间为［-0.5，0.5］。明显地，采用 P-FRC 策略的入网电流跟踪误差更小，其稳态性能较好。

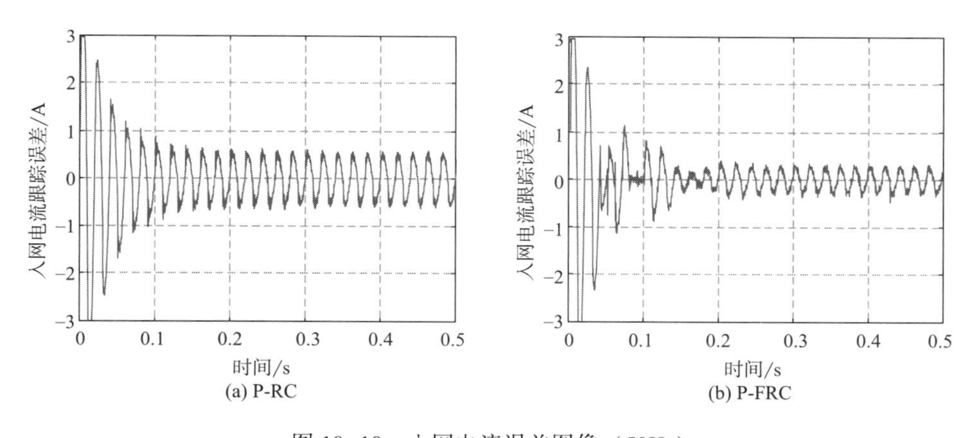

(a) P-RC　(b) P-FRC

图 10-10　入网电流误差图像（50Hz）

图 10-11、图 10-12 分别显示了在 $f_0=49.8$Hz 情况下 P-RC 和 P-FRC 的输出波形及 i_g 的

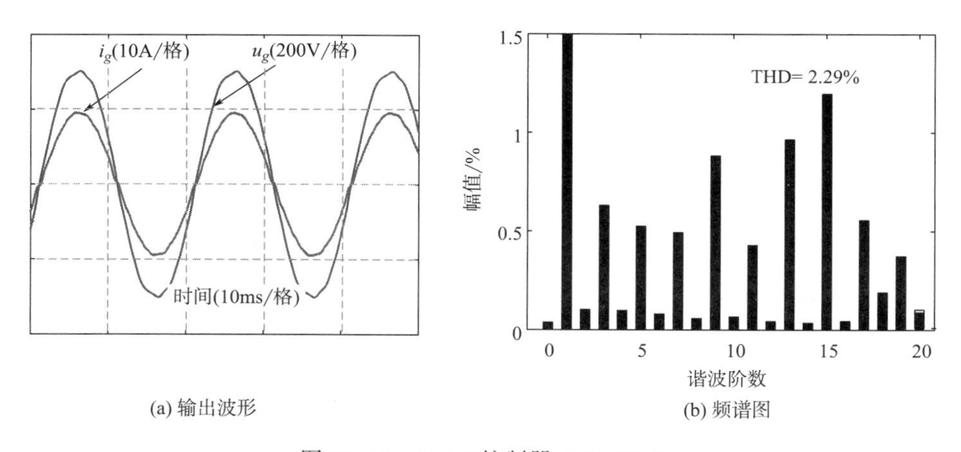

(a) 输出波形　(b) 频谱图

图 10-11　P-RC 控制器（49.8Hz）

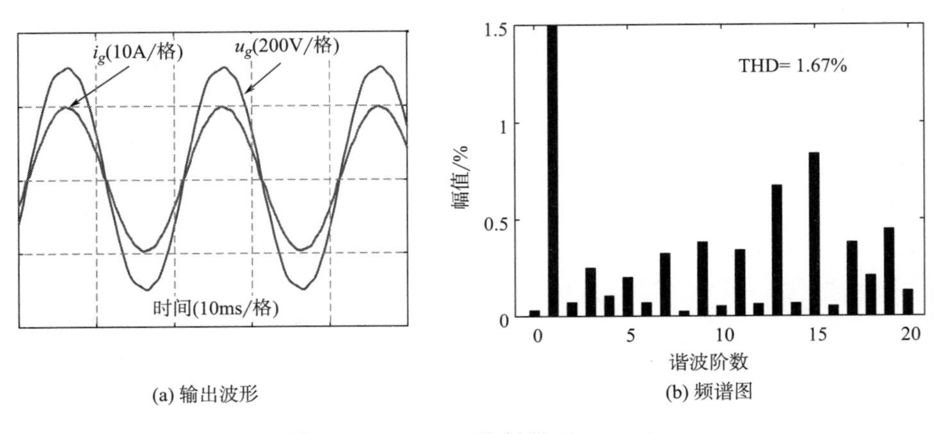

(a) 输出波形 (b) 频谱图

图 10-12 P-FRC 控制器（49.8Hz）

频谱图。从图中可以看到，常规 P-RC 方案在 f_0 = 49.8Hz 下的入网电流 i_g 的 THD 为 2.29%，而 P-FRC 方案在 f_0 = 49.6Hz 下的 THD 为 1.67%。显然，P-FRC 系统的 THD 比 P-RC 低。

图 10-13、图 10-14 分别给出了在 f_0 = 50.2Hz 下 P-RC 和 P-FRC 的输出波形及入网电流

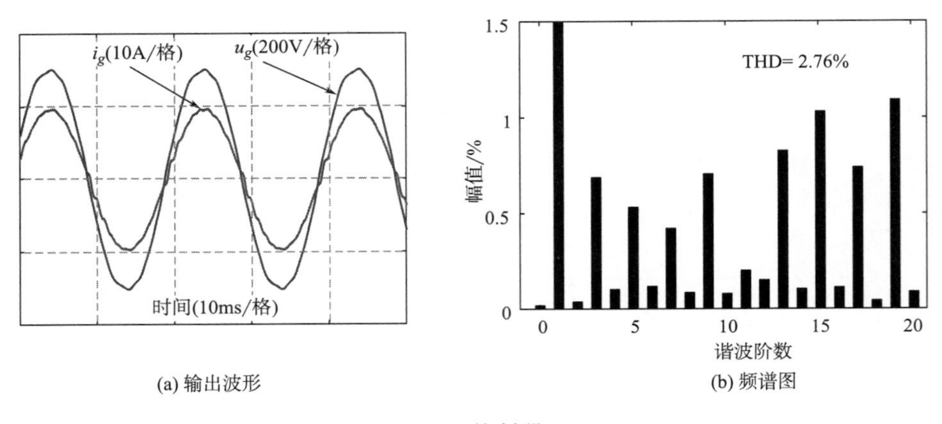

(a) 输出波形 (b) 频谱图

图 10-13 P-RC 控制器（50.2Hz）

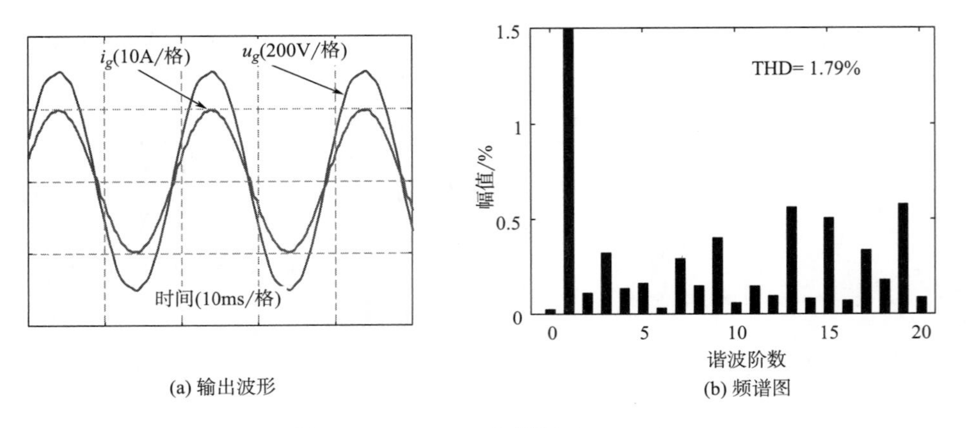

(a) 输出波形 (b) 频谱图

图 10-14 P-FRC 控制器（50.2Hz）

的频谱图。从图中可知，P-RC 方案在$f_0=50.2$Hz 下的入网电流 i_g 的 THD 为 2.76%，而所提 P-FRC 方案在$f_0=50.2$Hz 下的 THD 为 1.79%。与$f_0=49.6$Hz 的情况类似，P-FRC 的 THD 值比 P-RC 小。

P-RC 与 P-FRC 两种方案在不同电网频率下的 THD 值总结于表 10-3 中，可以看出，在工频（50Hz）和非工频下，P-FRC 系统的入网电流的 THD 均低于 P-RC 系统的 THD，在 50Hz 电网频率下，P-RC 与 P-FRC 的 THD 值相差较小，但在变化的电网频率下，P-RC 的 THD 值明显大于 P-FRC，这是因为 P-FRC 在基波和谐波频率处具有比 P-RC 更高的开环增益和谐振带宽，即使电网频率在一定范围波动，P-FRC 在基波及各次谐波频率处仍然能够提供比 P-RC 更大的增益。因此，所提 P-FRC 对频率波动的适应性较好。

表 10-3　不同电网频率下 P-RC 与 P-FRC 的 THD

电网频率/Hz		49.8	49.9	50	50.1	50.2
THD/%	P-RC	2.29	1.61	1.14	2.25	2.76
	P-FRC	1.67	1.23	0.84	1.21	1.79

二、动态性能

为了验证两种控制方案的动态性能，在仿真中将参考电流峰值在 0.5s 时由 5A 突变到 10A，P-RC 系统的入网电流和误差信号的实时输出图像如图 10-15 所示。参考输入信号突变情况下，P-RC 的入网电流在 3~5 个基波周期内稳定下来，其跟踪误差稳定在 [-1, 1] 内。

参考电流突变时，P-FRC 系统的实时输出图像如图 10-16 所示，可以看到，参考电流在 0.5s 时刻突变时，P-FRC 的输出电流在 2 个基波周期内稳定下来，其稳态误差稳定在 [-0.5, 0.5] 内。对比图 10-15、图 10-16 的仿真结果可知，所提 P-FRC 的误差收敛速度优于 P-RC，且 P-FRC 的稳态误差更小。

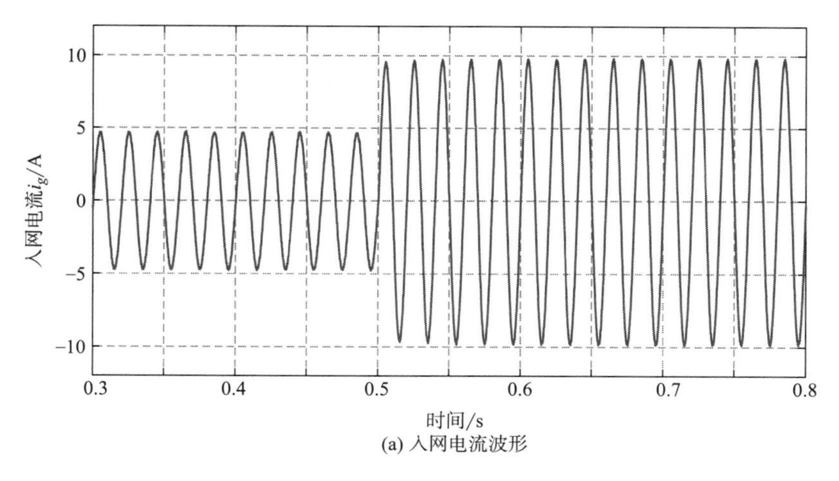

(a) 入网电流波形

图 10-15

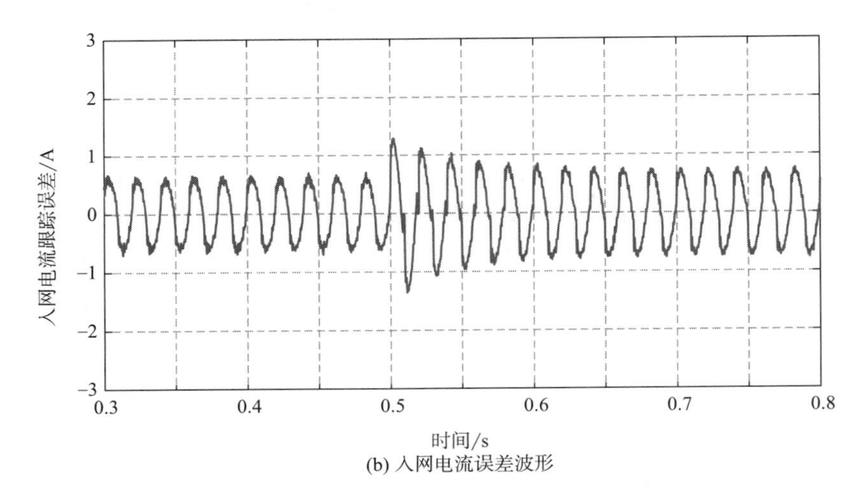

(b) 入网电流误差波形

图 10-15　P-RC 的暂态响应

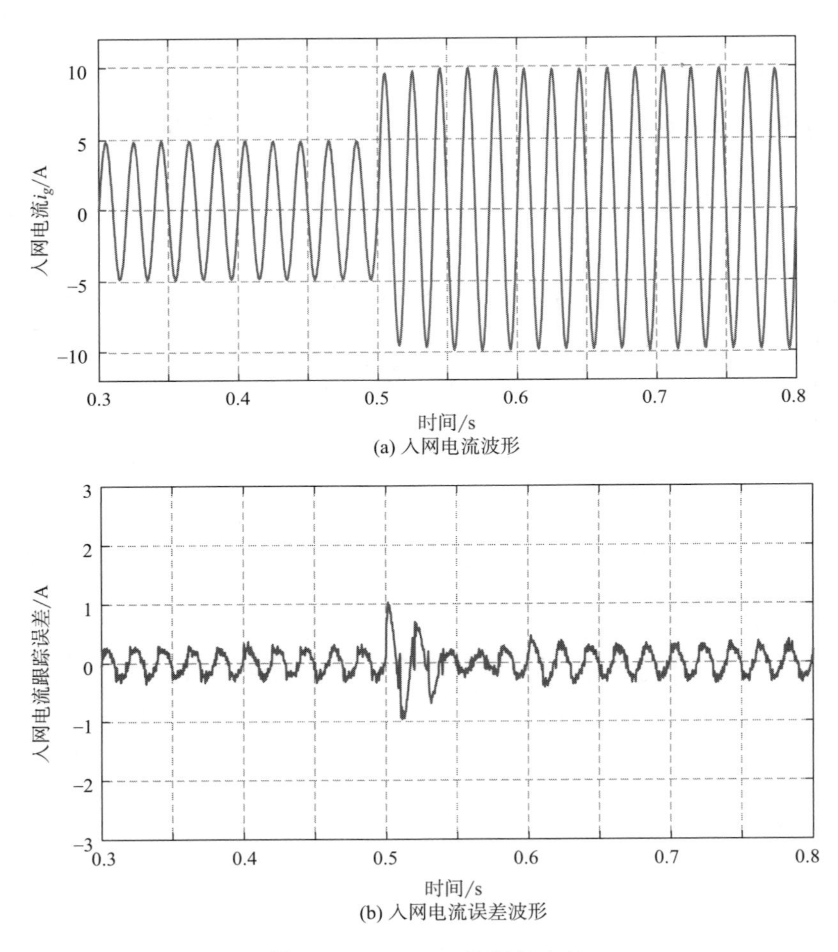

(b) 入网电流误差波形

图 10-16　P-FRC 的暂态响应

第三节 分数延迟 IIR 滤波器在 P-FRC 中应用

一、应用背景

中国分布式发电系统并网标准 Q/GDW480 中对并网点的频率做出了规定：对于通过 380V 电压等级并网的分布式电源，当并网点的运行频率在 49.5～50.2Hz 范围外时，应在 0.2s 内停止向电网送电。这说明并网逆变器需要承受±0.5Hz 以内的频率波动，研究 P-FRC 在频率大范围波动下的谐波抑制问题是有必要的。

FRC 的离散传递函数为 $(1+z^{-N})/(1-z^{-N})$，其中 N 的值通常为整数，但在微电网中，电网频率会在一定范围内波动。当采样频率为固定的 10kHz 时，电网频率在 49.5～50.5Hz 之间变化时 N 的取值如表 10-4 所示，可以看到，N 存在为分数的情况。数字控制系统中，FRC 中的 N 只能取整数，若用最接近分数的整数 N 去替代实际的分数 N，那么重复控制器的谐振频率将偏离电网实际的基频和谐波频率，此时，其在真实谐波频率处的增益会显著降低，从而导致系统的谐波抑制特性显著降低。在电网频率波动时，为了使重复控制器在实际基频和谐波频率处的增益不降低，本章将一种基于 Thiran 公式的 IIR 分数延迟全通滤波器应用在 P-FRC 控制结构中，提出了一种频率自适应的分数阶 P-FRC（fractional order-P-FRC，FO-P-FRC）控制器，保证了 P-FRC 在电网频率波动下仍具有优秀的谐波抑制能力。

表 10-4 不同电网频率下 FRC 的延迟拍数 N

频率/Hz	49.5	49.6	49.7	49.8	49.9	50.0	50.1	50.2	50.3	50.4	50.5
N	202	201.6	201.2	200.8	200.4	200.0	199.6	199.2	198.8	198.4	198

二、分数延迟 IIR 滤波器

第一章绪论部分提到，常见的分数延迟滤波器分为两种：基于拉格朗日插值算法的 FIR 滤波器；基于 Thiran 近似法的 IIR 全通滤波器。

FIR 滤波器具有线性相位特性，但存在两个问题，即 FIR 滤波器在低频段幅频特性发生衰减，削弱系统对主要谐波的补偿效果，并且 FIR 滤波器阶数较高，延时大。为避免上述问题，本章主要对具有恒定幅频响应的 IIR 全通滤波器进行了研究。

对于一个为正实数的 N，可以表示为整数部分和分数部分之和，表述如下：

$$N=\mathrm{int}(N)+F \tag{10-22}$$

公式（10-22）中，int（N）为 N 的整数部分，F 为 N 的小数部分。

M 阶分数延迟全通 IIR 滤波器的传递函数为：

$$z^{-F}\approx H(z)=\frac{a_n+a_{n-1}z^{-1}+\cdots+a_1z^{-(M-1)}+z^{-M}}{1+a_1z^{-1}+\cdots+a_{n-1}z^{-(M-1)}+a_nz^{-M}} \tag{10-23}$$

其中，a_n 为全通 IIR 滤波器的系数，通过改变 a_n 的值可以使 IIR 滤波器 H（z）近似于不同的分数延迟 z^{-F}，a_n 的值可以由以下 Thiran 公式确定：

$$a_k = (-1)^k \binom{M}{k} \prod_{m=0}^{M} \frac{F - M + m}{F - M + k + m} \tag{10-24}$$

其中，$k=0$，1，2，…，M，M 为滤波器的阶数，$\binom{M}{k}=\dfrac{M!}{k!\ (M-k)!}$是二项式系数，$F=M+d$，$d=N-\lfloor N \rfloor$，“$\lfloor\ \rfloor$”表示向下取整。

以分数延迟 $d=0.5$ 为例，当 FIR 滤波器的阶数 M 分别为 1，2，3，4，5，6 时，FIR 滤波器近似的 $z^{-0.5}$ 的伯德曲线如图 10-17 所示，横坐标为归一化频率。由图 4-1 可知，FIR 滤波器阶数为奇数（1，3，5）时，相频响应为严格的线性相位，与实际的 $z^{-0.5}$ 的相频特性曲线一致，但其幅频响应曲线与实际 $z^{-0.5}$ 的幅频响应曲线吻合的频段较短。当 FIR 滤波器的阶数为偶数时，其幅频响应的近似带宽较大，但相频响应曲线为非线性。FIR 滤波器的幅频特性曲线在奈奎斯特频率处衰减为 0，会影响其分数延迟的近似效果。

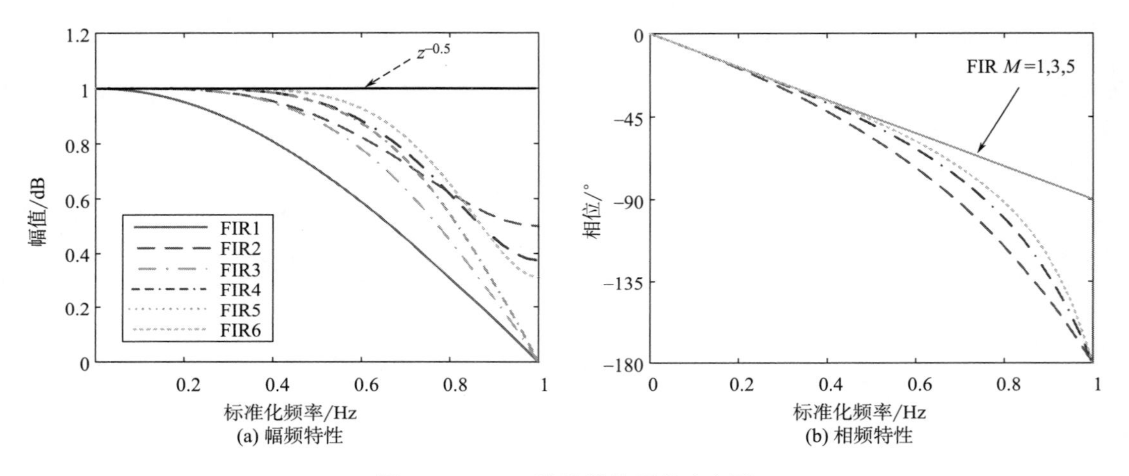

图 10-17　FIR 滤波器的频率响应图

当 IIR 全通滤波器的阶数 M 分别为 1，2，3，4，5，6 时，其近似的 $z^{-0.5}$ 的伯德图如图 10-18

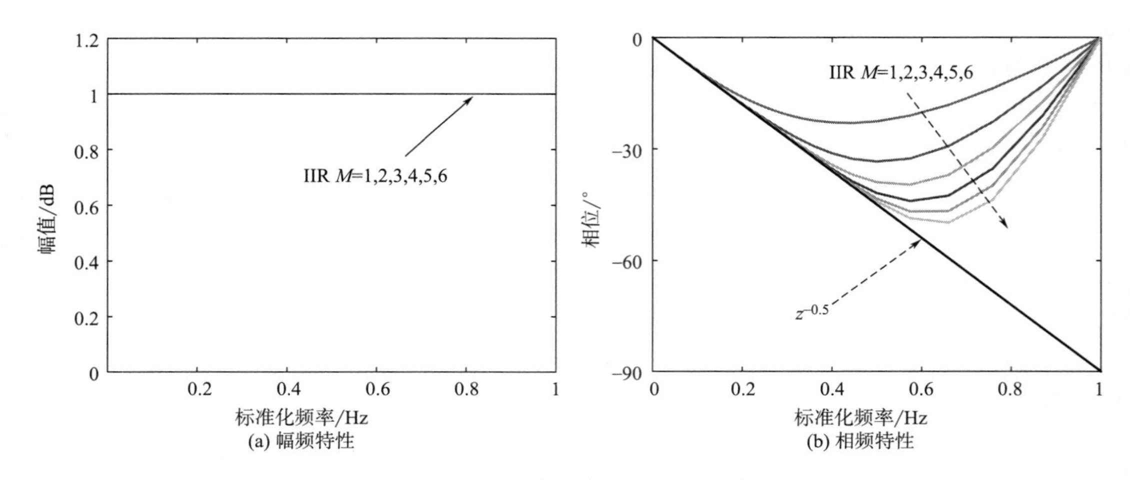

图 10-18　IIR 全通滤波器的频率响应图

所示，横坐标为归一化频率。从图 10-18 可以看到，IIR 全通滤波器的幅值响应恒为 1，为理想的幅频响应，且 IIR 滤波器阶数越高，其相频特性接近于实际分数延迟的频段越大，在进行 IIR 滤波器设计时只需考虑其相频特性即可。

由以上分析可知，与 FIR 滤波器相比，IIR 全通滤波器只需要更低的阶数就能够具有良好的近似带宽[3]，且 IIR 的阶数越高，其近似效果越好，但更高的阶数意味着更大的计算量。实际应用中，近似带宽通常由逆变器系统的谐波分布决定，可根据控制系统所需的近似带宽来确定 IIR 的阶数，从而在近似带宽和计算成本之间做出折中的选择。

表 10-5 给出了当 $M=1$，2，3 时，IIR 全通滤波器系数的详细计算方法，例如，当采样频率 f_s 为 10kHz，电网频率为 50.4Hz 时，由表 10-4 可知，$N=198.4$，选取三阶 IIR 滤波器，此时，整数延迟部分 $z^{-\mathrm{int}(N)}$ 为 z^{-195}，IIR 滤波器近似的分数延迟部分 z^{-F} 为 z^{-10-4}，根据表 10-5 求出滤波器 $H(z)$ 的系数，可得 IIR 滤波器的离散表达式：

表 10-5　阶数为 $M=1$，2，3 的 IIR 全通滤波器系数

	$M=1$	$M=2$	$M=3$
a_1	$(1-F)(1+F)$	$-2(F-2)/(F+1)$	$-3(F-3)/(F+1)$
a_2	—	$(F-1)(F-2)/(F+1)(F+2)$	$3(F-2)(F-3)/(F+1)(F+2)$
a_3	—	—	$-(F-1)(F-2)(F-3)/(F+1)(F+2)(F+3)$

$$z^{-3.4}=\frac{-0.008838z^3+0.07071z^2-0.2727z+1}{z^3-0.2727z^2+0.07071z-0.008838} \tag{10-25}$$

此时，整个延迟环节 $z^{-198.4}$ 表示为：

$$z^{-198.4}=z^{-195}\left(\frac{-0.008838z^3+0.07071z^2-0.2727z+1}{z^3-0.2727z^2+0.07071z-0.008838}\right) \tag{10-26}$$

文献［3］指出，如果 F 满足：$F>M-1$，则全通滤波器是因果稳定的，本节中 $F=M+d$，$d\geqslant 0$，很容易满足条件 $F>M-1$，因此，所设计的滤波器其自身是稳定的。下面对基于全通 IIR 滤波器的 FO-P-FRC 控制系统进行介绍和分析。

三、FO-P-FRC 系统及其稳定性分析

将图 10-6 中 FRC 内模的整数延迟部分 z^{-N} 替换为包含 IIR 全通滤波器的分数延迟部分 $z^{-\mathrm{int}(N)}z^{-F}$，即可得到如图 10-19 所示的具有频率自适应的离散 FO-P-FRC 复合控制系统框

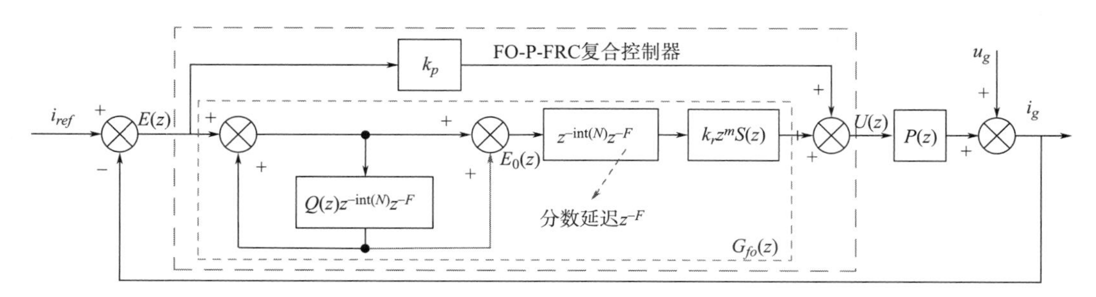

图 10-19　离散 FO-P-FRC 复合控制系统框图

图，其中采用 IIR 全通滤波器近似的分数延迟 z^{-F} 的直接实现形式如图 10-20 所示。

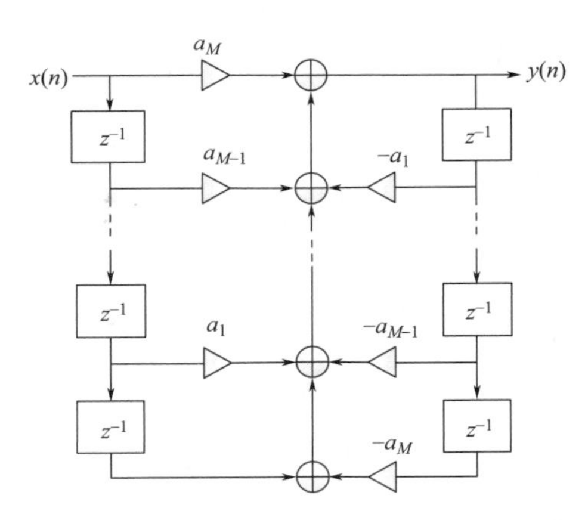

图 10-20　*M* 阶全通滤波器的直接实现形式

由图 10-19 可知，包含补偿环节 z^m、$S(z)$ 的 FO-P-FRC 内模传递函数表达式为：

$$G_{fo}(z)=\frac{Q(z)z^{-\mathrm{int}(N)}z^{-F}}{1-Q(z)z^{-\mathrm{int}(N)}z^{-F}}\cdot z^m k_r S(z) \tag{10-27}$$

参照第一节对 P-FRC 离散控制系统的分析，根据公式（10-17）可得：

$$\left| Q(z)z^{-\mathrm{int}(N)}z^{-F}\left[\left(\frac{1}{Q(z)}+z^{-\mathrm{int}(N)}z^{-F}\right)k_r z^m S(z)P_0(z)-1\right]\right|<1 \tag{10-28}$$

公式（10-28）可化为：

$$\left| Q(z)\left[\left(\frac{1}{Q(z)}+z^{-\mathrm{int}(N)}z^{-F}\right)k_r z^m S(z)P_0(z)-1\right]\right|<\left|z^{-\mathrm{int}(N)}z^{-F}\right|^{-1} \tag{10-29}$$

根据公式（10-23）可知，在 Thiran 全通 IIR 滤波器的带宽内，$z^{-\mathrm{int}(N)}z^{-F}\to -1$，$|z^{-\mathrm{int}(N)}z^{-F}|\to 1$，将其代入公式（10-29）可得

$$\left| Q(z)\left[\left(\frac{1}{Q(z)}+1\right)k_r z^m S(z)P_0(z)-1\right]\right|<1 \tag{10-30}$$

由公式（10-30）可知，FO-P-FRC 系统的稳定性条件与 P-FRC 控制系统的稳定性条件相同，与 IIR 全通滤波器无关。因此，只要所设计的 IIR 滤波器和最初的 P-FRC 控制系统是稳定的，就不需要再验证 FO-P-FRC 系统的稳定性。

第四节　分数延迟-比例-前馈重复控制器仿真验证

一、稳态性能

为了验证 FO-P-FRC 方案在电网频率大范围波动下的有效性，本节增加了 FO-P-FRC 和 P-FRC 了在 49.6Hz 和 50.4Hz 的仿真实验，并网逆变器系统主电路参数与表 10-2 一致，控制器参数与第二节小结中选择的参数相同。

图 10-21、图 10-22 分别为在 49.6Hz 电网频率下 P-FRC 和 FO-P-FRC 的输出波形及 i_g 的频谱图。从图中可以看到，P-FRC 方案在 $f_0=49.6$Hz 下的入网电流 i_g 的 THD 为 10%～15%，而 FO-P-FRC 方案在 $f_0=49.6$Hz 下的 THD 为 0.83%，显然，FO-P-FRC 系统的 THD 值比 P-FRC 系统低。

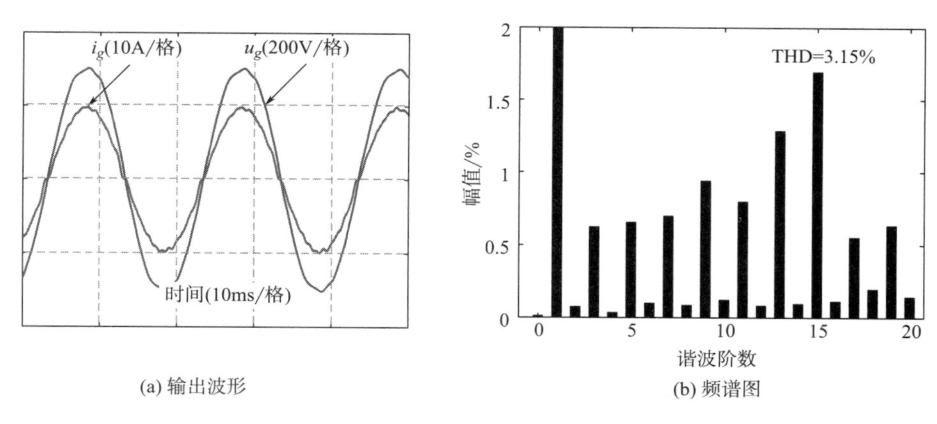

(a) 输出波形　　(b) 频谱图

图 10-21　P-FRC 输出波形及 i_g 频谱图（49.6Hz）

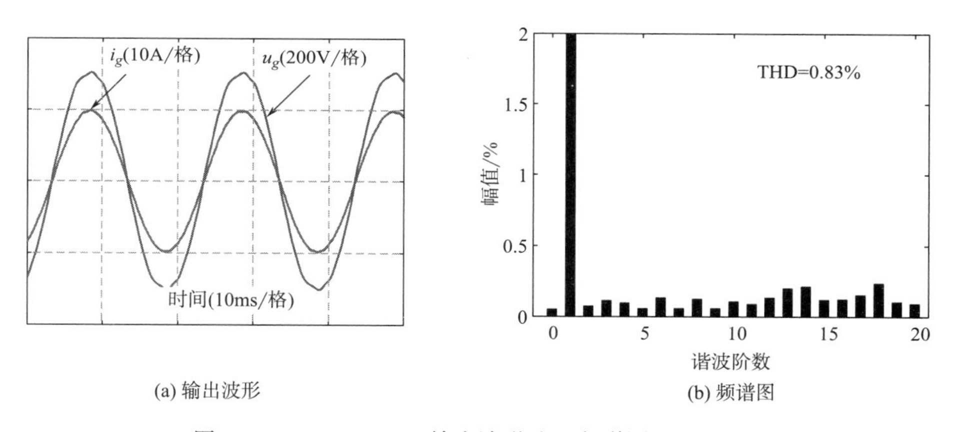

(a) 输出波形　　(b) 频谱图

图 10-22　FO-P-FRC 输出波形及 i_g 频谱图（49.6Hz）

图 10-23、图 10-24 分别为在 50.4Hz 电网频率下 P-FRC 和 FO-P-FRC 的输出波形及 i_g 的频谱图。由图 10-23、图 10-24 可知，P-FRC 在 $f_0=50.4$Hz 下的入网电流 i_g 的 THD 为 3.09%，而采用 FO-P-FRC 的 THD 为 0.85%，显然，FO-P-FRC 系统的 THD 值低于 P-FRC 系统。

图 10-25 为在电网频率在大范围变化的情况下，P-RC、P-FRC、FO-P-FRC 复合控制系统入网电流的 THD 的对比。从图 10-25 可以看出，三种控制方案下系统输出电流的 THD 都在 5%以内，但显然具有频率自适应的 FO-P-FRC 的谐波抑制效果更好，且对频率波动免疫。这是因为在基波频率波动时，FO-P-FRC 复合控制器在基波及其谐波频率处仍能够维持很高的开环增益。以上仿真结果验证了 FO-P-FRC 比 P-RC 和 P-FRC 具有更好的谐波抑制特性和抗电网频率波动能力。

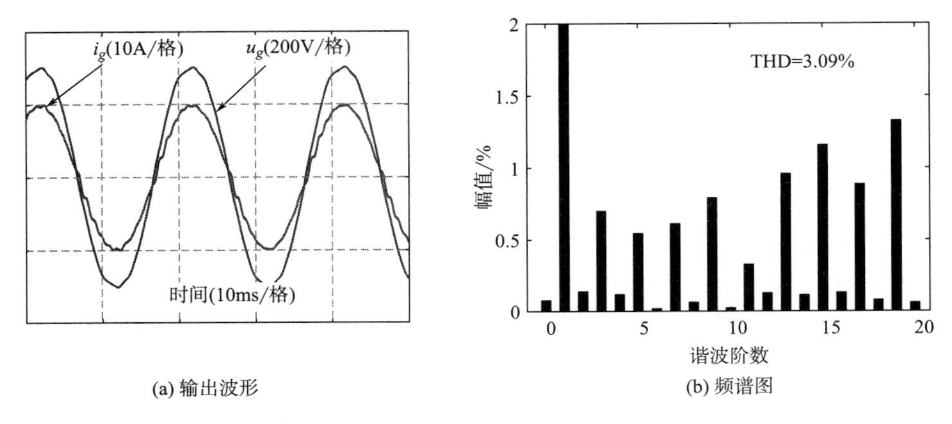

(a) 输出波形 (b) 频谱图

图 10-23 P-FRC 输出波形及 i_g 频谱图（50.4Hz）

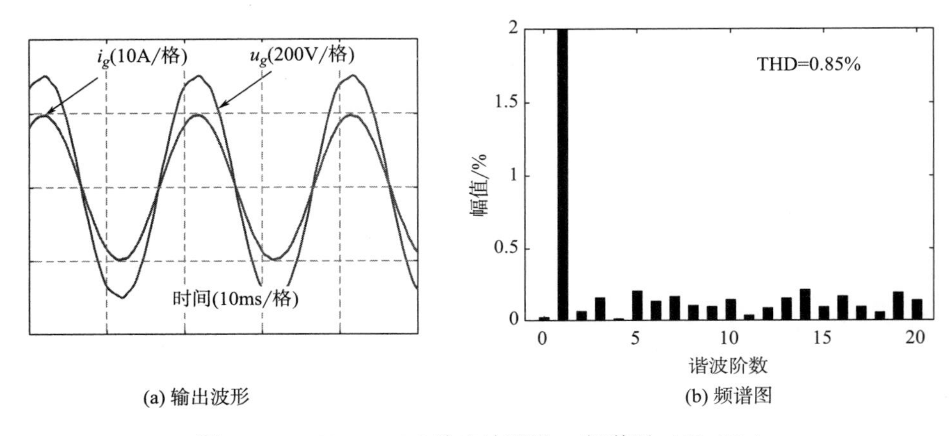

(a) 输出波形 (b) 频谱图

图 10-24 FO-P-FRC 输出波形及 i_g 频谱图（50.4Hz）

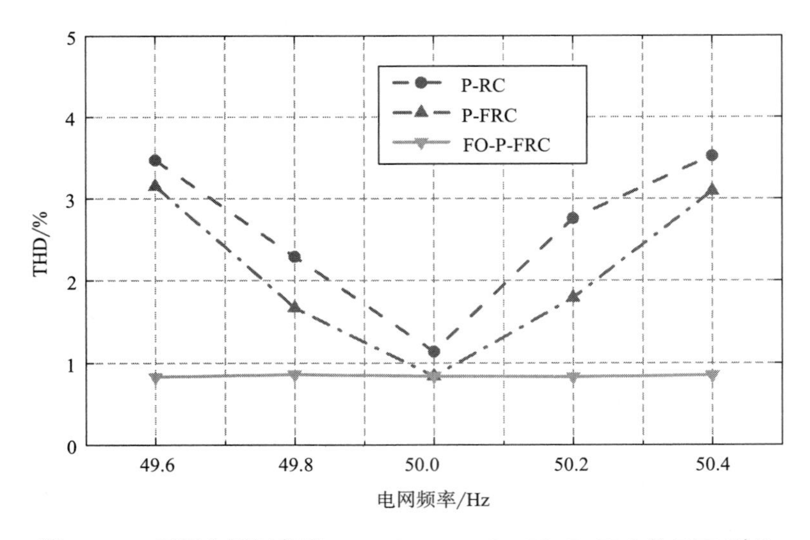

图 10-25 不同电网频率下，P-RC、P-FRC、FO-P-FRC 的 THD 对比

二、动态性能

为了验证 FO-P-FRC 的动态响应速度，在 49.6Hz 电网频率下进行了仿真，仿真过程中使参考输入电流峰值由 10A 阶跃至 5A，此时 FO-P-FRC 系统的输出电流波形和误差收敛波形如图 10-26 所示。由图 10-26 可知，参考输入在 0.5s 突变时，FO-P-FRC 的输出电流在 2 个基波周期内稳定下来，其稳态误差稳定在［-0.5，0.5］区间内，这说明 FO-P-FRC 与 P-FRC 一样，均具有良好的动态性能。

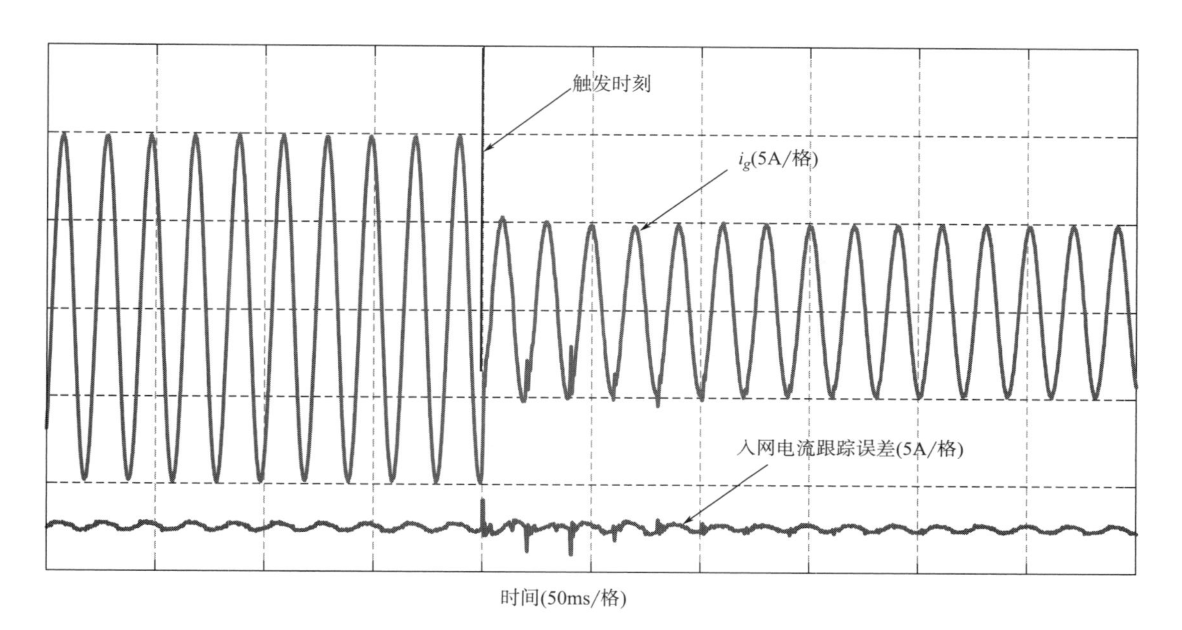

图 10-26　参考电流突变时，入网电流实时波形及误差收敛波形（49.6Hz）

本章小结

本章以改进传统重复控制方案的内模结构为出发点，提出一种改进的前馈重复控制方案，此种改进重复控制内模具有更大的增益、更宽的带宽。同时，将前馈重复控制内模与比例控制并联，使控制系统能够容纳更大的重复控制增益，在不增加系统计算负担和硬件成本的情况下，提高了控制系统的谐波抑制特性，增强了系统抗电网频率波动的能力，并具有良好的动态性能。由于提出的改进前馈重复控制的结构的特殊性，本章对前馈重复控制进行更为深入的理论分析，建立出引入内模常数 Q 后前馈重复控制与准谐振控制的关系，进一步揭示所提出前馈重复控制的作用机理，并给出前馈重复控制稳定性分析、参数优化方法。并针对 P-FRC 控制器在大范围的电网频率变化下的频率适应性展开研究。首先，将一种基于 Thiran 公式的全通 IIR 滤波器嵌入 P-FRC 复合控制器结构中，提出具有频率自适应能力的 FO-P-FRC 复合控制器。同时，介绍了 IIR 全通滤波器的结构，并给出了其实现分数延迟的方法。接着对比分析了FIR和IIR两种常用分数延迟滤波器的频率特性，指出了FIR和IIR滤波器的优缺点。其次，分析了全通IIR滤波器和FO-P-FRC复合控制系统的稳定性。最后，通过仿真模拟了电网频率在49.6Hz和50.4Hz大范围变化下的情况，验证了所提FO-P-FRC控制策略在应对大范围频率波动的有效性和优越性。仿真结果表明，FO-P-FRC控制方案在电网频率波动下的性能，与工频（50Hz）情况下相同，仍具有优异的谐波抑制特性和良好的动态性能。

参考文献

[1] GRADSHTEYN I S, RYZHIK I M. Table of integrals, series, and products [M]. 7th ed. San Diego, CA: Academic Press, 2007: 27.

[2] PIPELEERS G, DEMEULENAERE B, AL-BENDER F, et al. Optimal performance tradeoffs in repetitive control: experimental validation on an active air bearing setup [J]. IEEE Transactions on Control Systems Technology, 2009, 17 (4): 970-979.

[3] LAAKSO T, VALIMAKI V, KARJALAINEN M, et al. Splitting the unit delay [fir/all pass filters design] [J]. IEEE Signal Processing Magazine, 1996, 13 (1): 30-60.

第十一章　比例—前馈奇次重复控制

第一节　奇次重复控制结构及理论分析

引起单相 LCL 并网逆变器输出电流畸变的扰动信号主要由低频奇数次谐波组成，因此，只需要考虑奇次谐波的抑制问题即可。而第二章和第三章介绍的传统 RC 和前馈 RC 不仅对奇次谐波有抑制效果，而且对偶次谐波扰动也进行了抑制，其效果固然比较好。但是常规 RC 内模中存在一个基波周期的固有延时，当前周期的误差信号要经过 T_0 时间的延迟才能起作用，并且其在数字控制系统中实现需要占用至少 N 点存储空间。一种常规奇次谐波重复控制（Odd-harmonic RC，ORC）内模结构框图如图 11-1 所示。

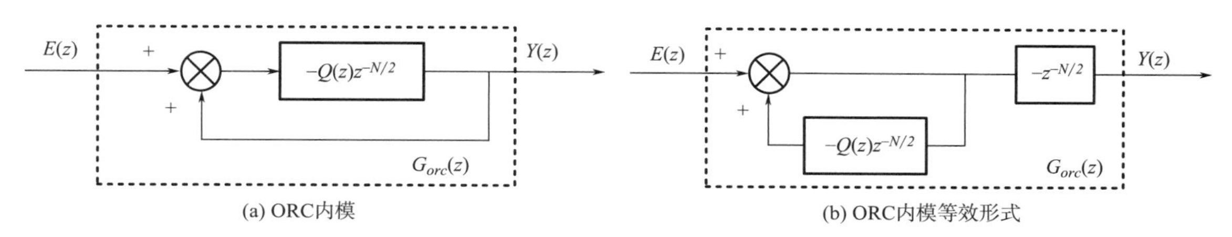

图 11-1　奇次重复控制内模

图 11-1（a）为 ORC 内模的一般形式，若将延迟环节 $z^{-N/2}$ 的一部分放置在内模的反馈环内，另一部分移至前向通道，则得到如图 11-1（b）所示的 ORC 内模的一种等效结构。由图 11-1（b）可知，传统 ORC 存在 1/2 个基波周期的固有延迟，为传统 RC 内模延迟的一半，传统 ORC 用于刷新并校正输出的样本数为 $N/2$，数字实现所需的内存单元为传统 RC 的一半。图 11-1（b）中传递函数表达式为：

$$G_{orc}(z)=-\frac{z^{-N/2}}{1+Q(z)z^{-N/2}} \tag{11-1}$$

公式（11-1）在连续域的表达式为：

$$G_{orc}(s)=-\frac{e^{-sT_0}}{1+Q(s)e^{-sT_0}} \tag{11-2}$$

$Q=1$ 时，公式（11-2）可展开为：

$$G_{orc}(s)=-\frac{1}{2}+\frac{4}{T_o}\left\{\sum_{k=1}^{\infty}\frac{s}{s^2+[(2k-1)\omega_0]^2}\right\} \tag{11-3}$$

由公式（11-3）可知，理想的传统 ORC 内模结构包含了基波和奇次谐波信号的正弦模型，因此，ORC 可以实现对基波信号的无静差跟踪和对奇次谐波的抑制。

$Q=1$，$\omega=2\pi(2n+1)f_0$（$n=0$，1，2，3，…）时，传统 ORC 内模在奇次谐波频率处的增益是传统 RC 的 2 倍，由公式（4-7）、公式（11-1）可知，两种内模结构频域表达式如下：

$$|G_{rc}(\omega)|=\frac{1}{|e^{j\omega T_s N}-1|}=\frac{1}{2}\frac{1}{|\sin(\omega T_s N/2)|} \tag{11-4}$$

$$|G_{orc}(\omega)|=\frac{1}{|e^{j\omega T_s N/2}+1|}=\frac{1}{2}\frac{1}{|\cos(\omega T_s N/4)|} \tag{11-5}$$

由公式（11-4）、公式（11-5）可得：

$$\lim_{\omega\to 2\pi(2k+1)f_0}\frac{|G_{orc}(\omega)|}{|G_{rc}(\omega)|}\approx\lim_{\omega\to 2\pi(2k+1)f_0}\frac{|\sin[(2k+1)\pi]|}{|\cos[(2k+1)\pi/2]|}=2 \tag{11-6}$$

公式表明传统 ORC 内模比传统 RC 内模在奇次谐波频率处具有更高的增益。若将如图 11-1（b）所示的传统 ORC 内模与比例控制并联，构成比例—奇次重复控制复合控制器（proportional-ORC，P-ORC），则有利于提高系统的稳态和动态性能。然而，由于重复控制内模固有的延时环节，P-ORC 复合控制器对奇次谐波的抑制效果和动态性能仍然是有限的，需要采用一种更优的控制策略加以改进。

第二节　比例—前馈奇次重复控制器

一、前馈奇次重复控制内模

类似于第十章第一节提出前馈 RC 内模，同样地，本节在传统 ORC 内模的基础上增加了一个前馈通道，提出新型前馈奇次重复控制内模。同时，本书将提出的前馈 ORC 内模与比例控制并联，构成比例—前馈奇次重复复合控制器（Proportional-Feedforward ORC，P-FORC）。下面首先将对提出的前馈 ORC 内模进行详细分析。

FORC 的连续域、离散域内模结构框图分别如图 11-2（a）、图 11-2（b）所示。由图 11-1、图 11-2 可以看出，传统 ORC 内模与前馈 ORC 内模均存在 1/2 个基波周期的固有延时，即数字实现所需的内存单元为 N/2。不同的是提出的 FORC 内模增加了一个前馈通道，改进后的 FORC 内模的连续域传递函数可以表示如下：

$$G_{forc}(s)=\frac{Y(s)}{R(s)}=-\frac{1-Q(s)e^{-sT_0/2}}{1+Q(s)e^{-sT_0/2}}e^{-sT_0/2}=E_1(s)(-e^{-sT_0/2}) \tag{11-7}$$

$Q(s)=1$ 时，公式（11-7）变为：

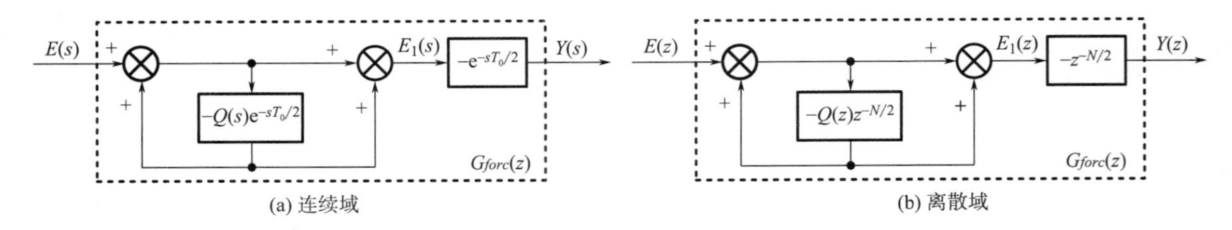

(a) 连续域　　(b) 离散域

图 11-2　新型前馈奇次重复控制内模

$$E_1(s)=\frac{1-e^{-sT_0/2}}{1+e^{-sT_0/2}}=\frac{2(1+e^{-sT_0})}{1-e^{-sT_0}}-\frac{1+e^{-sT_0/2}}{1-e^{-sT_0/2}} \tag{11-8}$$

根据公式（11-8），令 $1-e^{-sT_0/2}=0$，可求出 FORC 内模的零点在 $\omega=2n\omega_0$（$n=0$，1，2，3，…）处，即偶次谐波频率处。

当参考输入和谐波扰动信号的角频率 ω 趋近于 $\omega_x=2\pi(2x+1)/T_0$，其中 $x=0$，1，2，…，即 ω 为基频和奇数次谐波频率时，则有：

$$\begin{aligned}\lim_{\omega\to\omega_l}e^{-sT_0/2}&=\lim_{\omega\to\omega_l}e^{-j\omega T_0/2}=e^{-j\pi(2x+1)}\\&=\cos[-(2l+1)\pi)]+j\sin[-(2l+1)\pi]=-1\end{aligned} \tag{11-9}$$

根据公式（11-7）~公式（11-9），利用指数函数的性质[1]，$G_{forc}(s)$ 可展开为：

$$G_{forc}(s)=E_1(s)=\frac{4}{T_0}\left\{\sum_{k=1}^{\infty}\frac{2s}{s^2+[(2k-1)\omega_0]^2}\right\} \tag{11-10}$$

式中：$\omega_0=2\pi/T_0$，ω_0 为谐振角频率。公式（11-10）表示 FORC 内模可以等效为在奇次谐波频率处的无穷个谐振控制器并联，因此，FORC 内模在奇次谐波频率处增益无穷大，能够实现对奇次谐波的消除和参考输入信号的无静差跟踪。

如图 11-2（b）所示，改进后的 FORC 内模的离散域传递函数表达式为：

$$G_{forc}(z)=\frac{Y(z)}{E(z)}=\frac{1-Q(z)z^{-N/2}}{1+Q(z)z^{-N/2}}z^{-N/2}=E_1(z)(-z^{-N/2}) \tag{11-11}$$

$Q(z)=1$ 时：

$$E_1(z)=\frac{1-z^{-N/2}}{1+z^{-N/2}} \tag{11-12}$$

由公式（11-9）可知，$e^{-sT_0/2}$ 对应的离散域表达式：$z^{-N/2}=-1$，$z^{-N/2}=1$。

$Q(z)=1$ 时，由式（11-10）、式（11-12）可知 G_{forc} 频域表达式如下：

$$|G_{forc}(\omega)|=\frac{|1-e^{-j\omega T_sN/2}|}{|1+e^{-j\omega T_sN/2}|} \tag{11-13}$$

由公式（11-5）、公式（11-13）可知：

$$\begin{aligned}\lim_{\omega\to2\pi(2k+1)f_0}\frac{|G_{forc}(\omega)|}{|G_{orc}(\omega)|}&=\lim_{\omega\to2\pi(2k+1)f_0}|1-e^{-j\omega T_sN/2}|\\&\approx\lim_{\omega\to2\pi(2k+1)f_0}2\sin(\omega T_sN/4)=2\sin[(2k+1)\pi/2]=2\end{aligned} \tag{11-14}$$

由公式（11-6）、公式（11-14）可得：

$$\frac{|G_{forc}(\omega)|}{|G_{rc}(\omega)|}=4 \tag{11-15}$$

根据公式（11-14）、公式（11-15）可知，当 RC 增益 k_r 相同时，FORC 内模在奇次谐波频率下的增益是传统 ORC 内模增益的 2 倍，同时是传统 RC 内模结构的 4 倍，说明理论上 FORC 内模结构针对奇次谐波的误差收敛速度是传统 ORC 的 2 倍、传统 RC 的 4 倍。

图 11-3 展示了 ORC 内模和 FORC 内模的频率特性，其中图 11-3（b）为图 11-3（a）伯德图的幅频响应曲线的细节图。从图 11-3 可以看出，FORC 内模和 ORC 内模只在基波和奇次谐波频率处都具有很高的谐振峰，这与前两个小结的理论分析结果相对应。进一步可以看到，改进后的新型 FORC 内模比传统 ORC 内模具有更高的增益，其中在基波频率（50Hz）

处，FORC 内模的增益比传统 ORC 内模的增益高了 6.1dB，同样，在奇次谐波频率（150Hz）处，FORC 内模的增益比传统 ORC 内模高了 6.1dB。且由于 FORC 内模结构在偶次谐波频率处引入了零点，从而导致 FORC 内模在偶次谐波频率处产生反谐振峰。由于伯德灵敏度积分定理[1] 的约束，反谐振峰衰减了偶次谐波频率附近的误差信号，同时增加了相邻奇次谐波频率处的误差信号，因而，FORC 内模在奇次谐波频率处具有更大的增益。由图 11-3（b）可知，在幅值为-3dB 处，改进后的 FORC 内模在 50Hz 附近的谐振带宽比传统 ORC 内模的谐振带宽更宽，提出的 FORC 内模结构在基波和奇次谐波频率处的谐振带宽更宽，增益更大，因此，FORC 结构具有更好的抗电网频率波动能力。

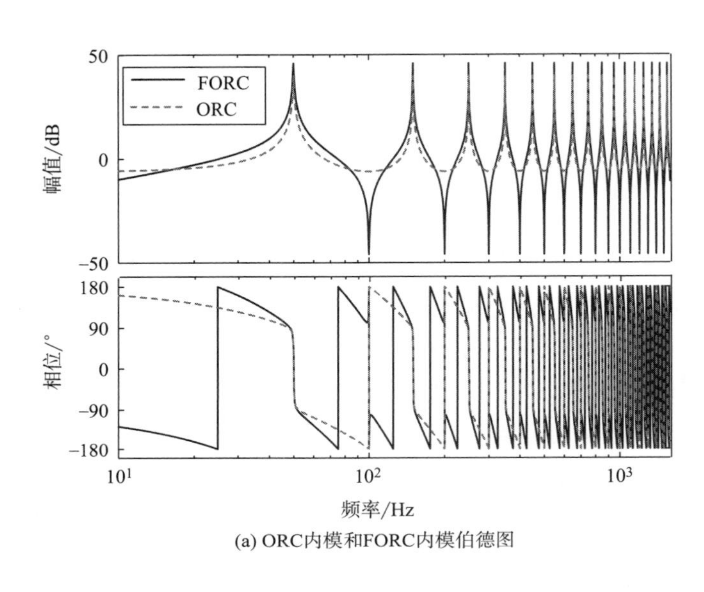

(a) ORC内模和FORC内模伯德图

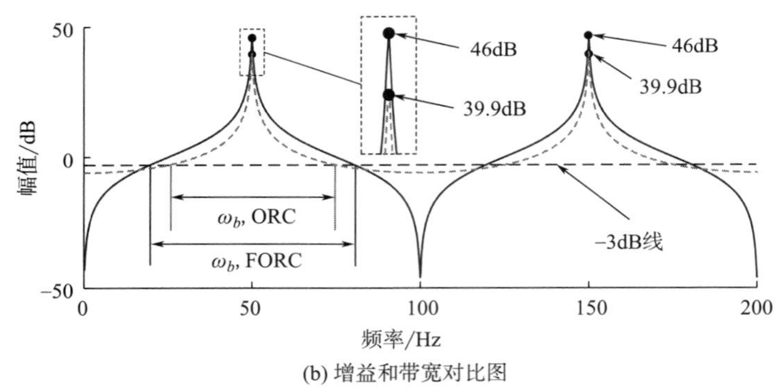

(b) 增益和带宽对比图

图 11-3　ORC 内模和 FORC 内模的频率特性对比图

二、比例—前馈奇次重复控制器结构

由于 FORC 内模存在半个基波周期的延时环节，单独的重复控制器在暂态调节过程中响应较慢。因此本章采用 FORC 内模并联比例增益的结构，构成 P-FORC 控制器，其结构如图 11-4 所示。比例控制能够改善 RC 系统的动态性能，同时增强系统的稳定性 FORC 内模用于抑制系统奇次谐波电流和无静差跟踪参考输入电流。图 11-4 所示的 G_{forc}（s）并联比例 k_p 结构的 P-FORC 控制器可以等效为一个如图 11-5 所示的比例多谐振（Proportional Multi-Resonant，PMR）控制器。由公式（11-10）可得，图 11-5（b）所示的 P-FORC 控制器等效的 PMR 控制器可以表示为：

$$G_{PMR} = K_p + \sum_{k=1}^{\infty} \frac{2K_r s}{s^2 + [(2k-1)\omega_0]^2} \tag{11-16}$$

式中：$K_p = k_p$，$K_r = 4k_r/T_0$，其中 K_p 为比例项系数，K_r 为谐振项系数，k_r 为重复控制增益，k_p 为并联比例控制器。因此，所提出的 P-FORC 控制器可以等效为一个比例控制器和所有在奇次谐波频率处的无穷个谐振控制器并联的 PMR 控制器。

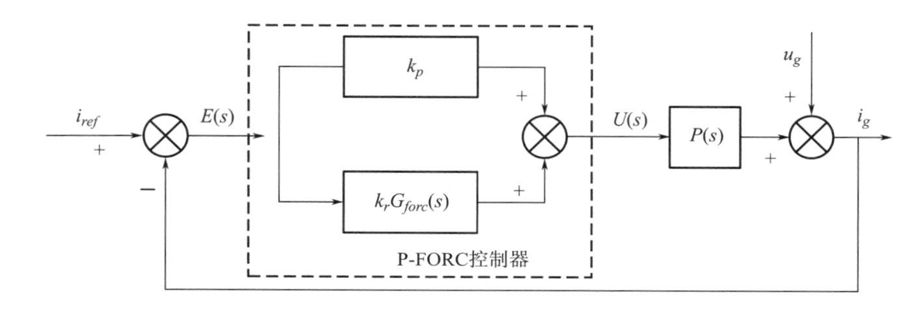

图 11-4　P-FORC 控制器结构

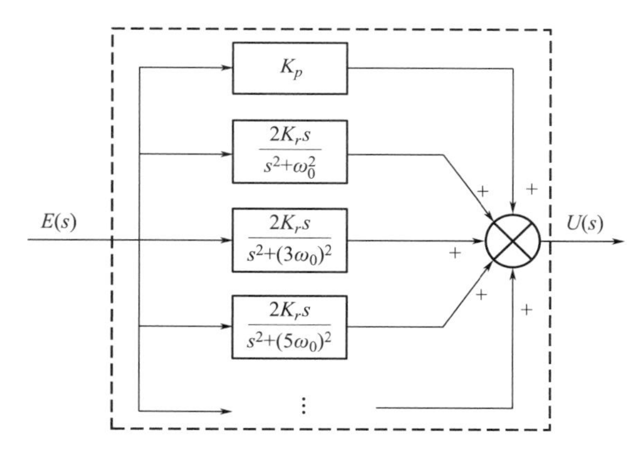

图 11-5　P-FORC 控制器等效结构框图

当 Q（s）为小于 1 的常数 Q 时，根据公式（11-7）~公式（11-9），再利用指数的性质[1]，可得以下公式：

$$G_{Qforc}(s) = E_1(s) = \frac{1 - Qe^{-sT_0/2}}{1 + Qe^{-sT_0/2}} = \frac{4}{T_0} \sum_{k=1}^{\infty} \frac{2(\omega_c + s)}{s^2 + 2\omega_c s + \omega_c^2 + [(2k-1)\omega_0]^2}$$

$$\approx \frac{4}{T_0} \sum_{k=1}^{\infty} \frac{2s}{s^2 + 2\omega_c s + [(2k-1)\omega_0]^2} \tag{11-17}$$

式中：$\omega_c = -2\ln Q/T_0$，根据公式（11-17），FORC 内模结构（包含 Q 与 k_r）可以等效为无穷

个在奇次谐波频率的准谐振控制器并联，FORC 内模结构与准谐振控制关系建立。

三、比例—前馈奇次重复复合控制系统稳定性分析

图 11-6 为离散 P-FORC 系统结构框图，其中包含 k_r、z^m、$S(z)$ 的离散 FORC 内模传递函数为：

$$G_{forc}(z)=-k_r\frac{1-Q(z)z^{-N/2}}{1+Q(z)z^{-N/2}}S(z)z^{-N/2+m} \tag{11-18}$$

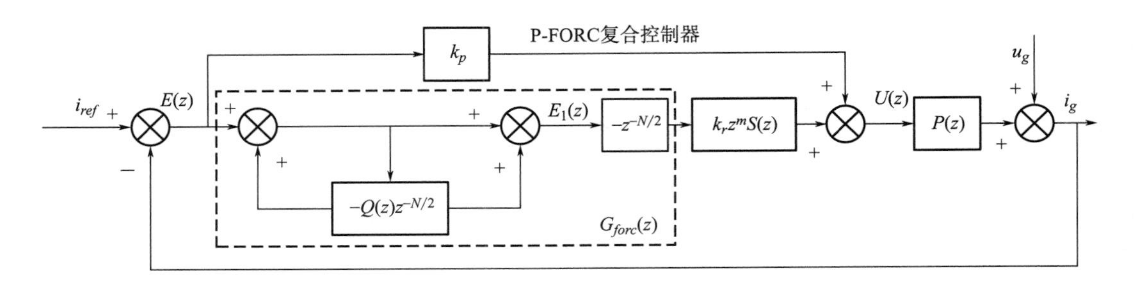

图 11-6　离散 P-FORC 复合控制系统结构框图

图 11-6 中 P-FORC 复合控制系统的稳态误差为：

$$E(z)=\frac{I_{ref}(z)-U_g(z)}{1+[G_{forc}(z)+k_p]P(z)} \tag{11-19}$$

系统的特征多项式为：

$$1+[G_{forc}(z)+k_p]P(z)=[1+k_pP(z)][1+G_{forc}(z)P_0(z)] \tag{11-20}$$

根据公式（11-19）、公式（11-20），系统稳定的必要条件是：① $[1+k_pP(z)]=0$ 的根在单位圆内，即新被控对象的极点在单位圆内；② $|1+G_{forc}(z)P_0(z)|\neq 0$。

将等式（11-18）代入条件②，可得：

$$|1+Q(z)z^{-N/2}-z^{-N/2}k_rz^mS(z)P_0+Q(z)z^{-N/2}z^{-N/2}k_rz^mS(z)P_0(z)|\neq 0 \tag{11-21}$$

上式可化为：

$$\left|Q(z)z^{-N/2}\left[\left(\frac{1}{Q(z)}-z^{-N/2}\right)k_rz^mS(z)P_0(z)-1\right]\right|<1\left(\forall z=e^{j\omega T_s},\ 0<\omega<\frac{\pi}{T_s}\right) \tag{11-22}$$

将 $z^{-N/2}=-1$，$z^{-N/2}=1$ 代入公式（11-22），又因为 $|Q(z)|<1$ 且 $Q(z)$ 为零相位，可知要满足条件②，只需保证以下不等式成立：

$$Q(z)\left[\left(\frac{1}{Q(z)}+1\right)k_rz^mS(z)P_0(z)-1\right]<1\left(\forall z=e^{j\omega T_s},\ 0<\omega<\frac{\pi}{T_s}\right) \tag{11-23}$$

又 $|Q(z)|<1$，公式（11-23）可变为：

$$\left|\left(\frac{1}{Q(z)}+1\right)z^m\cdot k_r\cdot S(z)P_0(z)-1\right|<1 \tag{11-24}$$

当 $Q(z)$ 选取为常数 Q 时，由公式（11-24）可知，P-FORC 复合控制系统的稳定性条件与第十章第一节的 P-RC 复合控制系统的稳定性条件相同，表示如下：

$$[\theta_s(\omega) + \theta_P(\omega) + m\omega T_s] < 90° \quad (11-25)$$

$$0 < k_r < \min_{\omega}\left[\frac{1}{(1/Q+1)} \frac{2\cos[\theta_s(\omega) + \theta_P(\omega) + m\omega T_s]}{N_S(\omega)N_P(\omega)}\right] \quad (11-26)$$

公式（11-25）、公式（11-26）可作为参数 m 和 k_r 选择的依据。

通过对系统稳定性条件②进一步分析得到公式（11-25）、公式（11-26），其可以作为P-FORC 复合控制器参数设计的依据，首先根据公式（11-25）确定参数 m 的值，再代入公式（11-26），可以进一步确定 k_r 的取值。根据图 11-6 可知，P-FORC 复合控制器中有 k_p、Q、k_r、z^m 和 $S(z)$ 五个参数需要被设计，下一节将给出 P-FORC 复合控制器的参数设计实例。

第三节　P-FORC 控制器参数设计实例

一、比例增益 k_p 的设计

k_p 的取值会影响稳定性条件①，为了使稳定性条件①成立，需要选取恰当的 k_p 值，使 $1+k_pP(z)=0$ 的根在单位圆内，即新被控对象 $P_0(z)$ 的极点在 z 平面的单位圆内。同时 k_p 对系统的动态性能的提升起着重要的作用，对 k_p 取值的分析是有必要的。

图 11-7 展示了 k_p 的值在 8~20 时 $P_0(z)$ 的极点分布图，可以看出 k_p 在 8~20 时，$P_0(z)$ 的极点均在 z 平面的单位圆内；当 k_p 值不断增大时，$P_0(z)$ 位于实轴上的极点越靠近圆心，而含有虚部的极点越接近于单位圆边缘。

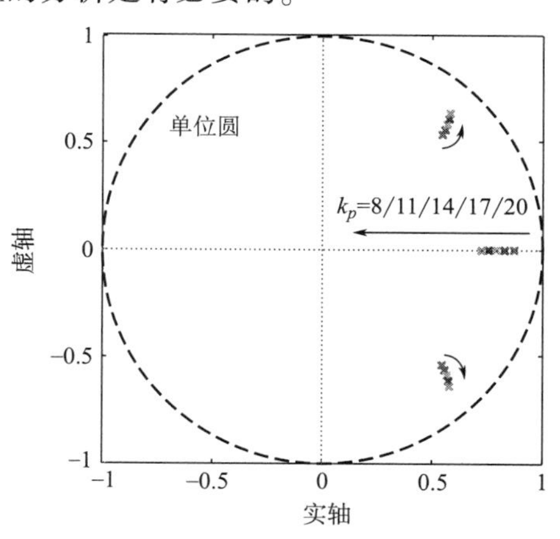

图 11-7　$P_0(z)$ 的极点分布图

图 11-8 为 k_p 在 8~20 取值时 $P_0(z)$ 的伯德图，由图 11-8 可知，当 k_p 从 14 变化到 20 时，$P_0(z)$ 的幅值在低频段几乎保持不变，即为 $P_0(z)$ 最理想的频率特性，$P_0(z)$ 的相位在 1kHz 附近随着 k_p 的增大而增大；但在 k_p 从 14 变化到 20 时的 $P_0(z)$ 的相频特性变化不大，因此，本章选择的 $k_p=14$。

二、内模常数 Q 的选择

图 11-9 为 $Q=0.8$、0.95 和 1 时 FORC 内模在 50Hz 附近的幅频响应曲线，可知，FORC 内模的开环增益随着 Q 的减小而减少，而在谐振频率附近的带宽显著增大。当 Q 取 0.8 时，控制系统具有较大的带宽，对电网频率波动的敏感度较低，且系统的稳定性较好，但系统在谐振频率点增益降低，导致系统的稳态误差增大。根据本章第二节分析的 FORC 内模与准谐振控制的关系，当电网频率在（50±0.5）Hz 范围内变动时，谐振带宽 ω_c 大约为 3rad/s，根据等式 $\omega_c=-2\ln Q/T_0$（$T_0=0.02$/s），可得对应的 Q 的恰当取值为 0.97，因此，本节中取 $Q=0.97$，在系统的稳定性和跟踪误差之间作出了折中的选择。

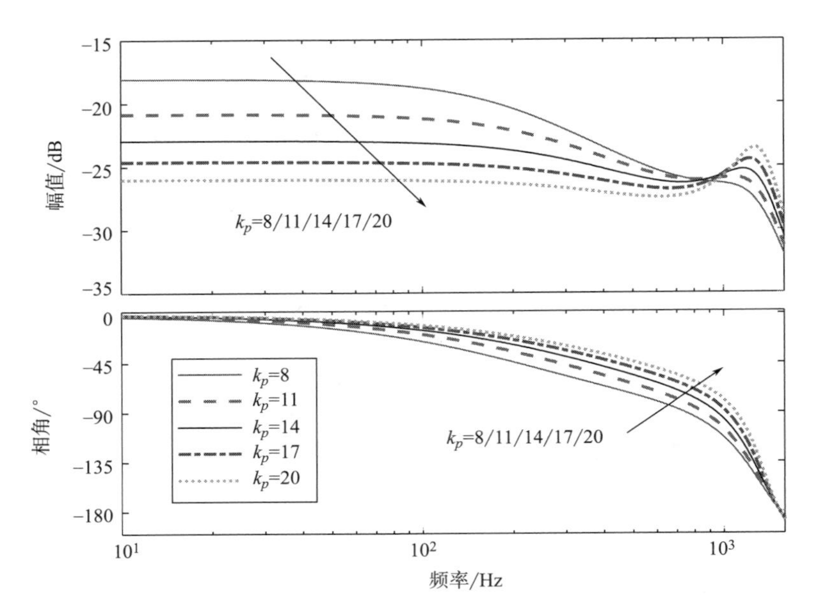

图 11-8 k_p 取不同值时 P_0（z）的伯德图

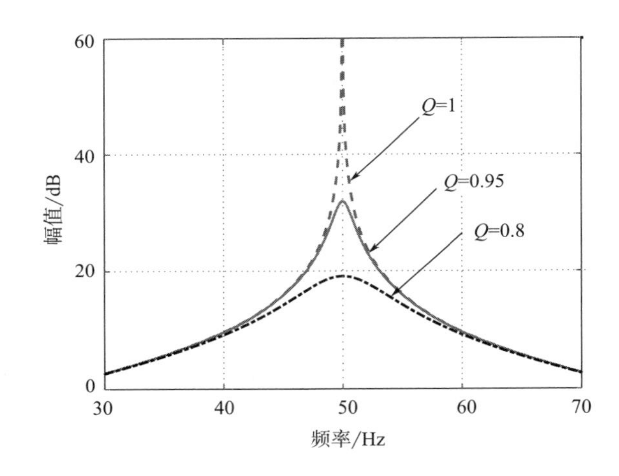

图 11-9 Q 取不同值时 FORC 内模的幅频特性图

三、补偿器 S（z）设计

巴特沃斯低通滤波器（Butterworth Filter）比一般的低通滤波器过渡带要窄，且同阶数相比，一般的低通滤波器相位滞后较严重。不同阶数的巴特沃斯低通滤波器的伯德图见图 11-10，可以看出，随着阶数的增高，其过渡带变得越窄，同时其相位滞后越大，单相并网逆变系统的主要次谐波分布在 1000Hz 以内，综合以上分析，本章选用四阶的巴特沃斯低通滤波器（截止频率为 1kHz），其离散表达式为：

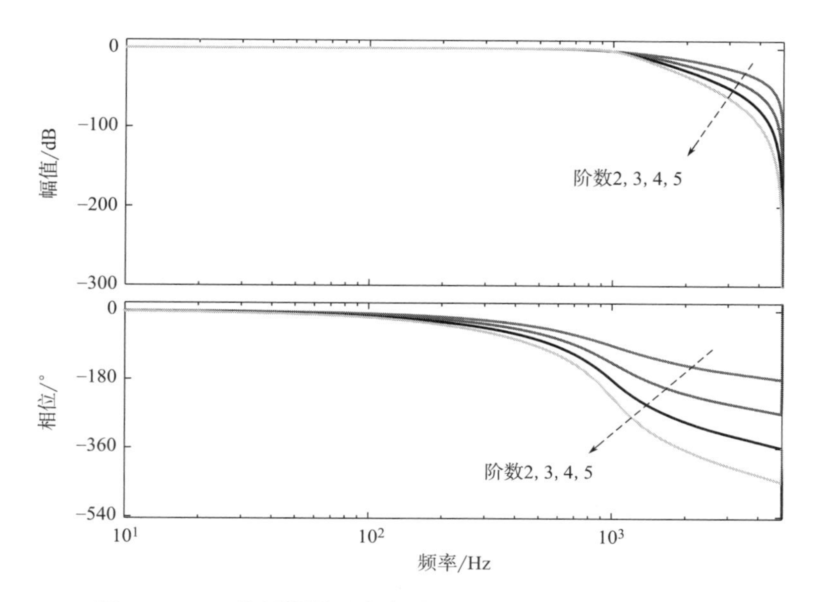

图 11-10 巴特沃斯低通滤波器（2，3，4，5 阶）的伯德图

$$S(z)=\frac{0.004824z^{4}+0.0193z^{3}+0.02895z^{2}+0.0193z+0.004824}{z^{4}-2.3695z^{3}+2.3140z^{2}-1.0547z+0.1874} \tag{11-27}$$

四、z^m 与 k_r 的参数设计

线性相位超前补偿环节 z^m 用来提供一个角度为 $\theta=m(\omega/\omega_N)\pi$（$\omega_N$ 为奈奎斯特频率）的超前角度，补偿由 $P_0(z)$ 和 $S(z)$ 造成的相位滞后，使 $S(z)P_0(z)z^m$ 的总相移接近零，从而在更宽的频率带内使不等式（11-25）成立，$S(z)P_0(z)z^m$ 的相频响应曲线（$m=5$，6，7，8）如图 11-11（a）所示，由图可知 $m=8$ 时低频段的相位接近 0°，即 $S(z)P_0(z)z^m$ 的相位最接近零相移特性，因此选取 $m=8$。

根据公式（11-26）可知，k_r 的最大取值为：

$$k_r<\left[\frac{1}{[1/Q+1]}\frac{2\min\{\cos[\theta_s(\omega)+\theta_P(\omega)+m\omega T_s]\}}{\max[N_S(\omega)N_P(\omega)]}\right] \tag{11-28}$$

从图 11-11（a）可看到，当 $m=8$ 时，在频率为 1kHz 之前，$S(z)P_0(z)z^m$ 的相位的最大角度为 19.2°，因此，$\cos[\theta_s(\omega)+\theta_P(\omega)+m\omega T_s]$ 的最小值为 0.944。由图 11-11（b）可知，$S(z)P_0(z)z^m$ 增益的最大值为-23dB，可知 $N_S\omega N_P\omega$ 的最大值为 0.0708，再代入 Q 值根据公式（11-28）可得 k_r 的最大取值为 13.00。

根据公式（11-23），设：

$$H(e^{j\omega T_s})=Q(z)\left[\left(\frac{1}{Q(z)}+1\right)k_r z^m S(z)P_0(z)-1\right]<1\quad(z=e^{j\omega T_s}) \tag{11-29}$$

系统的稳定性判据为矢量 $H(e^{j\omega T_s})$ 的轨迹在单位圆内。$H(e^{j\omega T_s})$ 的轨迹越接近单位圆心表明控制系统具有更大的稳定裕度、更好的谐波能力和更快的误差收敛速度[2]，图 11-12（a）

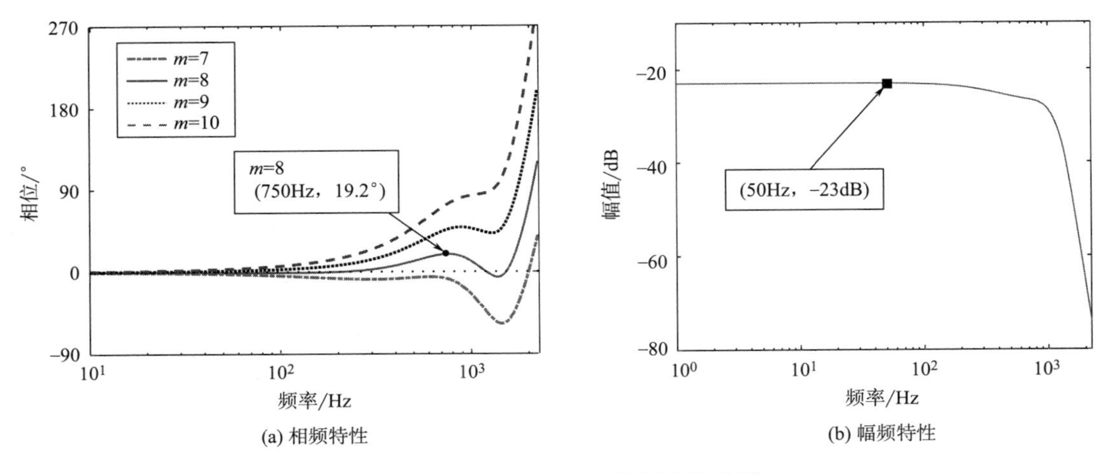

(a) 相频特性　　(b) 幅频特性

图 11-11　$S(z)P_0(z)\ z^m$ 的频率特性图

给出了 k_r 取不同值时 $H(e^{j\omega T_s})$ 的奈奎斯特曲线图。当 k_r 取值分别为 5，6，7，8 时，矢量 $H(e^{j\omega T_s})$ 的所有部分均完整的保持在单位圆内。由图 11-12（b）可知，当 $k_r=7$ 时，$H(e^{j\omega T_s})$ 的奈奎斯特曲线在 50~750Hz 频率范围内均比较接近圆心，这说明 $k_r=7$ 时，P-FORC 控制系统在 50~750Hz 频率范围内均保持着良好的谐波抑制特性和稳定裕度。

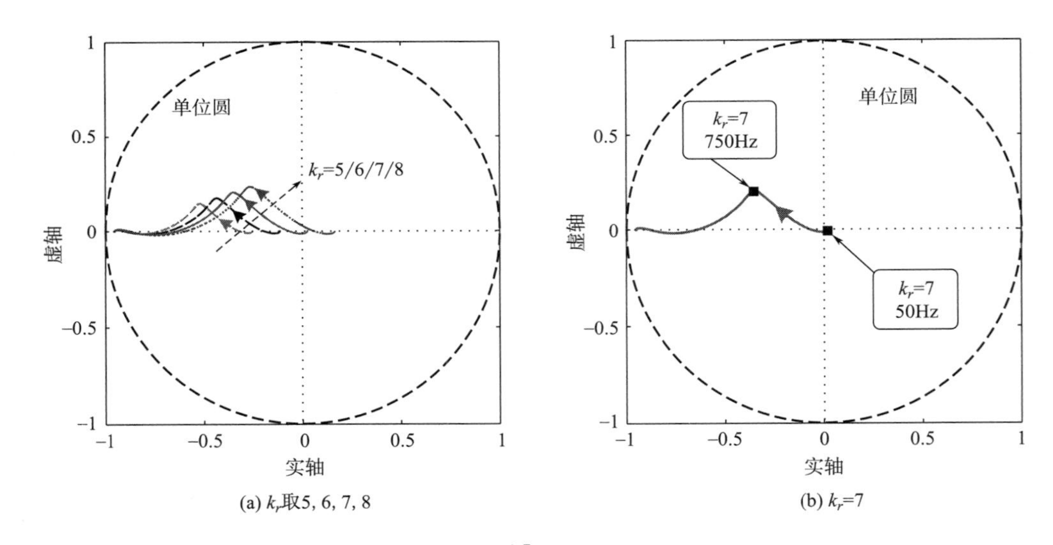

(a) k_r取5, 6, 7, 8　　(b) k_r=7

图 11-12　$H(e^{j\omega T_s})$ 的奈奎斯特曲线

根据设计的参数，P-FORC 和 P-ORC 复合控制器的开环幅频响应曲线如图 11-13 所示，从图 11-13 可以看到，改进后的 P-FORC 复合控制器在基波频率和奇次谐波频率处能够提供比 P-ORC 更高的增益。图 11-14 展示了包含被控对象 P（z）在内的 P-FORC 与 P-ORC 控制系统和 P（z）的开环幅频特性曲线，图 11-14 说明在重复控制增益 k_r 相同时，P-FORC 控制系统在基频和奇次谐波频率下比 P-ORC 控制系统具有更高的开环增益，因此，P-FORC 控

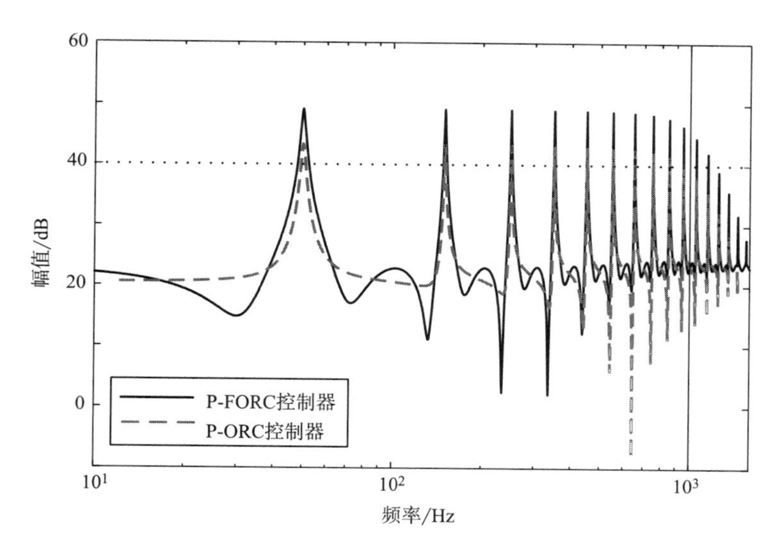

图 11-13　P-FORC 和 P-ORC 复合控制器开环幅频响应图

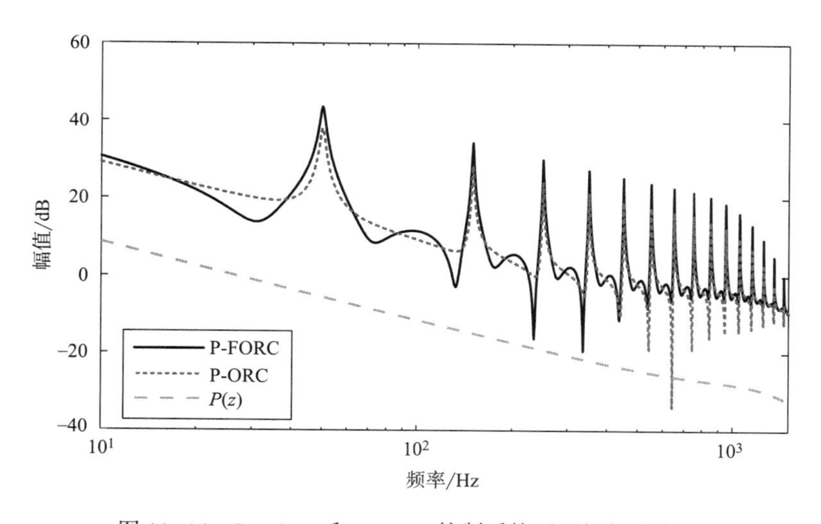

图 11-14　P-FORC 和 P-ORC 控制系统开环幅频响应图

制系统稳态误差更小，其奇次谐波抑制效果更好。

第四节　弱电网下 P-FORC 控制器的鲁棒性分析

随着分布式电源并网增多和并网位置的广泛分布，电网阻抗呈现出多样性且不能够被忽略，此时的电网表现为弱电网特性。弱电网会影响并网逆变器控制性能，甚至导致系统不稳定[3]。因此，需要分析电网阻抗变化对 P-FORC 控制系统的影响。用纯电感 L_g 代表电网阻抗，那么等效的电网侧电感为 L_g+L_2，当 L_g 在 0~3mH 范围内变化时，$H(e^{j\omega T_s})$ 的奈奎斯特曲线图如图 11-15 所示，可以看出，当电网等效电感变化时，矢量 $H(e^{j\omega T_s})$ 的轨迹均完整的保持在单位圆内，这说明在弱电网下，P-FORC 控制系统仍是稳定的。

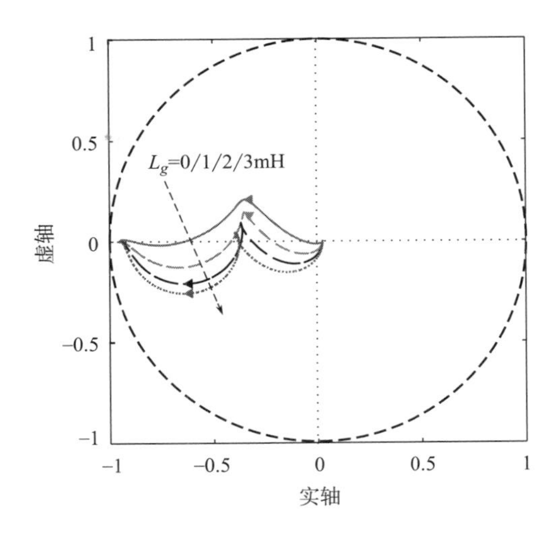

图 11-15　不同电网阻抗时 $H(e^{j\omega T_s})$ 的奈奎斯特曲线

第五节　仿真与实验

一、仿真验证

为了验证 P-FORC 复合控制器的奇次谐波抑制效果，在 MATLAB/Simulink 环境中搭建了 P-FORC 复合控制器的仿真模型，其中 FORC 内模结构的仿真模型如图 11-16 所示，将图 10-10 中的前馈 RC 部分替换为图 11-16 中的 FORC 内模仿真模型，其余主电路部分不变，即得到采用 P-FORC 控制策略的单相 LCL 型并网逆变仿真模型。系统主电路参数见表 10-2。仿真中参考输入电流的峰值为 10A。

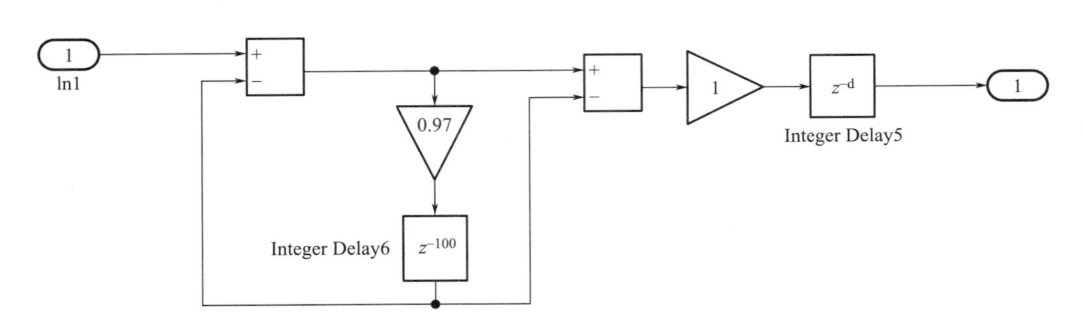

图 11-16　FORC 内模的仿真模型

重复控制增益 k_r 的取值对误差收敛的速度和系统是否稳定影响很大，为了验证第五章中对 P-FORC 的稳定性分析及参数设计部分的理论的正确性，本节给出了 k_r 分别取 3，7，10，

12，14时，图11-17分别给出了 $k_r=3$ 时，电网电压波形、入网电流波形及其频谱图。由图11-17可知，$k_r=3$ 时，入网流的THD为0.93%。图11-18为 $k_r=3$ 时的误差收敛波形，从图11-18可以看到，在仿真初始的半个基波周期时间内（0~0.01s）误差较大，这是因为奇次重复控制器在初始0.01s时间内所需的误差量还未产生，此时奇次重复控制器不起作用，此时误差仅由比例控制调节。在时间为0.01s之后，P-FORC复合控制器开始起调节作用，其跟踪误差逐步减小，最终收敛至［-1，1］区间内。

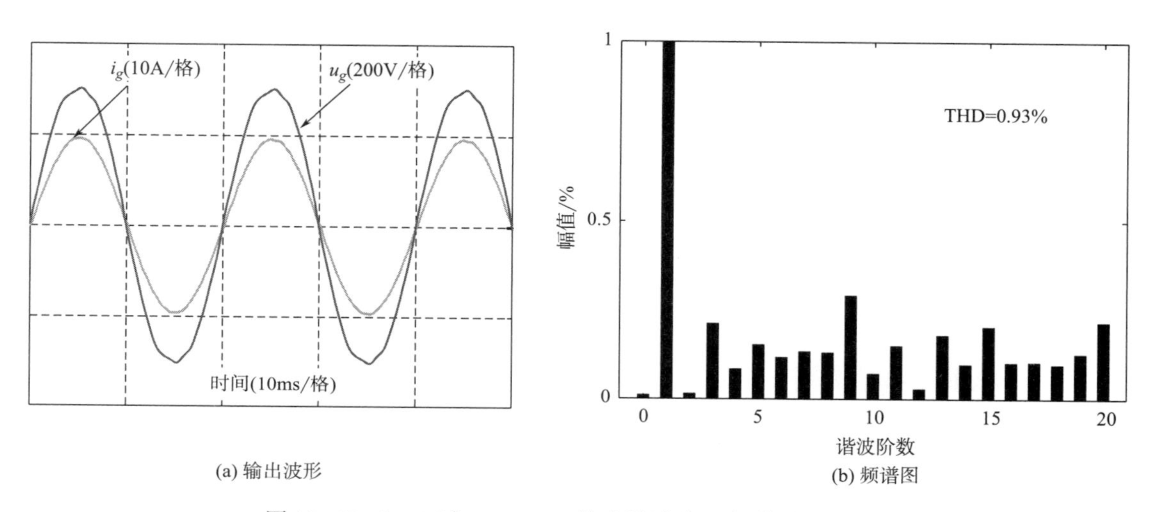

图11-17 $k_r=3$ 时，P-FORC输出波形及 i_g 频谱图（50Hz）

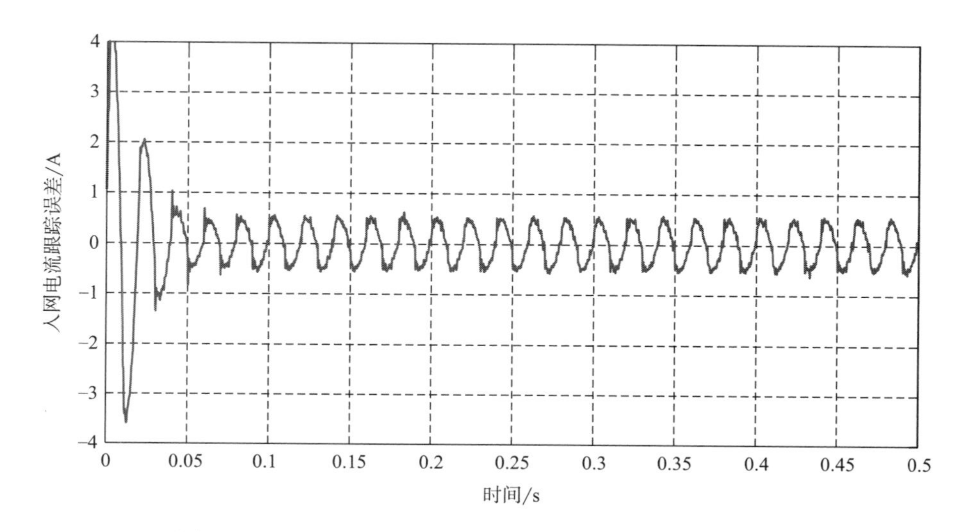

图11-18 $k_r=3$ 时，P-FORC误差信号收敛过程图（50Hz）

图11-19展示了 $k_r=7$ 时，P-FORC的输出波形，此时，入网电流的THD为0.76%。图11-20给出 $k_r=7$ 时的误差收敛波形，对比图11-18和图11-20可知，随着 k_r 的取值由3增大到7，P-FORC系统的误差收敛速度显著加快，最终的收敛区间由［-1，1］转为

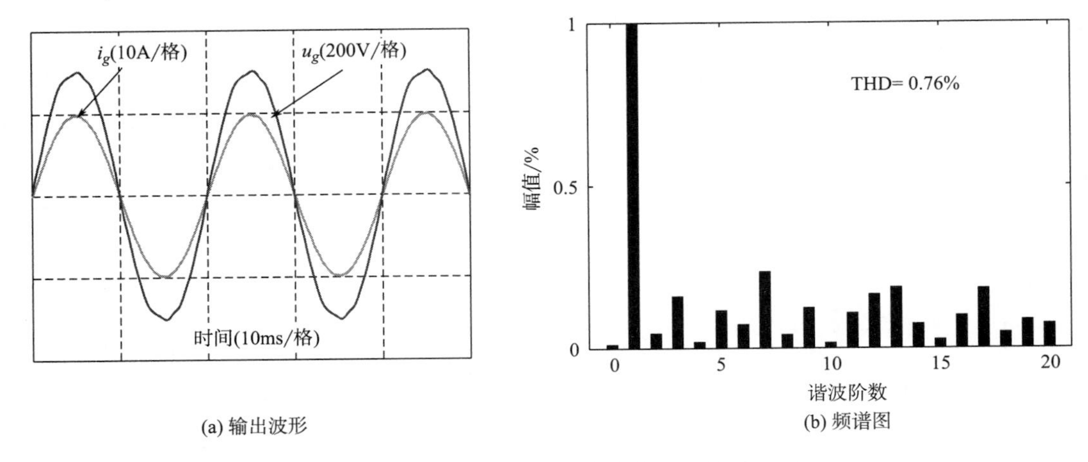

(a) 输出波形　(b) 频谱图

图 11-19　$k_r=7$ 时，P-FORC 输出波形及 i_g 频谱图（50Hz）

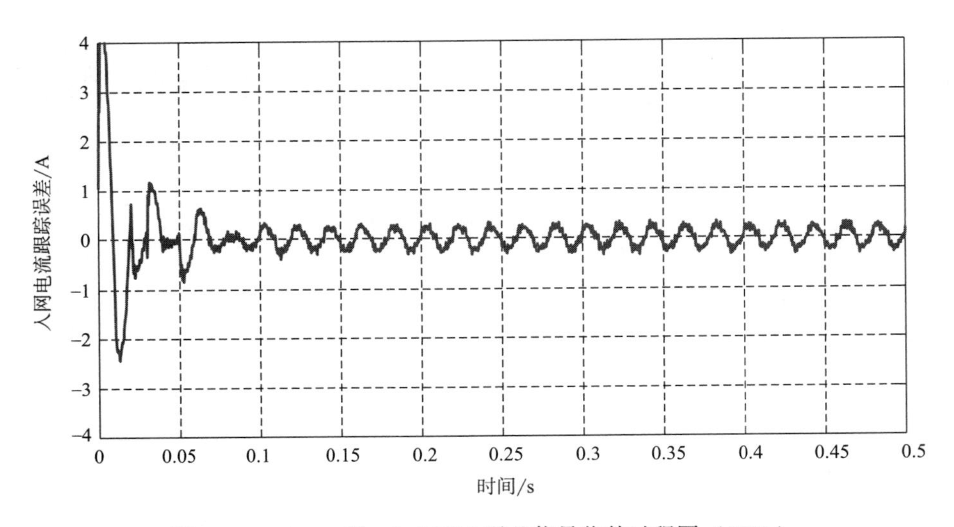

图 11-20　$k_r=7$ 时，P-FORC 误差信号收敛过程图（50Hz）

[-0.5，0.5]，THD 由 0.93%降为 0.76%，k_r 的增大提高了 P-FORC 系统的谐波抑制能力。

第三节的理论分析得到 k_r 的最佳取值为 7，为了验证理论上参数设计的正确性，在仿真中继续将 k_r 取到 10，此时，P-FORC 系统的输出波形如图 11-21 所示，可以看到，$k_r=10$ 时的 THD 比 $k_r=7$ 时的 THD 略高，为 0.88%。图 11-22 给出了 $k_r=10$ 时的误差收敛波形，从图 11-22 可以看出，随着 k_r 的持续增大，P-FORC 的跟踪误差波形再 0~0.1s 内的振荡幅度明显大于 $k_r=7$ 时的幅度，这是因为在 0.01s 时间之后，奇次重复控制器开始调节误差信号，输出控制量对系统施加影响，而这个控制量正是 0~0.01s 半个基波周期内的误差量乘以 k_r 的值。如果 k_r 的取值较大，那么半个基波周期时间（0.01s）后随着奇次重复控制器的突然作用，误差信号会产生一个较大的突变的控制量，从而使跟踪误差信号产生明显振荡。

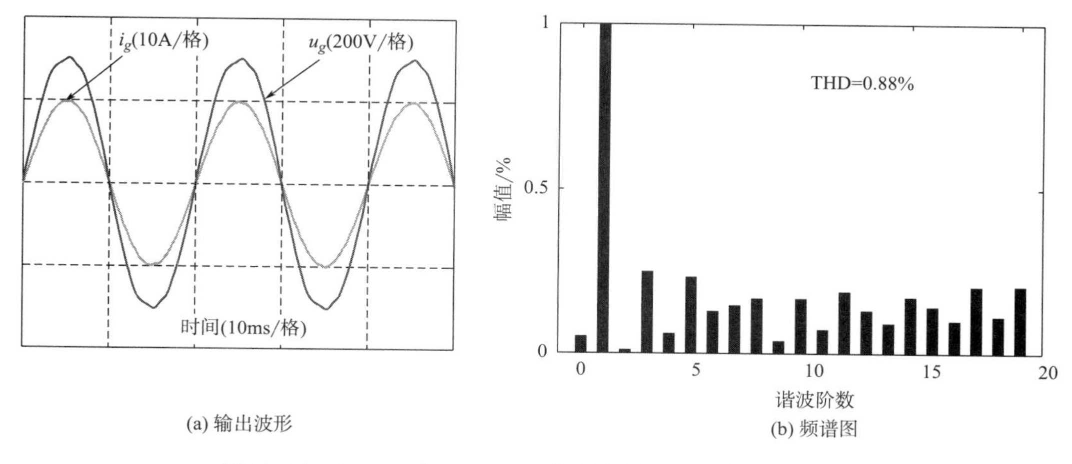

图 11-21　$k_r=10$ 时，P-FORC 输出波形及 i_g 频谱图（50Hz）

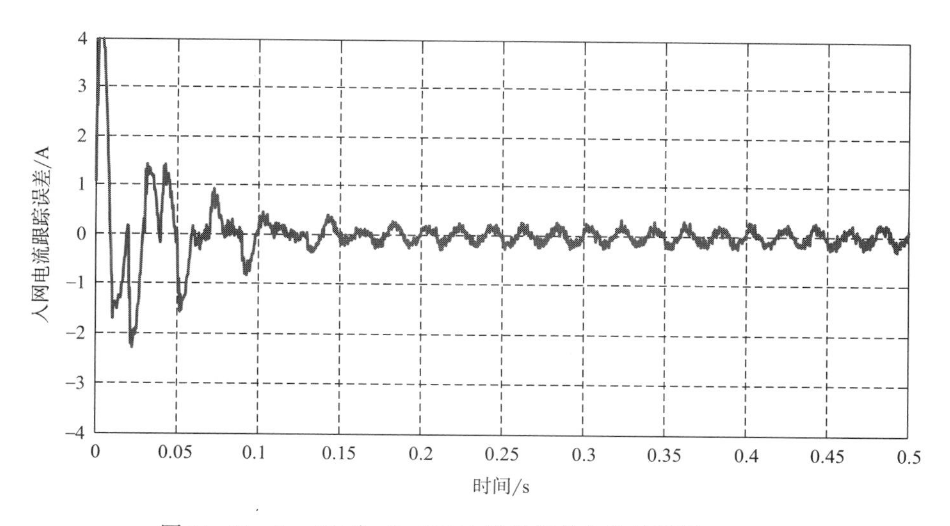

图 11-22　$k_r=10$ 时，P-FORC 误差信号收敛过程图（50Hz）

图 11-23、图 11-24 分别给出了 $k_r=12$ 时，P-FORC 的输出电流 i_g 的波形、频谱图。从图 11-23 可以看出，在 0~0.15s，P-FORC 系统的输出电流波形幅值均不恒定，由图 11-24 可知，系统输出电流稳定后的 THD 为 1.67%，此时的 THD 显著高于 $k_r=10$ 的 THD。图 11-25 为 $k_r=12$ 时的跟踪误差收敛波形，对比图 11-22 与图 11-25 可知，当 k_r 取更大的值 12 时，P-FORC 的跟踪误差波形的震荡的幅度更大，且持续时间更长，在 0.2s 之后波形才趋于稳定，此时的系统误差能正常收敛，但收敛速度很慢，谐波抑制特性较差。

在本章第三节参数设计中分析出 k_r 的最大取值为 13，若 k_r 的值大于 13，则系统的稳定性就不能保证，为了验证系统稳定性分析的正确性，仿真中将 k_r 的值设置为 14。$k_r=14$ 时，其输出电流波形和误差收敛波形分别如图 11-26、图 11-27 所示，由图 11-26 可知，此时控制系统已不能正常跟踪参考输入信号，由图 11-27 可以看出，$k_r=14$ 时，P-FORC 系统的误

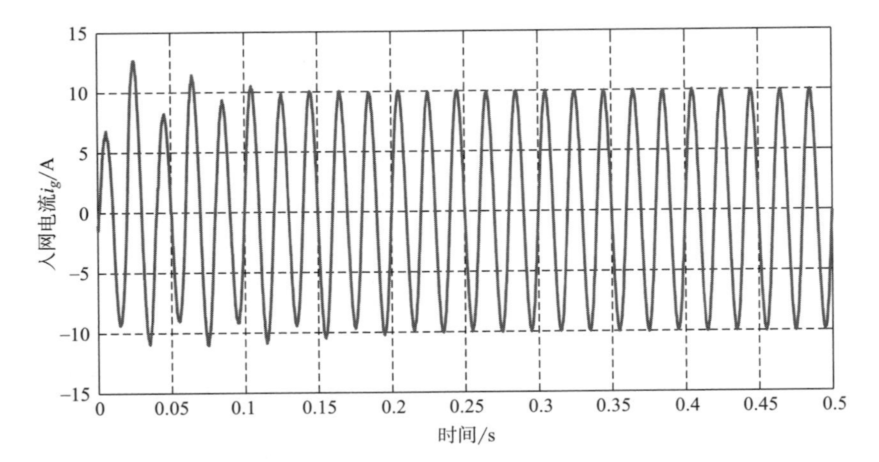

图 11-23　$k_r=12$ 时，P-FORC 的输出电流 i_g 的波形（50Hz）

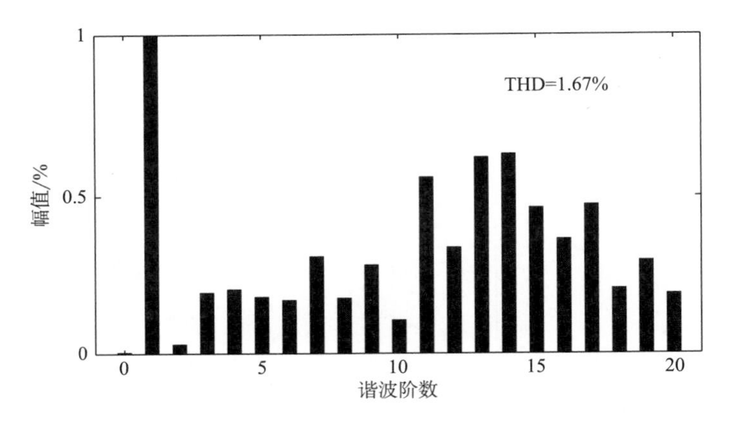

图 11-24　$k_r=12$ 时，P-FORC 的输出电流 i_g 的频谱图（50Hz）

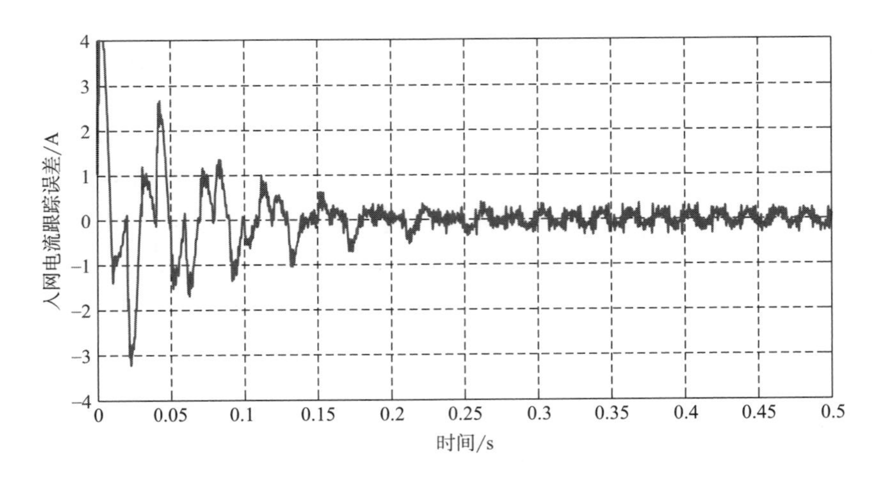

图 11-25　$k_r=12$ 时，P-FORC 误差信号收敛过程图（50Hz）

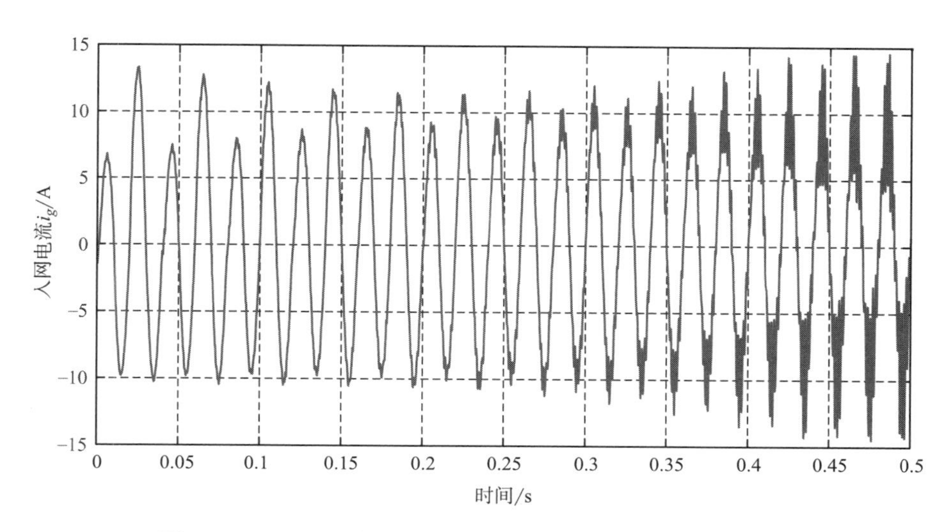

图 11-26　$k_r=14$ 时，P-FORC 的输出电流 i_g 的波形（50Hz）

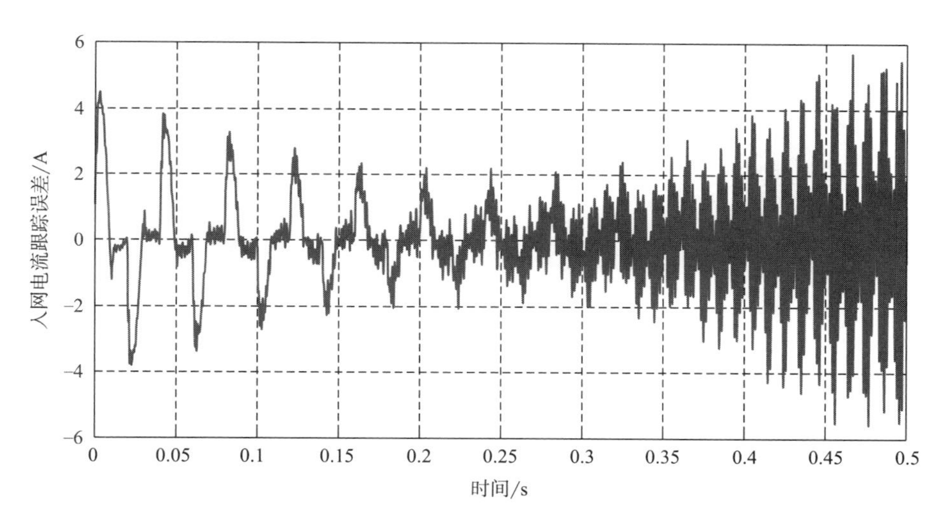

图 11-27　$k_r=14$ 时，P-FORC 误差信号收敛过程图（50Hz）

差无法收敛，系统不稳定。当 k_r 的值为 3、7、10、12、14 时，P-FORC 系统输出电流的 THD 值总结于表 11-1，由表 11-1 可知，$k_r=7$ 时，i_g 的 THD 最低，此时，系统跟踪参考输入的能力也最好。在 $k_r=7$ 之前，随着 k_r 取值的增大，系统的误差收敛速度加快，谐波抑制能力也增强。但在 $k_r=7$ 之后，随着 k_r 取值的增大，奇次重复控制器输出的控制量较大，从而引起误差信号的大幅度震荡，重复控制器开始起作用时引入过多的高频震荡分量可能会导致系统不稳定。$k_r=7$ 之后，随着重复控制作用的增强，系统的误差收敛速度反而变慢，谐波抑制能力变差。$k_r=13$ 之后，系统不稳定。仿真结果验证了 P-FORC 控制系统稳定性分析和参数设计部分理论的正确性。

表 11-1 k_r 取不同值时 P-FORC 的入网电流的 THD

k_r 的值		3	7	10	12	14
THD/%	P-FORC	0.93	0.76	0.88	1.67	—

二、实验验证

为了进一步验证 P-FORC 复合控制器的效果和理论分析的正确性，搭建了如图 11-28 所示的实验平台，实验参数与仿真参数一致。实验装置包括 IGBT 逆变桥、LCL 型滤波器、检测调理板、装有 MATLAB/Simulink 软件的计算机等组成，其中，可编程电网模拟电源 Chroma 61509 可以用来模拟电网频率波动的情况。

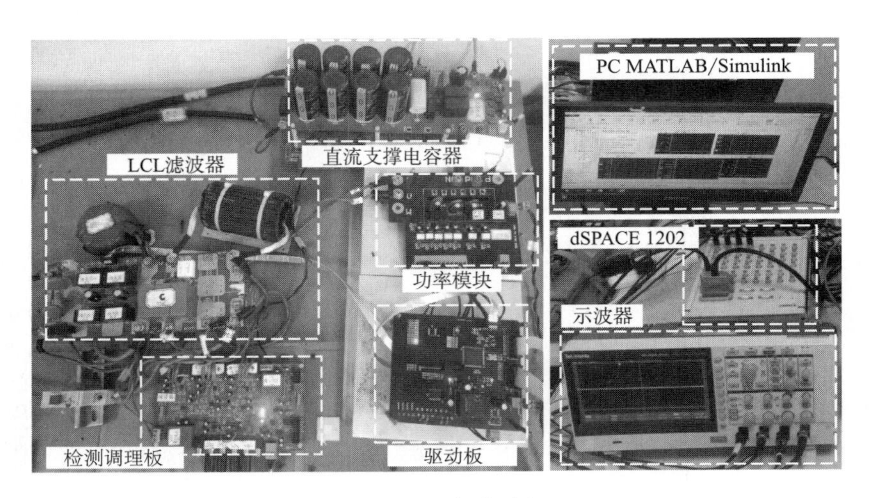

图 11-28 实验平台

为了验证所提 P-FORC 复合控制方案的谐波抑制特性、动态性能和对电网频率波动的鲁棒性。本节对 P-ORC 和 P-FORC 两种方案在不同的电网频率下进行了对比实验，实验中设置的参考输入电流峰值为 9A。

（一）稳态响应

图 11-29、图 11-30 分别是电网频率为 50Hz 时，P-ORC 复合控制系统和 P-FORC 复合控制系统入网电流 i_g 波形、电网电压波形及 i_g 的频谱图。由图 11-29、图 11-30 可知 P-ORC 复合控制和 P-FORC 复合控制系统的 i_g 的 THD 值分别为 2.83%、2.01%，显然 P-ORC 的 THD 高于 P-FORC。图 11-31 为电网频率为 50Hz 时，P-FORC 复合控制和 P-ORC 复合控制系统的 i_g 的主要单次谐波含量对比图，由图 11-31 可以看出，P-FORC 复合控制系统在 3 次、5 次、7 次、9 次、11 次主要奇次谐波频率处的谐波含量均低于 P-ORC 复合控制系统。

图 11-32、图 11-33 分别是电网频率为 49.6Hz 时，P-ORC 复合控制系统和 P-FORC 复合控制系统的输出波形和 i_g 的频谱图。由图 11-32、图 11-33 可知 P-ORC 复合控制和 P-FORC 复合控制系统的 i_g 的 THD 值分别为 3.92%、2.33%，显然 P-ORC 的 THD 高于 P-FORC。图 11-34 为电网频率为 49.6Hz 时，P-FORC 复合控制和 P-ORC 复合控制系统的 i_g 的主要单次谐波含量对比图，从图 11-34 可以看出，P-FORC 复合控制系统在 3 次、5 次、7

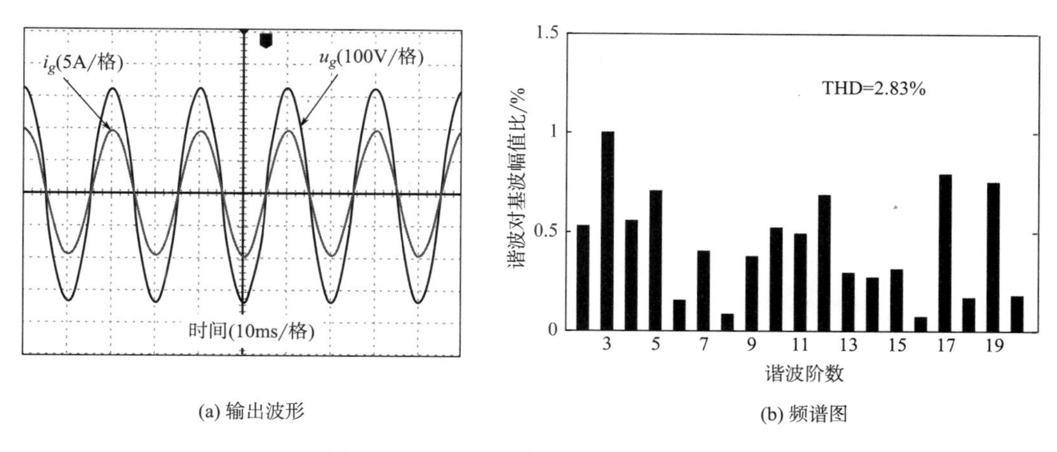

(a) 输出波形　　　　(b) 频谱图

图 11-29　P-ORC 复合控制器（50Hz）

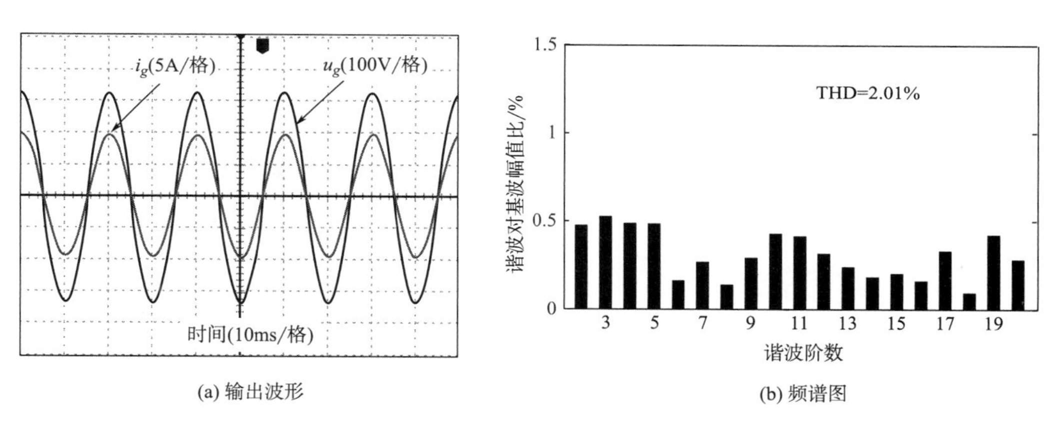

(a) 输出波形　　　　(b) 频谱图

图 11-30　P-FORC 复合控制器（50Hz）

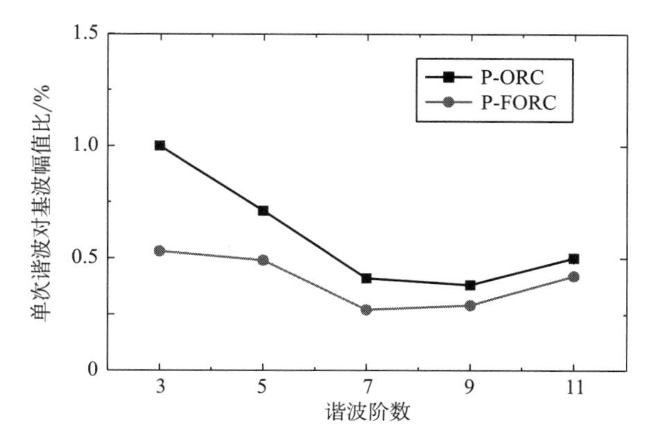

图 11-31　$f_0=50\text{Hz}$ 时，P-ORC 与 P-FORC 单次谐波含量对比图

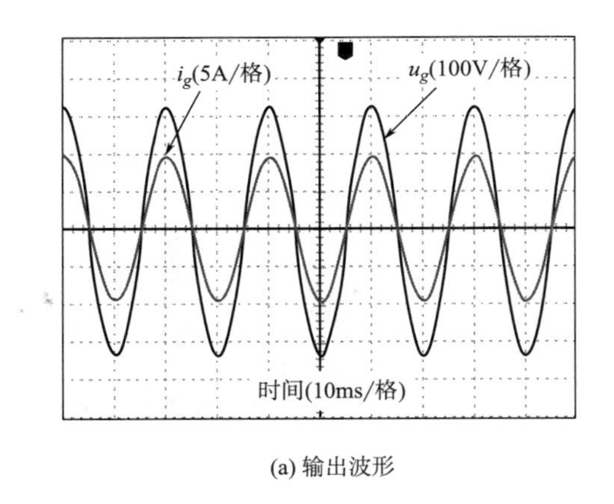

(a) 输出波形

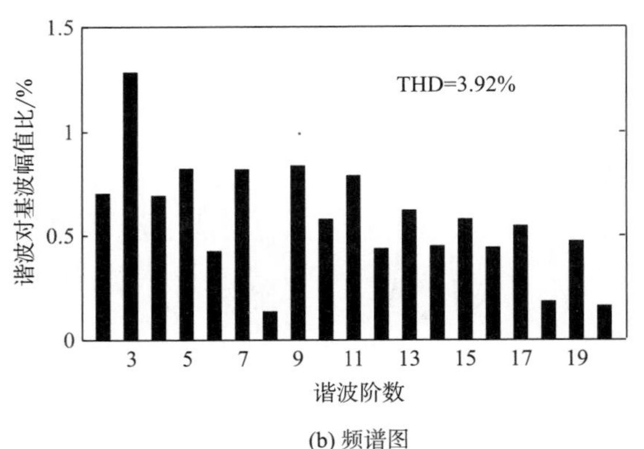

(b) 频谱图

图 11-32　P-ORC 复合控制器（49.6Hz）

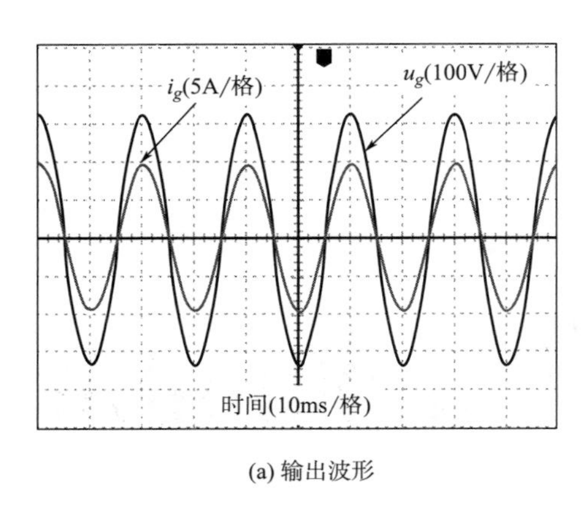

(a) 输出波形

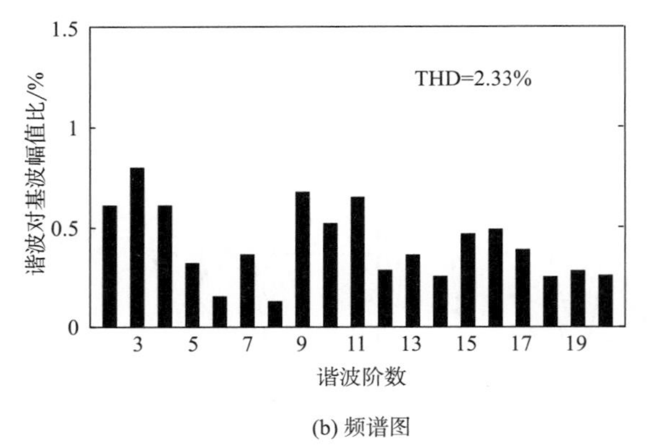

(b) 频谱图

图 11-33　P-FORC 复合控制器（49.6Hz）

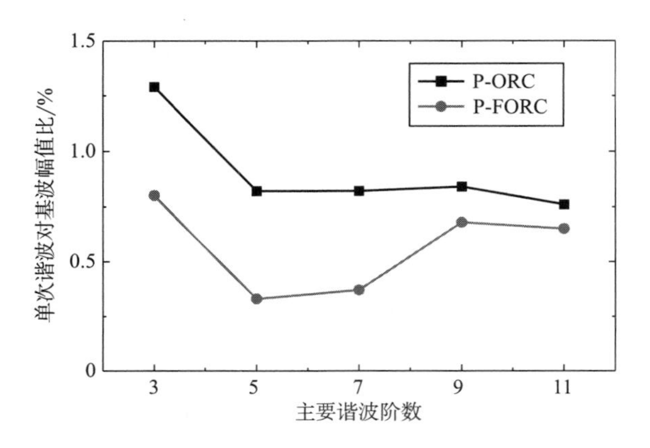

图 11-34　$f_0=49.6$Hz 时，P-ORC 与 P-FORC 单次谐波含量对比图

次、9 次、11 次主要奇次谐波频率处的谐波含量均低于 P-ORC 复合控制系统。

图 11-35、图 11-36 分别是电网频率为 50.4Hz 时，P-ORC 复合控制系统和 P-FORC 复

合控制系统的输出波形及 i_g 的频谱图。由图 11-35、图 11-36 可知 P-ORC 复合控制和 P-FORC 复合控制系统的 i_g 的 THD 值分别为 3.77%、2.29%，显然 P-ORC 的 THD 高于 P-FORC。图 11-37 为电网频率为 50.4Hz 时，P-FORC 复合控制和 P-ORC 复合控制系统的 i_g 的主要单次谐波含量对比图，从图 11-37 可以看出，P-FORC 复合控制系统在 3 次、5 次、7 次、9 次、11 次主要奇次谐波频率处的谐波含量均低于 P-ORC 复合控制系统。

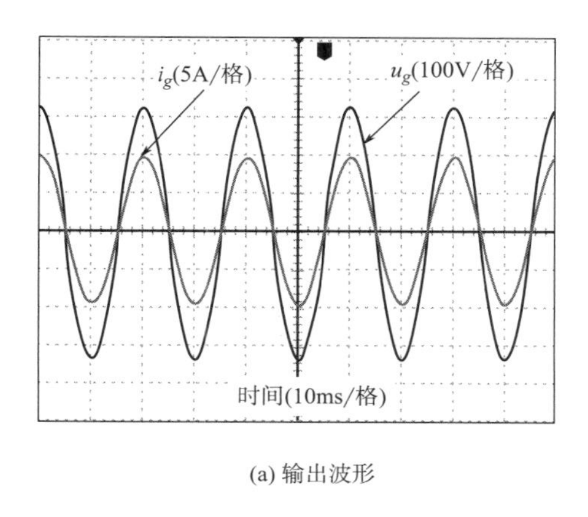

(a) 输出波形

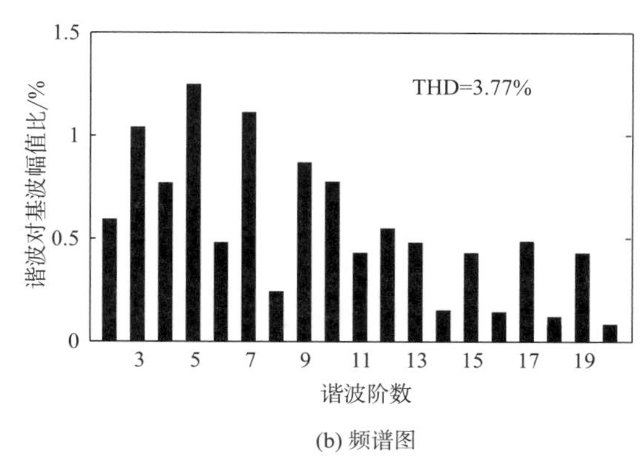

(b) 频谱图

图 11-35 P-ORC 复合控制器（50.4Hz）

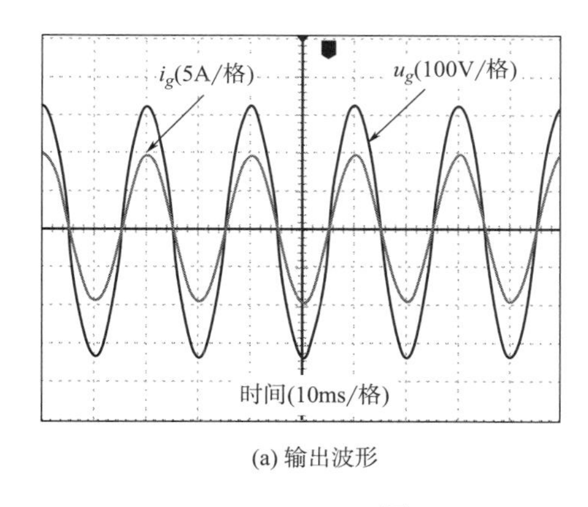

(a) 输出波形

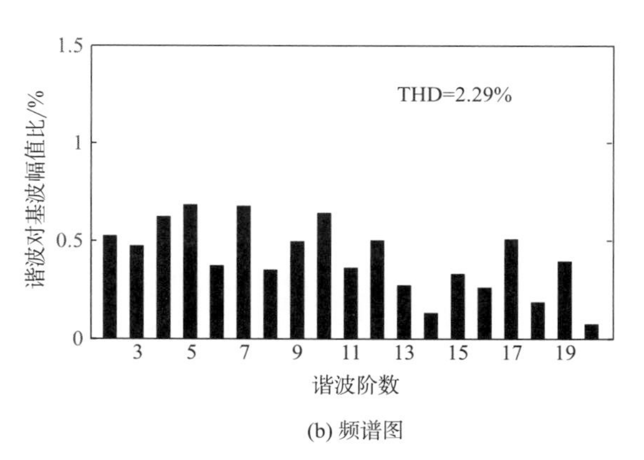

(b) 频谱图

图 11-36 P-FORC 复合控制器（50.4Hz）

图 11-38 展示了在基波频率波动的情形下，P-ORC 与 P-FORC 复合控制系统入网电流的 THD 的对比。可以看到，尽管两种控制方案下系统输出电流的 THD 都在 5%以内，但显然所提 P-FORC 复合控制系统的谐波抑制效果更好，这是因为在基波频率波动时，所提的 P-FORC 复合控制器在基波及奇次谐波频率处具有更大的开环增益和更宽的谐振带宽。以上实验结果验证了 P-FORC 复合控制系统相比 P-ORC 复合控制系统，具有更好的奇次谐波抑制特性和抗电网频率波动的能力。

（二）动态响应

为了测试 P-FORC 复合控制系统的动态响应，在实验期间将参考输入电流峰值由 9A 突降至 4A。图 11-39（a）、(b）分别为 P-FORC 复合控制和 P-ORC 复合控制系统的输出电流

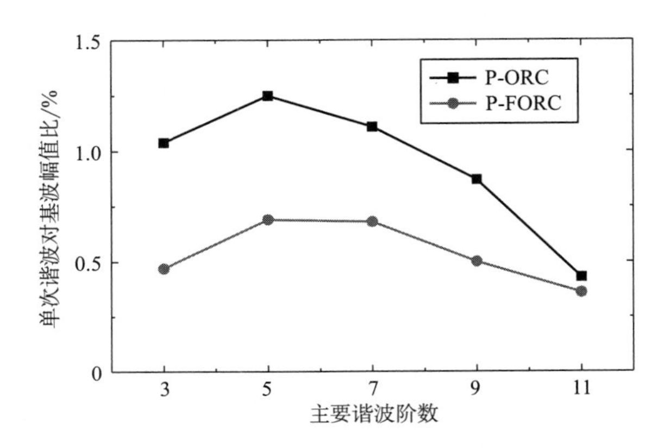

图 11-37　$f_0=50.4\text{Hz}$ 时，P-ORC 与 P-FORC 单次谐波含量对比图

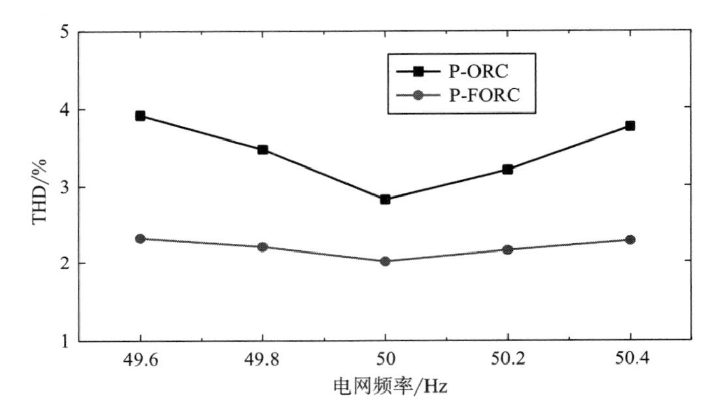

图 11-38　不同基波频率下，P-ORC 与 P-FORC 的 THD 对比

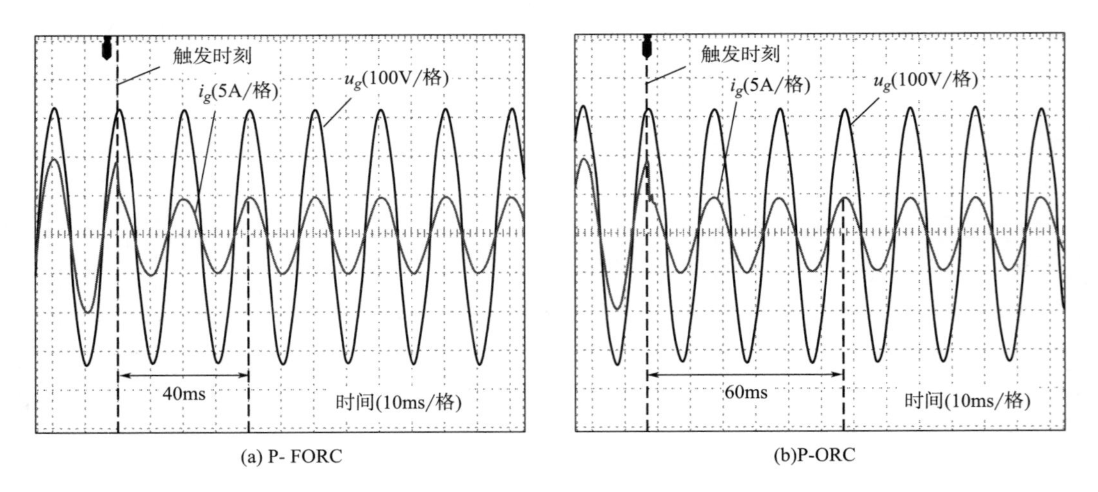

图 11-39　参考输入电流突将时 i_g 的波形

的实时波形。从图 11-39（a）、图 11-39（b）可以看出，当参考输入发生突变时，P-FORC 系统的输出电流波形在 2 个基波周期（40ms）内趋于稳定，而 P-ORC 系统大约需要经过 3 个基波周期（60ms）才能稳定下来，这说明所提 P-FORC 复合控制器具有比 P-ORC 复合控制器更好的动态性能。

本章小结

首先，本章在常规 ORC 内模的基础上提出了一种具有前馈通道的新型 FORC 内模，并将其置于比例-重复控制结构中，构成比例-奇次重复复合控制器，进一步提升了重复控制系统的稳态和动态性能。其次，通过对比分析 ORC 内模和 FORC 内模的频率特性，FORC 内模在基波及奇次谐波频率处具有比 ORC 更大的增益及更宽的谐振带宽，表明在 ORC 内模中增加前馈通道能够增强系统动态性能和对电网频率波动的鲁棒性的原因。再次，给出了 P-FORC 系统的稳定性分析方法和控制器参数设计实例，针对弱电网下系统稳定性问题，从理论上对 P-FORC 控制系统进行了弱电网情况下的鲁棒性分析。最后，在工频和非工频下对 P-FORC 和 P-ORC 复合控制系统进行了实验，结果表明，所提 P-FORC 具有比 P-ORC 更好的奇次谐波抑制和抗电网频率波动的能力，并具有良好的动态性能。

参考文献

[1] PIPELEERS G, DEMEULENAERE B, AL-BENDER F, et al. Optimal performance tradeoffs in repetitive control: experimental validation on an active air bearing setup [J]. IEEE Transactions on Control Systems Technology, 2009, 17 (4): 970-979.

[2] GRADSHTEYN I S, RYZHIK I M. Table of integrals, series, and products [M]. 7th ed. San Diego: Academic Press, 2007: 27.

[3] HUANG X, WANG K, FAN B, et al. Robust current control of grid-tied inverters for renewable energy integration under non-ideal grid conditions [J]. IEEE Transactions on Sustainable Energy, 2020, 11 (1): 477-488.

第十二章　插入式重复控制

在第二章中，选择了电容串联电阻的无源阻尼策略使被控对象保持稳定。基于被控对象稳定的前提，本章将对电流控制器进行设计，以实现对电流谐波的精准抑制。

重复控制以内模原理为基础，能够高精度跟踪已知周期的参考信号。通过将信号生成器（参考信号的动力学结构）嵌入闭环系统中，从而在参考信号的基频及倍频处产生相应的高增益。然而，重复控制器中的延时环节将使它的输出延时一个周期，造成系统动态性能恶化。为了让控制器达到最佳状态，并满足高精度要求，通常需要将重复控制与其他控制方式相结合，形成复合控制策略，在实际应用中才能达到最佳的控制效果。本章通过将 PI 控制器与重复控制器相结合来实现更加精确的电流控制。其中，PI 控制器通过对系统进行反馈控制来实现快速动态响应，而重复控制器则通过周期性修正输出信号，跟踪参考电流并抑制谐波电流，使输出电流波形更加平滑和稳定[1]。本章首先对基于 PI 控制的并网逆变器进行了分析。其次，对重复控制原理、结构及稳定性进行了阐述。最后采用与 PI 控制器相结合的方法来解决重复控制内模延迟特性的弊端，选择插入式结构，复合重复控制（Plug-in Compound Repetitive Control，PCRC），并对 PCRC 控制器进行了稳定性分析和参数设计，通过仿真验证了 PCRC 具有良好的稳态与暂态性能。

第一节　基于 PI 控制的并网逆变器分析

PI 控制器可使开环系统低频增益增大，从而提高系统的稳态性能，并增强系统稳定性与可靠性。另外，PI 控制对系统低频扰动也有很好的抑制作用。图 12-1 展示了单相 LCL 并网逆变器在 PI 控制下的控制框图。

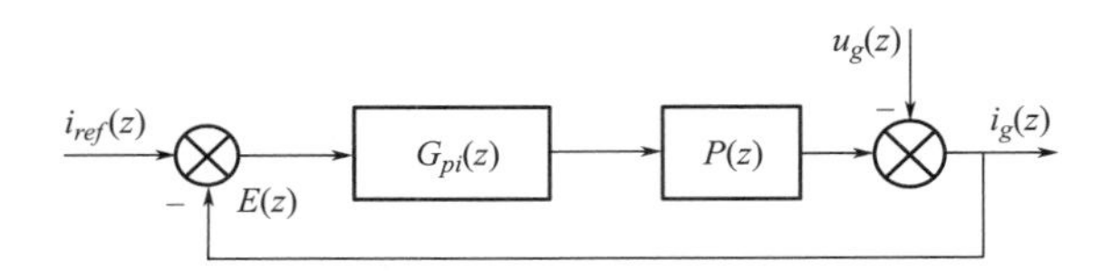

图 12-1　采用 PI 控制器的 LCL 并网逆变器控制框图

图 12-1 中，$i_{ref}(z)$ 是参考输入电流；$P(z)$ 代表系统被控对象；$i_g(z)$ 是系统输出入网电流；$u_g(z)$ 是电网电压，会产生谐波干扰；$E(z)$ 是输入给定信号与输出电流之间的误差；$G_{pi}(z)$ 是 PI 控制器，频域表达式为：

$$G_{pi}(s)=\frac{k_p s+k_i}{s} \tag{12-1}$$

其中，k_p 为比例系数，k_i 为积分系数。

由图 12-1，可知 PI 控制系统下的开环传递函数为：

$$G_{op}(s)=\frac{k_p s+k_i}{s}\frac{RCs+1}{L_1L_2Cs^3+(L_1+L_2)RCs^2+(L_1+L_2)s} \tag{12-2}$$

根据文献［2］给出的 PI 控制器具体的设计方法和参数选择标准，开环传递函数应满足 $10f_g<f_c<0.1f_s$ 以降低开关噪声，其中，f_s 为采样频率，f_g 为电网频率，f_c 为截止频率。因此本章选择截止频率为 650Hz。幅值裕度 GM 应满足 GM>3dB，相位裕度 PM 应满足 30°<PM<60°，开环基频增益大于 20dB。

根据以上准则，选取 $k_p=17$，$k_i=17000$，补偿后系统的开环频率特性如图 12-2 所示。GM＝3.74dB、PM＝56°、开环基频增益为 29.6dB，满足设计标准。

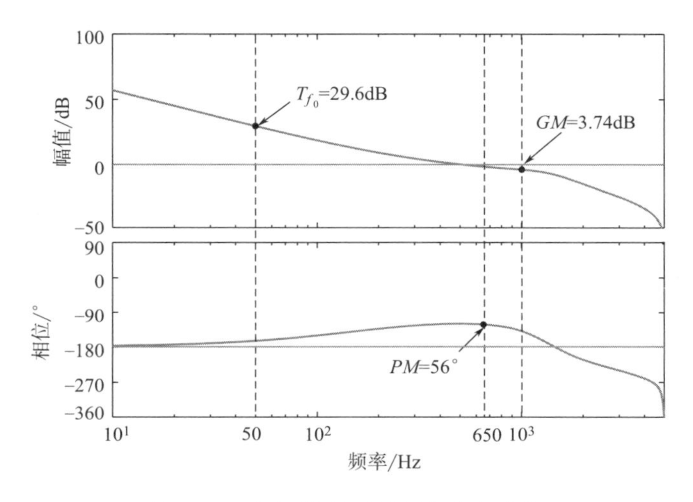

图 12-2　开环传递函数幅频特性曲线

电力并网系统中因存在多种扰动信号，入网电流通常不能完全追踪参考电流，存在一定的偏差。在这种情况下，采用 PI 控制器可以有效地减小系统的稳态误差，提高控制精度和稳定性。忽略电网电压的影响，由图 12-1 可得入网电流表达式为：

$$i_g(z)=\frac{G_{pi}(z)P(z)}{1+G_{pi}(z)P(z)}i_{ref}(z) \tag{12-3}$$

由上述可知，考虑到系统的稳定性，在实际应用中 k_p、k_i 的值不能选得太大，$G_{pi}(z)P(z)$ 的增益始终为有限值，$i_g\neq i_{ref}$，系统存在稳态误差。因此，仅靠 PI 控制不能达到对入网电流的无差跟踪。

第二节　基于重复控制的并网逆变器分析

一、重复控制器原理分析

图 12-3 展示了理想重复控制器的内模结构，这种结构是由误差信号和前一个循环的输出信

号累加而成的，再经一周期延迟，获得该周期输出信号。图 12-3（a）频域内模结构中，$e(s)$ 为误差信号；$u(s)$ 为重复控制器的输出信号；T_0 为参考信号的基频周期；e^{-sT_0} 为延时环节。

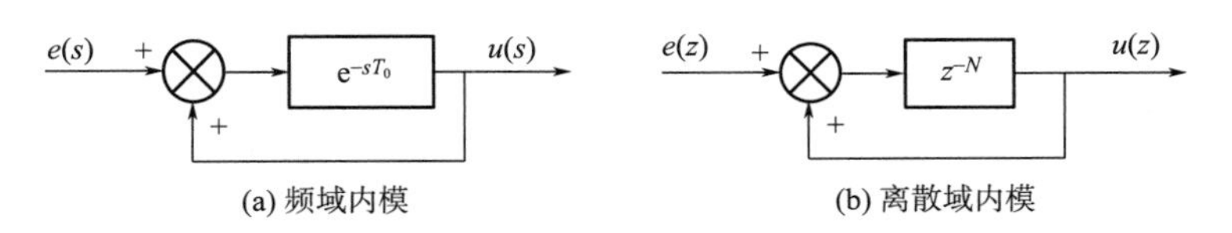

图 12-3　理想重复控制器内模

重复控制器的频域表达式为：

$$G_{rc}(s)=\frac{e^{-sT_0}}{1-e^{-sT_0}} \tag{12-4}$$

按照指数性质将公式（12-4）展开可得：

$$G_{rc}(s)=\frac{e^{-sT_0}}{1-e^{-sT_0}}=-\frac{1}{2}+\frac{1}{T_0 s}+\frac{1}{T_0}\sum_{n=1}^{\infty}\frac{2s}{s^2+(n\omega_0)^2} \tag{12-5}$$

可见，重复控制器由比例、积分和无数个谐振环节组成，其极点为 $s=\pm jn\omega_0$，从而能够实现对 n 次谐波的抑制。

在实践中，连续域内的延时环节很难用模拟方法来完成，因此离散形式重复控制得到广泛应用。离散形式的内模结构如图 12-3（b）所示，其离散域表达式为

$$G_{rc}(z)=\frac{z^{-N}}{1-z^{-N}} \tag{12-6}$$

延迟拍数 N 表示重复控制的内模阶数，即采样频率与基波频率之比，N 越大表示重复控制的精度越高。

$$N=\frac{f_s}{f_0}=\frac{T_0}{T_s} \tag{12-7}$$

单相并网逆变器系统的参考信号频率 $f_0=50\text{Hz}$，系统采样频率取 $f_s=10\text{kHz}$，计算得到每个周期的延迟拍数 N 为 200，即重复控制的内模阶数为 200。

二、重复控制器结构改进

根据上述分析，若将重复控制器直接嵌入单相并网逆变器闭环系统的前馈通路中，会导致系统在单位圆上增加 N 个开环极点，使开环系统进入临界振荡状态。为解决这一问题，通常会引入一个内模系数 Q，以改进理想内模的性能。

改进后的内模传递函数为：

$$G_{rc}(z)=\frac{Qz^{-N}}{1-Qz^{-N}} \tag{12-8}$$

通常选择略小于 1 的常数或低通滤波器作为重复控制器中的内模系数 Q。为了消除相位延迟对重复控制器的影响并进一步提高控制系统的性能，常常采用零相移低通滤波器，如公式（12-9）所示。随着频率的增加，改进内模后重复控制器的幅值衰减将逐渐增大，有利于

高频谐波的抑制和系统稳定，选择适当截止频率可使系统中频段单位增益得到维持，高频段衰减较快，增强系统的稳定性与鲁棒性。

$$Q(z)=\frac{z^{-r}+a+z^{r}}{2+a} \tag{12-9}$$

其中，r 为阶数，a 为大于 0 的常数，代入 $z=e^{j\omega t}$，得：

$$Q(\omega \mathrm{t})=\frac{e^{-j\omega rt}+a+e^{j\omega rt}}{2+a}=\frac{2\cos(r\omega t)+a}{2+a} \tag{12-10}$$

当 $a=2$ 时，$Q(\omega t)=0$，公式（12-10）可以简化为：

$$r\omega t=\pi \tag{12-11}$$

公式（12-11）中，t 为采样周期，取 100μs，ω 为衰减速率，取 10000πrad/s，则阶次 r 等于 1，得 $Q(z)=0.25z^{-1}+0.5+0.25z$，其频率特性曲线如图 12-4 所示，在中低频段系统的增益为单位增益，相移为零。

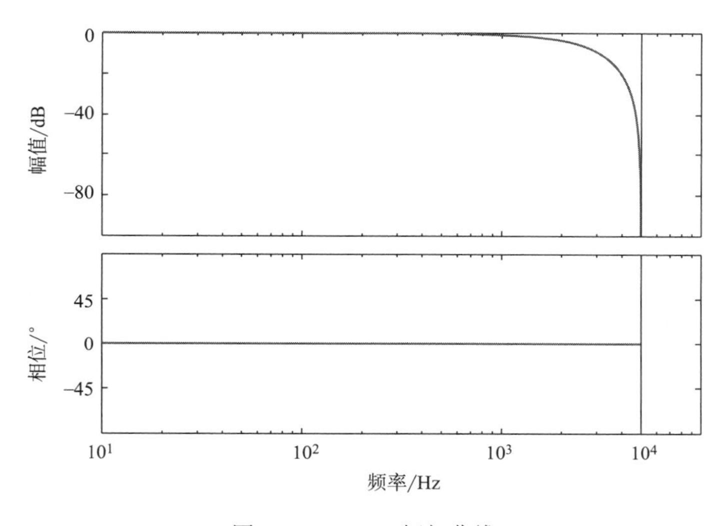

图 12-4　$Q(z)$ 幅相曲线

图 12-5 是重复控制器的开环频率特性图，$Q=1$ 时（理想重复控制），重复控制器能够在基频的各个整数倍频率范围内实现高精度的周期性信号跟踪。此时，重复控制器的开环频率特性等效于一组带通滤波器的叠加，可以有效地抑制谐波噪声，并提高系统的跟踪精度和波形质量。但由于控制系统带宽一般会受到限制，高频处谐波被放大，可能会对系统稳定性造成影响。加入低通滤波器可以明显衰减高频幅值，而低频段仍然能保持较高的幅值，从而提高系统的稳定裕度。但是，在提高系统稳定性的同时，也失去了无静差跟踪能力。

在重复控制器的应用中，由于控制系统的带宽限制以及环境因素的影响，重复控制器可能会存在一定的误差。为了减小这种误差并提高系统的稳定性和鲁棒性，通常需要添加一个补偿环节。该补偿环节可以根据系统的实际情况对重复控制器进行进一步的优化和调整，并对控制器进行补偿和校正，以满足系统的要求和性能指标。在单相并网逆变系统中，添加补偿环节可以更好地控制电网电压和电流，从而保证系统的安全稳定运行。带有内模滤波器、周期延时环节、补偿环节的重复控制器的单相并网逆变系统结构图如图 12-6 所示，应用内模

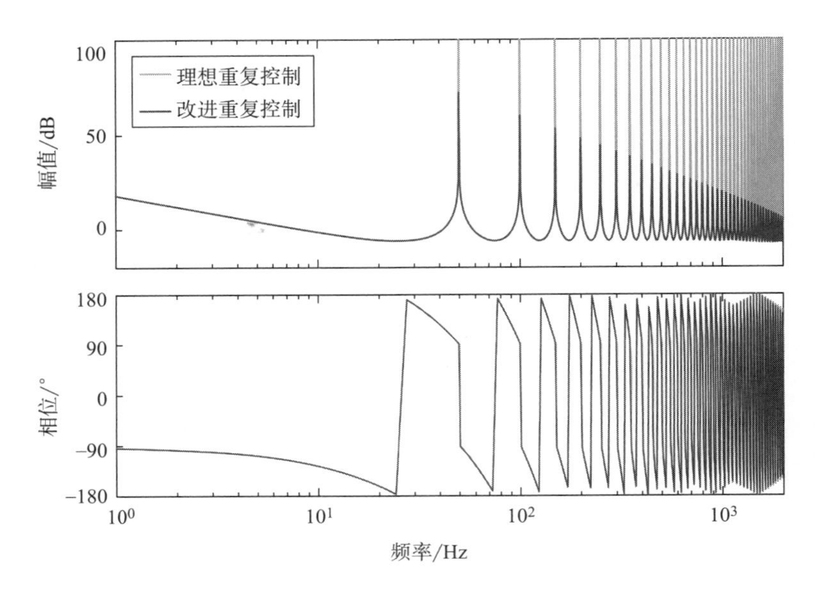

图 12-5　重复控制器开环频率特性

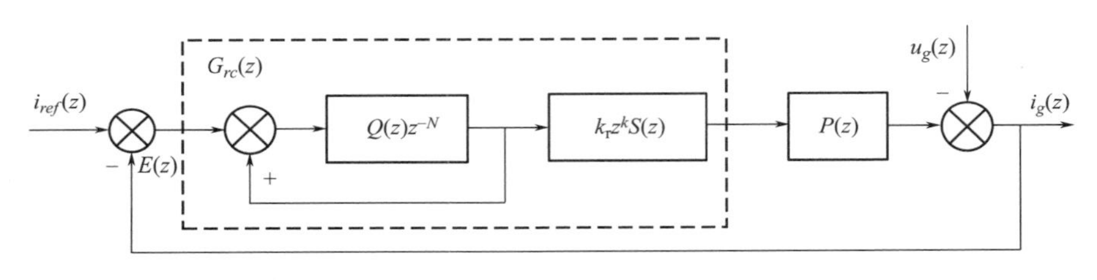

图 12-6　重复控制系统结构框图

原理，误差信息可以被累加记忆，即使误差减小至零，控制器仍可生成合适的控制参数，实现对被控对象的精确控制。

1. 延时环节 z^{-N}

延时环节 z^{-N} 是重复控制内模中必不可少的组成要素。由于延时环节 z^{-N} 位于前向通路上，控制信号会被延迟一个周期。这意味着，误差信号在本周期内被获取后，会在下一个周期被作为控制器的调整基准，从而影响输出信号。如果系统中的输入信号（包括设定值和扰动）都具有周期性和重复性，那么延时环节可以在后续周期中为相位补偿提供条件。

2. 补偿环节

补偿环节可由零相位误差跟踪理论设计，旨在实现对被控对象的完美跟踪，且能保证跟踪过程中输出信号和参考信号的相位差为零。主要包含三部分：重复控制增益 k_r、低通滤波器 $S(z)$ 和相位超前补偿 z^k。重复控制增益 k_r 的大小直接关系到系统动态响应速度和稳定性，较小的 k_r 可以提高系统稳定性，但误差收敛速度较慢；较大的 k_r 可以加快误差收敛速度，减小稳态误差，但可能会降低系统的稳定性。$S(z)$ 可以快速衰减增益在补偿带宽之外的部分，同时考虑高频的增益衰减，以确保系统稳定性。z^k 用于补偿中低频段的相位滞后，实现零相移，具体实现时还需依靠重复控制的延时环节。

三、重复控制器稳定性分析

根据图 12-6 重复控制系统结构框图可得其输出电流为：

$$i_g(z)=\frac{Q(z)z^{-N}k_r z^k S(z)P(z)}{1-Q(z)z^{-N}[1-k_r z^k S(z)P(z)]}i_{ref}(z) \tag{12-12}$$

可见，特征方程 $1-Q(z)z^{-N}[1-k_r S(z)z^k P(z)]=0$ 的解都在单位圆的内部才能保证系统稳定，整理得：

$$|1-k_r S(z)z^k P(z)|<1/Q,\ \forall z=e^{j\omega T},\ 0<\omega<\pi/T \tag{12-13}$$

公式（12-13）表明，系统稳定的条件是特征方程的根均位于单位圆内。该条件的矢量图如图 12-7 所示。

通过合理选择 Q 可以使系统的稳定范围变大，更能保证 $|1-k_r z^k S(z)P(z)|$ 的值在圆内。被控对象 $P(z)$ 的频率特性是控制系统稳定性的一个重要因素，然而，被控对象的频率特性是其固有属性，不可改变。因此，只能通过设计补偿环节来确保 $|1-k_r z^k S(z)P(z)|$ 在半径为 $1/Q$ 的圆内，并且当矢量 $k_r z^k S(z)P(z)$ 越接近实轴时，系统能够获得更大的稳定裕度和更小的稳态误差。

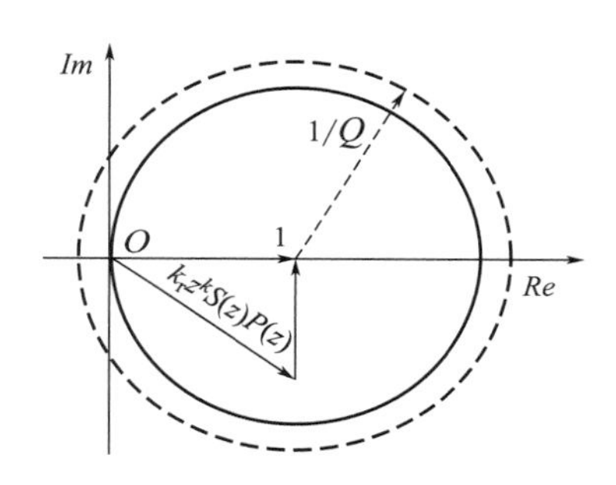

图 12-7　控制系统稳定条件的矢量图

但当给定电流值 I_{ref} 发生突变时，重复控制器的响应会滞后一个周期。在这种情况下，系统整体处于开环控制状态，稳定性相对较差。

第三节　插入式复合重复控制

重复控制是一种谐波抑制能力强、能够实现无误差跟踪的控制方法，但由于周期延时环节，它在第一个周期无法发挥作用，存在控制滞后。为了弥补这个缺陷，PI 控制被用来提高被控对象的稳定性和系统的动态响应速度。通过这种复合控制方法，可以提高系统的响应速度和波形输出质量。常见的复合控制结构如图 12-8 所示（此处暂不考虑电源电压干扰），有串联、并联和插入式三种。

一、结构选择

图 12-8（a）中，串联复合控制结构中，重复控制器串联在 PI 控制器之前，限制了复合重复控制器的跟踪速度，使得在指令信号发生突变时，PI 控制器无法直接对偏差信号做出响应，从而导致动态性能下降。此外，该结构参数设计较为复杂，本书将不再详细介绍该方法。

图 12-8（b）中，并联复合控制结构将 PI 控制器和重复控制器组合在一起，以应对突然的负载变化。当负载发生变化时，参考电流与反馈电流之间的误差会逐渐增大，然而重复控

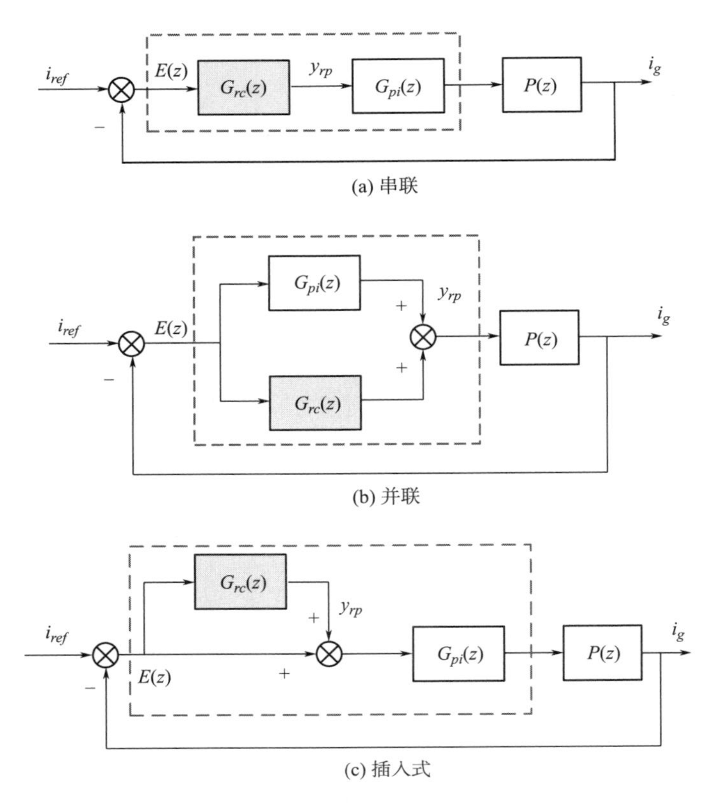

图 12-8　串联、并联和插入式复合结构框图

制器响应速度较慢，无法及时调整。因此，PI 控制器在初始阶段快速响应输出误差以迅速调整指令电流，确保系统性能的稳定。随着指令信号逐渐稳定，PI 控制器的调节作用逐渐减弱，重复控制器接替其工作，直到系统达到新的稳态[3]。然而，复合控制器中两种控制器输出存在耦合[4]，且参数设计较复杂。

图 12-8（c）中，通过添加前馈通道，将重复控制器的被控对象视为一个独立的稳定系统，即单独使用 PI 控制下的被控对象。这种设计将重复控制器作为嵌入式部件，通过在原有指令叠加修正量来减小误差，从而实现更快的系统动态响应。添加前馈通道有助于系统更好地跟踪参考信号，并在负载突变时快速调整，提高系统的性能。此外，重复控制器可以与原始的 PI 控制系统独立设计，直接将重复控制器插入原始系统中，无须对原始系统进行任何修改，保证了系统的快速性和良好的谐波抑制特性[5]。

公式（12-14）、公式（12-15）给出了并联型和插入式两种复合控制结构下重复控制器的等效被控对象 $P_1(z)$、$P_2(z)$ 的传递函数，对应的伯德图如图 12-9 所示。

$$P_1(z)=\frac{P(z)}{1+P(z)G_{pi}(z)} \tag{12-14}$$

$$P_2(z)=\frac{P(z)G_{pi}(z)}{1+P(z)G_{pi}(z)} \tag{12-15}$$

可以看出，$P_1(z)$ 的幅值曲线呈梯形，常数部分所占频率范围较小，幅频特性在低频段随

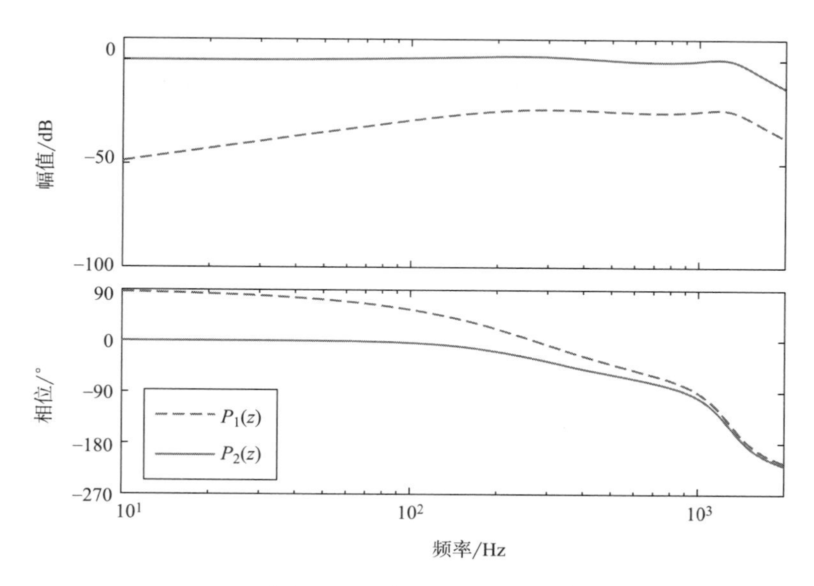

图 12-9　等效被控对象 $P_1(z)$、$P_2(z)$ 的伯德图

着频率的增加而增加，补偿器难以把被控对象的低频部分补偿为常数。且 PI 控制器的转折频率 $f_r = k_i/2\pi k_p$ 必须低于 50Hz 的交流基频，才能保证良好的基频信号跟踪能力，使 PI 控制器的参数优化受限。而 $P_2(z)$ 的幅频曲线在中低频段内几乎为零增益零相移，意味着插入式复合控制结构具有出色的控制性能。因此本章后半部分选择采用插入式复合重复控制结构进行下一步研究，后文将简称插入式复合重复控制为 PCRC。

二、稳定性分析

图 12-8（c）中插入式复合结构对应的系统的误差传递函数为：

$$E(z) = \frac{\frac{1}{[1 + G_{pi}(z)P(z)]}[1 - Q(z)z^{-N}]}{1 - Q(z)z^{-N}[1 - k_r z^k S(z)P_2(z)]}[i_{ref}(z) - i_g(z)] \tag{12-16}$$

基于公式（12-15），可以在公式（12-16）中获得插入式复合控制结构的特征方程。由此，根据小增益定理，离散系统稳定需要满足以下两个条件[6]：

① $P_2(z)$ 闭环系统稳定。

② $|Q(z)z^{-N}[1-z^k k_r S(z)P_2(z)]|<1$，$\forall z=e^{j\omega}$，$0<\omega<\pi/T$。

稳定条件①是单独采用 PI 控制需要满足的稳定性条件，条件②是采用复合控制时，经 PI 控制后的闭环反馈系统在重复控制下是稳定的。

当频率为基波或基波频率的整数倍时，$|z^{-N}|=1$，$|Q(z)|<1$，条件②变为：

$$|1 - z^k k_r S(z)P_2(z)| < 1 \tag{12-17}$$

根据 z 域和频域的互换关系，令 $z = e^{j\omega T_s}$，$S(z)$ 和 $P_2(z)$ 的幅频和相频特性可以表示为：

$$S(e^{j\omega T_s}) = N_S(e^{j\omega T_s})e^{j\theta_S(e^{j\omega T_s})} \tag{12-18}$$

$$P_2(e^{j\omega T_s}) = N_{P_2}(e^{j\omega T_s})e^{j\theta_{P_2}(e^{j\omega T_s})} \tag{12-19}$$

其中，$N_S(e^{j\omega T_s})$ 和 $N_{P_2}(e^{j\omega T_s})$ 分别为 $S(z)$ 和 $P_2(z)$ 的幅频特性，$\theta_S(e^{j\omega T_s})$ 和 $\theta_{P_2}(e^{j\omega T_s})$ 分别为 $S(z)$ 和 $P_2(z)$ 的相频特性，将公式（12-18）、公式（12-19）代入式公式（12-17），转化为复数域，可得：

$$\left|1 - k_r N_S(e^{j\omega T_s})N_{P_2}(e^{j\omega T_s})e^{j[\theta_S(e^{j\omega})+\theta_{P_2}(e^{j\omega})+k\omega]T_s}\right| < 1 \tag{12-20}$$

根据欧拉公式展开 $e^{j[\theta_S(e^{j\omega})+\theta_{P_2}(e^{j\omega})+k\omega]T_s}$，$k$ 和 k_r 的取值条件可以通过以下两个式子得到：

$$\left|\theta_S(e^{j\omega}) + \theta_{P_2}(e^{j\omega}) + k\omega\right| < 90^\circ \tag{12-21}$$

$$0 < k_r < \min_{\omega} \frac{2\cos[(\theta_S(e^{j\omega}) + \theta_{P_2}(e^{j\omega}) + k\omega)T_s]}{N_S(e^{j\omega T_s})N_{P_2}(e^{j\omega T_s})} \tag{12-22}$$

三、参数设计

稳定性条件 1 由本章第一节部分合理设计 PI 的参数得到，带入 k_p、k_i 的值到等效被控对象 $P_2(z)$ 中，得 $P_2(z)$ 的离散域传递函数为：

$$P_2(z) = \frac{0.1043z^3 - 0.02064z^2 - 0.1067z + 0.3673}{z^4 - 2.901z^3 + 3.478z^2 - 2.088z + 0.5246} \tag{12-23}$$

图 12-10 展示了 $P_2(z)$ 的零极点分布图和阶跃响应图。图 12-10（a）中，所有的极点均分布在单位圆内，说明 $P_2(z)$ 是稳定的。由图 12-10（b）可以看出，在阶跃输入作用下，系统的上升时间和峰值时间都非常短，被控对象具有良好的动态响应性能。

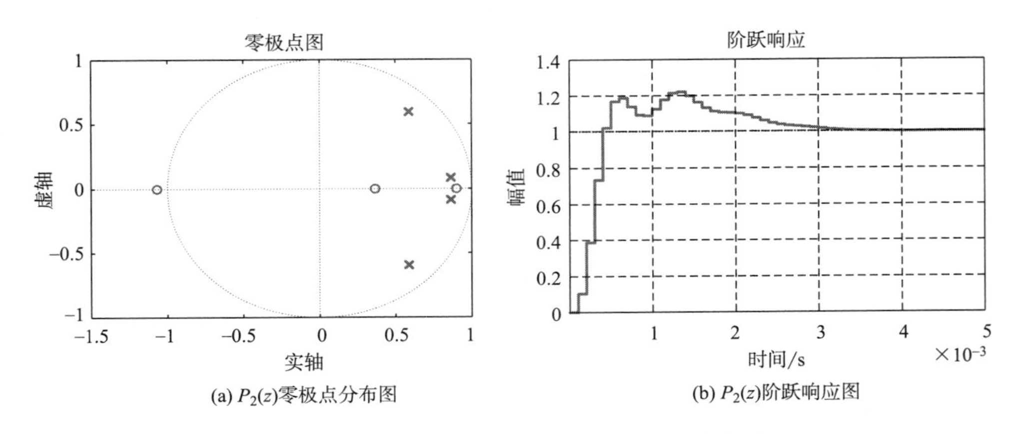

图 12-10　$P_2(z)$ 的零极点分布图和阶跃响应图

由图 12-11 中 $P_2(z)$ 的伯德图可以看出，$P_2(z)$ 的增益在高频时大于 0dB，会引入高频噪声。为了进一步抑制高频噪声，通常在重复控制器的输出端串联一个低通滤波器。本章选择截止频率为 850Hz 的四阶巴特沃斯低通滤波器，其离散表达式为：

$$S(z) = \frac{0.00276z^4 + 0.01104z^3 + 0.01656z^2 + 0.01104z + 0.00276}{z^4 - 2.612z^3 + 2.721z^2 - 1.308z + 0.2428} \tag{12-24}$$

添加低通滤波器 $S(z)$ 会令 $P_2(z)$ 的高频增益进一步降低，但同时也导致了相位更加滞后。相位滞后会影响系统的动态响应速度和控制精度，因此，相位超前环节 z^k 的设计是必要的。

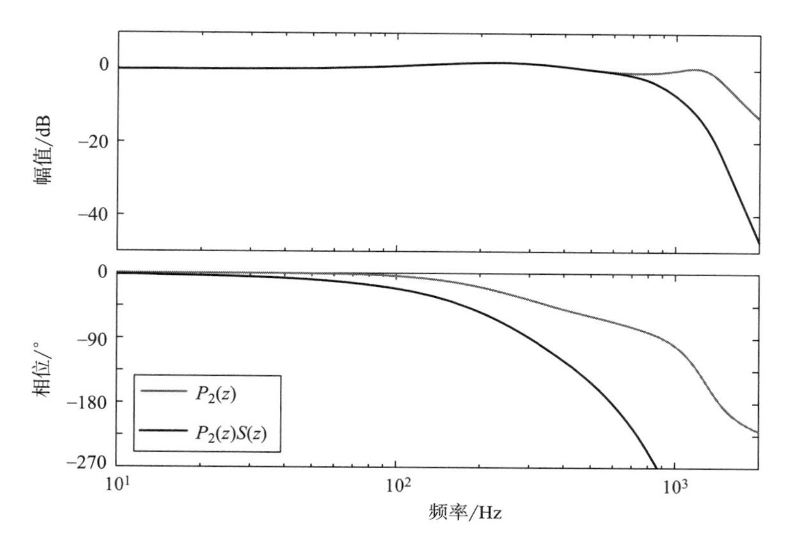

图 12-11　$P_2(z)$、$z^kP_2(z)S(z)$ 的伯德图

从图 12-12 可以看出，在 1000Hz 频率范围内，相位超前拍次 k 取 7、8、9、10 时均能使补偿后的 $z^kP_2(z)S(z)$ 的相频曲线在［-90°，90°］之间，满足系统的稳定性。当 k 为 9 时，补偿后的相频曲线最接近 0dB 线，所以选择 $k=9$ 作为超前拍次。

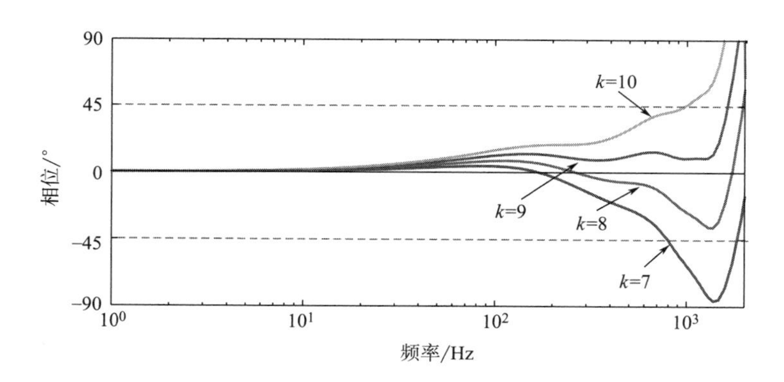

图 12-12　k 取不同值时 $z^kP_2(z)S(z)$ 的相频曲线

根据第二节中小增益定理的稳定性分析，系统的稳定性条件是 $|1-z^kk_rS(z)P_2(z)|$ 的奈奎斯特图必须在单位圆内。定义特征方程中的误差收敛项 $H(e^{j\omega T_s})$ 为：

$$H(e^{j\omega T_s})=1-k_rS(e^{j\omega T_s})e^{jk\omega T_s}P_2(e^{j\omega T_s}) \tag{12-25}$$

k_r 用于调整重复控制器的增益，需要在谐波抑制能力和稳定裕度之间进行考虑。根据公式（12-22）可知，k_r 的范围在（0，2）之间。为了直观地分析稳定性条件，图 12-13 给出

了具有不同 k_r 值的 $H(e^{j\omega T_s})$ 的轨迹。可见，$k_r \leqslant 1.5$ 时，$H(e^{j\omega T_s})$ 的轨迹都在单位圆内，且留有一定的稳定裕度，k_r 取 1 时，$H(e^{j\omega T_s})$ 的轨迹更接近圆心，稳定裕度更大。因此，本章选择 k_r 为 1。

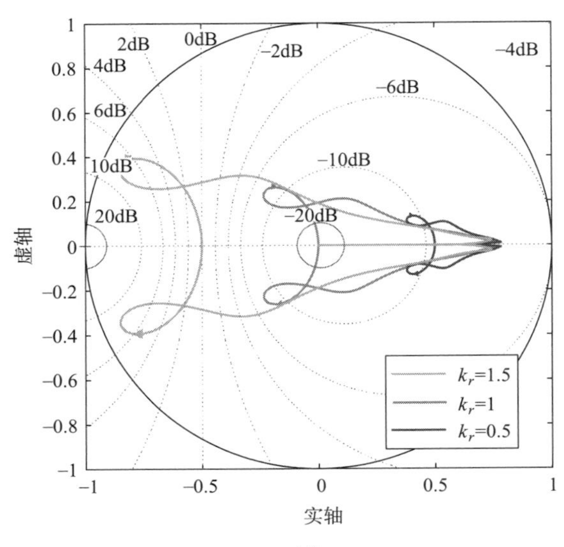

图 12-13 $H(e^{j\omega T_s})$ 的轨迹图

图 12-14 展示了采用 PCRC 方法的单相并网逆变系统的开环传递函数幅频特性曲线。可见，引入重复控制后，系统在输入信号的基波和各次谐波频率处都会获得较大的幅值增益，从而提高了系统对谐波的抑制能力。因此，将重复控制和 PI 控制相结合可以同时提高并网逆变器系统的稳态精度和动态性能。

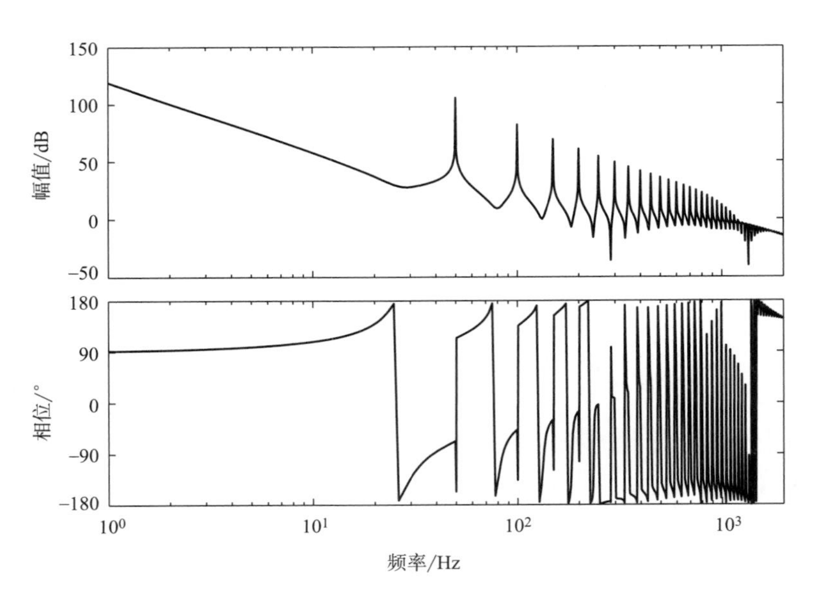

图 12-14 PCRC 方法下的并网系统开环传递函数伯德图

第四节　仿真分析

根据前述设计，在 MATLAB/Simulink 中建立一个 2.2kW 单相并网逆变器的仿真模型，并配置参数：电网峰值电压为 311V，直流侧电压为 380V，LCL 参数由 2.2 节设计得到，滤波电感 L_1 为 3.8mH、L_2 为 2.2mH、电容 C 为 10μF，阻尼电阻为 10Ω，开关频率、采样频率均为 10kHz，输出频率为 50Hz 的交流电，参考电流峰值为 $10\sqrt{2}$ A。

用于模拟单相并网逆变器的 Simulink 仿真模型如图 12-15 所示。其工作原理为：通过锁相环技术获得与电网电压同步的相位，并结合给定电流值形成指令电流信号。随后将指令电流信号与入网电流采样信号进行比较，将得到的误差信号送入电流控制器。接着，电流控制器输出调制信号，并与三角载波进行比较，获得开关管的控制信号。该信号使单相全桥式逆变器的开关管导通，将从发电单元或储能单元获得的直流电逆变为交流电，并将其送入电网中。

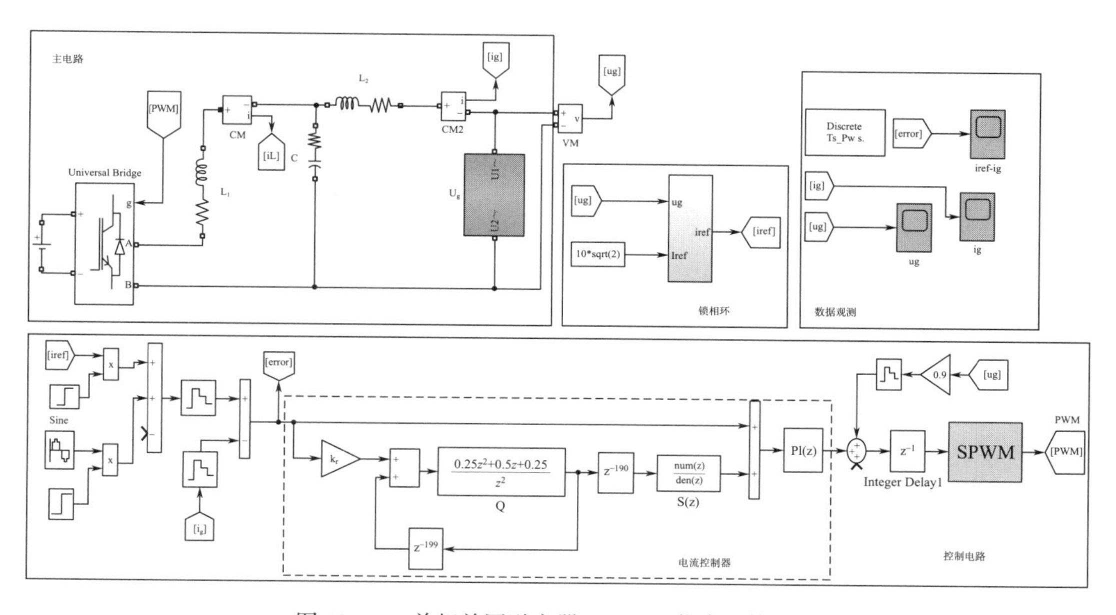

图 12-15　单相并网逆变器 Simulink 仿真整体框图

主电路由直流电源、逆变桥、LCL 型滤波器、电网模拟模块组成。电网电压源模块的设计如图 12-16 所示。

控制电路主要是由电流控制器和脉宽调制模块组成。脉宽调制采用第二章中提到的单极性倍频 SPWM，设置死区时间 3.2μs，实现方式如图 12-17 所示。

电流控制器采用第三节设计得到的 PCRC 控制器，为了验证 PCRC 控制方案的可行性和有效性，搭建了控制器模型如图 12-15 虚线虚线框内所示，控制器参数具体数值如表 12-1 所示。

根据图 12-18 的仿真结果显示，在单一 PI 控制下，单相并网逆变器的输出电压电流呈现同相的正弦波形，输出电压波形良好，但输出电流波形存在明显畸变现象，并且其 THD 值为 2.89%，这表明单一 PI 控制的谐波抑制能力不足。

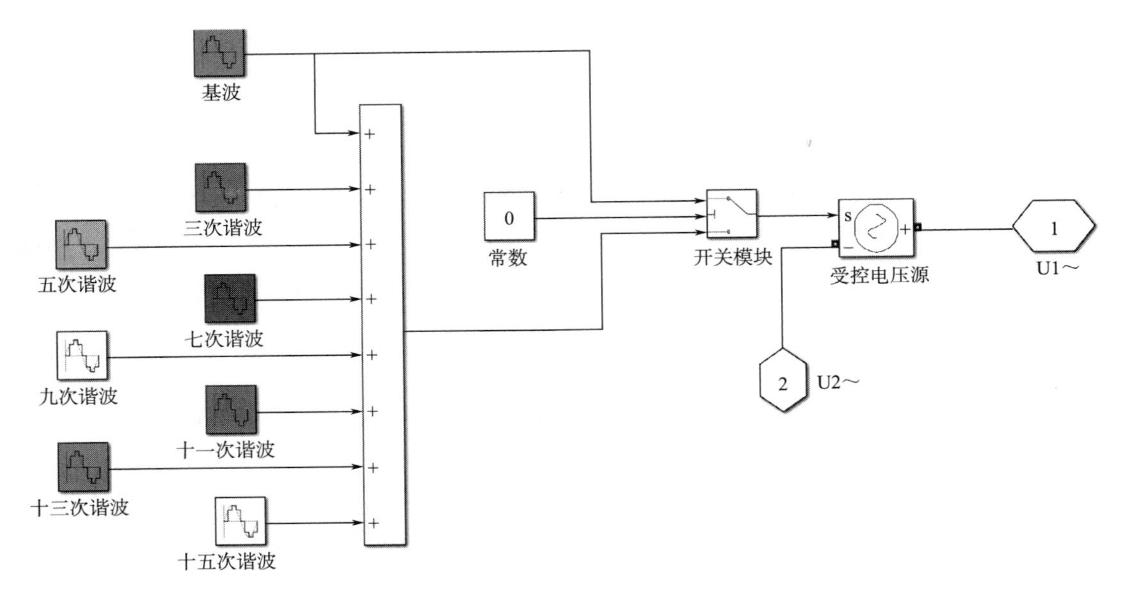

图 12-16　电网电压源仿真模型

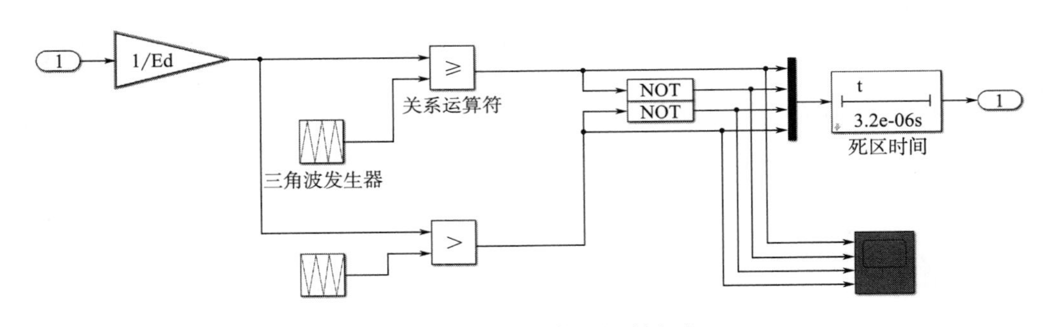

图 12-17　单极性倍频调制方式

表 12-1　控制器主要参数

参数	值
k_p	17
k_i	17000
$S(z)$	$\dfrac{0.00276z^4+0.01104z^3+0.01656z^2+0.01104z+0.00276}{z^4-2.612z^3+2.721z^2-1.308z+0.2428}$
z^k	z^9
k_r	1

图 12-19 为单一重复控制下，控制系统的输出电压电流的仿真波形和入网电流频谱分析。可见，采用重复控制能输出良好的正弦波形，并网电流 THD 降至 0.97%，远低于入网电流总谐波含量要求值（5%）。相对于 PI 控制，过零点畸变消失，电流控制精度提高。

图 12-20 为 PCRC 控制系统的输出电压电流的仿真波形和入网电流频谱分析，可见，在

单一 PI 控制系统的基础上插入重复控制器后，单次谐波含量均降到 0.5%以下，使并网电流 THD 降至 0.85%。输出电压电流为同相的正弦波形，且波形较为平滑，体现了优秀的谐波抑制能力。

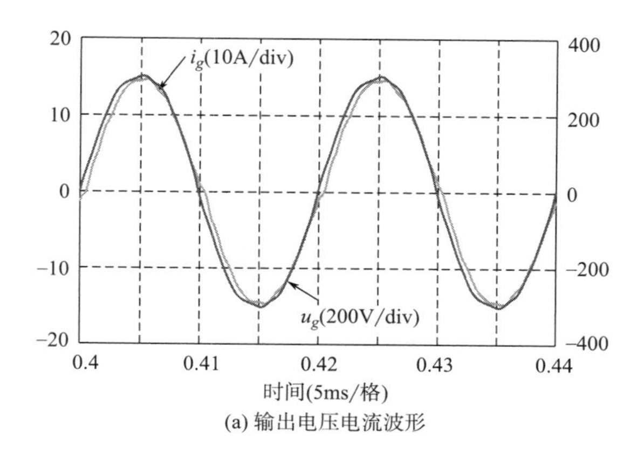

(a) 输出电压电流波形

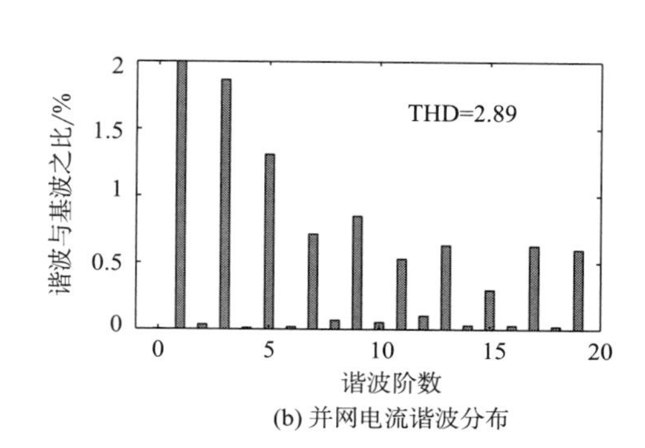

(b) 并网电流谐波分布

图 12-18　单一 PI 控制下的单相并网逆变器系统仿真波形

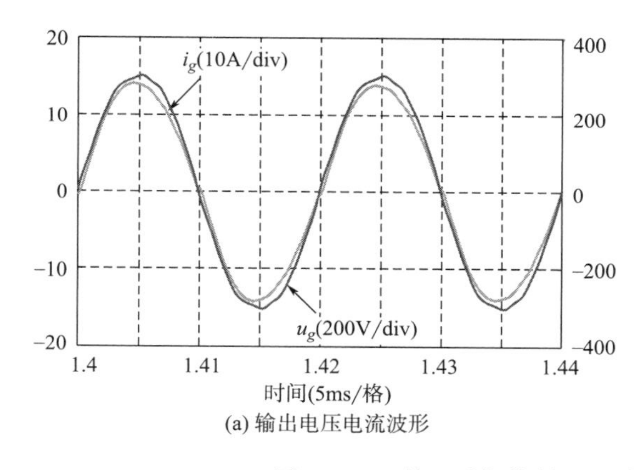

(a) 输出电压电流波形

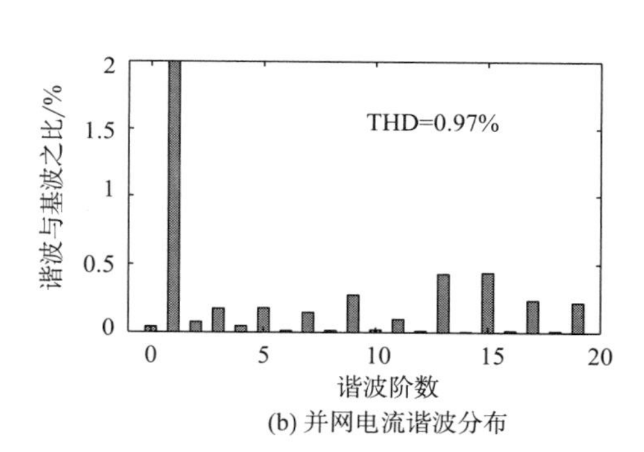

(b) 并网电流谐波分布

图 12-19　单一重复控制下的单相并网逆变器系统仿真波形

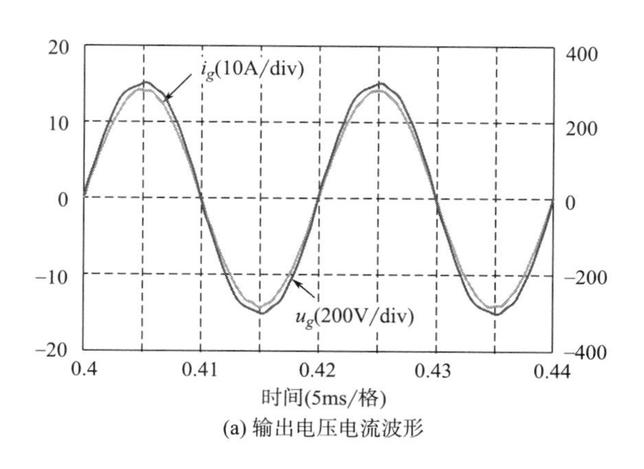

(a) 输出电压电流波形

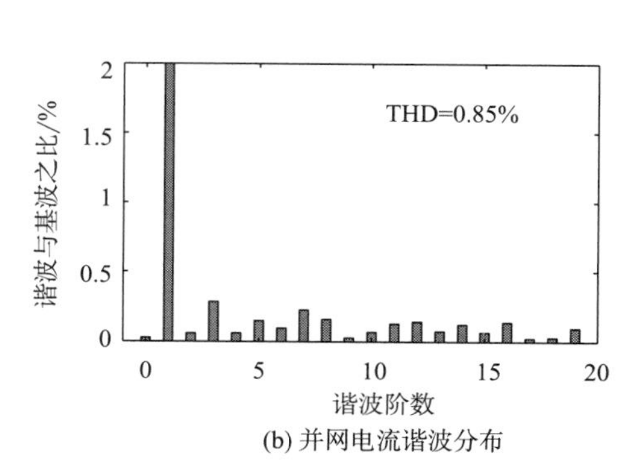

(b) 并网电流谐波分布

图 12-20　PCRC 控制下的单相并网逆变器系统仿真波形

为了验证 PCRC 控制的动态性能，图 12-21 给出了单一重复控制以及 PCRC 控制下系统的电流误差收敛曲线图。可以看出，采用单一重复控制时，系统的电流误差曲线在 0.8s 左右收敛至稳定，大小为 0.2A；而采用 PCRC 控制时，系统的电流误差曲线在 0.1s 左右就能收敛至稳定，大小也为 0.2A。可见单一重复控制系统响应较慢，动态性能较差，而采用与 PI 控制器相结合的 PCRC 控制器能够显著提高系统的动态响应速度。

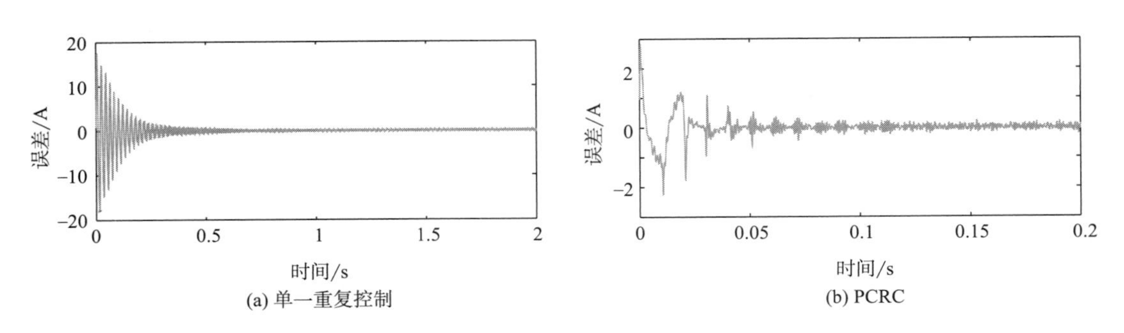

图 12-21　单一重复控制以及 PCRC 控制下系统的电流误差收敛曲线

图 12-22 给出了 PCRC 控制器在电网频率为 50Hz 时，参考电流峰值在 0.3s 时由 $10\sqrt{2}$ A 突变至 $15\sqrt{2}$ A、由 $15\sqrt{2}$ A 突变至 $10\sqrt{2}$ A 时的并网电压电流波形图和误差收敛曲线，由于保留了参考电流前馈通道，能够实现对给定电流突变的快速响应。

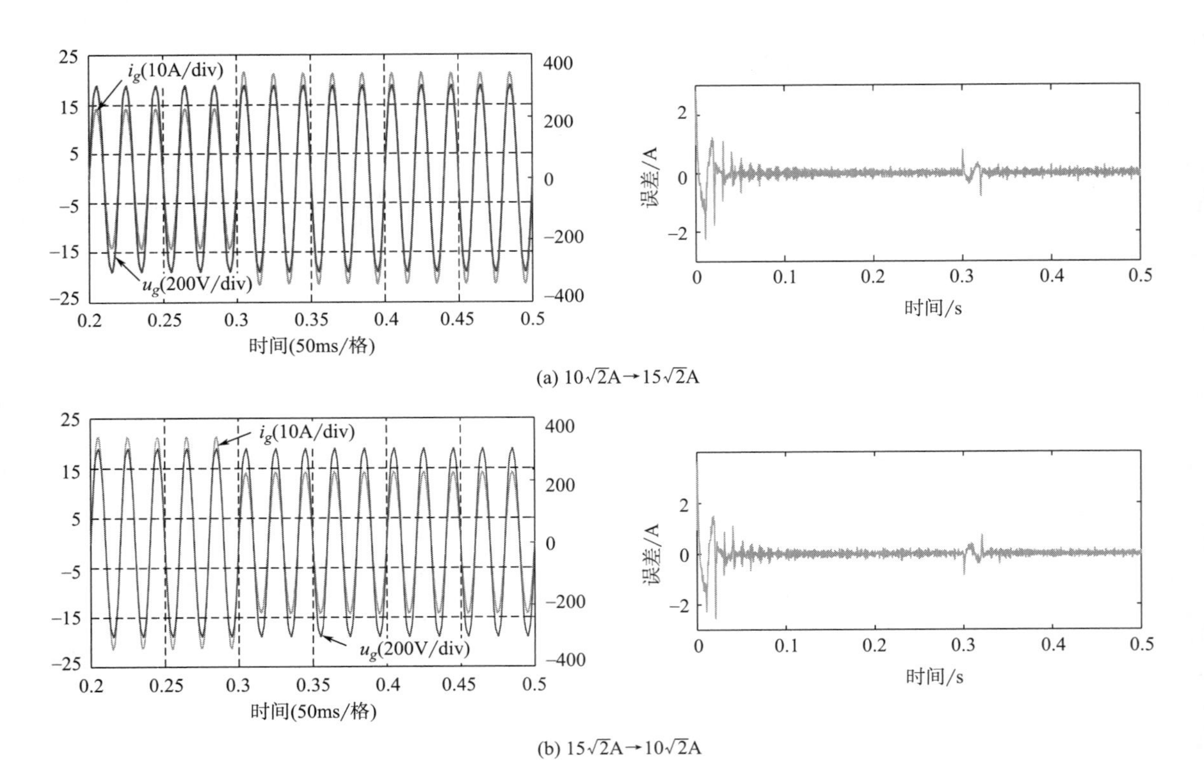

图 12-22　PCRC 控制下的动态响应

本章小结

本章首先对基于PI控制的并网逆变器进行了分析。其次，对重复控制原理、结构及稳定性进行了阐述。再次，采用与PI控制器相结合的方法来解决重复控制内模延迟特性的弊端，选择插入式结构，并对PCRC控制器进行了稳定性分析和参数设计。最后通过仿真验证了PCRC具有良好的稳态与暂态性能。

参考文献

[1] REN L, WANG F, SHI Y, et al. Coupling effect analysis and design principle of repetitive control based hybrid controller for SVG with enhanced harmonic current mitigation [J]. IEEE Journal of Emerging and Selected Topics in Power Electronics, 2022, 10 (5): 5659-5669.

[2] XU F, ZHU M, YE Y. The stability of LCL-type grid-tied inverter based on repetitive control and grid voltage feed-forward [J]. IEEE Journal of Emerging and Selected Topics in Power Electronics, 2022, 11 (2): 1496-1506.

[3] 徐群伟，钟晓剑，胡健，等．基于误差迭代PI和改进重复控制的APF补偿电流控制［J］．电力系统自动化，2015，39（3）：124-131.

[4] 张兴，汪杨俊，余畅舟，等．采用PI+重复控制的并网逆变器控制耦合机理及其抑制策略［J］．中国电机工程学报，2014，34（30）：5287-5295.

[5] YANG Y, HE L, et al. A novel cascaded repetitive controller of an LC-filtered h6 voltage-source inverter [J]. IEEE Journal of Emerging and Selected Topics in Power Electronics, 2023, 11 (1): 556-566.

[6] 卜立之，李永丽，孙广宇，等．基于改进型重复控制算法的多功能并网逆变器设计［J］．电力系统自动化，2017，41（12）：48-55，69.

第十三章　分数阶插入式复合重复控制

由前所述，PCRC 控制策略有较好的谐波抑制能力，但重复控制器均对电网频率波动敏感。传统重复控制器的数字形式为：$z^{-N}/(1-z^{-N})$，$N=f_s/f_g$，其中f_s为采样频率，f_g为基波信号频率。为了在基波和其他次谐波处产生高增益以获得良好的控制效果，需要将延时拍次数设置为 N 的整数倍。但在实际过程中，电力系统中有功率不平衡的存在，往往会导致基波频率发生波动，使传统重复控制器的阶数变成分数，从而无法在数字控制器中实现[1]。若四舍五入分数 N 的值到最近的整数，会导致传统重复控制器出现误差，降低其参考信号跟踪和谐波抑制能力[2]。如取采样频率 $f_s=10$kHz，电网频率发生变化时相应的重复控制器延迟拍数 N，如表 13-1 所示。以电网频率偏移+0.4Hz 为例，此时实际电网频率为 50.4Hz，周期采样次数 $N=f_s/f_g=198.4$。但由于传统重复控制不具有频率自适应性，周期采样次数依然是整数 $N=200$，这时就产生了偏差，这一偏差使重复控制器的谐振项增益急剧下降、系统跟踪误差增加，从而进一步影响系统的稳定性。

表 13-1　电网基波频率发生变化时相应的重复控制器延迟拍数 N

基波频率/Hz	49.5	49.6	49.7	49.8	49.9	50	50.1	50.2	50.3	50.4	50.5
N	202	201.6	201.2	200.8	200.4	200	199.6	199.2	198.8	198.4	198

在电网频率波动时，确保被控电流快速、准确地跟踪指令电流，是实现谐波抑制的关键。采用数字滤波器来近似重复控制内模中分数延迟的方式，在中低频段近似效果较好，能有效地适应电网频率的变化。常用于实现分数延迟环节的数字滤波器有有限冲激响应（Finite Impulse Response，FIR）滤波器和无限冲激响应（Infinite Impulse Response，IIR）滤波器。基于 Thiran 设计法的 IIR 滤波器相对 FIR 滤波器，相同性能指标时，阶次较低，对 CPU 的性能要求较低。因此，本章提出了一种基于 IIR 滤波器的分数阶复合重复控制方案（Fractional Order Plug-in Compound Repetitive Control，FOPCRC），通过在线调整内模滤波器系数，逼近实际延迟拍次的值。该方案不仅提高了复合重复控制器的频率自适应性，还兼顾系统的动态性能和谐波抑制性能，从而提高了系统的稳定性。

第一节　分数阶重复控制的实现

一、基于拉格朗日插值法的 FIR 分数延迟滤波器

FIR 滤波器严格的线性相位和可控的通频带范围，使其成为内模滤波器的优选之一[3]。使用 FIR 滤波器作为内模滤波器可以确保系统稳定，同时避免重复控制内模频率点的偏移。FIR 滤波器通常以拉格朗日插值法和最小二乘法两种方式来实现，基于拉格朗日插值法的 FIR

滤波器因具有为系数提供简单公式和精确近似的优点，更常用于分数延迟的实现。

当电网频率波动，N 不为整数时，可令 $z^{-N}=z^{-N_i-F}$，这里的 N_i 是内模延时环节系数 N 的整数部分，F 则是内模延时环节系数 N 的小数部分。

通过采用基于拉格朗日插值的分数延迟滤波器设计，可以得到分数阶部分的近似表达式如下：

$$e^{-FT_s s} \approx \sum_{h=0}^{n} A_h e^{-hT_s s} \tag{13-1}$$

拉格朗日系数可以表示为：

$$A_h = \prod_{n} \frac{F-r}{h-r},\ h=0,\ 1,\ 2,\ \cdots,\ n \tag{13-2}$$

其中，n 是分数延迟滤波器的阶数。

从公式（13-1）可以看出，$e^{-FT_s s}$ 的近似值随着 n 的增加变得越来越精确，但也消耗了更长的计算时间。实现参数的实时在线调整和快速调节在控制系统中起着重要作用，因此，有必要在控制精度和瞬态响应之间进行权衡。

图 13-1 给出了分数延迟滤波器中小数 F 从 0 到 0.9 的二阶和三阶拉格朗日插值的幅值响应。可以看出，两个分数延迟滤波器在低频带中都呈现出良好的近似效果，带宽分别为奈奎斯特频率的 63.48%和 74.81%，能够很好地跟踪分数阶信号。且随着阶次的提高，带宽逐渐增大。但在高频段时 FIR 滤波器的相位也不可忽视，保持线性时可使补偿环节更容易设计。

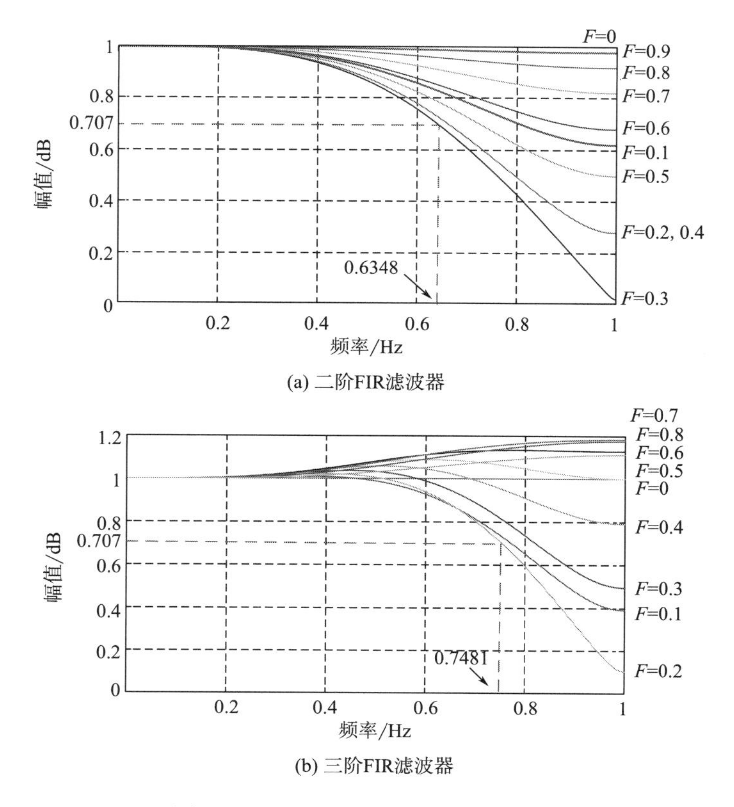

图 13-1　FIR 滤波器幅值特性曲线图

通常，当 F 取为 $n/2$ 时，可获得最佳的插值效果[4]。因此，当拉格朗日插值阶数 n 为 1 或 2 时，可取 F 为 0.5；n 为 3 或 4 时，取 F 为 1.5；n 为 5 时，取 F 为 2.5，图 13-2 给出了分数延时环节 z^{-F} 在 1~5 阶的幅频特性曲线。分析可知，当插值阶数 n 为偶数时，FIR 滤波器有较好的幅值响应；当插值阶数 n 为奇数时，FIR 滤波器具有线性相位。综合考虑，取阶次 n 为 3。

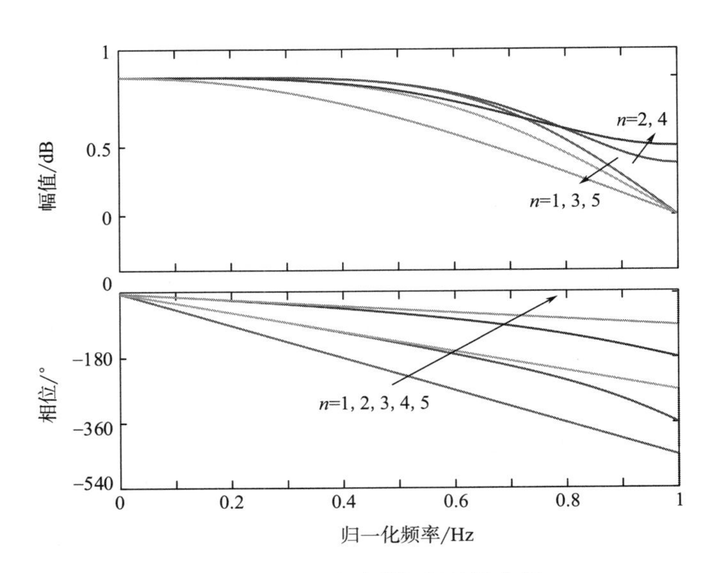

图 13-2 FIR 滤波器幅频特性曲线

基于拉格朗日插值的 1 阶至 3 阶 FIR 滤波器多项式系数如表 13-2 所示。

表 13-2 FIR 滤波器多项式系数表

阶数	h（0）	h（1）	h（2）	h（3）
$n=1$	$1-F$	F	—	—
$n=2$	$\frac{(F-1)(F-2)}{2}$	$-F(F-2)$	$\frac{F(F-2)}{2}$	—
$n=3$	$-\frac{(F-1)(F-2)(F-3)}{6}$	$\frac{F(F-2)(F-3)}{6}$	$-\frac{F(F-1)(F-3)}{2}$	$\frac{F(F-1)(F-2)}{6}$

图 13-3 展示了基于 FIR 滤波器实现的分数阶重复控制结构图。由 PLL 得到电网基波频率，计算得出内模的延时环节参数 $f_s/f_g = N_i + F$，并通过系数方程解出确定的分数阶延时环节 FIR 滤波器的系数。

由此可得分数阶重复控制器传递函数如下：

$$G_{frc}(z) = \frac{u_{RC}(z)}{e(z)} = k_{\mathrm{r}} \frac{z^{-N_i}\sum_{h=0}^{n}[h(k)z^{-h}]Q(z)}{1 - z^{-N_i}\sum_{h=0}^{n}[h(k)z^{-h}]Q(z)} z^{k}S(z) \tag{13-3}$$

其中，z^{-N_i} 为整数阶延时环节，$\sum_{h=0}^{n}[h(k)z^{-h}]$ 为等效的分数阶延时环节，其余参数与第三

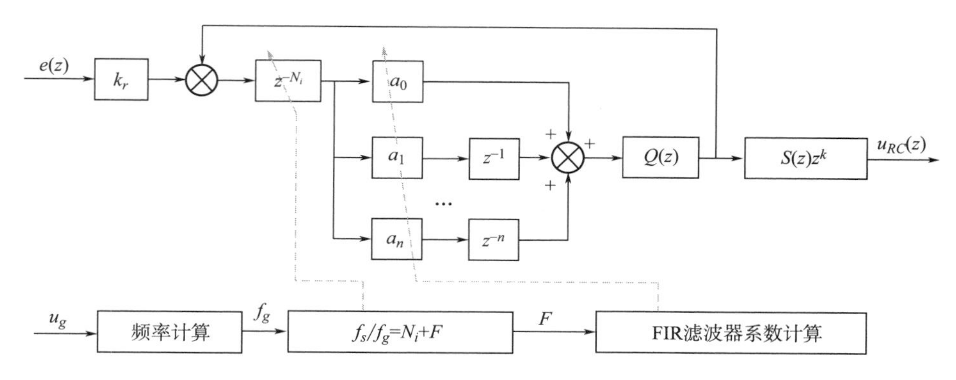

图 13-3　基于 FIR 滤波器的分数阶重复控制结构

章所介绍的一致。分数 F 为 0 时，就是传统重复控制器。

二、基于 Thiran 设计法的 IIR 分数延迟滤波器

FIR 滤波器的系数可以在线调整，但要想获得更好的近似精度，需要使用更高阶的滤波器，这会带来大量计算。而基于 Thiran 设计法的 IIR 滤波器可以采用较少的阶数实现与 FIR 滤波器相同的频率特性。由于 IIR 滤波器在整个频段内的幅值均为 0dB，因此设计时只需关注其相频特性，降低了滤波器设计的难度。相对于 FIR 滤波器，IIR 滤波器需要较少的乘法器和更低的总延迟，因此具有更低的计算复杂度。另外，通过采用全通结构实现 IIR 滤波器，可以在经济上更加高效。

M 阶全通滤波器的传递函数表达式为：

$$z^{-F} \approx H(z) = \frac{a_n + a_{n-1}z^{-1} + \cdots + a_1 z^{-(M-1)} + z^{-M}}{1 + a_1 z^{-1} + \cdots + a_{n-1}z^{-(M-1)} + a_n z^{-M}} \tag{13-4}$$

系数 a_k 的计算公式为：

$$a_k = (-1)^k \binom{M}{k} \prod_{n=0}^{M} \frac{F - M + n}{F - M + k + n},\quad k = 0,\ 1,\ 2,\ \cdots,\ M \tag{13-5}$$

式中：$\binom{M}{k} = \dfrac{M!}{k!\ (M-k)!}$ 为二项式系数，M 为全通滤波器的阶数。$M=1$、2、3 时的分母系数可以按照表 13-3 计算。

表 13-3　IIR 滤波器多项式系数表

系数	$M=1$	$M=2$	$M=3$
a_1	$(1-F)(1+F)$	$-2(F-2)(F+1)$	$-3(F-3)(F+1)$
a_2	—	$(F-1)(F-2)/(F+1)(F+2)$	$3(F-2)(F-3)/(F+1)(F+2)$
a_3	—	—	$-(F-1)(F-2)(F-3)/(F+1)(F+2)(F+3)$

$f_s/f_g = N_i + F = N_i + M + d$，通常 Thrian 全通滤波器稳定需要满足 $F > M - 1$，通过调整 N_i 的值，使 d 在−0.5~0.5，F 的范围在 $M-0.5$ 至 $M+0.5$ [5]。例如，当阶次 M 取为 3 时，N=201.6，则令 N_i 为 199，F 为 2.6，d 为−0.4；N =198.4，则令 N_i 为 195，F 为 3.4，d 为 0.4。

$z^{-198.4}$ 可以表示为 $z^{-1985}z^{-3.4}$，由表 13-1 可得：

$$z^{-3.4}=\frac{-0.008838z^3+0.07071z^2-0.2727z+1}{z^3-0.2727z^2+0.07071z-0.008838} \tag{13-6}$$

$z^{-198.4}$ 可以表示为：

$$z^{-198.4}=z^{-195}\left(\frac{-0.008838z^3+0.07071z^2-0.2727z+1}{z^3-0.2727z^2+0.07071z-0.008838}\right) \tag{13-7}$$

d 为 0.3 时在 IIR 滤波器不同阶数下的幅频响应曲线如图 13-4 所示。可见，IIR 滤波器的幅值响应曲线在整个频带内始终是 0dB，这降低了滤波器设计的难度。而且由图 13-5 分析可知，2 阶 IIR 滤波器具有比 5 阶 FIR 滤波器更好的幅度和频率特性，以及更少的相位滞后[6]。

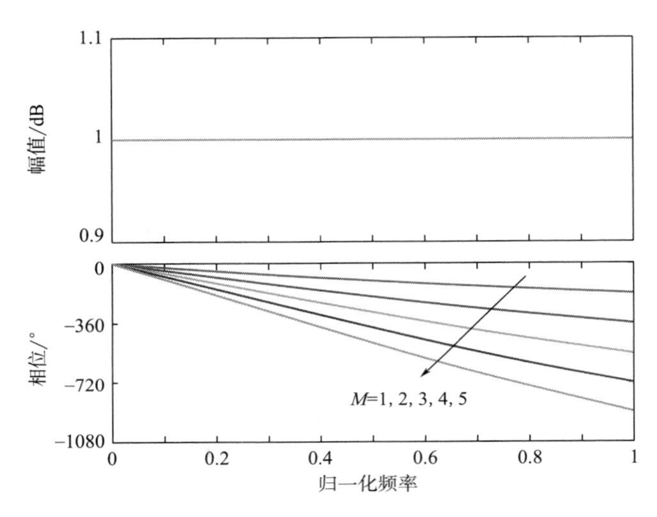

图 13-4　IIR 滤波器幅频特性曲线

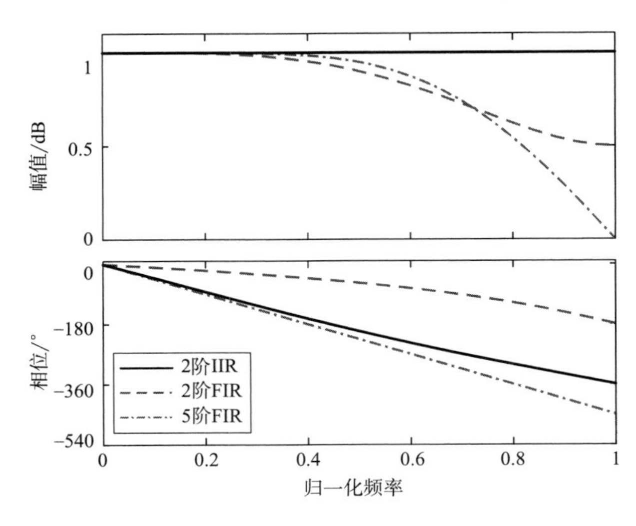

图 13-5　2 阶 IIR 滤波器、2 阶 FIR 滤波器和 5 阶 FIR 滤波器的幅频特性曲线

与 FIR 类似，图 13-6 是基于 IIR 滤波器的分数阶重复控制器的实现方式。传递函数为：

$$G_{frc}(z)=\frac{u_{RC}(z)}{\mathrm{e}(z)}=k_r\frac{z^{-N_i}z^{-F}Q(z)}{1-z^{-N_i}z^{-F}Q(z)}z^kS(z) \tag{13-8}$$

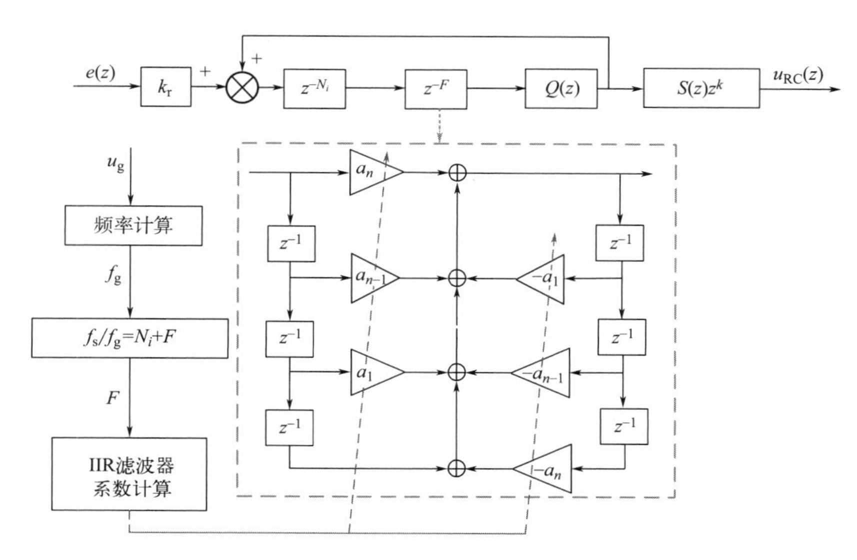

图 13-6　基于 IIR 滤波器的分数阶重复控制结构

第二节　基于 IIR 滤波器的分数阶插入式复合重复控制器

综上所述，本章选择基于 Thiran 设计法的 IIR 滤波器近似插入式复合重复控制器中产生的分数延迟环节。下文将对基于 IIR 滤波器的分数阶复合重复控制器（FOPCRC）进行稳定性分析和谐波抑制性能分析。

一、FOPCRC 稳定性分析

由第三章，FOPCRC 控制系统稳定的条件为：

① $1+G_{pi}(z)P(z)=0$ 的根在单位圆内。

② $|Q(z)z^{-N}[1-z^kk_rS(z)P_2(z)]|<1$，$\forall z=\mathrm{e}^{j\omega T_s}$，$0<\omega<\pi/T_s$。

可知，稳定性条件①与分数延迟无关。将公式（13-8）代入稳定性条件②可得：

$$|Q(z)z^{-N_i}z^{-F}[1-k_rz^kS(z)P_2(z)]|<1,\ \forall z=\mathrm{e}^{j\omega T_s},\ 0<\omega<\frac{\pi}{T_s} \tag{13-9}$$

进一步化简为：

$$|Q(z)[1-k_rz^kS(z)P_2(z)]|<|z^{-N_i}z^{-F}|^{-1} \tag{13-10}$$

在分数延迟滤波器带宽内，$|z^{-N_i}z^{-F}|^{-1}\to 1$，表明系统的稳定性与 IIR 滤波器无关。

二、FOPCRC 谐波抑制性能分析

当电网频率从 50Hz 变为 49.6Hz、50.4Hz 时，对应的 N 为 201.6 和 198.4。PCRC 与 FOPCRC 在九次谐波处的内模频率特性如图 13-7 所示。以 $N=201.6$ 为例，PCRC 的开环增益在九次谐波（446.4Hz）处降为 6.9dB，而 FOPCRC 在九次谐波处仍保持 33.9dB 的高增益，不受频率波动的影响，具有更好的谐波抑制效果。

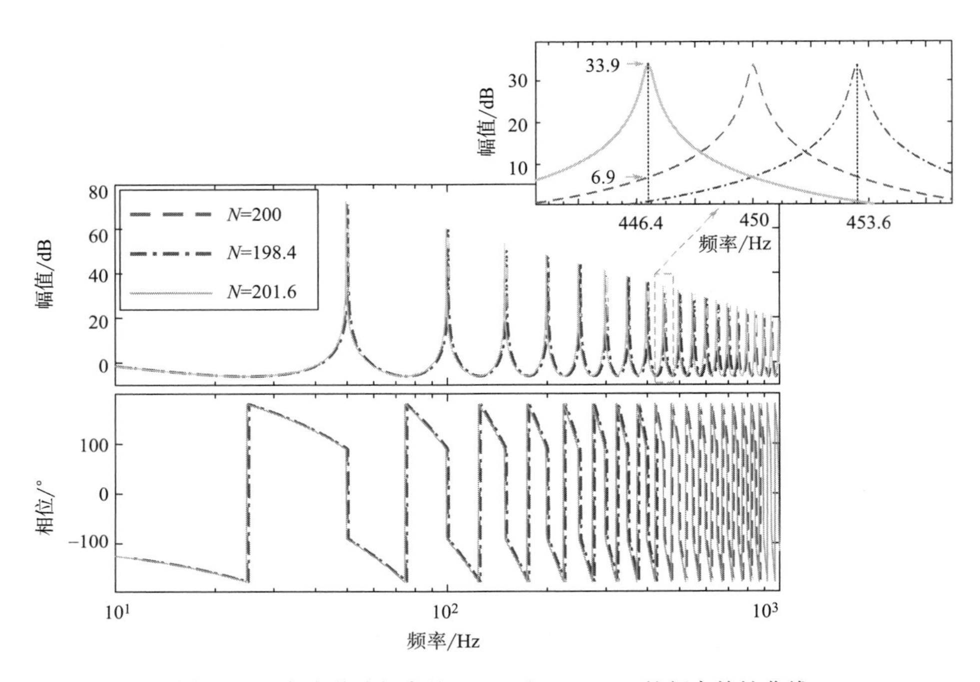

图 13-7　九次谐波频率处 PCRC 和 FOPCRC 的频率特性曲线

第三节　仿真分析

为验证 FOPCRC 具备自适应频率变化的能力且不影响重复控制谐波抑制性能，本节将对 PCRC 和 FOPCRC 在不同电网条件下的稳态和动态性能进行比较分析。

图 13-8、图 13-9 给出了当电网频率波动时，PCRC 与所提 FOPCRC 的输出电压电流波形及输出电流 THD 大小。当电网频率为 50.4Hz、49.6Hz 时，PCRC 控制下的输出电流波形畸变明显，输出电流 THD 分别为 3.02%、1.45%，受电网频率波动影响较大。而 FOPCRC 控制器的输出电流 THD 大大减小，分别为 1.01%、0.79%。

图 13-10 展示了电网频率在 49.5~50.5Hz PCRC 和基于 FIR 滤波器的 FOPCRC、所提基于 IIR 滤波器的 FOPCRC 控制下的输出电流 THD 值。可以看出，PCRC 控制器的抗频率波动能力较差，THD 值随着电网偏离 50Hz 的程度的增加而增加，且在电网频率大于 50Hz 时的 THD 值整体小于 50Hz 时的 THD 值。而采用 FIR、IIR 两种滤波器近似分数阶时都能取得优秀的谐波抑制效果。

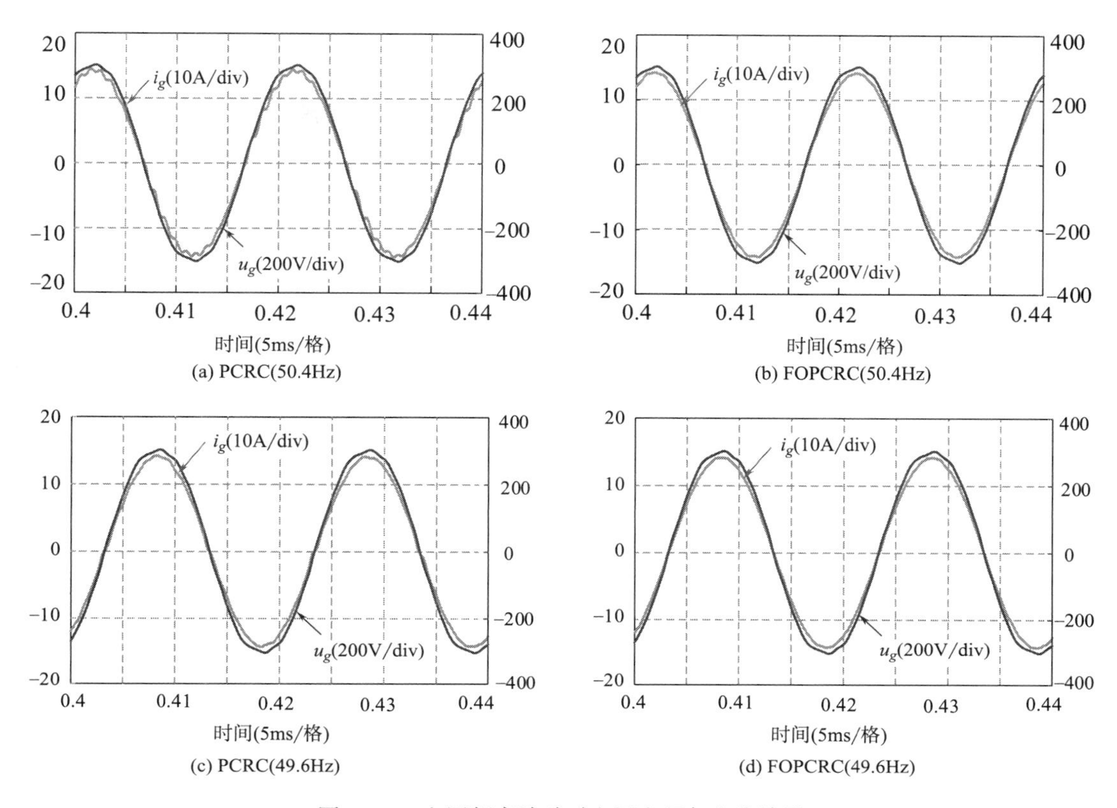

(a) PCRC(50.4Hz)

(b) FOPCRC(50.4Hz)

(c) PCRC(49.6Hz)

(d) FOPCRC(49.6Hz)

图 13-8　电网频率波动时电网电压与电流波形

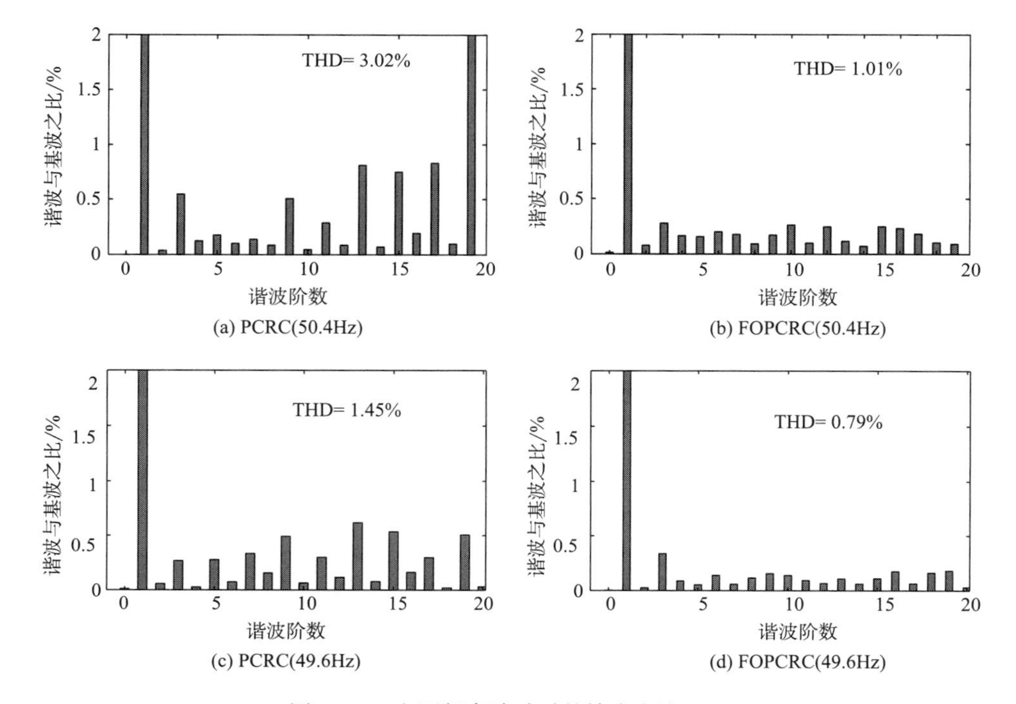

(a) PCRC(50.4Hz)

(b) FOPCRC(50.4Hz)

(c) PCRC(49.6Hz)

(d) FOPCRC(49.6Hz)

图 13-9　电网频率波动时的输出电流 THD

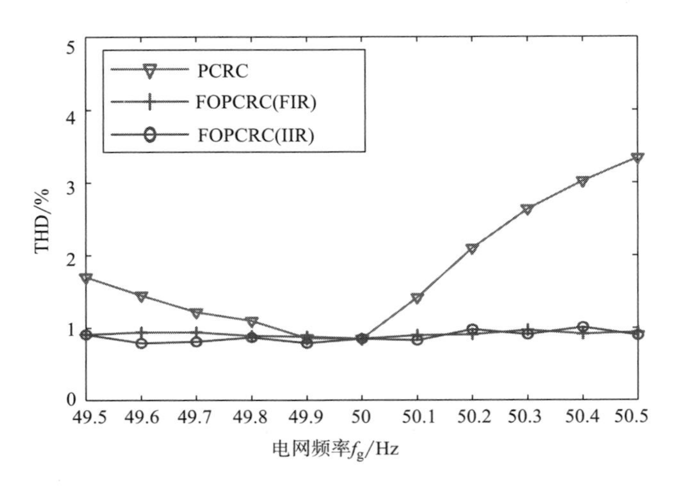

图 13-10　三种控制系统在 50±0.5Hz 电网频率下的输出电流 THD 对比

图 13-11 给出了 PCRC、FOPCRC 在电网频率波动时的电流误差收敛曲线，可见，FOPCRC 与 PCRC 的误差收敛速度大致一样，而误差值显然更小。由于重复控制的延迟特性，开始时只有 PI 控制器单独作用，误差总是从第二个周期处明显减小，与前文理论分析一致。

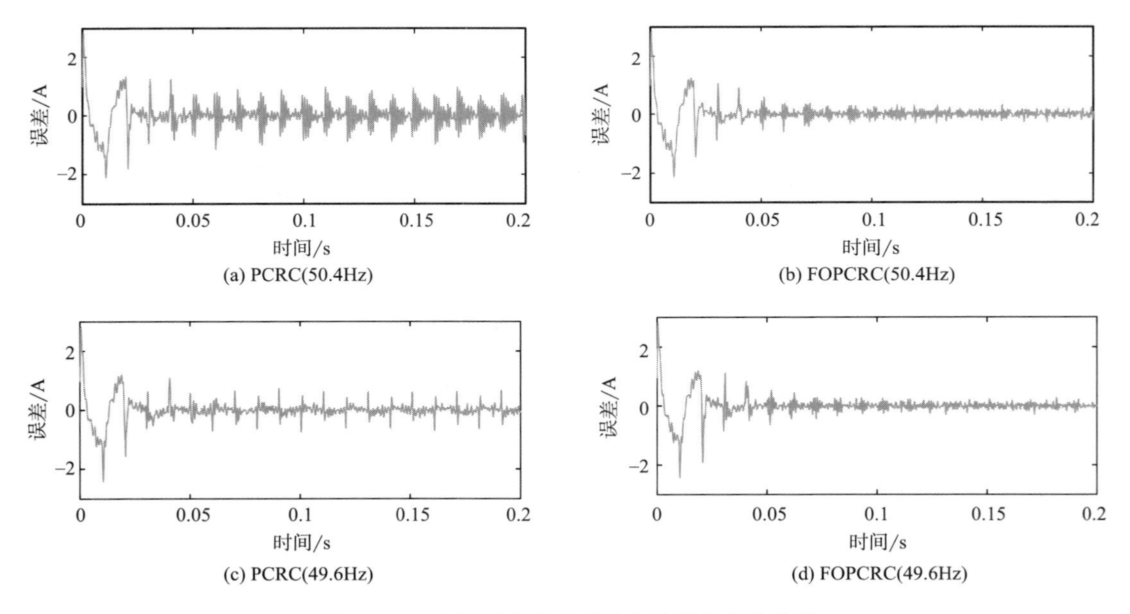

图 13-11　电网频率波动时的电流误差收敛曲线

第四节　弱电网下的稳态响应

以上理论与仿真均是在理想电网状态下得到的，但在实际情况中，分布式电站通常建立在偏远地区，因此需要进行远距离输电和跨区域传输。然而，由于输电线路长度较长且存在多个分布式能源设备的接入，可能会导致电力系统出现弱电网特性。具体来说，当逆变器接入电网时，由于电网阻抗的存在，会导致电压下降和电流不稳定等问题，从而使电力系统呈现弱电网特性，这种弱电网特性表现为电压波动大、电压稳定性差、电流谐波较多等问题，都会对电气设备的正常运行产生不良影响。可以用短路比（Short-Circuit Ratio，SCR）对其进行表示：

$$SCR = \frac{S_{ac}}{P} = \frac{U_{PCC}^2}{ZP} \tag{13-11}$$

其中，S_{ac} 是交流电力系统短路容量；Z 代表等效电网阻抗，一般呈感性，大小等效为 $Z = R_g + j\omega L_g$；P 为系统额定功率。在分布式发电系统中，短路比<10 一般被归类为弱电网。为了满足并网发电标准，要求并网逆变器在短路比≥10 的情况下保持稳定运行，此时等效电网阻抗 $|Z| \leqslant 1.46\Omega$。参考文献［7］中弱电网为 41%感性，令参考电流峰值为 $15\sqrt{2}$ A，此时系统额定功率为 3.3kW，可根据公式（13-12）计算得到电网等效电阻和电感的值，即：

$$\begin{cases} R_g^2 + \omega^2 L_g^2 = Z^2 \\ \dfrac{R_g}{\omega L_g} = \dfrac{\sqrt{1 - 0.41^2}}{0.41} \end{cases} \tag{13-12}$$

计算得 $R_g = 1\Omega$，$L_g = 1.46\text{mH}$。代入验证 PCRC 控制器在电网频率为 50Hz 的弱电网下的控制性能，如图 13-12 所示。

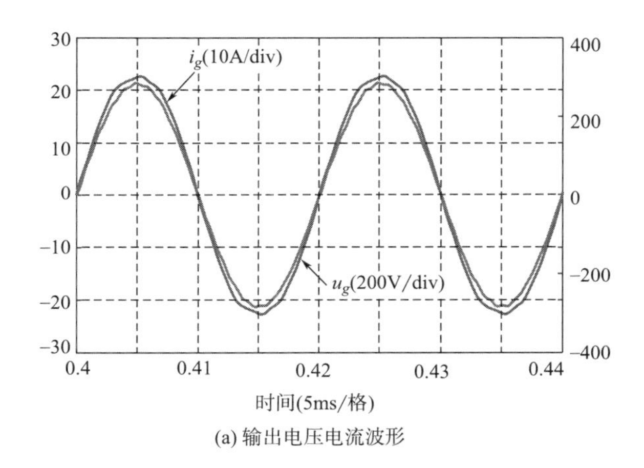

(a) 输出电压电流波形

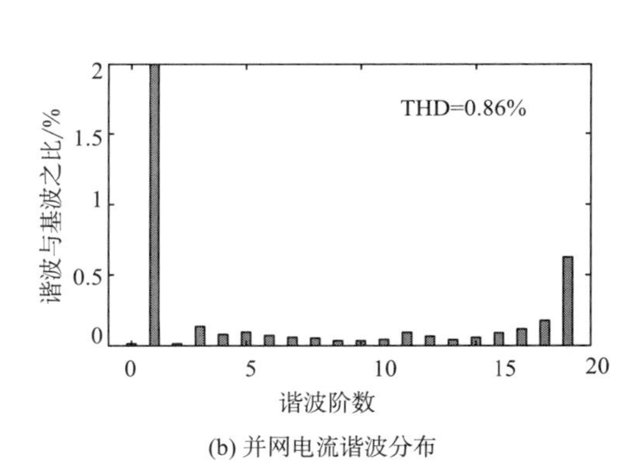

(b) 并网电流谐波分布

图 13-12　PCRC 在弱电网下的控制性能

可见，并网电流依然保持稳定的正弦波形，THD 为 0.86%，PCRC 控制器在弱电网下的控制性能不变。

FOPCRC 控制器在弱电网下的性能如图 13-13 所示。输出电流 THD 在电网频率为 50.4Hz、49.6Hz 时分别为 0.92%、0.95%，均小于 1%。可见，当电网基波频率产生波动时，所提 FOPCRC 控制方案在弱电网下依然有效。与在理想电网情况下相比，PCRC、FOPCRC 控制系统在弱电网下的输出电网电流低次谐波含量依然较少，高次谐波含量稍有增加。这是因为在前文对重复控制器的补偿环节的设计中，所选四阶巴特沃斯低通滤波器的截止频率为

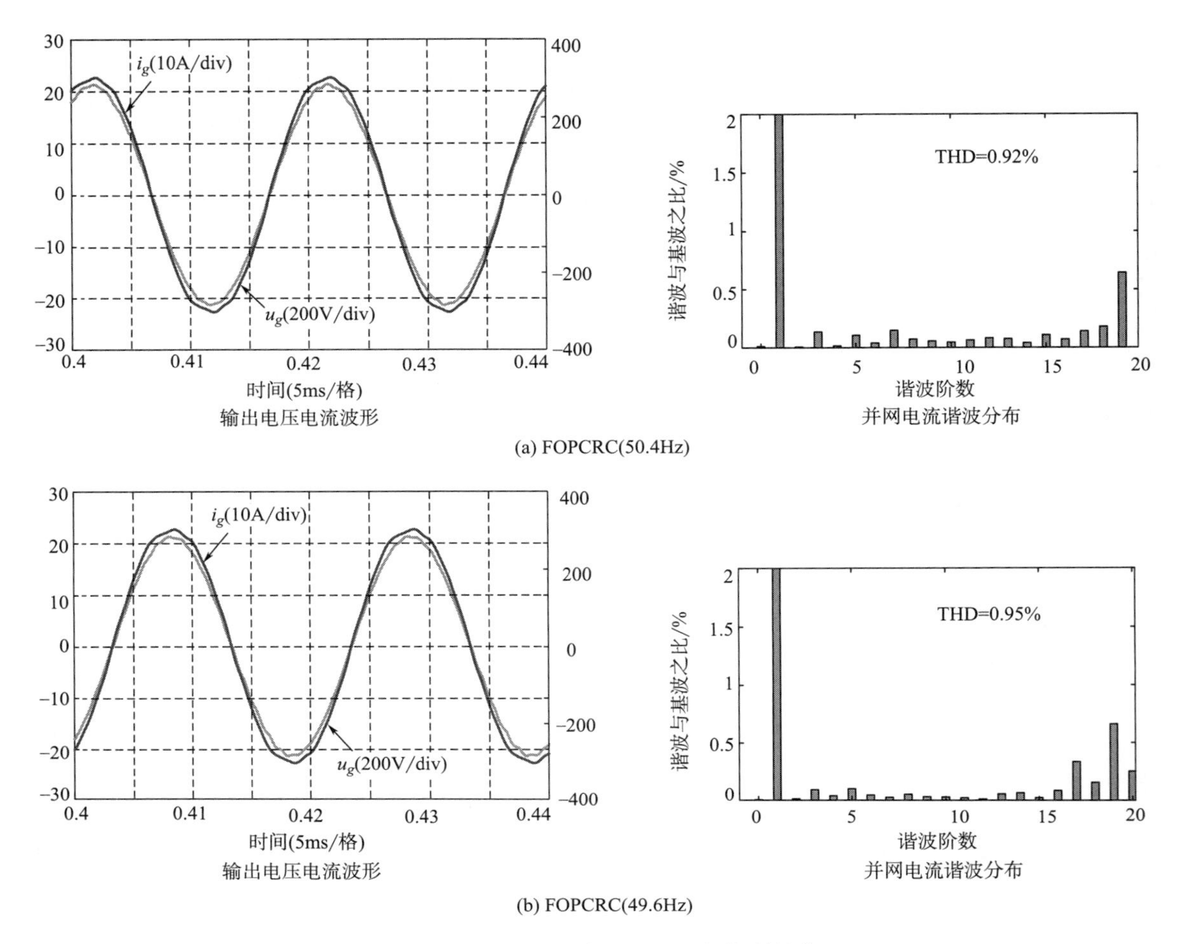

图 13-13　FOPCRC 在弱电网下的控制性能

850Hz，导致 17 次谐波以后的开环增益降低，谐波抑制性能下降。

本章小结

本章首先对不同阶次的 FIR、IIR 两种滤波器的系数计算和用于重复控制内模的方法进行了说明。其次，选择 IIR 滤波器近似重复控制器内模出现的分数延迟，进而提出了 FOPCRC 控制策略。最后，通过仿真验证了所提 FOPCRC 策略能够在电网频率波动的情况下有效地实现并网电流跟踪和谐波抑制，且具有良好的动态性能。在等效弱电网情况下，FOPCRC 依然能够输出高质量的电流波形。

参考文献

[1] 刘正春，朱长青，王勇，等．抗 IPS 频率波动的两种改进重复控制方法［J］．电网技术，2018，42

（9）：3014-3023.
[2] 潘国兵，郑智超，王坚锋，等. LCL 有源电力滤波器分数阶快速型重复控制策略 [J]. 电机与控制学报，2020，24（8）：92-100.
[3] CHEN Y，ZHOU K，TANG C，et al. fractional-order multiperiodic odd-harmonic repetitive control of programmable AC power sources [J]. IEEE Transactions on Power Electronics，2022，37（7）：7751-7758.
[4] 赵强松. 新型比例积分多谐振控制及其并网逆变器应用研究 [D]. 南京：南京航空航天大学，2016.
[5] CHEN S，ZHAO Q，YE Y，et al. Using IIR filter in fractional order phase lead compensation PIMR-RC for grid-tied inverters [J]. IEEE Transactions on Industrial Electronics，2023，70（9）：9399-9409.
[6] ZHAO Q，ZHANG H，GAO Y，et al. Novel fractional-order repetitive controller based on thiran IIR filter for grid-connected inverters [J]. IEEE Access，2022，10：82015-82024.
[7] 蔡蒙蒙. 弱电网情况下光伏并网逆变器的稳定性研究 [D]. 天津：天津大学，2014.